Herbert Fröhlich

Elektronentheorie der Metalle

Reprint

Springer-Verlag Berlin · Heidelberg · New York 1969

Struktur und Eigenschaften der Materie
Band XVIII

ISBN-13: 978-3-540-04728-5   e-ISBN-13: 978-3-642-95125-1
DOI: 10.1007/ 978-3-642-95125-1

Alle Rechte vorbehalten. Kein Teil dieses Buches darf ohne schriftliche Genehmigung des Springer-Verlages übersetzt oder in irgendeiner Form vervielfältigt werden. Copyright by Julius Springer in Berlin 1936.

STRUKTUR UND EIGENSCHAFTEN DER MATERIE
EINE MONOGRAPHIENSAMMLUNG
BEGRÜNDET VON M. BORN UND J. FRANCK
HERAUSGEGEBEN VON F. HUND-LEIPZIG UND H. MARK-WIEN
XVIII

ELEKTRONENTHEORIE DER METALLE

VON
DR. HERBERT FRÖHLICH

MIT 71 ABBILDUNGEN

BERLIN
VERLAG VON JULIUS SPRINGER
1936

Vorwort.

Die Elektronentheorie der Metalle ist gegenwärtig so weit fortgeschritten, daß sie fast alle Eigenschaften der Metalle erklärt und schon auf einigen Gebieten vollständige quantitative Angaben machen kann.

Dieses Buch soll eine Einführung für diejenigen sein, die die Entwicklung der Theorie nicht im einzelnen verfolgt haben. Ich habe dabei insbesondere an den Experimentalphysiker gedacht, der sich mit Metallphysik beschäftigt, und der sicher aus der Theorie manche Anregung schöpfen kann. Ich habe mich daher bemüht, mit möglichst einfachen mathematischen Hilfsmitteln auszukommen, und andererseits überall, wo es möglich ist, die Ergebnisse der Theorie mit den Experimenten zu vergleichen.

Die Herren K. FUCHS und H. LONDON haben mich beim Lesen der Korrekturen freundlichst unterstützt. Beiden möchte ich auch an dieser Stelle meinen herzlichen Dank aussprechen.

Bristol, im September 1936.

HERBERT FRÖHLICH.

Inhaltsverzeichnis.

Seite

Kurzer Überblick über die Entwicklung der Elektronentheorie der Metalle 1

I. Allgemeine Grundlagen 2
  1. Einführung 2
  2. Das Potential 10
  3. Das Elektron im periodischen Potential 14
  4. Spezielle Fälle 30
  5. Die Gesamtheit aller Elektronen 58

II. Einfache Probleme 83
  6. Emissionsprozesse 83
  7. Elektronenbeugung 94
  8. Optik 101
  9. Photoeffekt 119
  10. Röntgenstrahlen 137
  11. Para- und Diamagnetismus 144

III. Leitfähigkeit 156
  12. Elementare Theorie 156
  13. Die Gitterschwingungen und ihre Wechselwirkung mit den Elektronen 163
  14. Elektrische Leitfähigkeit 180
  15. Wärmeleitfähigkeit 199
  16. Thermoelektrische Effekte 206
  17. Galvano-magnetische Effekte 212

IV. Halbleiter 224
  18. Allgemeines 224
  19. Leitfähigkeitsprobleme 232
  20. Optische Probleme 248

V. Die metallische Bindung 256
  21. Einführung 256
  22. Das Metallmodell der freien Elektronen 266
  23. Quantitatives 272

VI. Ferromagnetismus (und Paramagnetismus II) 285
  24. Austauschkräfte und Wechselwirkung freier Elektronen ... 285
  25. Der ferromagnetische Zustand 295
  26. Die Magnetisierungskurve 306
  27. Paramagnetismus II 314

Inhaltsverzeichnis.

	Seite
VII. Systematische Diskussion der Metalle	319
28. Überblick	319
29. Elemente mit abgeschlossenen inneren Schalen	325
30. Elemente mit nichtabgeschlossenen inneren Schalen (Übergangselemente)	332
31. Wismut	342
32. Flüssige Metalle	348
Anhang	354
1. SCHRÖDINGER-Gleichung mit Vektorpotential	354
2. Beweis des Summensatzes	356
3. Integrale zur FERMI-Statistik	356
4. BOSE-EINSTEIN-Statistik	359
5. Virialsatz	362
6. Elektronen in nichtkubischen Kristallen	363
7. Gitterpotential	365
8. Legierungen mit γ-Struktur	368
Literaturverzeichnis	376
Sachverzeichnis	383

Einige Zahlenwerte.

$c = 2{,}998 \cdot 10^{10}$ cm/sec

$e = 4{,}77 \cdot 10^{-10}$ abs. elektrostatische Einheiten

$h = 6{,}55 \cdot 10^{-27}$ erg. sec.

$\hslash = 1{,}04 \cdot 10^{-27}$ erg. sec.

$k = 1{,}37 \cdot 10^{-16}$ erg. grad^{-1}

$m = 9{,}03 \cdot 10^{-28}$ g

$N = 6{,}06 \cdot 10^{23} =$ Loschmidt-Zahl

$\mu = \dfrac{1}{2}\dfrac{eh}{mc} = 0{,}916 \cdot 10^{-20} = 1$ Bohrsches Magneton.

Energiebezeichnungen.

Wir werden die Energie häufig in e-Volt, k-Grad und μ-Gauß ausdrücken. 1 e-Volt ist dabei die Energie eV, mit $V = 1$ Volt. Entsprechend ist 1 k-Grad die Energie kT mit $T = 1°$ und 1 μ-Gauß die Energie μH mit $H = 1$ Gauß.

1 e-Volt $= 1{,}59 \cdot 10^{-12}$ erg $= 23{,}0$ K-Cal/g-Atom $= 1{,}16 \cdot 10^4$ k-Grad
  $= 1{,}73 \cdot 10^8 \mu$-Gauß.

1 k-Grad $= 1{,}49 \cdot 10^4 \mu$-Gauß $= 0{,}862 \cdot 10^{-4}$ e-Volt.

Bezeichnungen.

Die folgenden Bezeichnungen werden im Text nicht besonders erklärt:

c = Lichtgeschwindigkeit
e = Elektronenladung
h = PLANCKsches Wirkungsquantum
$\hbar = \dfrac{h}{2\pi}$
k = BOLTZMANN-Konstante
m = Elektronenmasse
a = Gitterkonstante
$\mathfrak{f}$ = reduzierter Ausbreitungsvektor
$\mathfrak{m}$ = Vektor mit den *ganzzahligen* Komponenten m_x, m_y, m_z
$\mathfrak{n}$ = Vektor mit den *ganzzahligen* Komponenten n_x, n_y, n_z
V = Volumen des Grundgebietes
$\mathfrak{r}$ = Ortsvektor
T = absolute Temperatur
t = Zeit

$\left.\begin{array}{l}\\\\\end{array}\right\}$ = Komponenten des Ortsvektors

ν = Frequenz

Bei Temperaturangaben bedeutet die Bezeichnung °, z. B. 100°, immer die absolute Temperatur, während ° C Celsiusgrad sind.

Kurzer Überblick über die Entwicklung der Elektronentheorie der Metalle.

Im Rahmen der modernen Physik hat als erster W. PAULI [28][1] das Problem der Metallelektronen aufgegriffen. Er behandelte den temperaturunabhängigen Paramagnetismus der Alkalimetalle, der vom Standpunkt der klassischen Physik aus vollständig unverständlich ist. Indem er die von FERMI [22] und DIRAC [20] entwickelte Quantenstatistik auf die Metallelektronen anwandte, konnte er eine quantitativ befriedigende Behandlung des temperaturunabhängigen Paramagnetismus geben. Dies veranlaßte A. SOMMERFELD [54] zu einer systematischen Untersuchung der Metallelektronen, indem er wie in der klassischen Theorie von P. DRUDE und H. A. LORENTZ [26] die Metallelektronen als vollkommen frei annahm, jedoch nicht die MAXWELL-Statistik, sondern die FERMI-DIRAC-Statistik auf sie anwandte. SOMMERFELD konnte in seiner grundlegenden Arbeit zeigen, daß alle Schwierigkeiten der klassischen Theorie in der modernen Theorie wegfallen. Damit war der Weg für die weitere Entwicklung gezeigt. Es handelte sich in erster Linie darum, die Hypothese der freien Elektronen zu begründen bzw. ihren Gültigkeitsbereich näher zu untersuchen. Dies wurde von F. BLOCH [33] durchgeführt, der die Grundlagen der wellenmechanischen Behandlung der Metallelektronen schuf. Gleichzeitig gab er auch die Grundlagen zur Berechnung des elektrischen Widerstandes. Die wellenmechanische Theorie BLOCHs wurde von R. PEIERLS [86] und L. BRILLOUIN [1] erweitert und anschließend von vielen Autoren auf fast alle Probleme der Metallphysik angewandt.

Zunächst unabhängig von der BLOCHschen Theorie und zeitlich etwas früher entwickelte sich die Theorie des Ferromagnetismus. Als erster hat J. FRENKEL [36] darauf hingewiesen, daß die Austauschkräfte für den Ferromagnetismus verantwortlich sein könnten, ohne aber zu einer quantitativen Theorie zu gelangen. Unabhängig davon, hat W. HEISENBERG [44] quantitativ gezeigt, daß das

---

[1] Die Zahlen in eckigen Klammern beziehen sich auf das Literaturverzeichnis am Ende des Buches.

WEISSsche innere Feld [31] durch die Austauschkräfte erklärt wird und damit die Grundlage zur Behandlung des Ferromagnetismus gelegt.

Einen wesentlichen Fortschritt verdankt man in neuerer Zeit W. WIGNER [154], der eine quantitative Berechnung der Kohäsionskräfte gegeben hat.

Das wichtigste ungelöste Problem ist die Supraleitfähigkeit. Zu ihrer Behandlung fehlt gegenwärtig noch jede Grundidee. Es ist aber zu hoffen, daß auch dieses Problem im Rahmen der allgemeinen Grundlagen der Metalltheorie gelöst werden kann.

I. Allgemeine Grundlagen.

§ 1. Einführung.

Die charakteristischste Eigenschaft der Metalle ist ihre elektrische Leitfähigkeit. Um diese zu erklären, wurde bald nach der Entdeckung des Elektrons die Annahme gemacht, daß es in jedem Metall eine gewisse Anzahl frei beweglicher Elektronen gibt, die im thermischen Gleichgewicht mit den Metallatomen stehen. Die Wechselwirkung mit den Atomen war in der Weise gedacht, daß die Elektronen (analog wie in der kinetischen Gastheorie) Zusammenstöße mit den Atomen erleiden. Diese sind charakterisiert durch Angabe der Wegstrecke, die ein Elektron im Mittel zwischen zwei Zusammenstößen zurücklegt, der mittleren freien Weglänge. Mit diesen Annahmen gelingt es auf sehr einfache Weise, das OHMsche Gesetz und das WIEDEMANN-FRANZsche Gesetz[1] abzuleiten[2] [26].

In der weiteren Entwicklung ergab sich aber bald eine Reihe schwerer Einwände gegen die Theorie. An deren Spitze steht der Widerspruch mit der Erfahrung in bezug auf die spezifische Wärme. Nach der klassischen statistischen Mechanik ist die mittlere Energie eines freien Elektrons pro Freiheitsgrad[3] $\frac{3}{2}kT$, also der Beitrag zur spezifischen Wärme $\frac{3}{2}k$. Für n Elektronen pro cm³ ergibt das einen gesamten Beitrag der Elektronen von der Größe $\frac{3}{2}nk$. Um

---

[1] Verhältnis von elektrischer Leitfähigkeit zur Wärmeleitfähigkeit ist unabhängig vom Material.

[2] Vgl. § 12.

[3] Alle Abkürzungen, die im Text nicht erklärt sind, werden auf S. VI definiert.

diesen Betrag müßte sich die spezifische Wärme von Leitern gegen diejenige von Nichtleitern erhöhen. Nun wird aber gerade auch bei Metallen das DULONG-PETITsche Gesetz, das besagt, daß die spezifische Wärme fester Körper sich durch die Freiheitsgrade der Atome allein erklären läßt, gut bestätigt. Um mit der Erfahrung in Übereinstimmung zu bleiben, müßte man annehmen, daß die Zahl der freien Elektronen sehr klein gegen die Zahl der Atome ist. Das steht aber in Widerspruch mit den Ergebnissen, die man für die Zahl der „Leitungselektronen" aus den elektrischen und optischen Effekten erhält.

Bei einer konsequenten Weiterentwicklung ergab sich unter anderem auch eine falsche Temperaturabhängigkeit der elektrischen Leitfähigkeit, nämlich Proportionalität mit $1/\sqrt{T}$ anstatt mit $1/T$ (für nicht zu tiefe Temperaturen).

Trotz vieler Versuche zeigte es sich, daß eine Rettung der Theorie auf dem Boden der klassischen Physik unmöglich war.

Durch die Entwicklung der modernen Quantentheorie (Quantenmechanik, Wellenmechanik) wurde eine vollständig neue Situation geschaffen. Vor allem müssen wir jetzt nicht wie in der klassischen Physik an die Spitze unserer Elektronentheorie eine Hypothese stellen, sondern wir werden begründen, daß in Metallen die Elektronen fast frei beweglich sind und so die elektrische Leitfähigkeit erzeugen. Daneben werden wir auch alle anderen Eigenschaften der Metalle (mit Ausnahme der Supraleitfähigkeit) erklären können. Einer vollständig exakten Lösung der sich ergebenden wellenmechanischen Probleme stehen allerdings große technische Schwierigkeiten entgegen, da wir ja immer Probleme mit sehr vielen Elektronen zu behandeln haben. Deshalb müssen wir uns nach einem geeigneten Näherungsverfahren umsehen.

Um einen Überblick über die Art, in der wellenmechanische Probleme gelöst werden, zu geben, besprechen wir kurz das Einkörperproblem, auf das wir den größten Teil unserer Probleme zurückführen werden. Wir verzichten dabei auf eine Begründung und ausführlichere Besprechung und verweisen hierfür auf die Lehrbücher.

Einkörperproblem. Ein Einelektronenproblem ist eindeutig definiert, wenn die äußeren elektrodynamischen Potentiale, in denen sich das Elektron bewegt, bekannt sind. Wir wollen im folgenden annehmen, daß nur ein elektrostatisches Potential existiert. $V(x, y, z)$ sei die potentielle Energie des Elektrons.

Alle physikalischen Eigenschaften werden eindeutig aus einer komplexen Raum-Zeitfunktion, der Wellenfunktion Ψ, auf deren Deutung wir gleich zurückkommen, abgeleitet. Ψ wird als Lösung einer partiellen Differentialgleichung, der SCHRÖDINGER-Gleichung, gewonnen. Diese lautet[1]:

$$-\frac{\mathrm{h}}{i}\frac{\partial}{\partial t}\Psi + \frac{\mathrm{h}^2}{2m}\Delta\Psi - V\Psi = 0. \tag{1}$$

Die einfachste aus Ψ abzuleitende reelle Größe [2] $\varrho(x, y, z, t) = \Psi\Psi^*$ wird gedeutet als Wahrscheinlichkeit dafür, daß sich das Elektron zur Zeit t an dem Ort $\mathfrak{r}=(x, y, z)$ befindet. Man kann also $e\varrho$ als mittlere Ladungsdichte auffassen. Die Wahrscheinlichkeit, daß sich das Elektron zur Zeit t an *irgend*einem Ort aufhält, ist Eins[3]. Infolgedessen muß Ψ der folgenden „Normierungsbedingung" genügen:

$$\int \Psi\Psi^* d\tau = 1. \tag{2}$$

Die Integration ist über den ganzen Raum auszuführen. Ψ ist aus Gl. (1) nur bis auf einen konstanten Faktor bestimmt, der aus (2) berechnet werden kann. Dazu ist allerdings nötig, daß das Integral (2) konvergiert. Diese Konvergenzbedingung bedeutet, daß wir aus allen möglichen Lösungen von (1) eine gewisse Anzahl als zulässige Lösungen herausgreifen müssen. (Z. B. muß Ψ im Unendlichen verschwinden.)

Wir können (1) lösen mit dem Ansatz:

$$\Psi = \psi(x, y, z) e^{-\frac{i}{\mathrm{h}}Et}. \tag{3}$$

Auf die allgemeinste Lösung von (1) kommen wir später zu sprechen. Bei dem Ansatz (3) ist E zunächst ein willkürlicher reeller Parameter. Durch Einsetzen von (3) in (1) erhalten wir die zeitunabhängige SCHRÖDINGER-Gleichung:

$$\frac{\mathrm{h}^2}{2m}\Delta\psi + (E-V)\psi = 0. \tag{4}$$

Die verschiedenen Lösungen von (4) sind durch den Parameter E charakterisiert, der die Dimension einer Energie hat und, wie wir weiter unten zeigen werden, die Gesamtenergie des Elektrons

---

[1] $\mathrm{h} = \frac{h}{2\pi}$, vgl. S. V und VI.

[2] Ψ^* ist die zu Ψ konjugiert komplexe Funktion; sie genügt auch der Gleichung (Gl.) (1) wenn man dort i durch $-i$ ersetzt.

[3] Denn irgendwo *muß* sich das Elektron ja aufhalten.

darstellt. Wie wir eben besprochen haben, sind infolge der Konvergenzbedingung (2) nur gewisse ausgewählte Lösungen von (1) brauchbar, also nur Lösungen von (4) mit gewissen ausgewählten Werten der Energie E. Diese können eine diskrete oder kontinuierliche Mannigfaltigkeit bilden. Wir sprechen von einem diskreten bzw. von einem kontinuierlichen Spektrum der Energie. Die zulässigen Werte der Energie nennen wir Eigenwerte E_n, die entsprechenden Lösungen ψ Eigenfunktionen ψ_n. Befinden wir uns im kontinuierlichen Spektrum, so ist es aus physikalischen und mathematischen Gründen nötig, die Lösungen, die zu einem kleinen Intervall der Energie (zwischen E und $E + \Delta E$) gehören, zusammenzufassen und für diese die Normierung (2) vorzunehmen. Gehören zu einem Eigenwert E_n mehrere, z. B. Z Eigenfunktionen ψ_{nl} (wir unterscheiden sie durch einen Index l), so nennt man den Eigenwert Z-fach entartet.

Zwei verschiedene Eigenfunktionen ψ_n und ψ_m genügen einer einfachen Relation, der Orthogonalitätsbedingung. Sie lautet:
$$\int \psi_n^* \psi_m \, d\tau = 0, \quad E_n \neq E_m$$
oder unter Einbeziehung der Normierungsbedingung:
$$\int \psi_n^* \psi_m \, d\tau = \delta_{nm}{}^1. \tag{5}$$
Zum Beweis multiplizieren wir die Gl. (4) für ψ_m bzw. ψ_n' mit ψ_n^* bzw. ψ_m, subtrahieren sie voneinander und integrieren über den ganzen Raum. Wir erhalten dann:
$$\frac{h^2}{2m}\int (\psi_n^* \Delta \psi_m - \psi_m \Delta \psi_n^*) \, d\tau + (E_m - E_n)\int \psi_n^* \psi_m \, d\tau = 0.$$
Nach dem GREENschen Satz, angewandt auf die Funktionen ψ_n^* und ψ_m ist aber
$$\int (\psi_n^* \Delta \psi_m - \psi_m \Delta \psi_n^*) \, d\tau = \int \left(\psi_n^* \frac{\partial}{\partial r}\psi_m - \psi_m \frac{\partial}{\partial r}\psi_n^*\right) d\sigma,$$
wo $d\sigma$ Integration über die Oberfläche unseres Gebietes und $\frac{\partial}{\partial r}$ Differentiation senkrecht zu dieser Oberfläche bedeutet. Lassen wir diese ins Unendliche gehen, so sehen wir, daß wegen der Bedingung (2) das Integral Null wird. Damit ist die Relation (5) bewiesen.

Zwei sehr wichtige Eigenschaften der Gl. (4) sind:
1. Es gibt unendlich viele Eigenwerte E_n und Eigenfunktionen ψ_n.

---
[1] $\delta_{nm} = 1$ für $n = m$; $\delta_{nm} = 0$ für $n \neq m$.

2. Jede willkürliche Funktion ψ, die der Normierungsbedingung (2) genügt[1], läßt sich nach Eigenfunktionen entwickeln, d. h. darstellen in der Form[2]

$$\psi = \sum_n a_n \psi_n, \qquad (6)$$

wobei die Konstanten a_n auf Grund der Orthogonalitäts- und Normierungsbedingungen berechnet werden. Man multipliziere dazu mit ψ_m^* und integriere über den ganzen Raum, dann wird wegen (5):

$$a_m = \int \psi \psi_m^* \, d\tau. \qquad (6a)$$

Man sieht jetzt leicht ein, daß die allgemeine Lösung von (1) dargestellt wird durch

$$\Psi = \sum_n c_n(t) \psi_n e^{-\frac{i}{\hbar} E_n t}, \qquad (6b)$$

denn für jede Zeit t läßt sich nach Gl. (6) die allgemeinste Lösung Ψ nach Eigenfunktionen ψ_n entwickeln. Die Koeffizienten a_n müssen jetzt aber von der Zeit abhängen und wir haben sie in zwei Teile aufgespalten $\left(a_n(t) = c_n(t) e^{-\frac{i}{\hbar} E_n t}\right)$. Die unbekannten Koeffizienten $c_n(t)$ müssen durch Einsetzen in Gl. (1) berechnet werden. Ist insbesondere das Potential V zeitunabhängig, so werden auch die c_n zeitunabhängig. Da die ψ_n für sich normiert sind, wird die Normierungsbedingung (2):

$$\sum |c_n(t)|^2 = 1.$$

Nachdem wir uns mit den wichtigsten Eigenschaften der Eigenfunktionen vertraut gemacht haben, müssen wir ihre physikalische Deutung vervollständigen und auch nachweisen, daß E tatsächlich die Energie ist. Neben der Ladungsdichte $e\varrho$ interessieren wir uns zunächst für die Stromdichte J.

Wir gehen aus von der zeitabhängigen Gl. (1) für Ψ und Ψ^*:

$$-\frac{\hbar}{i}\frac{\partial}{\partial t}\Psi + \frac{\hbar^2}{2m}\Delta\Psi - V\Psi = 0$$

$$+\frac{\hbar}{i}\frac{\partial}{\partial t}\Psi^* + \frac{\hbar^2}{2m}\Delta\Psi^* - V\Psi^* = 0.$$

Wir multiplizieren die erste Gleichung mit Ψ^*, die zweite mit Ψ und subtrahieren dann die zweite Gleichung von der ersten:

---

[1] Wenn das Gebiet, in dem wir die Wellengleichung (1) lösen, endlich ist, muß hinzugefügt werden: ... und die den gleichen Randbedingungen genügt, wie die Eigenfunktionen, ...

[2] Im kontinuierlichen Spektrum ist die Summe durch ein Integral zu ersetzen.

$$\frac{h}{i}\frac{\partial}{\partial t}(\Psi\Psi^*) = \frac{h^2}{2m}(\Psi^* \Delta \Psi - \Psi \Delta \Psi^*) =$$
$$= \frac{h^2}{2m}\operatorname{div}(\Psi^* \operatorname{grad}\Psi - \Psi \operatorname{grad}\Psi^*).$$

Die letzte Umwandlung verifiziert man leicht; z. B. ist für die X-Komponente:

$$\frac{\partial}{\partial x}\left(\Psi^* \frac{\partial}{\partial x}\Psi - \Psi \frac{\partial}{\partial x}\Psi^*\right) = \Psi^* \frac{\partial^2}{\partial x^2}\Psi - \Psi \frac{\partial^2}{\partial x^2}\Psi^*.$$

Wir erinnern jetzt an die Kontinuitätsgleichung für die Elektrizitätsdichte:

$$-\frac{\partial}{\partial t}(e\varrho) = \operatorname{div} J.$$

Infolgedessen ist die Stromdichte:

$$J = \frac{he}{2im}(\Psi^* \operatorname{grad}\Psi - \Psi \operatorname{grad}\Psi^*). \tag{7}$$

Durch Integration erhalten wir daraus den Gesamtstrom

$$e\mathfrak{v} = \frac{he}{2im}\int(\Psi^* \operatorname{grad}\Psi - \Psi \operatorname{grad}\Psi^*)\,d\tau.$$

Der Impuls des Elektron $\mathfrak{p} = m\mathfrak{v}$ ist also, wenn wir $\int\Psi \operatorname{grad}\Psi^* d\tau$ durch eine partielle Integration umformen zu $-\int\Psi^* \operatorname{grad}\Psi d\tau$:

$$\mathfrak{p} = \frac{h}{i}\int\Psi^* \operatorname{grad}\Psi\,d\tau. \tag{8}$$

Wir können dieses Ergebnis folgendermaßen formulieren: Wir erhalten den Impuls $\mathfrak{p}$ des Elektrons, etwa seine X-Komponente p_x, durch eine besondere Art von Mittelung des Operators $\frac{h}{i}\frac{\partial}{\partial x}$ mit Hilfe der Wellenfunktion Ψ. Wir sagen, der Impuls p_x wird in der Wellenmechanik „dargestellt" durch den Operator $\frac{h}{i}\frac{\partial}{\partial x}$ und sein Wert ergibt sich durch die Mittelung (8). Tatsächlich ist der so berechnete Wert des Impulses p_x in gewissem Sinne ein Mittelwert. Wie nämlich in den Grundlagen der Quantenmechanik gezeigt wird, sind alle physikalischen Messungen mit einer prinzipiellen Ungenauigkeit behaftet und nur die Mittelwerte über viele gleichartige Messungen, man nennt sie Erwartungswerte, sind berechenbar. Diese Berechnung wird immer in ähnlicher Weise durchgeführt, wie das in Gl. (8) für den Impuls geschehen ist. Der kinetischen Energie $E_{kin} = \frac{p^2}{2m}$ entspricht z. B. der Operator

$$\frac{1}{2m}\left(\frac{h}{i}\operatorname{grad}\right)^2 = -\frac{h^2}{2m}\left(\frac{\partial^2}{\partial x^2} + \frac{\partial^2}{\partial y^2} + \frac{\partial^2}{\partial z^2}\right) = -\frac{h^2}{2m}\Delta$$

und ihr Erwartungswert ist
$$\overline{E}_{\text{kin}} = -\frac{\mathsf{h}^2}{2m}\int \Psi^* \Delta \Psi \, d\tau.$$
Der Erwartungswert der potentiellen Energie ist
$$\overline{V} = \int \Psi^* V \Psi \, d\tau.$$
Es ist jetzt leicht zu zeigen, daß der in Gl. (4) eingeführte Parameter E tatsächlich die Gesamtenergie ist. Dazu müssen wir nur Gl. (4) von links mit ψ^* multiplizieren. Wir erhalten dann unter Beachtung der beiden obenstehenden Gleichungen für $\overline{E}_{\text{kin}}$ und $\overline{V}$ [und mit Gl. (2) und (3)] sofort den Energiesatz
$$-\overline{E}_{\text{kin}} + E - \overline{V} = 0.$$
Gehen wir noch zur zeitabhängigen Gl. (1) über, so sehen wir sofort, daß die Energie durch den Operator $-\frac{\mathsf{h}}{i}\frac{\partial}{\partial t}$ dargestellt wird. Diese Darstellungen von $\mathfrak{p}$ und E durch Operatoren bilden, gemeinsam mit dem Energiesatz, den eigentlichen Ausgangspunkt (oder vielmehr eine von vielen gleichwertigen Ausgangsmöglichkeiten) der Quantenmechanik.

Um die Wechselwirkung des Elektrons mit Strahlung zu behandeln, ist es nötig, diese mit in unser System aufzunehmen. Wir teilen hier nur die Ergebnisse mit. Gegeben sei (zur Zeit $t = 0$) ein Elektron im Zustand ψ_n. Die Amplitude des elektrischen Vektors des auftreffenden Lichtes sei F_x, seine Frequenz ν. Dann ist die Wahrscheinlichkeit, daß das Elektron sich zur Zeit t im Zustand ψ_m befindet, gegeben durch

$$W_{nm}\, t = \left(\frac{eF_x}{2m\mathsf{h}\nu}\right)^2 |p^{(x)}_{nm}|^2 \frac{\sin^2\left\{\pi\left(\nu - \frac{E_m - E_n}{\mathsf{h}}\right)t\right\}}{\pi^2\left(\nu - \frac{E_m - E_n}{\mathsf{h}}\right)^2}, \qquad (9)$$

d. h. nur dann wesentlich von Null verschieden, wenn
$$E_m \cong E_n + h\nu,$$
d. h. wenn der Energiesatz erfüllt ist. Andernfalls ist W_{nm} praktisch Null. Hier ist
$$p^{(x)}_{nm} = \frac{\mathsf{h}}{i}\int \psi_m^* \frac{\partial}{\partial x}\psi_n \, d\tau. \qquad (10)$$
Näheres darüber im Anhang 1.[1]

---

[1] Dieses Ergebnis ist nur dann exakt gültig, wenn die Wellenlänge des Lichtes groß gegen Atomdimensionen ist — also unter Vernachlässigung

Wir können jeder physikalischen Größe, z. B. der Koordinate x oder dem Impuls p_x, ein zweidimensionales Schema, eine Matrix zuordnen, deren Elemente, die Matrixelemente, durch ein Bildungsschema von der Art (10), für x_{nm} also durch

$$x_{nm} = \int \psi_m^* \, x \, \psi_n \, d\tau,$$

gegeben sind. Eine solche Matrix ist die quantenmechanische Repräsentation der betreffenden physikalischen Größe.

Mehrkörperproblem. In gewissem Sinne stellt ein Einkörperproblem fast immer ein vereinfachtes Mehrkörperproblem dar, denn jedes statische Potential wird ja durch Elektronen oder Atomkerne erzeugt. Das Näherungsverfahren, das wir zur Lösung der uns interessierenden Probleme wählen, besteht nun in folgendem.

Wir greifen irgendein Elektron heraus. Dieses Elektron bewegt sich in dem durch die übrigen Elektronen und Atomkerne erzeugten Potential, das vorläufig allerdings unbekannt ist. Jeder Lösung entspricht nun eine bestimmte Dichteverteilung ϱ und jede Dichteverteilung erzeugt wieder einen bekannten Beitrag zum Potential V auf alle übrigen Elektronen. Unser Problem wird dann gelöst sein, wenn das Potential, das zur Berechnung der Eigenfunktionen benutzt wird, identisch ist mit dem Potential, das aus der (mit Hilfe der Eigenfunktion bekannten) Dichteverteilung [vgl. § 2, Gl. (1)] berechnet wird. Diese Methode ist bekannt unter dem Namen HARTREEsche Methode des „self-consistent field" und mit sehr großem Erfolg auf Atome angewandt worden. Die praktische Ausführung kann etwa so durchgeführt werden, daß man von irgendeinem Potential V_0, von dem man annimmt, daß es eine gute Näherung darstellt (bei Atomen z. B. ein abgeschirmtes COULOMB-Feld), ausgeht und die zugehörigen Eigenfunktionen ψ_0 berechnet — dann mit Hilfe der ψ_0 das durch sie erzeugte Potential V_1 berechnet usw.

Im Falle der festen Körper können wir aber die empirische Tatsache verwerten, daß alle festen Körper Kristalle sind, daß also die Dichteverteilung sicher periodisch im Sinne der Kristallperiodizität ist. Diese Periodizität ist gerade die charakteristischste Eigenschaft aller Kristalle. Alle allgemeinen, d. h. für verschiedene

---

der Retardierung. Andernfalls ist $p_{nm}^{(x)}$ zu ersetzen durch

$$\frac{\mathsf{h}}{i} \int e^{i(\mathfrak{K},\,\mathfrak{r})} \psi_m^* \frac{\partial}{\partial x} \psi_n \, d\tau.$$

($\mathfrak{K}$ = Ausbreitungsvektor der Lichtwelle.)

Kristalle qualitativ gleichen Ergebnisse, müssen sich daraus ableiten lassen.

Wir stellen uns folgendes Programm: Wir diskutieren zuerst möglichst allgemein das Potential (§ 2) und sodann die allgemeine Form der Eigenfunktionen in einem Kristall (§ 3). Hieraus berechnen wir die Eigenwerte und die uns sonst interessierenden Größen (z. B. den Impuls des Elektrons).

Die hier beschriebene Methode liefert sicher, soweit es sich um Eigenschaften einzelner Elektronen handelt (z. B. deren optische Terme, ihre Geschwindigkeit usw.), gute Ergebnisse, denn in diesem Fall ist die Approximation vollständig korrekt. Daneben interessieren uns aber auch Größen, die sich *nur* auf das gesamte System beziehen, z. B. die gesamte Energie, der Gesamtimpuls. Wenn die Wechselwirkungsenergie der Elektronen sehr groß ist gegen ihre Eigenenergie, kann man sogar nur *solche* Größen korrekt definieren[1]. Wir werden also sehr vorsichtig sein müssen, wenn es um die Berechnung solcher, sich auf den ganzen Kristall beziehenden Größen handelt (vgl. z. B. Ferromagnetismus, Kapitel VI).

Wir berechnen z. B. die Gesamtenergie U. Die Eigenenergie des i-ten Elektrons sei W_i, seine Wechselwirkungsenergie mit dem k-ten Elektron V_{ik}. Die Gesamtenergie des i-ten Elektrons E_i ist also

$$E_i = W_i + \sum_k V_{ik}.$$

V_{ii} ist natürlich Null zu setzen. Die Gesamtenergie ist dagegen:

$$U = \sum_i W_i + \frac{1}{2} \sum_{i,k} V_{ik} = \sum_i E_i - \frac{1}{2} \sum_{i,k} V_{ik}, \qquad (11)$$

also nicht gleich der Summe der Gesamtenergien der einzelnen Elektronen. (Der Faktor $\frac{1}{2}$ in der Doppelsumme über V_{ik} rührt daher, daß dort jeder Wechselwirkungsterm doppelt gezählt wird.) Eine einigermaßen exakte Berechnung der Gesamtenergie kann unter Umständen große Schwierigkeiten machen.

§ 2. Das Potential.

Normierung. Unter Potential an einem Punkt versteht man die potentielle Energie einer bestimmten Ladungsmenge an diesem Punkt. Diese Definition enthält zwei willkürliche Konstanten, die

---

[1] Z. B. wird man nur einen *Gesamt*impuls definieren können.

wir durch Normierung festlegen: erstens die Größe dieser Ladung; zweitens den Nullpunkt der Energie. Für erstere wählen wir die Ladung eines Elektrons, e. Seine potentielle Energie ist dann identisch mit dem Potential V und bestimmt sich mit Hilfe der POISSONschen Gleichung aus der Ladungsdichte D

$$\Delta V = -4\pi e D \qquad (1)$$

D ist die Ladungsdichte sämtlicher Atomkerne und Elektronen mit Ausnahme des einen Elektrons, dessen potentielle Energie berechnet wird. Aus Gl. (1) wird V nur bis auf eine additive Konstante bestimmt. Wir wählen diese so, daß in genügend großer Entfernung vom Metall $V = 0$ ist.

Mittleres Potential [32, 68, 80]. Bei unserer Normierung wird, wie wir weiter unten zeigen werden, der Mittelwert des Potentials

$$\bar{V} = \frac{1}{R} \int_R V \, d\tau \qquad (2)$$

im Metallinneren negativ, obwohl das Metall als Ganzes elektrisch neutral ist[1]. Dies ist qualitativ leicht zu verstehen und ist eine allgemeine Eigenschaft elektrisch neutraler Systeme, die aus punktförmigen positiven und ausgedehnten negativen Ladungen bestehen. Denken wir z. B. an ein Atom mit kugelsymmetrischer Elektronenverteilung. Nach einfachen Sätzen der Potentialtheorie ist in einer Entfernung r_0 vom Kern die Kraft auf ein Elektron so groß, als ob die gesamte Ladung innerhalb der Kugel mit dem Radius r_0 im Kern vereinigt wäre, während die Ladung außerhalb r_0 keinen Beitrag liefert. Die Gesamtladung (Elektronen und Kern) innerhalb r_0 ist immer positiv und daher ist das Potential bei unserer Normierung negativ.

Zur Berechnung von $\bar{V}$ integrieren wir Gl. (2) je zweimal partiell nach x, y und z. Unter Beachtung, daß V und grad V außerhalb des Metalls verschwinden, ist z. B.

$$\int V \, d\tau = \frac{1}{2} \int x^2 \frac{\partial^2 V}{\partial x^2} \, d\tau$$

und entsprechend für y und z. Ebenfalls durch partielle Integration zeigt man, daß

$$\int (y^2 + z^2) \frac{\partial^2 V}{\partial x^2} \, d\tau = 0$$

und Entsprechendes durch zyklisches Vertauschen von x, y und z.

---
[1] R ist das Volumen des Metalls.

Mit $r^2 = x^2 + y^2 + z^2$ und unter Beachtung von (1) und (2) wird

$$R\,\overline{V} = \int V\,d\tau = \frac{1}{6}\int r^2\,\Delta V\,d\tau = -\frac{2\pi}{3}e\int r^2 D\,d\tau.$$

Aus Gründen der Kristallsymmetrie gibt die Integration über jede Elementarzelle (Volumen R_0) den gleichen Beitrag. Es sei

$$\frac{\overline{r^2}}{R_0} = \frac{1}{R_0}\int_{R_0}\frac{D}{e}r^2\,d\tau = \frac{1}{R}\int_R\frac{D}{e}r^2\,d\tau,$$

dann wird

$$\overline{V} = -\frac{2\pi e^2 \overline{r^2}}{3R_0}. \tag{3}$$

Für Kristalle mit einem Atom pro Elementarzelle können wir den Nullpunkt in den Atomkern legen. $m\,\overline{r^2}$ ist dann das Trägheitsmoment der Elektronen, denn $\frac{m}{e}D$ ist die Massendichte und der Beitrag des Atomkerns zum Integral verschwindet, weil dessen Dichte mit $r^2 = 0$ multipliziert wird. Um die Größenordnung von $\overline{V}$ abzuschätzen, benutzen wir die in § 11 abgeleitete näherungsweise gültige Beziehung für die diamagnetische Volumensuszeptibilität

$$\chi_{\text{dia}} = \frac{-e^2 \overline{r^2}}{6\,m\,c^2\,R_0} \tag{4}$$

[für freie Atome gilt (4) exakt].

Aus (3) und (4) ergibt sich ein eigenartiger Zusammenhang zwischen mittlerem Potential und diamagnetischer Suszeptibilität:

$$\overline{V} = 4\pi\,m\,c^2\,\chi_{\text{dia}}. \tag{5}$$

Wird $\overline{V}$ in e-Volt ausgedrückt, so lautet (5)

$$\overline{V} \cong 7\cdot 10^6\,\chi_{\text{dia}}\text{ e-Volt}. \tag{5a}$$

χ_{dia} hat für fast alle Metalle die Größenordnung -10^{-6} (vgl. § 11). Daher hat $\overline{V}$ die Größenordnung -10 e-Volt.

Wir müssen hier darauf hinweisen, daß das mittlere Potential $\overline{V}$ durchaus nicht identisch ist mit der mittleren potentiellen Energie E_{pot} eines Elektrons. Diese berechnet sich ja mit Hilfe der mittleren Aufenthaltswahrscheinlichkeit ϱ zu

$$E_{\text{pot}} = \int_R \varrho\,V\,d\tau.$$

Nur wenn ϱ konstant $\left(=\frac{1}{R}\right)$ ist, wird $E_{\text{pot}} = \overline{V}$ [vgl. (2)]. E_{pot} hängt stark von ϱ, also vom Quantenzustand des betreffenden Elektrons ab, während $\overline{V}$ eine Konstante des Metalls ist.

Periodizität. Neben der Tatsache, daß das mittlere Potential im Inneren eines Metalls negativ ist, ist die einfachste Eigenschaft des Potentials seine Periodizität. Sie folgt unmittelbar aus der Kristallsymmetrie. Aus diesem Grunde hat auch die Ladungsdichte D die gleiche Symmetrie. Wir können sowohl D als auch V in FOURIER-Reihen entwickeln und die FOURIER-Koeffizienten $V_\mathfrak{m}$ von V mit Hilfe von Gl. (1) durch diejenigen von D ausdrücken. Für ein kubisches Gitter wird so

$$D = \sum D_\mathfrak{m} e^{\frac{2\pi i}{a}(\mathfrak{m},\mathfrak{r})} \quad (6)$$

$$V = \sum V_\mathfrak{m} e^{\frac{2\pi i}{a}(\mathfrak{m},\mathfrak{r})} \quad (7)$$

Durch Einsetzen von (6) und (7) in die POISSONsche Gleichung (1) erhalten wir:

$$V_\mathfrak{m} = \frac{e\,a^2}{\pi |\mathfrak{m}|^2} D_\mathfrak{m}, \qquad \mathfrak{m} \neq (0,0,0) \quad (7a)$$

während $V_{000} = \overline{V}$ ist (Gl. 3).

Die $D_\mathfrak{m}$ berechnen sich aus der Ladungsdichte D nach der Theorie der FOURIER-Reihen zu

$$D_\mathfrak{m} = \frac{1}{R_0} \int_{R_0} D\, e^{-\frac{2\pi i}{a}(\mathfrak{m},\mathfrak{r})}\, d\tau, \qquad \mathfrak{m} \neq (0,0,0). \quad (6a)$$

Die FOURIER-Koeffizienten $D_\mathfrak{m}$ können mit Gl. (6a) rein theoretisch mit genügender Genauigkeit berechnet werden. Einzelheiten über die Berechnung der $D_\mathfrak{m}$ und damit nach (7a) der $V_\mathfrak{m}$ bringen wir im Anhang 7. Man erhält z. B. für die ersten FOURIER-Koeffizienten des Potentials für Ag -17 e-Volt und für Au -21 e-Volt.

Wir können qualitativ den Potentialverlauf auch diskutieren, ohne auf die FOURIER-Darstellung Bezug zu nehmen. Wir gehen davon aus, daß nur die äußeren (Valenz-) Elektronen eine andere Dichteverteilung haben als in freien Atomen. Wenn wir also als Beitrag der einzelnen Atome zum Gesamtpotential die Potentiale der freien Atome benutzen, werden wir nur einen kleinen Fehler machen, solange wir uns in der Nähe irgendeines Kernes befinden. Längs einer Geraden, die durch Gitterpunkte (Atomkerne) geht, ist der Potentialverlauf etwa so wie in Abb. 1a dargestellt. Dagegen sind längs einer Geraden, die keine Gitterpunkte berührt, die Potentialschwankungen viel kleiner, etwa wie in Abb. 1 b gezeigt ist.

Oberfläche. Man kann sich das Potential V additiv aus 2 Teilen entstanden denken. Zunächst nimmt man an, daß die Ladungsdichte durch das eine Elektron, dessen potentielle Energie berechnet werden soll, nicht verändert wird und berechnet mit dieser Ladungsdichte D_0 das Potential V_0. Tatsächlich aber polarisiert das Elektron seine Umgebung, so daß wir zum Potential V_0 noch ein Polarisationspotential P addieren müssen. Dieses ist immer negativ,

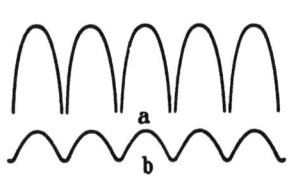 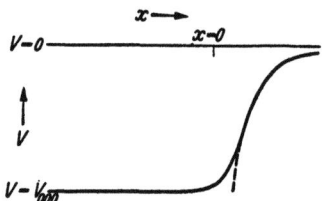

Abb. 1 a und b. Potentialverlauf längs einer Geraden, a die durch Atomkerne führt, b die nicht durch Atomkerne führt.

Abb. 2. ——— Verlauf des mittleren Potentials an der Oberfläche; — — — Bildkraftpotential.

entsprechend der elektrischen Anziehung, die durch die Polarisation verursacht wird. Eine besonders einfache Bedeutung bekommt das Polarisationspotential in der Nähe der Metalloberfläche. Dort geht es nämlich über in das Potential der Bildkraft, d. h. in das Potential einer Punktladung e in einer Entfernung x von der Metalloberfläche. Das Bildkraftpotential ist bekanntlich (klassische Elektrostatik!).

$$P_B = -\frac{e^2}{4x}. \tag{8}$$

Dieser Ausdruck für das Polarisationspotential ist gültig, solange die Metalloberfläche als Ebene betrachtet werden kann, also für Entfernungen x, die größer als der Gitterabstand sind. In dieser Entfernung ist das Potential V_0 praktisch Null (bei unserer Normierung), denn D_0 ist hier praktisch Null. Für Entfernungen $x > a$ ist also $V = P_B$. Ebenso verläuft hier auch das mittlere Potential $\overline{V}$, während es für $x < a$ sich dem Wert im Metallinneren, V_{000} nähert (vgl. Abb. 2).

§ 3. Das Elektron im periodischen Potential [33].

Allgemeines. Wir kommen in diesem Abschnitt zur eigentlichen Grundlage der Elektronentheorie.

Um den Unterschied zwischen der klassischen und der wellenmechanischen Behandlung des Problems zu zeigen, überlegen wir uns, was für qualitative Aussagen wir über die Geschwindigkeit der Elektronen in beiden Theorien machen können. Wir beschränken uns der Einfachheit halber auf ein eindimensionales Modell, etwa mit einem Potentialverlauf wie in Abb. 1a oder 1b. In der klassischen Theorie haben wir dann zwei charakteristische Fälle zu unterscheiden:

Fall 1. Die Energie des Elektrons ist kleiner als das Maximum des Potentials; dann wird ein Elektron immer in einer bestimmten Potentialmulde bleiben, das Elektron ist gebunden, die mittlere Geschwindigkeit ist Null.

Fall 2. Die Energie des Elektrons ist größer als in 1; dann kann es sich ungehindert durch das Metall bewegen („freies Elektron").

Diese Unterscheidung zwischen freien und gebundenen Elektronen ist in der Wellenmechanik unmöglich. Man kann das schon durch ganz grobe Überlegungen feststellen.

Fall 1. Ein Elektron hat die Möglichkeit, einen Potentialberg zu durchdringen, auch wenn das im klassischen Fall unmöglich wäre. Wenn das Elektron zu einer Zeit t_0 in einer bestimmten Potentialmulde ist, so ist die Wahrscheinlichkeit, daß es sich später in einer anderen befindet, von Null verschieden. Das Elektron erzeugt einen Strom, der allerdings für Elektronen mit sehr kleiner Energie sehr klein wird.

Fall 2. Von der dem Elektron zugeordneten DE BROGLIE-Welle[1] wird an jedem Gitterpunkt ein Teil reflektiert. Normalerweise zerstören sich diese reflektierten Wellen durch Interferenz, d. h. die Wahrscheinlichkeit, daß ein Elektron reflektiert wird, ist Null — die Elektronen bewegen sich wie im klassischen Fall 2 ungehindert durchs Metall. Ist aber der Abstand zweier Gitterpunkte ein Vielfaches einer halben Wellenlänge, so werden sich die reflektierten Wellen durch Interferenz verstärken, so daß schließlich an jeder Stelle des Metalls ebensoviel reflektiert wird, wie einfällt. Ein Elektron mit dieser Wellenlänge kann sich also nicht durchs Metall bewegen — d. h. das Verhalten dieser Elektronen ist vollständig verschieden vom klassischen Fall.

Wir wenden uns jetzt zu einer exakten Behandlung unseres Problems. Das Verhalten der Elektronen hängt natürlich stark

---

[1] Die Eigenfunktionen sind hier im wesentlichen ebene Wellen.

von der Symmetrie des Gitters ab. Wir beschränken uns im folgenden immer, falls wir es nicht ausdrücklich vermerken, auf *einfache Translationsgitter*, meistens sogar auf einfache kubische Gitter. Ein einfaches Translationsgitter entsteht dadurch, daß wir von einem Atom ausgehend drei Vektoren $\mathfrak{a}_1$, $\mathfrak{a}_2$, $\mathfrak{a}_3$, ziehen und in die Endpunkte dieser Vektoren je ein Atom legen. Diesen Vorgang setzen wir beliebig oft fort und erhalten dann das in Abb 3a gezeigte Gitter. Das durch die Vektoren $\mathfrak{a}_1$, $\mathfrak{a}_2$, $\mathfrak{a}_3$ bestimmte Parallelepiped heißt Elementarzelle des Gitters. Jede Elementarzelle enthält offenbar genau ein Atom, wie man am einfachsten sieht, wenn man alle Atome um einen kleinen Betrag

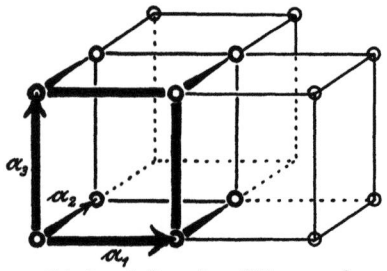

Abb. 3a. Aufbau eines Gitters aus der Elementarzelle. Aus [8].

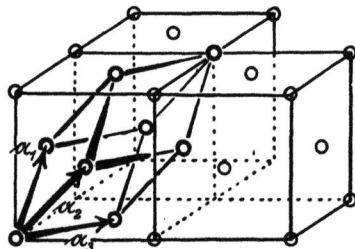

Abb. 3b. Flächenzentriertes kubisches Gitter. Aus [8].

in der gleichen Richtung verschiebt, so daß sie nicht mehr an einer Ecke, sondern im Inneren der Elementarzellen liegen.

Die Darstellung eines Gitters als einfaches Translationsgitter ist nicht immer die zweckmäßigste. Betrachten wir z. B. ein flächenzentriertes kubisches Gitter. Wenn wir hier, wie es anschaulich am einfachsten ist, an der kubischen Symmetrie festhalten, so besteht die Elementarzelle aus einem Würfel, der außer an den Ecken auch in den Schnittpunkten der Diagonalen der Würfelflächen je ein Atom enthält. Das Gitter besteht also aus vier ineinandergestellten einfachen kubischen Gittern und die kubische Elementarzelle enthält vier Atome. Trotzdem läßt sich das flächenzentrierte kubische Gitter als einfaches Translationsgitter auffassen, wenn man zu einem anderen Kristallsystem übergeht, wie man am einfachsten an Hand von Abb. 3b feststellt. Ähnlich verhält sich das raumzentrierte kubische Gitter.

Eigenfunktionen [33, 5]. Die allgemeine Form der Eigenfunktionen ψ läßt sich schon durch reine Symmetriebetrachtungen festlegen. Nach § 1 [Gl. (4)] genügt ψ der SCHRÖDINGER-Gleichung

$$\Delta \psi + \frac{2m}{\hbar^2}(E - V(\mathfrak{r}))\psi = 0,$$

wobei das Potential $V(\mathfrak{r})$ periodisch im Sinne der Gittersymmetrie ist. Da E eine Konstante ist, folgt, daß $\frac{\Delta \psi}{\psi}$ ebenfalls eine periodische Funktion mit der gleichen Periode wie $V(\mathfrak{r})$ sein muß. Das ist immer erfüllt, wenn ψ selbst periodisch ist, doch ist das sicher nicht die allgemeinste Lösung der Bedingung: $\frac{\Delta \psi}{\psi}$ periodisch. Man sieht das z. B., wenn man als einfachstes Beispiel V konstant setzt, was dem Spezialfall freier Elektronen entspricht. Die Lösung der SCHRÖDINGER-Gleichung ist dann

$$\psi = e^{i(\mathfrak{k},\mathfrak{r})},$$

wobei $\mathfrak{k}$ ein beliebiger konstanter Vektor ist, der zum Impuls des Elektrons proportional ist (vgl. § 4 B). Es läßt sich nun leicht zeigen (vgl. Anhang 6.),

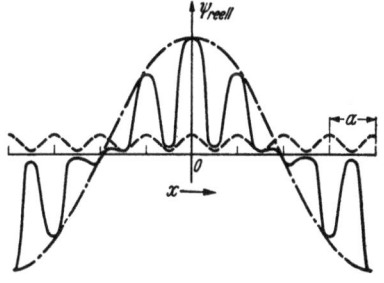

Abb. 4. Reeller Teil der Eigenfunktionen, eindimensional. —— ψ, — — u, — · — e^{ikx}

daß die allgemeinste Form von ψ durch eine Kombination der hier besprochenen beiden Grenzfälle erhalten wird. Es wird nämlich

$$\psi = e^{i(\mathfrak{k},\mathfrak{r})} u(\mathfrak{r}), \tag{1}$$

wobei u periodisch ist, d. h.

$$u(\mathfrak{r}) = u(\mathfrak{r} + \mathfrak{a}_1 n_1 + \mathfrak{a}_2 n_2 + \mathfrak{a}_3 n_3). \tag{2}$$

$\mathfrak{k}$ ist ein konstanter Vektor, der sog. *Ausbreitungsvektor* oder die *Wellenzahl*. Die Eigenfunktionen ψ sind somit Produkte aus ebenen Wellen mit Funktionen u, die periodisch in der Gitterperiode sind (vgl. Abb. 4).

Die Funktionen u können infolge dieser Periodizität in FOURIER-Reihen entwickelt werden. Im Fall eines kubischen Gitters[1] (Gitterabstand a) wird so

$$u = \sum c_{\mathfrak{n}} e^{\frac{2\pi i}{a}(\mathfrak{n},\mathfrak{r})}. \tag{2a}$$

---

[1] Im allgemeinen Fall muß man zur Durchführung dieser Entwicklung das reziproke Gitter einführen. Vgl. Anhang 6.

Geben wir uns eine bestimmte Eigenfunktion
$$\psi_0 = e^{i(\mathfrak{k}_0, \mathfrak{r})} u_0 \tag{3}$$
vor, so ist durch (1) der zugehörige $\mathfrak{k}$-Wert noch nicht eindeutig bestimmt. Führen wir nämlich im Fall eines kubischen Kristalls einen zweiten Vektor $\mathfrak{k}_1$ ein, dessen Komponenten

$$(k_1)_x = (k_0)_x - \frac{2\pi}{a}, \qquad (k_1)_y = (k_0)_y, \qquad (k_1)_z = (k_0)_z \tag{4a}$$

sind und eine Funktion

$$u_1 = u_0 \, e^{\frac{2\pi i}{a} x}, \tag{4b}$$

so wird (3) mit (4a) und (4b)

$$\psi_0 = e^{i(\mathfrak{k}_1, \mathfrak{r})} u_1. \tag{3a}$$

u_1 hat nach (4b) die nach (2a) geforderte Periodizität, also hat ψ_0 in (3a) ebenso wie in (3) die geforderte Form (1). Offensichtlich können wir $\mathfrak{k}_0$ durch alle Vektoren $\mathfrak{k}$ ersetzen, die sich von $\mathfrak{k}_0$ um einen Vektor $\frac{2\pi}{a} \mathfrak{m}$ unterscheiden. Um den Vektor $\mathfrak{k}$ eindeutig zu machen, müssen wir jede seiner Komponenten auf einen Bereich von der Größe $\frac{2\pi}{a}$ einschränken. Die spezielle Lage dieses Wertebereichs im $\mathfrak{k}$-Raum ist dabei ganz gleichgültig. Am praktischsten und einfachsten fordern wir

$$-\frac{\pi}{a} < k_i \leq \frac{\pi}{a}, \qquad i = x, y, z \tag{5}$$

für ein kubisches Gitter. Im allgemeinen Fall (vgl. Anhang 6.) wird eine analoge Bedingung gefunden. Der durch die Forderung (5) eingeschränkte Vektor $\mathfrak{k}$ heißt *reduzierter Ausbreitungsvektor* oder *reduzierte Wellenzahl*. Wir werden uns im folgenden, soweit wir es nicht ausdrücklich vermerken, auf kubische Gitter beschränken. Fast alle so erhaltenen Resultate lassen sich auf alle einfachen Translationsgitter entsprechend übertragen. Dagegen muß man bei Verallgemeinerungen auf komplizierte Gitter sehr vorsichtig sein [210].

Für die weitere Durchführung der Rechnungen ist es vorteilhaft, den ganzen (unendlich großen) Kristall in sehr große kubische Gebiete von der Länge $L = aG$ einzuteilen. G sei eine große Zahl. Wir wählen für unsere Untersuchungen irgendeines dieser Gebiete und nennen es unser Grundgebiet. Sein Volumen ist $R = L^3 = (aG)^3$.

G^3 ist die Zahl der Elementarzellen im Grundgebiet. Da sich alle diese großen Gebiete vollständig gleich verhalten sollen, fordern wir für die Eigenfunktionen eine Periodizität mit der Periode des Grundgebiets, die nicht zu verwechseln ist mit der Gitterperiodizität. Die letztere ist eine wesentliche physikalische Bedingung, während erstere nur zur Vereinfachung der Rechnungen eingeführt wird und in den Resultaten nicht mehr auftritt. Wir fordern also:

$$\psi(\mathfrak{r}) = \psi(\mathfrak{r} + a\,G\,\mathfrak{e}).$$

$\mathfrak{e}$ ist ein Vektor mit ganzzahligen Komponenten. Wegen (1) folgt hieraus, da u die Periode a, also auch die Periode $a\,G$ hat:

$$e^{i(\mathfrak{k},\mathfrak{r})} = e^{i(\mathfrak{k},\mathfrak{r}+e\,a\,G)},$$

oder

$$e^{i(\mathfrak{k},e\,a\,G)} = 1.$$

Unter Berücksichtigung von (5) wird dann

$$k_i = \frac{2\pi}{a}\frac{g_i}{G}, \quad -\frac{1}{2}G \angle g_i \angle \frac{1}{2}G, \quad i = x, y, z. \qquad (6)$$

$\mathfrak{k}$ kann also nur G^3 verschiedene Werte annehmen. Aus Gl. (6) findet man sofort, daß die Zahl der Eigenwerte im Volumenelement $d\tau_t = d k_x d k_y d k_z$ des $\mathfrak{k}$-Raums

$$\left(\frac{a\,G}{2\pi}\right)^3 d\tau_t = \frac{R}{(2\pi)^3} d\tau_t \qquad (6\text{a})$$

ist.

Die Normierung soll im Grundgebiet R durchgeführt sein. Mit (1) wird (R_0 Volumen einer Elementarzelle):

$$1 = \int_R \psi\psi^* d\tau = \int_R u u^* d\tau = G^3 \int_{R_0} u u^* d\tau. \qquad (7)$$

Energiespektrum. Zur Untersuchung der Eigenwerte gehen wir von der SCHRÖDINGER-Gleichung [§ 1, Gl. (4)] aus:

$$\Delta\psi + \frac{2m}{\mathsf{h}^2}(E - V)\psi = 0.$$

Mit dem Ansatz (1) erhalten wir:

$$\Delta u + 2i(\mathfrak{k}, \mathrm{grad})u + \frac{2m}{\mathsf{h}^2}\left(E - \frac{\mathsf{h}^2}{2m}k^2 - V\right)u = 0. \qquad (8)$$

In dieser Gleichung ist $\mathfrak{k}$ ein Parameter, der die in (6) festgesetzten G^3-Werte annehmen kann. Für irgendeinen Wert von $\mathfrak{k}$ können wir die (unendlich vielen) Eigenwerte $E_{n\mathfrak{k}}$ und Eigenfunktionen $\psi_{n\mathfrak{k}}$ berechnen, die dann beide Funktionen des Parameters $\mathfrak{k}$ sind und im einzelnen durch den näheren Verlauf des Potentials V bestimmt werden. Wir gehen jetzt von irgendeiner der Quantenzahlen n aus und lassen $\mathfrak{k}$ variieren. Da $\mathfrak{k}$ nach (6) G^3-Werte annehmen kann, von denen zwei aufeinanderfolgende sehr nahe beisammenliegen (da G sehr groß ist), gibt es zu einer Quantenzahl n eine ganze Gruppe von G^3 beisammenliegender Eigenwerte bzw. Eigenfunktionen. Wird G beliebig groß, so wird der Abstand von zwei aufeinanderfolgenden Eigenwerten beliebig klein. *Das Energiespektrum besteht also aus einzelnen Energiebändern (Quantenzahl n) mit je G^3 Eigenwerten.* Innerhalb eines Bandes ist das Spektrum praktisch kontinuierlich. Die einzelnen Energiebänder können sich auch teilweise überdecken.

Die Tatsache, daß jedes Energieband genau G^3 Eigenwerte bzw. Eigenfunktionen enthält, ist, wie wir später sehen werden, von großer Bedeutung. Sie gilt nicht nur für kubische Gitter, sondern auch für alle einfachen Translationsgitter (Anhang 6.). Da jede Elementarzelle genau ein Atom enthält, gibt es *in einfachen Translationsgittern in jedem Energieband einen Eigenwert pro Atom*.

Was für Aussagen können wir über die Abhängigkeit der Energie $E_{n,\mathfrak{k}}$ von $\mathfrak{k}$ innerhalb eines Bandes (n) machen? Zunächst sehen wir, daß Gl. (8) in die konjugiert komplexe Gleichung übergeht, falls wir $\mathfrak{k}$ durch $-\mathfrak{k}$ ersetzen. Da u und u^* den gleichen Eigenwert haben, ist $E_{n,\mathfrak{k}} = E_{n,-\mathfrak{k}}$. In kubischen Gittern bleibt, auch wenn nur eine Komponente von $\mathfrak{k}$, etwa k_x, ihr Vorzeichen wechselt, $E_{n\mathfrak{k}}$ konstant, denn das ist gleichwertig damit, daß x durch $-x$ ersetzt wird, was wegen der Symmetrie des kubischen Gitters offenbar keinen Einfluß auf den Eigenwert hat. Es ist also in kubischen Gittern

$$E_{n,\mathfrak{k}} = E_{n,-\mathfrak{k}}; \qquad E_n(k_x, k_y, k_z) = E_n(-k_x, k_y, k_z) \text{ usw.} \qquad (9\text{a})$$

Wir wollen jetzt vorübergehend die k_i etwas über die durch (5) festgelegten Grenzen hinaus verfolgen, ohne aber dabei das Energieband n zu verlassen. Wie wir oben gezeigt haben [vgl. (3), (3a) und (4a)], gehört dann zu $k_i \pm \dfrac{2\pi}{a}$ die gleiche Eigenfunktion, also auch der gleiche Eigenwert, wie zu k_i; d. h. es ist

$$E_n(k_x, k_y, k_z) = E_n\left(k_x \pm \frac{2\pi}{a}, k_y, k_z\right) \text{ usw.} \qquad (9\text{b})$$

Aus (9a) folgt, daß E_n als Funktion von k_i eine gerade Funktion ist; aus (9b) folgt, daß es innerhalb eines Bandes auch eine periodische Funktion ist. Daher muß die Ableitung von E_n nach k_i sowohl für $k_i = 0$ als auch am Rand des durch (5) gegebenen Intervalls verschwinden:

$$\frac{\partial E_n}{\partial k_i} = 0 \quad \text{für} \quad k_i = 0 \quad \text{und} \quad k_i = \pm \frac{\pi}{a}, \, i = x, y, z. \qquad (9\text{c})$$

Im einfachsten Fall hat $\dfrac{\partial E_n}{\partial k_i}$ im Wertebereich (5) keine weiteren

Nullstellen. $E_{n\mathfrak{k}}$ hat also z. B. als Funktion von k_x allein betrachtet für $k_x = 0$ ein Minimum (oder ein Maximum) und daher für $k_x = \pm \frac{\pi}{a}$ ein Maximum (oder ein Minimum). Ob $E_\mathfrak{k}$ für $k_x = 0$ bzw. $k_x = \pm \frac{\pi}{a}$ ein Maximum *oder* Minimum hat, ist physikalisch gleichgültig solange wir uns nur für ein bestimmtes Band interessieren, denn wir konnten die Lage des Wertebereiches für $\mathfrak{k}$ willkürlich vorschreiben, also z. B. immer erreichen, daß $E_{n\mathfrak{k}}$ am Rande des Wertebereiches ein Maximum hat. Dagegen ist es physikalisch bedeutungsvoll, ob für zwei aufeinanderfolgende Bänder *beidesmal* am Rande ein Maximum (oder Minimum) ist, oder ob in dem einen Band ein Maximum ist und in dem anderen ein Minimum. In Abb. 5a und b haben wir diese

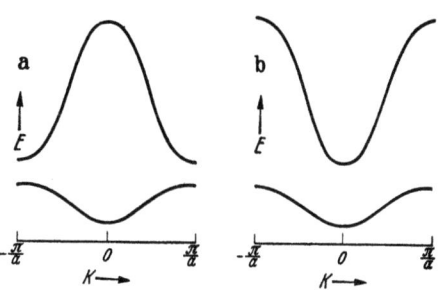

Abb. 5a und b. Die beiden einfachsten Möglichkeiten des Energieverlaufs zweier aufeinanderfolgender Bänder in Abhängigkeit von der Wellenzahl (eindimensional).

beiden Fälle aufgezeichnet. Die Ränder des Bandes sind durch die Wellenzahlen $\mathfrak{k} = (0, 0, 0)$ und $\mathfrak{k} = \left(\pm \frac{\pi}{a}, \pm \frac{\pi}{a}, \pm \frac{\pi}{a} \right)$ bestimmt.

Geschwindigkeit. Um diese zu berechnen, gehen wir am einfachsten davon aus, daß wir uns innerhalb eines Bandes praktisch im kontinuierlichen Spektrum befinden. Um die Geschwindigkeit für den Zustand $(n, \mathfrak{k}_0)$ zu berechnen, müssen wir also eine Wellengruppe bilden (durch Mittelung über einen kleinen Bereich $\delta \Delta k_x \Delta k_y \Delta k_z$) und die Gruppengeschwindigkeit berechnen. Nach § 1, Gl. (3) und § 3, Gl. (1) lautet die zeitabhängige Wellenfunktion:

$$\Psi = e^{i(\mathfrak{k}, \mathfrak{r})} u_{n\mathfrak{k}} e^{-\frac{iE}{h} t}. \tag{1a}$$

In der Nähe von $\mathfrak{k}_0$ ist:
$$\mathfrak{k} = \mathfrak{k}_0 + \Delta \mathfrak{k}, \qquad E_{n\mathfrak{k}} = E_{n\mathfrak{k}_0} + ((\text{grad}_\mathfrak{k} E)_{\mathfrak{k}_0}, \Delta \mathfrak{k}),$$
wo $\text{grad}_\mathfrak{k}$ der Gradient im $\mathfrak{k}$-Raum ist.

Die Mittelung ergibt, wenn wir $\bar{u}_{n\mathfrak{k}}$ einen geeigneten Mittelwert von $u_{n\mathfrak{k}}$ nennen:

$$\overline{\Psi} = e^{i(\mathfrak{k}_0, \mathfrak{r})} \bar{u}_{n\mathfrak{k}_0} e^{-\frac{i}{h} E_{n\mathfrak{k}_0} t} \cdot A.$$

Dabei ist die Amplitude $A = A_x A_y A_z$ und

$$A_i = \frac{1}{2\,\Delta k_i} \int_{k_{0i}-\Delta k_i}^{k_{0i}+\Delta k_i} e^{i\left[x - \frac{1}{\mathsf{h}}\left(\frac{\partial E}{\partial k_i}\right)_{k_{0i}} t\right](k_i - k_{0i})} dk_i, \quad i = x, y, z.$$

Die elementare Auswertung ergibt:

$$A_i = \frac{\sin \xi_i \Delta k_i}{\xi_i \Delta k_i}, \qquad \xi_i = x_i - \frac{1}{\mathsf{h}}\left(\frac{\partial E}{\partial k_i}\right)_{k_{0i}} t.$$

A_i ist also nur dann groß, wenn $\xi_i = 0$ ist. Daher ist die Amplitude A der Wellengruppe nur dann groß, wenn

$$\mathfrak{r} - \frac{1}{\mathsf{h}} \operatorname{grad}_{\mathfrak{k}} E_{n\,\mathfrak{k}}\, t = 0$$

ist. Daraus folgt für die Geschwindigkeit $\mathfrak{v}$ der Wellengruppe:

$$\mathfrak{v} = \frac{d\mathfrak{r}}{dt} = \frac{1}{\mathsf{h}} \operatorname{grad}_{\mathfrak{k}} E_{n\,\mathfrak{k}}, \tag{10}$$

oder für den Impuls (z. B. x-Komponente):

$$p_x = m v_x = \frac{m}{\mathsf{h}} \frac{\partial E_{n\,\mathfrak{k}}}{\partial k_x}. \tag{10a}$$

Mit Gl. (9a bis c) (oder anschaulich aus Abb. 5) ergibt sich als wichtiges Resultat: 1. *Am Rande jedes Bandes verschwindet die Geschwindigkeit.* 2. Ersetzt man k_i durch $-k_i$, so wechselt v_i sein Vorzeichen, d. h. in einem Bande gibt es immer zu einem Quantenzustand mit der Geschwindigkeit v_i einen zweiten mit gleicher Energie und der Geschwindigkeit $-v_i$.

Wir haben somit festgestellt, daß sich alle Elektronen durch den Kristall bewegen und daß ihre Geschwindigkeit $\mathfrak{v}$ gewöhnlich nur am Rande jedes Energiebandes verschwindet. Wir wollen darauf aufmerksam machen, daß dieses Ergebnis ganz allgemeine Gültigkeit hat, denn wir haben außer der Kristallsymmetrie keine Voraussetzungen gemacht. Da es zu jedem Zustand mit der Geschwindigkeit $\mathfrak{v}$ genau einen mit der Geschwindigkeit $-\mathfrak{v}$ gibt, verschwindet der Mittelwert über ein Band. Dagegen verschwindet nicht der Mittelwert von v^2 (gemittelt über alle Zustände eines Bandes). Wir können der Größe v^2 durch die Formel

$$E_{\mathrm{tr}} = \frac{m}{2} v^2 \tag{11}$$

eine Energie zuordnen, die wir *Translationsenergie* nennen. Diese Translationsenergie E_{tr} ist für freie Elektronen natürlich äquivalent mit der kinetischen Energie. Im allgemeinen trifft das aber nicht zu, denn $\mathfrak{v}(\mathfrak{k})$ ist ja die *mittlere* Geschwindigkeit (quantenmechanisches Mittel)' eines Elektrons im Zustand $\mathfrak{k}$. Bei einem Oszillator ist z. B. $E_{tr} = 0$, nicht aber die kinetische Energie.

Wir wollen den Unterschied zwischen kinetischer Energie und Translationsenergie an einem einfachen Beispiel klarmachen. Ein Elektron möge auf einer Geraden zwischen zwei dazu senkrechten Ebenen hin und her oszillieren. Seine Eigenfunktion ist dann eine stehende Welle und seine Geschwindigkeit $\mathfrak{v}$ ist daher Null. Infolgedessen wird auch die Translationsenergie Null, nicht aber seine kinetische Energie, die nach den Ausführungen von S. 8 zu berechnen wäre. Die Tatsache, daß die Geschwindigkeit, also auch die Translationsenergie, am Rande eines Bandes verschwindet, bedeutet, daß dort die Eigenfunktionen eine gewisse Ähnlichkeit mit stehenden Wellen haben müssen.

Beschleunigung. Wir dürfen nicht erwarten, daß unsere Elektronen durch äußere Kräfte in ähnlicher Weise beschleunigt werden, wie freie Elektronen. Das geht schon aus einer ganz einfachen Überlegung hervor. Es sei die äußere Kraft gleichgerichtet mit der Geschwindigkeit eines Elektrons, so daß seine Energie durch die äußere Kraft vergrößert wird. Bei einem freien Elektron bedeutet das, daß auch die Geschwindigkeit erhöht wird, daß also das Elektron beschleunigt wird. In unserem Fall wird aber die Geschwindigkeit am Rande eines Bandes Null. Wenn also ein Elektron am unteren Rande eines Energiebandes ist ($\mathfrak{v} = 0$), so wird es zunächst beschleunigt. Wird aber seine Energie schließlich so groß, daß es sich dem oberen Rand des Bandes nähert, so muß die Geschwindigkeit wieder auf Null abnehmen. Das Elektron wird jetzt also verzögert.

Die vorstehende Überlegung läßt sich leicht quantitativ verschärfen. Die äußere Kraft sei $\mathfrak{K}$. In der kurzen Zeit Δt erhöht sich die Energie des Elektrons dann um

$$\Delta E = (\mathfrak{K}, \mathfrak{v} \Delta t).$$

Andererseits ist E eine Funktion von $\mathfrak{k}$, d. h. es ist

$$\Delta E = (\mathrm{grad}_{\mathfrak{k}} E, \Delta \mathfrak{k}),$$

falls sich $\mathfrak{k}$ in der Zeit Δt um $\Delta \mathfrak{k}$ ändert. Es wird also durch Gleichsetzen der beiden Ausdrücke für ΔE

$$(\mathfrak{K}, \mathfrak{v} \Delta t) = (\mathrm{grad}_{\mathfrak{k}} E, \Delta \mathfrak{k}),$$

oder, wenn wir Gl. (10) berücksichtigen,
$$(\mathfrak{K}, \mathfrak{v}\,\Delta t) = \mathsf{h}\,(\mathfrak{v}, \Delta\mathfrak{k}).$$

Durch Division mit Δt ergibt sich, wenn wir vom Differenzenquotienten $\dfrac{\Delta \mathfrak{k}}{\Delta t}$ zum Differentialquotienten übergehen,

$$\frac{d\mathfrak{k}}{dt} = \frac{\mathfrak{K}}{\mathsf{h}}. \qquad (12)$$

Die Größe $\mathsf{h}\,\mathfrak{k}$ genügt also der gleichen Differentialgleichung, wie bei einem freien Elektron der Impuls.

Um die Beschleunigung eines Elektrons zu berechnen, beachten wir, daß $\mathfrak{v}$ eine Funktion von $\mathfrak{k}$ ist, also wird z. B.

$$\frac{dv_x}{dt} = \frac{\partial v_x}{\partial k_x}\frac{dk_x}{dt} + \frac{\partial v_x}{\partial k_y}\frac{dk_y}{dt} + \frac{\partial v_x}{\partial k_z}\frac{dk_z}{dt},$$

oder unter Verwendung von Gl. (10)

$$\dot v_x = \frac{dv_x}{dt} = \frac{1}{\mathsf{h}}\left(\frac{\partial^2 E}{\partial k_x^2}\frac{dk_x}{dt} + \frac{\partial^2 E}{\partial k_x \partial k_y}\frac{dk_y}{dt} + \frac{\partial^2 E}{\partial k_x \partial k_z}\frac{dk_z}{dt}\right).$$

Denken wir uns hier noch die entsprechenden Gleichungen für $\dot v_y$ und $\dot v_z$ angeschrieben, so sehen wir, daß man diese Gleichungen sehr einfach zusammenfassen kann, wenn man einen Tensor T einführt, dessen Komponenten

$$T_{rs} = \frac{\partial^2 E}{\partial k_r \partial k_s}$$

sind. Es wird dann

$$\frac{d\mathfrak{v}}{dt} = \frac{T}{\mathsf{h}}\frac{d\mathfrak{k}}{dt},$$

woraus wir mit (12)

$$\frac{d\mathfrak{v}}{dt} = \frac{T}{\mathsf{h}^2}\mathfrak{K} \qquad (13)$$

erhalten. Vergleichen wir diese Beschleunigungsgleichung mit der entsprechenden für ein freies Elektron,

$$\frac{d\mathfrak{v}}{dt} = \frac{\mathfrak{K}}{m},$$

so finden wir, daß die Masse in unserem Fall durch einen Massentensor $\dfrac{\mathsf{h}^2}{T}$ zu ersetzen ist.

Wenn wir uns nicht für die Abhängigkeit der Beschleunigung von ihrem Winkel zu den Kristallachsen interessieren, können wir (13) noch bedeutend vereinfachen. Wir denken uns zunächst den Tensor T auf Hauptachsen transformiert, d. h. das Koordinatensystem soll so gewählt werden, daß nur die Diagonalglieder $\dfrac{\partial^2 E}{\partial k_i^2}$

des Tensors T nicht verschwinden. Sodann bilden wir den Mittelwert der Beschleunigung von denjenigen drei Zuständen, die durch zyklische Vertauschung der Komponenten des Vektors $\mathfrak{k}$ auseinander hervorgehen. Der erste Zustand hat etwa die Komponenten k_x, k_y, k_z, dann hat der zweite als x-Komponente k_y, als y-Komponente k_z usw. Wegen der Symmetrie unseres Kristalls haben alle drei Zustände die gleiche Energie[1]. Nennen wir noch zur Abkürzung

$$f_{n\mathfrak{k}} = \frac{1}{3}\frac{m}{\mathsf{h}^2}\left(\frac{\partial^2 E_{n\mathfrak{k}}}{\partial k_x^2} + \frac{\partial^2 E_{n\mathfrak{k}}}{\partial k_y^2} + \frac{\partial^2 E_{n\mathfrak{k}}}{\partial k_z^2}\right) =$$
$$= \frac{1}{3}\frac{m}{\mathsf{h}^2}\operatorname{div}_{\mathfrak{k}}\operatorname{grad}_{\mathfrak{k}} E_{n\mathfrak{k}}, \qquad (14)$$

so folgt aus (13) und den obigen Überlegungen:

$$\ddot{\mathfrak{r}} = \frac{d\mathfrak{v}}{dt} = \frac{\mathfrak{K}}{m}f_{n\mathfrak{k}} = \ddot{\mathfrak{r}}_F f_{n\mathfrak{k}}. \qquad (13a)$$

$\ddot{\mathfrak{r}}_F$ ist die Beschleunigung freier Elektronen. Um die Beschleunigung unserer Elektronen zu erhalten, müssen wir also die Beschleunigung freier Elektronen mit $f_{n\mathfrak{k}}$ multiplizieren. Die Größe $f_{n\mathfrak{k}}$ ist charakteristisch für die Beschleunigung, die einem Elektron im Zustand $(n, \mathfrak{k})$ erteilt werden kann. Wir nennen sie *Freiheitszahl*.

Ehe wir mit einer Diskussion der Freiheitszahl beginnen, soll festgestellt werden, daß ihre Definition (14) unabhängig vom Koordinatensystem ist. Das folgt unmittelbar daraus, daß die Summe der Diagonalelemente eines Tensors invariant gegen Drehung des Koordinatensystems ist.

Der Name „Freiheitszahl" für $f_{n\mathfrak{k}}$ soll andeuten, daß gerade mit Hilfe von $f_{n\mathfrak{k}}$ der Vergleich unserer Elektronen mit freien Elektronen ermöglicht wird. Insbesondere muß für freie Elektronen $f_{n\mathfrak{k}} = 1$ sein. Das ist leicht einzusehen. Die Energie freier Elektronen ist (vgl. § 4 B) $\frac{\mathsf{h}^2}{2m}k_n^2$, wobei $\mathfrak{k}_n$ die nichtreduzierte Wellenzahl ist. Deren Komponenten können sich aber im Bereich jedes Bandes[2] nach unserer Definition der reduzierten Wellenzahl $\mathfrak{k}$ von dieser nur um konstante additive Glieder unterscheiden, so

---
[1] Für nicht kubische Kristalle trifft das nicht zu, doch gelten alle folgenden Überlegungen, wenn man nicht einen Einkristall, sondern ein Gemenge von verschieden orientierten Kristallen nimmt. Das entspricht ganz unserer oben angeführten Beschränkung auf Probleme, die nicht von der Richtung der Beschleunigung zu den Kristallachsen abhängen.
[2] Für freie Elektronen ist die Einteilung in Bänder ganz belanglos und rein formal.

daß wir bei der zweimaligen Differentiation in (14) offenbar $\mathfrak{k}$ durch $\mathfrak{k}_n$ ersetzen dürfen und die Behauptung $f_{n\mathfrak{k}} = 1$ leicht verifizieren können.

Wirkt die Kraft $\mathfrak{K}$ die kurze Zeit $\varDelta t$ auf ein Elektron, so erhält es einen Geschwindigkeitszuwachs

$$\varDelta \mathfrak{v} = \ddot{\mathfrak{r}}\varDelta t,$$

also nach (13a)

$$\varDelta \mathfrak{v} = f_{n\mathfrak{k}} \varDelta \mathfrak{v}_F = f_{n\mathfrak{k}} \frac{\mathfrak{K}}{m} \varDelta t = \frac{\mathfrak{K}}{m^*_{n\mathfrak{k}}} \varDelta t.$$

Hier ist

$$\varDelta \mathfrak{v}_F = \frac{\mathfrak{K}}{m} \varDelta t$$

der Geschwindigkeitszuwachs eines freien Elektrons. Der Geschwindigkeitszuwachs unseres Elektrons im Zustand $(n, \mathfrak{k})$ ist also genau so groß wie der eines freien Elektrons mit der Masse $m^*_{n\mathfrak{k}} = \frac{m}{f_{n\mathfrak{k}}}$. Wir nennen m^* die scheinbare Elektronenmasse. Der dem Geschwindigkeitszuwachs entsprechende Zusatzimpuls ist

$$\varDelta \mathfrak{p} = m \varDelta \mathfrak{v},$$

wo m immer die tatsächliche Elektronenmasse (nicht die scheinbare m^*) ist. Mit (13a) ist also

$$\varDelta \mathfrak{p} = f_{n\mathfrak{k}} \varDelta \mathfrak{p}_F. \qquad (13\,\mathrm{b})$$

$\varDelta \mathfrak{p}_F$ ist dabei der Zusatzimpuls eines freien Elektrons. Der Zusatzimpuls unseres Elektrons ist also genau so groß wie der von $f_{n\mathfrak{k}}$ freien Elektronen ($f_{n\mathfrak{k}}$ ist allerdings gewöhnlich nicht ganzzahlig).

Wir zeigen jetzt, daß der Mittelwert der Freiheitszahl über ein ganzes Band immer verschwindet, d. h. daß der durch ein äußeres elektrisches Feld erzeugte Zusatzimpuls aller Elektronen eines vollbesetzten Bandes Null ist. Nach (13b) und (14) müssen wir, da $\varDelta \mathfrak{p}_F$ unabhängig von n und $\mathfrak{k}$ ist, nur zeigen, daß das Integral von $f_{n\mathfrak{k}}$ über ein ganzes Band verschwindet. Das folgt aber sofort daraus, daß

$$\int\limits_{-\frac{\pi}{a}}^{\frac{\pi}{a}} \frac{\partial^2 E_{n\mathfrak{k}}}{\partial k_i^2} \, dk_i = \frac{\partial E_{n\mathfrak{k}}}{\partial k_i}\bigg|_{-\frac{\pi}{a}}^{\frac{\pi}{a}} = 0, \qquad i = x, y, z$$

ist. Bei der Ausführung dieses Integrals wurde benutzt, daß nach S. 18 $k_i = \pm \frac{\pi}{a}$ den Rand des Bandes charakterisiert und daß nach (9c) $\frac{\partial E}{\partial k_i}$ dort verschwindet.

Das Elektron im periodischen Potential. 27

Da $f_{n\mathfrak{k}}$ über das ganze Band integriert verschwindet, muß es positive und negative Werte annehmen. In Abb. 6 zeigen wir, eindimensional, gleichzeitig den Verlauf von Energie E, Geschwindigkeit $\left(\sim \dfrac{\partial E}{\partial k_i}\right)$ und Freiheitszahl $\left(\sim \dfrac{\partial^2 E}{\partial k_i^2}\right)$. Wir sehen an Hand dieser Figur oder der entsprechenden Formeln (10) und (14), daß $f_{n\mathfrak{k}}$ positiv ist, solange wachsender Geschwindigkeit auch wachsende Gesamtenergie entspricht und daß $f_{n\mathfrak{k}}$ negativ wird, wenn die Geschwindigkeit mit wachsender Gesamtenergie fällt. In diesem letzteren Fall hat die Beschleunigung also die entgegengesetzte Richtung wie bei freien Elektronen, genau wie wir zu Beginn dieses Abschnittes qualitativ festgestellt haben. Wir wollen auch hier nochmals feststellen, daß diese interessanten Ergebnisse ganz allgemein gültig sind, da wir ja keinerlei Voraussetzungen außer der Kristallsymmetrie gemacht haben.

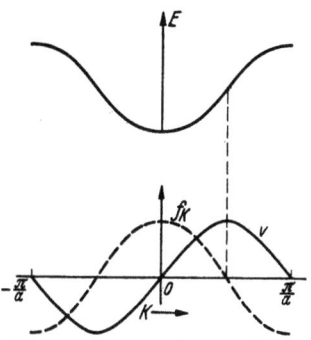

Abb. 6. Verlauf von Energie E, Geschwindigkeit v und Freiheitszahl f_k innerhalb eines Bandes (eindimensional).

Übergangswahrscheinlichkeiten [64]. Nach allgemeinen wellenmechanischen Grundlagen sind die optischen Übergangswahrscheinlichkeiten durch die Impulsmatrixelemente $\mathfrak{p}_{mn}$ bestimmt, falls das Licht nicht zu kurzwellig ist [vgl. § 1, Gl. (9)]. Wie wir im Anhang 1. zeigen, lautet die letztere Bedingung für uns exakt:

Wellenzahl des Lichtes $\ll$ Wellenzahl des Elektrons.

Letztere hat nach Gl. (5) die Größenordnung $\dfrac{1}{a}$. Die Wellenlänge des Lichtes muß also groß gegen den Gitterabstand a sein. Dieser ist von der Größenordnung 10^{-8} cm. Die gegenwärtigen Betrachtungen gelten also nicht für Röntgenstrahlen.

Wir berechnen die x-Komponente $\mathfrak{p}^{(x)}_{m\mathfrak{k},\,n\mathfrak{k}'}$.

$$\mathfrak{p}^{(x)}_{m\mathfrak{k},\,n\mathfrak{k}'} = \frac{\mathsf{h}}{i} \int \psi^*_{n\mathfrak{k}'} \frac{\partial}{\partial x} \psi_{m\mathfrak{k}} \, d\tau.$$

Mit Gl. (1) wird

$$\mathfrak{p}^{(x)}_{m\mathfrak{k},\,n\mathfrak{k}'} = \frac{\mathsf{h}}{i} \int e^{i(\mathfrak{k}-\mathfrak{k}',\,\mathfrak{r})} \left(u^*_{n\mathfrak{k}'} \frac{\partial}{\partial x} u_{m\mathfrak{k}} - i \mathfrak{k}_x u^*_{n\mathfrak{k}'} \cdot u_{m\mathfrak{k}} \right) d\tau.$$

Dieses Integral ist nur dann von Null verschieden, wenn
$$\mathfrak{k} = \mathfrak{k}' \tag{15}$$
ist, denn der Klammerausdruck im Integral ist periodisch [vgl. Gl. (2)]. Er hat also für kubische Gitter wegen (2a) die Form
$$\sum a_{\mathfrak{m}} e^{\frac{2\pi i}{a}(\mathfrak{m},\,\mathfrak{r})}$$
Andererseits ist nach Gl. (6)
$$e^{i(\mathfrak{k}-\mathfrak{k}',\,\mathfrak{r})} = e^{\frac{2\pi i}{a}\left(\frac{\mathfrak{g}-\mathfrak{g}'}{G},\,\mathfrak{r}\right)} \qquad |g_i| \leq \frac{G}{2}.$$
Es ist aber
$$\int_0^{aG} e^{\frac{2\pi i}{a}\left(\frac{g_i-g_i'}{G}-m_i\right)x_i} d x_i$$
nur dann nicht Null, wenn außer $m_i = 0$ auch $g_i = g_i'$ ist, denn es ist $\frac{g_i - g_i'}{G} < 1$, während m_i ganzzahlig ist. Unser Resultat ist also
$$p_{m,\,n,\,\mathfrak{k}}^{(x)} = \frac{h}{i} \int u_{n\,\mathfrak{k}}^* \frac{\partial}{\partial x} u_{m\,\mathfrak{k}} d\tau, \qquad p_{m\,\mathfrak{k},\,n\,\mathfrak{k}'}^{(x)} = 0 \quad \text{für } \mathfrak{k} \neq \mathfrak{k}'.$$

Wir haben somit eine Auswahlregel (15) abgeleitet:

Es kombinieren optisch nur Zustände mit gleicher reduzierter Wellenzahl miteinander. Da jeder reduzierten Wellenzahl genau ein Quantenzustand in jedem Bande entspricht, heißt das also: *Von einem Zustand $(n, \mathfrak{k})$ eines Bandes gibt es nur optische Übergänge zu einen einzigen Zustand $(m, \mathfrak{k})$ eines anderen Bandes. Alle anderen Übergänge, insbesondere solche innerhalb eines Bandes, sind verboten.*

Eine Auswahlregel ist gewöhnlich die Folge des Impulserhaltungssatzes. Unsere obige Vernachlässigung der Wellenzahl des Lichtquantes bedeutet, daß wir seinen Impuls in dem fraglichen Wellenlängengebiet vernachlässigen können. Der Impuls eines *freien* Elektrons müßte dann bei einem optischen Übergang konstant bleiben, was gleichbedeutend damit ist, daß optische Übergänge überhaupt unmöglich sind. Unsere Elektronen sind aber nicht frei, d. h. sie können mit dem Gitter Impuls austauschen. Die obige Auswahlregel (15) besagt nun, daß dieser Impulsaustausch gerade so groß ist, daß die reduzierte Wellenzahl $\mathfrak{k}$ konstant bleibt. Der Impulserhaltungssatz des ganzen Systems (Elektronen+Gitter) ist also gleichbedeutend mit dem Erhaltungssatz der reduzierten Ausbreitungsvektoren der Elektronen. Etwas ganz Ähnliches haben wir oben bei der Beschleunigung gefunden. Auch hier gehorcht h𝔣 dem gleichen Gesetz wie der Impuls bei freien Elektronen [vgl. Gl. (12)]. Es ist eine direkte Folge der Gittersymmetrie, daß der Impulsaustausch zwischen Elektronen und Gitter gerade so geregelt wird, daß für 𝔣 einfache Gesetze gelten.

Anstatt mit den Matrixelementen oder mit den Übergangswahrscheinlichkeiten zu operieren, ist es häufig anschaulich, dafür die *Oszillatorenstärken* einzuführen. Diese werden definiert durch

$$f^{(x)}_{m,n,\mathfrak{k}} = \frac{2\,|p^{(x)}_{m,n,\mathfrak{k}}|^2}{m\,(E_{m,\mathfrak{k}} - E_{n,\mathfrak{k}})} \qquad (16)$$

und sind verknüpft durch den Summensatz (den wir im Anhang 2. beweisen)

$$\sum_m f^{(i)}_{n,m,\mathfrak{k}} = 1 \qquad i = x, y, z. \qquad (17)$$

Mit

$$f_{n,m,\mathfrak{k}} = \frac{1}{3}\,(f^{(x)}_{n,m,\mathfrak{k}} + f^{(y)}_{n,m,\mathfrak{k}} + f^{(z)}_{n,m,\mathfrak{k}})$$

lautet er:

$$\sum_m f_{n,m,\mathfrak{k}} = 1. \qquad (17\text{a})$$

Die Oszillatorenstärken werden in der quantenmechanischen Dispersionstheorie eingeführt. Man zeigt dort, daß sie folgende anschauliche Bedeutung haben: Ein Elektron im Zustand $(n, \mathfrak{k})$ verhält sich gegen Licht genau so, wie eine Reihe klassischer harmonischer Oszillatoren, und zwar wie je $f_{nm\mathfrak{k}}$ Oszillatoren von der Frequenz $\nu_{nm\mathfrak{k}} = \frac{E_{m\mathfrak{k}} - E_{n\mathfrak{k}}}{h}$, der Ladung e und der Masse m, wobei der Index m (nicht mit der Masse zu verwechseln!) alle möglichen Werte annimmt. Die $f_{nm\mathfrak{k}}$ sind allerdings nicht ganzzahlig und man kann deshalb besser sagen, unser Elektron verhält sich wie eine Anzahl Oszillatoren mit den Frequenzen $\nu_{nm\mathfrak{k}}$, und zwar soll von jeder zulässigen Frequenz je ein Oszillator mit der Ladung e und der Masse $m^*_{nm\mathfrak{k}} = \frac{m}{f_{nm\mathfrak{k}}}$ vorhanden sein. Insbesondere gibt es immer einen Oszillator mit der Frequenz Null, d. h. ein freies Elektron mit der Masse $m^*_{nn\mathfrak{k}}$. Nach dieser Definition und, wie man auch direkt zeigen kann [5], ist $f_{nn\mathfrak{k}}$ identisch mit der früher [Gl. (14)] definierten Freiheitszahl $f_{n\mathfrak{k}}$.

Die große Bedeutung des Summensatzes liegt darin, daß man aus der Messung der Größen einzelner f_{nm} auf die Größen anderer schließen kann; insbesondere aus den optischen Übergangswahrscheinlichkeiten Schlüsse auf die „Freiheit" der Elektronen ziehen kann (vgl. § 8). Die Oszillatorenstärken selbst sind von größter Wichtigkeit für die Anschauung, weil sie für ein Elektron ein klassisches Ersatzsystem von freien und elastisch gebundenen Elektronen (Oszillatoren) definieren.

§ 4. Spezielle Fälle.

Die im vorigen Paragraphen abgeleiteten Ergebnisse beanspruchen volle Allgemeinheit. Sie gelten für die Elektronen der innersten Schalen ganz genau so, wie etwa für Elektronen, die mit großer Geschwindigkeit von außen in den Kristall geschossen werden. Um diese Ergebnisse aber auch praktisch verwerten zu können, müssen wir sie quantitativ verschärfen.

A. Näherung für tiefe Energien [33]. Es ist empirisch bekannt und theoretisch leicht verständlich, daß die tiefsten Energieniveaus (Röntgenniveaus) sich in festen Körpern von denen für freie Atome praktisch nicht unterscheiden. Es liegt also nahe, ein Näherungsverfahren zu entwickeln (natürlich im Rahmen unseres allgemeinen Näherungsverfahrens des § 1), bei dem man von den Verhältnissen bei freien Atomen ausgeht und die Wechselwirkung der Atome untereinander als kleine Störung auffaßt. Diese Näherung wird Gültigkeit für diejenigen Elektronen haben, die sich vorzugsweise in der Nähe der Atomkerne aufhalten, also an denjenigen Stellen des Potentials, die im Kristall ähnlich wie beim entsprechenden freien Atom sind. Das wird dann der Fall sein, wenn die (negative) potentielle Energie der Elektronen groß ist gegen ihre Translationsenergie.

Es sei $W_{(\mathfrak{r})}^{\mathfrak{m}}$ das Potential eines freien Atoms, dessen Kern am Punkt $\mathfrak{r}_{\mathfrak{m}} = a\,\mathfrak{m}$ sitzt. Die Eigenfunktion des Atoms zum Eigenwert E_n sei $\psi_n^{\mathfrak{m}}$ und E_n sei nicht entartet[1]. Es ist also die SCHRÖDINGER-Gleichung [§ 1, Gl. (4)] für ein Atom:

$$\frac{h^2}{2m}\,\Delta\,\psi_n^{\mathfrak{m}} + (E_n - W^{\mathfrak{m}})\,\psi_n^{\mathfrak{m}} = 0 \tag{1}$$

$$\int \psi_n^{\mathfrak{m}}\,(\psi_n^{\mathfrak{m}})^*\,d\tau = 1. \tag{1a}$$

Das Potential V des Metalls können wir immer in folgender Form schreiben

$$V = \sum_{\mathfrak{m}} W^{\mathfrak{m}} + U.$$

---

[1] D. h. E_n ist ein s-Term. Die Ladungsverteilung ist in diesem Fall kugelsymmetrisch um den Kern, der Drehimpuls ist Null.

Spezielle Fälle.

Hier ist U ebenso wie V und die Summe periodisch. U wäre Null, wenn die Ladungsverteilung im Metall dieselbe wäre, wie beim freien Atom. U ist daher gerade an den Stellen klein, an denen das Potential sich ähnlich verhält, wie das Potential W^m des entsprechenden freien Atoms (man vergleiche § 2, S. 13). Wir interessieren uns gegenwärtig aber gerade für Elektronen, die sich vorwiegend an diesen Stellen aufhalten. Infolgedessen können wir U Null setzen, ohne einen großen Fehler zu begehen. Die SCHRÖDINGER-Gleichung für den Kristall lautet somit:

$$\frac{h^2}{2m} \Delta \psi + (E - V)\psi = 0 \qquad (2)$$

$$V = \sum_m W^m. \qquad (2a)$$

Zur Lösung machen wir den Ansatz

$$\psi = \sum_m c_m \psi_n^m \qquad (3)$$

$$|c_m| = c = \text{konstant}.$$

Dieser befriedigt tatsächlich unsere Forderung, daß ψ in der Nähe des $\mathfrak{m}$-ten Gitterpunktes sich wie ψ_n^m verhält, denn alle anderen $\psi_n^{m'}$ sind an dieser Stelle klein. (Nur für solche sollte ja unsere Näherung gelten.) Es ist also

$$\psi(a\mathfrak{m}) \cong c_\mathfrak{m} \psi_n^m(a\mathfrak{m}). \qquad (4)$$

Um $c_\mathfrak{m}$ zu bestimmen, beachten wir, daß nach unserer allgemeinen Theorie [§ 3, Gl. (1)]

$$\psi_{n\mathfrak{k}} = e^{i(\mathfrak{k},\mathfrak{r})} u_n(\mathfrak{r})$$

ist. Wegen der Periodizität von u_n ist insbesondere

$$\psi_{n\mathfrak{k}}(a\mathfrak{m}') = e^{i(\mathfrak{k},a\mathfrak{m}' - a\mathfrak{m})} \psi_n(a\mathfrak{m}).$$

Nach Gl. (4) wird deshalb

$$c_{\mathfrak{m}'} = e^{ia(\mathfrak{k},\mathfrak{m}' - \mathfrak{m})} c_\mathfrak{m}$$

oder

$$c_\mathfrak{m} = c_0 \cdot e^{ia(\mathfrak{k},\mathfrak{m})} \qquad (5)$$

und unsere Eigenfunktionen nullter Näherung (3) lauten:

$$\psi_{n\mathfrak{k}} = c_0 \sum_m e^{ia(\mathfrak{k},\mathfrak{m})} \psi_n^m.$$

Nach § 3, Gl. (6) kann $\mathfrak{k}$ genau G^3 verschiedene Werte annehmen. Daher gehören zu dem einen Eigenwert E_n des Atoms G^3 Eigenfunktionen $\psi_{n\mathfrak{k}}$ im Kristall.

Um die Energie in erster Näherung, also unter Berücksichtigung der Wechselwirkung der Atome zu berechnen, machen wir den Ansatz

$$E = E_n + \varepsilon.$$

Setzen wir dies und (3) in Gl. (2) ein, so erhalten wir

$$\frac{h^2}{2m} \sum_{\mathfrak{m}} c_{\mathfrak{m}} \Delta \psi_n^{\mathfrak{m}} + (E_n + \varepsilon) \sum_{\mathfrak{m}} c_{\mathfrak{m}} \psi_n^{\mathfrak{m}} - \sum_{\mathfrak{m}} c_{\mathfrak{m}} V \psi_n^{\mathfrak{m}} = 0.$$

Unter Berücksichtigung von (1) und (2a) ergibt dies:

$$\varepsilon \sum_{\mathfrak{m}} c_{\mathfrak{m}} \psi_n^{\mathfrak{m}} = \sum_{\mathfrak{m}} c_{\mathfrak{m}} (V - W^{\mathfrak{m}}) \psi_n^{\mathfrak{m}}.$$

Wir multiplizieren diese Gleichung mit $(c_{\mathfrak{n}} \psi_n^{\mathfrak{n}})^*$ und integrieren über den ganzen Raum. Dann erhalten wir mit Gl. (1a) und (5):

$$\varepsilon \left(1 + \sum_{\mathfrak{m}} e^{-ia(\mathfrak{t},\mathfrak{n}-\mathfrak{m})} D_n^{\mathfrak{n}-\mathfrak{m}}\right) = C_n + \sum_{\mathfrak{m}} e^{-ia(\mathfrak{t},\mathfrak{n}-\mathfrak{m})} A_n^{\mathfrak{n}-\mathfrak{m}} \qquad (6)$$

mit den Abkürzungen

$$D_n^{\mathfrak{n}-\mathfrak{m}} = \int (\psi_n^{\mathfrak{n}})^* \psi_n^{\mathfrak{m}} d\tau$$

$$C_n = \int (\psi_n^{\mathfrak{m}})^* (V - W^{\mathfrak{m}}) \psi_n^{\mathfrak{m}} d\tau \qquad (6a)$$

$$A_n^{\mathfrak{n}-\mathfrak{m}} = \int (\psi_n^{\mathfrak{n}})^* (V - W^{\mathfrak{m}}) \psi_n^{\mathfrak{m}} d\tau. \qquad (6b)$$

Auf der linken Seite von Gl. (6) können wir $D_n^{\mathfrak{n}-\mathfrak{m}}$ gegen 1 vernachlässigen, weil sich nach den Voraussetzungen, die wir für unser Näherungsverfahren gemacht haben, die Eigenfunktionen wenig überdecken sollen. Auf der rechten Seite können wir aus demselben Grund die $A_n^{\mathfrak{n}-\mathfrak{m}}$ für den Fall, daß $\mathfrak{n}$ und $\mathfrak{m}$ nicht benachbarte Gitterpunkte sind gegen den Fall, daß sie benachbart sind, vernachlässigen. Dagegen dürfen wir nicht diese letzteren $A_n^{\mathfrak{n}-\mathfrak{m}}$ gegen C_n vernachlässigen, denn es ist zwar $(\psi_n^{\mathfrak{m}})^* \psi_n^{\mathfrak{m}}$ groß gegen alle $(\psi_n^{\mathfrak{n}})^* \psi_n^{\mathfrak{m}}$; dagegen ist aber $V - W^{\mathfrak{m}}$ gerade an der fraglichen Stelle ($\mathfrak{r} \cong a \mathfrak{m}$) klein. In einem einfachen kubischen Gitter hat ein Atom ($\mathfrak{m}$) 6 Nachbarn, nämlich diejenigen, für die $\mathfrak{n} = (m_x \pm 1, m_y, m_z)$ usw. ist. Wir bezeichnen die zugehörigen $A_n^{\mathfrak{n}-\mathfrak{m}}$ mit A_n. Dann wird also die Energie E in erster Näherung [vgl. (6)]

$$E = E_n + \varepsilon = E_n + C_n + 2 A_n (\cos a \, k_x + \cos a \, k_y + \cos a \, k_z). \qquad (7)$$

Ehe wir diese Energieformel diskutieren, müssen wir uns die Bedeutung der Integrale C_n und A_n überlegen. Zunächst C_n (6a): $V - W^{\mathfrak{m}}$ ist das Potential, das alle Atome, mit Ausnahme des $\mathfrak{m}$-ten, erzeugen. C_n ist also der mittlere Wert der potentiellen Energie des zum Atom $\mathfrak{m}$ gehörigen Elektrons im Felde der anderen Atome.

Spezielle Fälle.

A_n [Gl. (6b)] ist das Austauschintegral. Um seine Bedeutung zu erklären, betrachten wir ein besonders einfaches Problem. Wir berechnen unter der Annahme, daß nur zwei Eigenfunktionen ψ_1 und ψ_2 existieren, die potentielle Energie in einem Potential V einmal klassisch und einmal wellenmechanisch. In beiden Fällen ist die potentielle Energie $e \int \varrho V d\tau$, wo $e\varrho$ die Ladungsdichte ist. Der Eigenfunktion ψ_1 entspricht eine Dichte $\varrho_1 = \psi_1^* \psi_1$ (entsprechend $\varrho_2 = \psi_2^* \psi_2$). Klassisch ist nun die Gesamtdichte $\varrho_{kl} = \varrho_1 + \varrho_2$. Wellenmechanisch überlagern sich aber nicht die Dichten, sondern die Eigenfunktionen linear; es ist

$$\psi = c_1 \psi_1 + c_2 \psi_2 \quad (|c_1| = |c_2| = 1)$$

und daher

$$\varrho_w = \psi_1^* \psi_1 + \psi_2^* \psi_2 + c_1^* c_2 \psi_1^* \psi_2 + c_1 c_2^* \psi_1 \psi_2^* = \varrho_{kl} + \varrho_{int}.$$

Die wellenmechanische Dichte ϱ_w unterscheidet sich also von der klassischen durch ein Interferenzglied ϱ_{int}, genau so, wie sich etwa in der klassischen Optik die Intensität zweier Lichtwellen unterscheidet, wenn man sie einmal inkohärent und einmal kohärent zusammensetzt. Dem Unterschied zwischen klassischer und wellenmechanischer Dichteverteilung entspricht eine Differenz in der potentiellen Energie und diese Differenz ist gerade die Austauschenergie[1].

Man kann dem Austauschintegral A_n noch eine zweite Bedeutung zulegen. Es läßt sich zeigen, daß $|A_n|$ proportional ist mit der Wahrscheinlichkeit, daß ein Elektron im „Zustand" n in den „Zustand" m übergeht und umgekehrt, d. h. daß ein Elektron des Atoms n sich mit einem Elektron des Atoms m austauscht.

Das Austauschintegral ist um so größer, je weiter sich die Eigenfunktionen der Atome überdecken, d. h. je größer die Energie des Atomzustandes E_n ist, denn äußere Elektronenschalen haben größere Energie (kleinere Bindungsenergie!) als innere.

Wir hatten zur Ableitung der Formel (7) die Annahme gemacht, daß der Elektronenterm des isolierten Atoms ein s-Term ist, daß also zu jedem Eigenwert E_n genau eine Eigenfunktion gehört. Wenn wir diese Annahme fallenlassen, so gehört zur Energie E_n des Atoms nicht eine, sondern mehrere Eigenfunktionen (Entartung!). Denken wir z. B. an einen p-Term, so sind es drei. Durch die Wechselwirkung der verschiedenen Atome wird die Entartung aufgehoben,

---

[1] Eine ausführlichere Besprechung der Austauschkräfte wird in § 24 gegeben.

d. h. die drei ursprünglich beisammenliegenden Niveaus spalten auf. Anstatt (7) erhält man dann für die Energie die folgenden drei Ausdrücke [110]:

$$\left.\begin{aligned}E_1 &= E_n + C_n + 2A_n \cos a k_x + 2B_n (\cos a k_y + \cos a k_z) \\ E_2 &= E_n + C_n + 2A_n \cos a k_y + 2B_n (\cos a k_z + \cos a k_x) \\ E_3 &= E_n + C_n + 2A_n \cos a k_z + 2B_n (\cos a k_x + \cos a k_y)\end{aligned}\right\} \quad (7a)$$

A_n und B_n sind Austauschintegrale[1].

Wir beginnen jetzt mit der Diskussion der Energieformeln (7) bzw. (7a). Die Energie besteht hiernach aus einem von $\mathfrak{k}$ unabhängigen Teil, der die um den Betrag C_n verschobene Energie des freien Atoms darstellt und einem zweiten, von $\mathfrak{k}$ abhängigen Teil, der in jedem Band G^3 Werte annehmen kann[2]. Dieser zweite Teil bewirkt also das Aufspalten des diskreten Energieterms des Atoms in ein Energieband im Kristall. Ist der Energieterm des Atoms entartet, so entsteht eine Überlagerung mehrerer Bänder. Ist z. B. der Atomterm ein p-Term, also dreifach entartet, so entstehen drei Bänder [Gl. (7a)] und jedes Band enthält immer G^3 Zustände. Die Breite eines Bandes ist im nichtentarteten Fall (7) (s-Term) $12|A_n|$, im Fall des p-Terms (7a) ist sie für alle drei Bänder gleich, nämlich $4|A_n| + 8|B_n|$. Die drei durch (7a) beschriebenen Bänder überlagern sich also vollständig, weil ein p-Term in kubischen Kristallen bei Vernachlässigung der Austauschenergie nicht aufspaltet. Innerhalb der Bänder verhalten sie sich aber verschieden, d. h. im allgemeinen gibt es zu einer Wellenzahl $\mathfrak{k} = (k_x, k_y, k_z)$ drei verschiedene Energien E_1, E_2, E_3. Über das Vorzeichen der A_n und B_n kann man nur in ganz speziellen Fällen bestimmte Aussagen machen. Im allgemeinen sind beide Fälle der Abb. 5 (a und b) möglich. Die Breite der Bänder ist für Röntgenterme praktisch verschwindend; für die äußeren Elektronen hat sie die Größenordnung einige Volt.

Nahe den Rändern jedes Bandes $\left(\mathfrak{k} = 0 \text{ und } \mathfrak{k} = \left(\pm\dfrac{\pi}{a}, \pm\dfrac{\pi}{a}, \pm\dfrac{\pi}{a}\right)\right)$ ist die Abhängigkeit der Energie von $\mathfrak{k}$ besonders einfach. So erhält man z. B. in der Nähe von $\mathfrak{k} = 0$, durch Entwicklung der Cosinusse in (7)

$$E_{n\mathfrak{k}} = E_{n0} - A_n a^2 k^2. \qquad (7b)$$

---

[1] Da man 3 Eigenfunktionen hat, sollte man das Auftreten von 6 Austauschintegralen erwarten. Von diesen verschwinden aber 3 und 2 sind einander gleich.

[2] Entsprechend den G^3 Werten von $\mathfrak{k}$.

Spezielle Fälle.

Für ganz freie Elektronen wäre dagegen
$$E = \frac{h^2}{2m} K^2$$
(K ist die nicht reduzierte Wellenzahl).

Die Abhängigkeit von der Wellenzahl ist formal in beiden Fällen gleich, wenn man unseren Elektronen eine scheinbare Masse von der Größe $m^* = \frac{-h^2}{2a^2 A_n}$ zuordnet, deren absoluter Betrag $|m^*|$ gewöhnlich (für nicht zu breite Bänder) größer als die Elektronenmasse ist.

Im Fall (7a) tritt für Formel (7b):

$$\left.\begin{array}{l} E_1 = E_{n0} - A_n a^2 k_x^2 - B_n a^2 (k_y^2 + k_z^2) \\ E_2 = E_{n0} - A_n a^2 k_y^2 - B_n a^2 (k_z^2 + k_x^2) \\ E_3 = E_{n0} - A_n a^2 k_z^2 - B_n a^2 (k_x^2 + k_y^2) \end{array}\right\} \quad (7c)$$

Auch hier hat der Energieausdruck große Ähnlichkeit mit dem für freie Elektronen, doch müßten wir bei diesen jetzt die Masse durch einen Massentensor ersetzen, der aber in dem von uns gewählten Koordinatensystem nur Diagonalglieder hat. Bei E_1 wird dann

$$m_x^* = \frac{-h^2}{2a^2 A_n}, \qquad m_y^* = m_z^* = \frac{-h^2}{2a^2 B_n}$$

und bei E_2 und E_3 analog. A_n bzw. B_n kann sowohl positiv als auch negativ sein[1]. Wir bemerken, daß die drei Bänder (7a) durch zyklisches Vertauschen der Wellenzahlkomponenten ineinander übergehen. Daher hat die gesamte Energie, die zu den (drei) Zuständen einer gegebenen Wellenzahl gehört, natürlich kubische Symmetrie, und zwar wird für kleine $\mathfrak{k}$

$$E_1 + E_2 + E_3 = 3 E_{n0} - (A_n + 2 B_n) k^2,$$

also im Mittel

$$m^* = \frac{-3 h^2}{2 a^2 (A_n + 2 B_n)}.$$

Nach § 3, Gl. (10a) und Gl. (14) berechnen wir jetzt den Impuls und die Freiheitszahl.

Man erhält aus (7)

$$p_{n\mathfrak{k}}^{(i)} = -\frac{2 m A_n a}{h} \sin a k_i. \tag{8}$$

$$f_{n\mathfrak{k}} = -\frac{2 m A_n a^2}{3 h^2} (\cos a k_x + \cos a k_y + \cos a k_z). \tag{9}$$

---
[1] Bei s-Termen [Gl. (7)] ist immer $A_n < 0$.

36 Allgemeine Grundlagen.

Energie, Impuls und Freiheitszahl zeigen in ihrer Abhängigkeit von der Wellenzahl im eindimensionalen Fall das einfache Bild von Abb. 6, S. 27. Interessant ist dabei, daß Energie und Freiheitszahl in gleicher Weise von $\mathfrak{k}$ abhängen.

Um diese Abhängigkeit im Zweidimensionalen zu veranschaulichen, zeichnen wir in Abb. 7a die Kurven konstanter Energie (bzw. Freiheitszahl) im $\mathfrak{k}$-Raum. Wir begrenzen zuerst

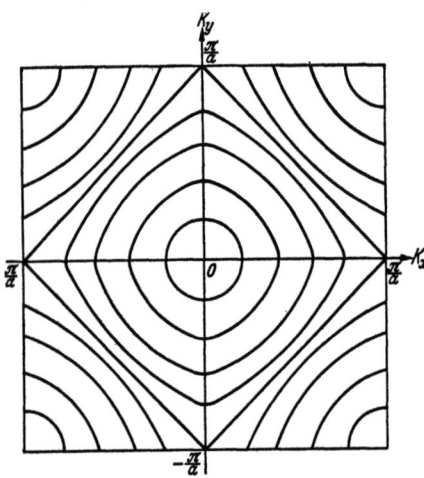
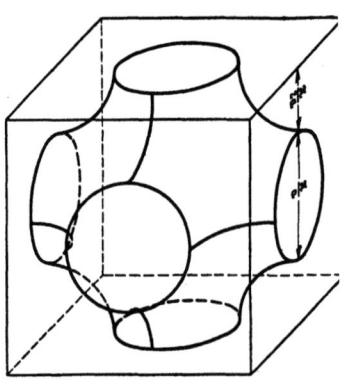

Abb. 7a. Näherung A: Kurven konstanter Energie im $\mathfrak{k}$-Raum (zweidimensional, einfaches kubisches Gitter, s-Term). Die energetische Mitte des Bandes liegt auf dem einbeschriebenen Quadrat. Die Figur stellt gleichzeitig die Kurven konstanter Freiheitszahl dar. Auf dem einbeschriebenen Quadrat ist die Freiheitszahl Null.

Abb. 7b. Näherung A: Fläche konstanter Energie im dreidimensionalen $\mathfrak{k}$-Raum (energetische Mitte des Bandes, einfaches kubisches Gitter, s-Term). Die Figur stellt gleichzeitig die Fläche mit der Freiheitszahl Null dar.

den Bereich im $\mathfrak{k}$-Raum nach Gl. (5), § 3 durch ein Quadrat $k_x = \pm \frac{\pi}{a}$, $k_y = \pm \frac{\pi}{a}$ (einfaches kubisches Gitter!). In der Nähe des Nullpunktes, sowie in der Nähe der Ecken sind die Kurven konstanter Energie Kreise um den Nullpunkt bzw. um die Ecken, wie man durch Entwickeln der Cosinusse in Gl. (7) bzw. (9) leicht sieht. Auch die energetische Mitte des Bandes

$$\cos a\,k_x + \cos a\,k_y = 0 \qquad (10)$$

ergibt eine einfache Energiekurve, nämlich ein Quadrat mit den Seiten

$$k_y = \pm \frac{\pi}{a} - k_x, \quad k_y = \pm \frac{\pi}{a} + k_x. \qquad (10\,\text{a})$$

Hierdurch wird gleichzeitig auch die Fläche eines Bandes des

Spezielle Fälle.

(zweidimensionalen) $\mathfrak{k}$-Raumes in zwei gleiche Teile geteilt. Das bedeutet, daß die Zahl der Eigenwerte in den beiden Hälften der Bänder gleich groß ist, was keineswegs selbstverständlich ist, sondern eine Eigenschaft unserer speziellen Energieformel (7).

Die Kurven konstanter Energie sind auch Kurven konstanter Freiheitszahl [vgl. (7) und (9)]. Auf der der energetischen Bandmitte entsprechenden Kurve ist die Freiheitszahl Null [vgl. (10)] und in den beiden Hälften des Bandes hat sie verschiedene Vorzeichen.

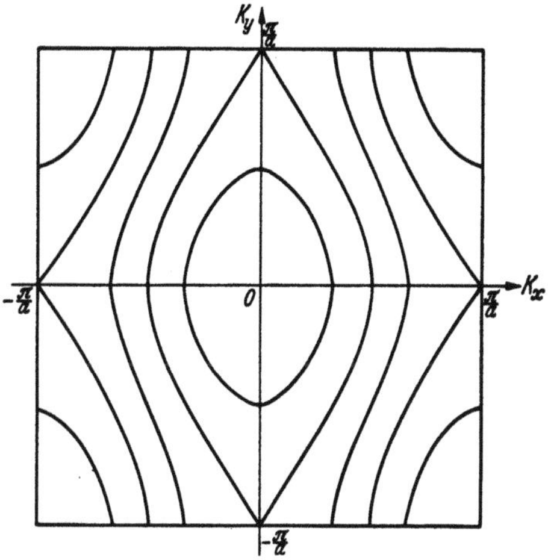

Im Dreidimensionalen entspricht dem quadratischen Bereich des Zweidimensionalen ein Würfel mit der Kantenlänge $\frac{2\pi}{a}$. Den Kurven konstanter Energie entsprechen jetzt Flächen. Diese Flächen schneiden die Ebenen, die parallel zu einer Würfelebene sind, etwa die Ebene $k_z = k_{z0}$, auf Kurven, die genau unserem zweidimensionalen Fall entsprechen. Der Wert der Energie auf diesen Kurven hängt aber von k_z ab. Er ist der gleiche wie im Zweidimensionalen, wenn $\cos a\,k_z = 0$, d. h. $k_z = \pm\frac{1}{2}\frac{\pi}{a}$ ist. Die Fläche,

Abb. 7c.

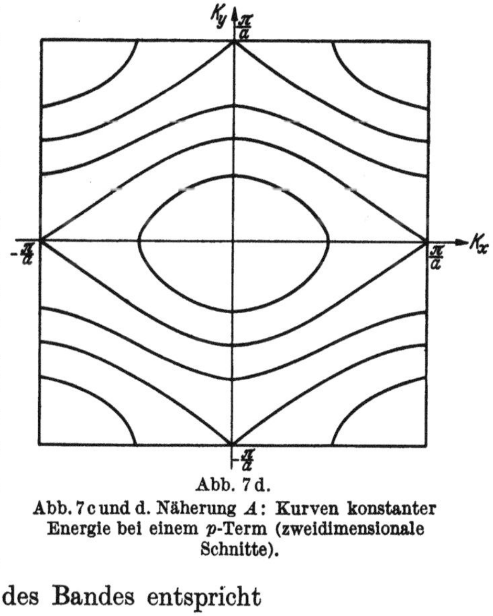

Abb. 7d.

Abb. 7c und d. Näherung A: Kurven konstanter Energie bei einem p-Term (zweidimensionale Schnitte).

die der energetischen Mitte des Bandes entspricht

$$\cos a\,k_x + \cos a\,k_y + \cos a\,k_z = 0 \tag{10b}$$

ist ziemlich kompliziert. Wir haben sie in Abb. 7b dargestellt.

Wie ersichtlich, schneidet sie die Würfelebenen in Kreisen mit dem Radius $\frac{1}{2}\frac{\pi}{a}$. Auch sie teilt, dem Zweidimensionalen entsprechend, das Volumen des Würfels in zwei gleiche Teile.

Die Freiheitszahl schließlich ist auch im Dreidimensionalen auf der Energiefläche der Bandmitte, die ja durch (10b) bestimmt ist, Null [vgl. (9)] und diese Fläche teilt auch gleichzeitig das Band in zwei Gebiete mit positiver und negativer Freiheitszahl.

Im Fall eines p-Terms, d. h. falls die Energie durch (7a) gegeben ist, erhält man natürlich drei Flächen konstanter Energie, eine für jede der drei sich überlagernden Bänder. Zeichnen wir einen zweidimensionalen Schnitt, z. B. für $k_z = 0$, so werden die Kurven konstanter Energie für E_3 genau wie im Fall des s-Terms, d. h. wie in Abb. 7a. E_1 und E_2 verhalten sich dagegen anders, wie in Abb. 7c und 7d dargestellt ist. Für kleine k_x, k_y treten jetzt Ellipsen an Stelle der Kreise und die ganze Figur wird eine Verzerrung von (7a).

Geschwindigkeit und Freiheitszahl verhalten sich natürlich ganz analog.

Mit steigender Energie werden die Abstände der Energieniveaus des freien Atoms immer kleiner, die Bandbreite dagegen wird immer größer. Das führt schließlich immer zu einer Überdeckung der Bänder, auch wenn man von nichtentarteten Atomniveaus ausgeht. In diesem Fall müßte man bei der Berechnung der Energie schon von Anfang der Rechnung an alle diese Energieniveaus mitberücksichtigen.

Für die Gültigkeit unserer Näherung war vorausgesetzt, daß die Störung der Nachbaratome klein sein soll. Wir können dafür jetzt auch sagen: Die Breite der Bänder soll kleiner sein als die Ionisierungsenergie der betreffenden Elektronen. Für die Elektronen innerer Schalen ist das sicher immer erfüllt. Für die äußersten Elektronen (Valenz-Elektronen) haben beide Energien die gleiche Größenordnung (einige Volt). Hier ist die Gültigkeitsgrenze unserer Näherung schon überschritten.

B. Näherung für hohe Energien [86, 32, 1]. Wenn die kinetische Energie der Elektronen groß gegen die potentielle ist, können wir das periodische Potential als kleine Störung auffassen. Wir nehmen also an, daß in nullter Näherung das Potential konstant $= V_0$ sei (mittleres Potential). Die zugehörigen Eigenfunktionen nullter Ordnung genügen der SCHRÖDINGER-Gleichung

Spezielle Fälle.

$$\frac{h^2}{2m} \Delta \psi_0 + (E_0 - V_0) \psi_0 = 0. \tag{11}$$

Die normierte Lösung lautet

$$\psi_{0\,\Re} = \frac{e^{i(\Re,\,\mathfrak{r})}}{R^{1/2}}. \tag{12}$$

Sie stellt ebene Wellen mit dem (nichtreduzierten) Ausbreitungsvektor $\Re$ dar. Die Energie ist:

$$E_0 = V_0 + \frac{h^2}{2m} K^2. \tag{13}$$

Die Periodizitätsforderung im Grundgebiet [§ 3, Gl. (6)] ergibt für $\Re$ die Bedingung

$$\Re = \frac{2\pi}{a\,G} \mathfrak{n}. \tag{12a}$$

Der Impuls ist nach § 1, Gl. (8):

$$p_i = \frac{1}{R} \frac{h}{i} \int_R e^{-i(\Re,\,\mathfrak{r})} \frac{\partial}{\partial x_i} e^{i(\Re,\,\mathfrak{r})} d\tau = h\, K_i$$

in Übereinstimmung mit der Berechnung aus § 3, Gl. (10a)

$$p_i = \frac{m}{h} \frac{\partial E}{\partial k_i} = h\, K_i. \tag{13a}$$

Die Wellenlänge ergibt sich zu

$$\lambda = \frac{2\pi}{K} = \frac{h}{p}, \tag{12b}$$

die Freiheitszahl wird unter Anwendung von Gl. (14), § 3 Eins, unabhängig von $\Re$, wie das für freie Elektronen sinnvoll ist.

Wir führen jetzt das periodische Potential V als Störung ein. V_m sind wie in § 2, Gl. (7) seine FOURIER-Komponenten. Das mittlere Potential $V_{0\,0\,0} = V_0$ müssen wir hier Null setzen, da wir es schon in der ungestörten Gleichung berücksichtigt haben. Daher ist

$$V = \sum_{\mathfrak{m}\,\neq\,0,\,0,\,0} V_\mathfrak{m}\, e^{\frac{2\pi i}{a}(\mathfrak{m},\,\mathfrak{r})}, \qquad V_\mathfrak{m} = V_\mathfrak{m}^*, \tag{14}$$

letzteres, da V reell ist.

Da das Potential V eine kleine Störung sein soll, setzen wir die Energie

$$E_\Re = E_{0\,\Re} + \varepsilon_\Re$$

und die Eigenfunktionen

$$\psi_\Re = \psi_{0\,\Re} + \varphi_\Re,$$

wo $\varepsilon_\Re$ und $\varphi_\Re$ klein gegen $E_{0\Re}$ bzw. $\psi_{0\Re}$ sind. Die SCHRÖDINGER-Gleichung lautet dann

$$\frac{h^2}{2m}\Delta(\psi_{0\Re}+\varphi_\Re)+(E_{0\Re}+\varepsilon_\Re-V_0-V)(\psi_{0\Re}+\varphi_\Re)=0.$$

Unter Berücksichtigung von Gl. (11) erhalten wir hieraus, wenn wir Größen, die klein von zweiter Ordnung sind, vernachlässigen

$$\frac{h^2}{2m}\Delta\varphi_\Re+(E_{0\Re}-V_0)\varphi_\Re=-(\varepsilon_\Re-V)\psi_{0\Re}. \tag{15}$$

Nach einem Satz der Theorie der partiellen Differentialgleichungen ist diese inhomogene Gleichung nur dann lösbar, wenn der inhomogene Teil orthogonal zur Lösung der homogenen Gl. (11) ist, d. h. wenn

$$\int_R (\varepsilon_\Re-V)\psi_{0\Re}\psi^*_{0\Re}\,d\tau=0$$

ist.

Daher ist die Energiestörung $\varepsilon_\Re$ unter Berücksichtigung von Gl. (12) und (14)

$$\varepsilon_\Re=\int_R \psi^*_{0\Re}V\psi_{0\Re}\,d\tau=\frac{1}{R}\int V\,d\tau=0.$$

Zur Berechnung der Eigenfunktionen entwickeln wir die rechte Seite von Gl. (15) nach Eigenfunktionen $\psi_{0\Re}$ des ungestörten Problems. Nach § 1, Gl. (6) und (6a) ist, da $\varepsilon_\Re=0$ ist:

$$V\psi_{0\Re}=\sum_{\Re'}V_{\Re\Re'}\psi_{0\Re'},\qquad V_{\Re\Re'}=\int_R\psi^*_{0\Re'}V\psi_{0\Re}\,d\tau. \tag{16}$$

Ferner entwickeln wir auch $\varphi_\Re$ nach $\psi_{0\Re}$

$$\varphi_\Re=\sum_{\Re'}b_{\Re\Re'}\psi_{0\Re'}. \tag{16a}$$

Einsetzen in Gl. (15) ergibt durch Koeffizientenvergleich:

$$b_{\Re\Re'}=\frac{V_{\Re\Re'}}{E_\Re-E_{\Re'}},\qquad \Re\neq\Re' \tag{16b}$$

$$b_{\Re\Re}=0.$$

Mit (12), (14) und (16) wird

$$V_{\Re\Re'}=\frac{1}{R}\sum_\mathfrak{m}V_\mathfrak{m}\int e^{i(\Re'-\Re+\frac{2\pi}{a}\mathfrak{m},\mathfrak{r})}\,d\tau.$$

In dieser Summe ist nur dasjenige Integral von Null verschieden, für welches

$$\Re'-\Re+\frac{2\pi}{a}\mathfrak{m}=0 \tag{17}$$

Spezielle Fälle.

ist, und zwar wird

$$V_{\mathfrak{R}\mathfrak{R}'} = V_{\mathfrak{m}} = V^*_{\mathfrak{R}'\mathfrak{R}}$$
$$\mathfrak{m} = (\mathfrak{R} - \mathfrak{R}')\frac{a}{2\pi}, \qquad \mathfrak{R} \neq \mathfrak{R}' \qquad (16c)$$

Die Lösung von Gl. (15) lautet dann mit Gl. (16a) und (16b)[1]:

$$\varphi_{\mathfrak{R}} = \sum_{\mathfrak{R}' \neq \mathfrak{R}} \frac{V_{\mathfrak{m}} \psi_{0\mathfrak{R}'}}{E_{\mathfrak{R}} - E_{\mathfrak{R}'}}.$$

Sie muß nach Voraussetzung klein sein gegen die „ungestörte" Lösung (12). Das trifft nur dann zu, wenn der Nenner der Summe in (16b) nicht sehr klein wird. In diesem Fall ist also die Energie die gleiche wie bei freien Elektronen gleicher Wellenzahl (da $\varepsilon_{\mathfrak{R}} = 0$) und das gleiche gilt von Impuls und Freiheitszahl.

Ist hingegen $E_{\mathfrak{R}} \cong E_{\mathfrak{R}'}$, d. h. nach Gl. (13) und (17)

$$K^2 \cong K'^2, \quad \frac{a}{2\pi}\mathfrak{R} = \frac{a}{2\pi}\mathfrak{R}' + \mathfrak{m}, \qquad (18)$$

so müssen wir die Störungsrechnung auf andere Weise durchführen[2]. In diesem Fall ist nämlich der Ausgangszustand beinahe entartet, d. h. die Eigenfunktionen $\psi_{0\mathfrak{R}}$ und $\psi_{0\mathfrak{R}'}$ gehören beinahe zum gleichen Energiewert. Als Lösung nullter Ordnung nehmen wir jetzt eine Linearkombination dieser Eigenfunktionen. Zur Lösung setzen wir also an: für die Eigenfunktionen

$$\psi_{\mathfrak{R}} = c_1 \psi_{0\mathfrak{R}} + c_2 \psi_{0\mathfrak{R}'} + \varphi_{\mathfrak{R}}$$

und für die Energie

$$E_{\mathfrak{R}} = \frac{1}{2}(E_{0\mathfrak{R}} + E_{0\mathfrak{R}'}) + \varepsilon_{\mathfrak{R}}, \qquad (19)$$

wo $\varepsilon_{\mathfrak{R}}$ und $\varphi_{\mathfrak{R}}$ klein gegen $E_{0\mathfrak{R}}$ bzw. $\psi_{0\mathfrak{R}}$ sind.

c_1 und c_2 sind zunächst unbekannte Konstanten. In gleicher Weise wie bei Gl. (15) erhalten wir aus der SCHRÖDINGER-Gleichung unter Berücksichtigung der ungestörten Gl. (11) und bei Vernachlässigung der Größen, die klein von zweiter Ordnung sind

$$\frac{h^2}{2m}\Delta\varphi_{\mathfrak{R}} + \left[\frac{1}{2}(E_{0\mathfrak{R}} + E_{0\mathfrak{R}'}) - V_0\right]\varphi_{\mathfrak{R}} =$$
$$= -\left(\frac{\Delta E}{2} + \varepsilon_{\mathfrak{R}} - V\right)c_1\psi_{0\mathfrak{R}} - \left(-\frac{\Delta E}{2} + \varepsilon_{\mathfrak{R}} - V\right)c_2\psi_{0\mathfrak{R}'},$$

wobei zur Abkürzung

$$\Delta E = E_{0\mathfrak{R}'} - E_{0\mathfrak{R}} \qquad (19a)$$

gesetzt ist.

---

[1] $\mathfrak{R}'$ kann nur die durch (16c) zugelassenen Werte annehmen.
[2] Die Bedeutung von Gl. (18) besprechen wir auf S. 42 ff.

Allgemeine Grundlagen.

Wie bei Gl. (15) ist auch jetzt die Bedingung für die Lösbarkeit dieser inhomogenen Gleichung, daß die rechte Seite orthogonal zu den Lösungen der homogenen Gleichung, $\psi_{0\,\Re}$ und $\psi_{0\,\Re'}$, ist. Da nach (16c):

$$\int \psi_{0\,\Re}^{*} V \psi_{0\,\Re} \, d\tau = 0, \quad \int \psi_{0\,\Re'}^{*} V \psi_{0\,\Re} \, d\tau = V_{\Re\,\Re'} = V_{\Re'\,\Re}^{*} = V_{\mathfrak{m}}$$

ist, lautet also unsere Lösungsbedingung

$$-\left(\frac{\Delta E}{2} + \varepsilon_{\Re}\right) c_1 + V_{\mathfrak{m}} c_2 = 0$$

$$V_{\mathfrak{m}} c_1 - \left(-\frac{\Delta E}{2} + \varepsilon_{\Re}\right) c_2 = 0.$$

Dieses homogene Gleichungssystem für die Koeffizienten c_1 und c_2 ist nur dann lösbar, wenn die Determinante verschwindet:

$$\left(\frac{\Delta E}{2} + \varepsilon_{\Re}\right)\left(-\frac{\Delta E}{2} + \varepsilon_{\Re}\right) - V_{\mathfrak{m}}^2 = 0.$$

Daraus berechnet sich

$$\varepsilon_{\Re} = \pm \sqrt{\frac{(\Delta E)^2}{4} + V_{\mathfrak{m}}^2},$$

d. h. nach (19) und (19a) wird die Energie jetzt:

$$E_{\Re} = E_{0\,\Re} + \frac{\Delta E}{2} \pm \sqrt{\frac{(\Delta E)^2}{4} + V_{\mathfrak{m}}^2}. \tag{20}$$

Genügt also die Wellenzahl $\Re$ der Bedingung (18), so spaltet die Energie in zwei Terme mit dem Abstand $2\,\varepsilon_{\Re}$ auf. Ist insbesondere exakt $E_{0\,\Re} = E_{0\,\Re'}$, d. h. $\Delta E = 0$, so ist die Lage dieser beiden Energiewerte:

$$\left.\begin{array}{l} E_{\min} = E_{0\,\Re} - V_{\mathfrak{m}} \\ E_{\max} = E_{0\,\Re} + V_{\mathfrak{m}}. \end{array}\right\} \tag{20a}$$

$\mathfrak{m}$ und $\Re$ sind verknüpft durch die für $K^2 = K'^2$ verschärfte Bedingung (18)

$$K^2 = K'^2, \quad \frac{a}{2\pi}\Re = \frac{a}{2\pi}\Re' + \mathfrak{m},$$

oder, nach Elimination von $\Re'$, durch

$$\frac{a}{2\pi}(\Re, \mathfrak{m}) - \frac{|\mathfrak{m}|^2}{2} = 0. \tag{21}[1]$$

Immer wenn $\Re$ dieser wichtigen Bedingung angenähert genügt, treten Abweichungen vom einfachen Verhalten der Elektronen

---

[1] Im Fall eines nichtkubischen Gitters sind in (21) die Vektoren $\frac{\mathfrak{m}}{a}$ durch Gittervektoren in reziprokem Gitter zu ersetzen.

Spezielle Fälle.

auf. Man kann leicht sehen, daß jeder der durch (20) bestimmten Energiewerte höher als $E_{\max}$ oder tiefer als $E_{\min}$ (20a) liegt. Das kontinuierliche Energiespektrum der freien Elektronen wird somit durch verbotene Gebiete von der Breite $2 V_m$ durchzogen, die Energie also in einzelne Bänder aufgeteilt. Ihre Lage im $\mathfrak{K}$-Raum ist durch (21) bestimmt.

Auf die Berechnung der c_1, c_2 können wir verzichten, da wir alles für uns Interessante ($\mathfrak{p}$, f_{nl}) aus der Energie ableiten können. Für den Grenzfall (20a) wird einfach $|c_1|=|c_2|$ und die Eigenfunktionen nullter Ordnung sind stehende Wellen, denen also kein Strom entspricht, in Übereinstimmung mit unserer allgemeinen Theorie [da ja (20a) die Ränder der Bänder bestimmt].

Ehe wir eine eingehende Diskussion beginnen, zeigen wir, daß die Bedingung (21), die die Lage der starken Abweichungen vom Verhalten freier Elektronen angibt, eine sehr einfache Bedeutung hat. Sie ist nämlich identisch mit der BRAGGschen Reflexionsbedingung. Um das einzusehen, gehen wir von (18) aus, woraus wir mit der Bedingung $K = K'$ (21) gewonnen haben. Sind α_i und α'_i die Winkel von $\mathfrak{K}$ bzw. $\mathfrak{K}'$ mit der X_i-Achse, so ist also

$$K_i = K \cos \alpha_i, \quad K'_i = K' \cos \alpha'_i = K \cos \alpha'_i \quad i = x, y, z.$$

Die DE BROGLIE-Wellenlänge der Elektronen ist nach (12b):

$$\lambda = \frac{2\pi}{K}.$$

Daher wird Gl. (18) in Komponenten geschrieben:

$$a(\cos \alpha_i - \cos \alpha'_i) = m_i \lambda \quad i = x, y, z,$$

und das ist tatsächlich die BRAGGsche Bedingung für selektive Reflexion einer Welle der Wellenlänge λ an der Netzebene (m_x, m_y, m_z) eines kubischen Kristalls mit dem Gitterabstand a, d. h. die Bedingung dafür, daß sich die an den einzelnen Netzebenen reflektierten Wellen durch Interferenz verstärken. Elektronen mit dieser Wellenlänge λ und Richtung (α_x, α_y, α_z) können sich also nicht ungehindert durch den Kristall bewegen. Wir haben somit eine anschauliche Deutung für das Auftreten der Anomalien erhalten.

Wir beginnen jetzt mit der Diskussion für den eindimensionalen Fall oder im Dreidimensionalen für $K_y = K_z = 0$. Die Lage der Anomalien (21) ist dann:

$$K_x = \frac{\pi}{a} m_x, \quad m_x = \pm 1, \pm 2, \ldots \tag{21a}$$

Immer wenn die Wellenzahl ein ganzzahliges Vielfaches von $\frac{\pi}{a}$ ist, tritt eine Aufspaltung der Energie ein. Die Breite des ersten Bandes wird also mit (20a) und (13):

$$B_1 = \frac{h^2}{2m} \frac{\pi^2}{a^2} - V_1.$$

V_1 muß, damit unsere Näherung gültig ist, klein gegen B_1 sein. Dann wird z. B. für $a = 3 \cdot 10^{-8}$ cm $B_1 \cong 3$ e-Volt.

Um das Verhalten der Energie in der Nähe des m_x-ten verbotenen Gebietes zu untersuchen [oberer Rand des m_x-ten, unterer Rand des $(m_x + 1)$-ten Bandes] nehmen wir an, daß (21a) nicht exakt erfüllt ist. Dann ist ΔE zwar nicht exakt Null, aber wir können es klein gegen V_{m_x} voraussetzen. Wir können dann die Wurzel im Energieausdruck entwickeln und erhalten aus (20):

$$E = E_{0\Re} + \frac{\Delta E}{2} \pm \left(V_{m_x} + \frac{(\Delta E)^2}{8 V_{m_x}} \right). \tag{22}$$

Wir führen eine Wellenzahl K^* ein, die die Abweichung von der Erfüllung der Bedingung (21a) mißt:

$$K^* = K_x - m_x \frac{\pi}{a}. \tag{23}$$

Nach (13) wird dann:

$$E_{0\Re} = V_0 + \frac{h^2}{2m} \left(m_x^2 \frac{\pi^2}{a^2} + 2 m_x \frac{\pi}{a} K^* + K^{*2} \right)$$

und da nach (18) $K'_x = K_x - \frac{2\pi}{a} m_x$ ist, wird mit (19a) und (23)

$$-\Delta E = \frac{h^2}{2m} (K_x^2 - K_x'^2) = \frac{h^2}{2m} \frac{4\pi}{a} m_x K^*.$$

Daher ist die Energie (22) als Funktion der vom Rand des Bandes aus gezählten Wellenzahl K^*

$$E = V_0 + U_{m_x} \pm V_{m_x} + \frac{h^2}{2m^*} K^{*2}. \tag{22a}$$

Hier ist

$$U_{m_x} = \frac{h^2 \pi^2}{2m a^2} m_x^2$$

und

$$m^* = \pm \frac{m}{\pm 1 + 2 \dfrac{U_{m_x}}{V_{m_x}}},$$

wobei das obere Vorzeichen zu wählen ist, wenn in (22a) das obere Vorzeichen gewählt wird (entsprechend für das untere).

Spezielle Fälle.

U_{m_x} ist die mittlere Energie des m_x-ten verbotenen Gebietes, das sich von $U_{m_x} - V_{m_x}$ bis $U_{m_x} + V_{m_x}$ erstreckt.

Damit unser Näherungsverfahren sinnvoll ist, muß die Störungsenergie V_{m_x} klein gegen U_{m_x} sein. Dann wird

$$m^* \cong \pm m \frac{V_{m_x}}{2 U_{m_x}}, \quad |m^*| < m. \tag{24}$$

Wenn wir die Ränder des Bandes als Nullpunkt der Energie festsetzen, verhält sich dort die Energie der Elektronen wie bei freien Elektronen mit der scheinbaren Masse m^*. Ihr absoluter Betrag $|m^*|$ ist nach (24) kleiner als die wirkliche Elektronenmasse m[1].

In Abb. 8a zeigen wir die Abhängigkeit der Energie von der Wellenzahl K_x. Um den Vergleich mit der allgemeinen Theorie § 3 zu ermöglichen, führen wir die reduzierte Wellenzahl k_x ein, die also in jedem Band von $-\frac{\pi}{a}$ bis $\frac{\pi}{a}$ läuft. Das ist in dem gegenwärtig betrachteten eindimensionalen Fall sehr einfach. Wir können nämlich immer die Eigenfunktionen $e^{iK_x x}$ in

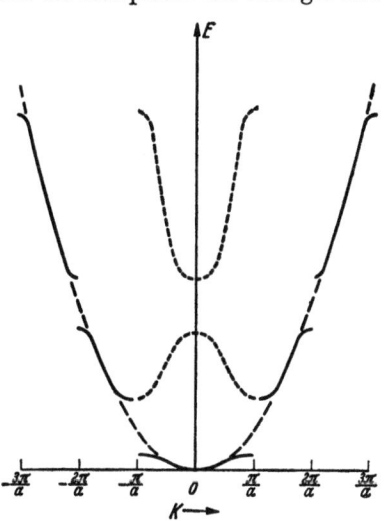

Abb. 8a. Näherung B (eindimensional).
—— Energie als Funktion der nichtreduzierten Wellenzahl. — — — Energie freier Elektronen. - - - - Energie als Funktion der reduzierten Wellenzahl.

der Form $e^{ik_x x} \cdot e^{\frac{2\pi i}{a} n x}$ schreiben, das ist in der in § 3, Gl. (1) geforderten Form, wobei also

$$k_x = K_x - \frac{2\pi}{a} n$$

ist. Insbesondere sieht man aus (21a) und aus der Forderung $|k_x| < \frac{\pi}{a}$, daß für das m_x-te Band gilt:

$$k_x = \begin{cases} K_x \mp \frac{2\pi}{a} \frac{|m_x|}{2} & \text{für gerade } m_x \\ K_x \mp \frac{2\pi}{a} \frac{|m_x|-1}{2} & \text{für ungerade } m_x \end{cases} \tag{25}$$

---

[1] Man vergleiche die Ergebnisse der Näherung tiefer Energien (S. 35), wo $|m^*| > m$ ist.

± soll bedeuten: — für $K_x > 0$ und + für $K_x < 0$. Daraus ergibt sich an Hand von Abb. 8a, daß die Abhängigkeit der Energie von der reduzierten Wellenzahl im Sinne von Abb. 5a entschieden wird, d. h. daß für aufeinanderfolgende Bänder bei $k_x = 0$ abwechselnd Maxima und Minima auftreten.

Die Geschwindigkeit und die Freiheitszahl verlaufen im Inneren eines Bandes, wie auf S. 41 gezeigt wurde, wie bei freien Elektronen. Um diese Größen am Rand eines Bandes zu berechnen, beachten wir, daß nach (23) und (25)

$$\frac{\partial}{\partial k_x} = \frac{\partial}{\partial K_x} = \frac{\partial}{\partial K^*} \text{ ist.}$$

Daher wird nach Gl. (22a) mit § 3, Gl. (10) und (14):

$$v_x = \frac{h K^*}{m^*}, \quad f_K = \frac{m}{m^*}. \quad (2$$

Die Freiheitszahl wird also, wie bei freien Elektronen, konstant und zwar so groß wie bei freien Elektronen mit der Masse m^*, wie zu erwarten war. Da nach (24) $|m^*| < m$ ist, wird $|f_K| > 1$, also größer als bei freien Elektronen. Elektronen in diesen Zuständen werden

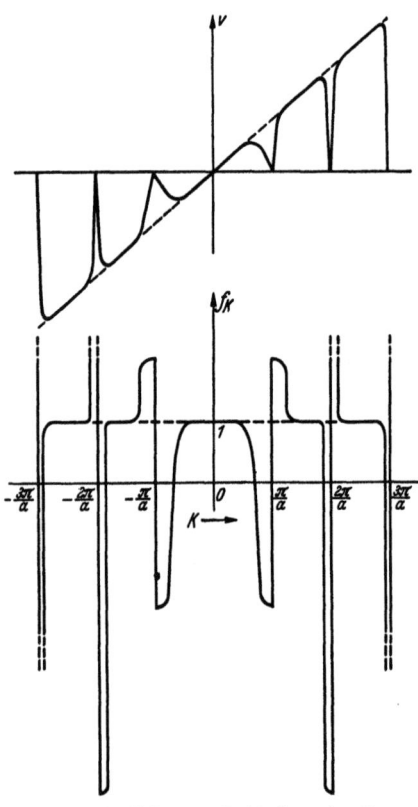

Abb. 8b. Näherung B (eindimensional).
——— Freiheitszahl f_k und Geschwindigkeit v als Funktion der nichtreduzierten Wellenzahl.
– – – Dasselbe für freie Elektronen.

also durch äußere Kräfte viel stärker beschleunigt als freie Elektronen, was z. B. bei der Deutung der anormal großen magnetischen Effekte bei Wismut von Bedeutung ist (vgl. § 31). Die Geschwindigkeit wird am Rand jedes Bandes Null, da dort $K^* = 0$ ist, in Übereinstimmung mit den Forderungen der allgemeinen Theorie (§ 3).

In Abb. 8b bringen wir Geschwindigkeit und Freiheitszahl unserer Elektronen im Vergleich mit vollständig freien Elektronen.

Spezielle Fälle.

Interessant ist es, an Hand dieser Abbildung die Bewegung eines Elektrons in einem konstanten äußeren elektrischen Feld zu verfolgen. Befindet sich das Elektron zunächst im Inneren eines Bandes, so erfolgt die Beschleunigung wie bei freien Elektronen, da ja hier die Freiheitszahl Eins ist. Schließlich ist die Geschwindigkeit so stark gewachsen, daß sich das Elektron im $\mathfrak{K}$-Raum in der Nähe eines oberen Randes eines Bandes befindet. Hier wird die Freiheitszahl plötzlich stark negativ, das Elektron wird also plötzlich in der entgegengesetzten Richtung beschleunigt. Wenn es auf Null abgebremst ist, hat es gerade den oberen Rand des Bandes erreicht. Hierauf wechselt die Geschwindigkeit ihr Vorzeichen und das Elektron nähert sich im $\mathfrak{K}$-Raum dem unteren Rand des Bandes. In genügender Entfernung vom oberen Rande wird die Freiheitszahl positiv, worauf die normale Beschleunigung wieder beginnt. Dieser plötzliche Vorzeichenwechsel der Beschleunigung kann als BRAGGsche Reflexion aufgefaßt werden. Ein Elektron führt also periodische Bewegungen in einem konstanten äußeren Feld aus[1]. Die Frequenz dieser Bewegungen berechnet man am einfachsten aus Gl. (12), §3. Aus dieser Gleichung folgt mit $\mathfrak{K} = e\mathfrak{F}$ ($\mathfrak{F}$ = Feldstärke)

$$k_x = \frac{e}{h} F_x t + (k_x)_{t=0}.$$

Immer wenn k_x sich um $\frac{2\pi}{a}$ ändert, ist der Anfangszustand wiederhergestellt (S. 18). Die Periode τ ist also $\frac{2\pi}{a} \frac{h}{eF_x}$, oder die Frequenz ist $\frac{2\pi}{\tau} = \frac{eF_x a}{h}$.

Im zwei- und dreidimensionalen Fall sind die Verhältnisse in bezug auf Geschwindigkeit und Freiheitszahl ähnlich wie im eindimensionalen. Dagegen wird die Feststellung der Lage der Unstetigkeiten der Energie bedeutend komplizierter. Insbesondere werden sich die einzelnen Bänder gewöhnlich überdecken. Die Bedingung (21), die die Lage der Energieanomalien bestimmt, stellt im $\mathfrak{K}$-Raum im Dreidimensionalen eine Schar von Ebenen, im Zweidimensionalen eine Schar von Geraden dar. Für den letzteren Fall, der etwa im Dreidimensionalen $K_z = 0$ entspricht, geben wir an Hand von Abb. 9 eine Konstruktion der kritischen Geraden. Wir wählen als Koordinaten:

$$Q_x = \frac{a}{\pi} K_x, \quad Q_y = \frac{a}{\pi} K_y$$

---
[1] Das ist natürlich nur dann richtig, wenn die Wechselwirkung der Elektronen mit den Gitterschwingungen vernachlässigt wird (§ 13).

und zeichnen in der durch Q_x, Q_y bestimmten Ebene die Endpunkte aller Vektoren $\mathfrak{m}$, d. h. also alle Punkte mit ganzzahligen Koordinaten. Bedingung (21) schreiben wir jetzt in der Form

$$Q\,|\,\mathfrak{m}\,|\cos(\mathfrak{Q},\mathfrak{m}) = |\,\mathfrak{m}\,|^2$$

oder

$$Q\cos(\mathfrak{Q},\mathfrak{m}) = |\,\mathfrak{m}\,|.$$

Sie wird von allen denjenigen Vektoren erfüllt, deren Projektionen auf irgendeinen der Vektoren $\mathfrak{m}$ die gleiche Länge hat wie dieser

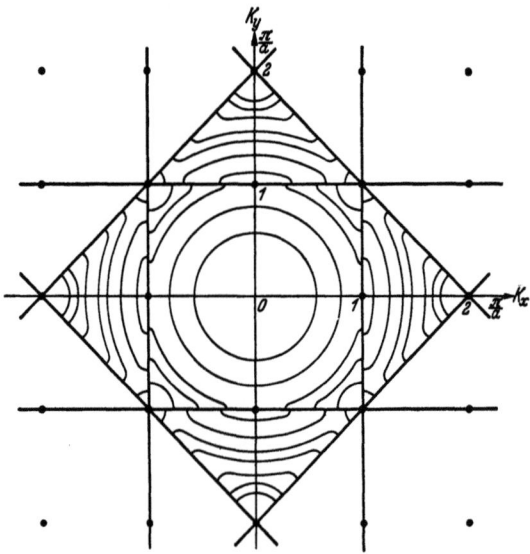

Abb. 9. Näherung B (zweidimensional). Konstruktion der ersten beiden BRILLOUINschen Zonen (einfaches kubisches Gitter). Die Kurven konstanter Energie sind eingetragen. Sie weichen nur an den Rändern der Zonen von konzentrischen Kreisen (freie Elektronen!) ab.

Vektor $\mathfrak{m}$. Der Ort für die Endpunkte aller solcher Vektoren $\mathfrak{Q}$ ist bestimmt durch sämtliche Geraden, die senkrecht zu irgendeinem der Vektoren $\mathfrak{m}$ sind und durch den Endpunkt von $\mathfrak{m}$ gehen. Die so konstruierten kritischen Geraden begrenzen im $\mathfrak{Q}$-Raum Gebiete, von denen wir diejenigen, die dem gleichen Absolutbetrag von $\mathfrak{K}$, d. h. von $\mathfrak{Q}$, entsprechen, zu Energiebändern zusammenfassen. Wir haben in unserer Abb. 9 das erste Band (Quadrat mit den Ecken $|\mathfrak{m}| = 1$) und das zweite Band (vier aufgesetzte Dreiecke) gezeichnet. Jedes einzelne Band hat (man kann das geometrisch beweisen) im $\mathfrak{Q}$-Raume die gleiche Fläche und enthält nach Gl. (6),

Spezielle Fälle.

§ 3 G^2-Werte von $\mathfrak{Q}$ bzw. $\mathfrak{K}$. Die höheren Bänder werden aber in immer mehr Gebiete aufgeteilt[1].

Im Dreidimensionalen ist alles ganz entsprechend. Dem Quadrat entspricht ein Kubus; den Dreiecken Pyramiden usw. Jedes Band enthält G^3-Werte von $\mathfrak{Q}$ bzw. $\mathfrak{K}$.

Der Energieverlauf ist, soweit $\mathfrak{K}$ nicht in der Nähe einer kritischen Ebene (bzw. Gerade im Zweidimensionalen) liegt wie bei freien Elektronen Gl. (13). In der Nähe dieser Ebenen ist er durch Gl. (20) gegeben. Der anomale Verlauf bezieht sich, wie aus unserer ganzen Berechnung und Konstruktion hervorgeht, nur auf die Komponenten von $\mathfrak{K}$, die senkrecht zu den kritischen Ebenen stehen. Diese Komponenten $\mathfrak{K}_\perp$ verhalten sich bezüglich Impuls usw. wie wir für den linearen Fall Gl. (22a), (24), (26) berechnet haben.

Wie wir oben gezeigt haben, steht jede kritische Ebene senkrecht zu einem Vektor $\frac{\pi}{a}$ m und geht durch den Endpunkt dieses Vektors. Genau wie in (23) können wir daher einen Vektor $\mathfrak{K}_\perp^*$ einführen, der den Abstand von der betreffenden kritischen Ebene mißt ($\mathfrak{K}_\perp$ hat die gleiche Richtung wie m).

$$\mathfrak{K}_\perp^* = \mathfrak{K}_\perp - \frac{\pi}{a} \mathrm{m}.$$

Wir führen ferner einen Vektor $\mathfrak{K}_\parallel$ ein, der die Projektion von $\mathfrak{K}$ auf die betreffende Ebene ist. Es wird dann

$$K^2 = K_\perp^2 + K_\parallel^2 = K_\perp^{*2} + |\mathrm{m}|^2 \frac{\pi^2}{a^2} + 2 |\mathrm{m}| K_\perp^* \frac{\pi}{a} + K_\parallel^2.$$

Ganz ähnlich wie in (22a) berechnet sich dann die Energie aus (22) zu

$$E = V_0 + U_\mathrm{m} + \frac{h^2}{2m} K_\parallel^2 \pm V_\mathrm{m} + \frac{h^2}{2m^*} K_\perp^{*2}, \qquad (22\,\mathrm{b})$$

wobei

$$U_\mathrm{m} = \frac{h^2 \pi^2}{2 m a^2} |\mathrm{m}|^2$$

ist. m^* ist analog zu (24) positiv, falls in (22b) $+V_\mathrm{m}$, und negativ, falls dort $-V_\mathrm{m}$ steht. Die Energieaufspaltung ist also immer $\geq 2 V_\mathrm{m}$, denn alle vorkommenden Energien sind entweder $\geq E_\mathrm{max}$, wobei

$$E_\mathrm{max} = V_0 + U_\mathrm{m} + \frac{h^2}{2m} K_\parallel^2 + V_\mathrm{m} \quad (\text{für } m^* > 0)$$

---

[1] Für nichtkubische Gitter läßt sich im reziproken Gitter eine ganz ähnliche Konstruktion angeben.

oder $\leq E_{\min}$, wobei

$$E_{\min} = V_0 + U_m + \frac{h^2}{2m} K_{\parallel}^2 - V_m \quad \text{(für } m^* < 0\text{)}$$

ist. Der obige Ausdruck (22b) gilt nur, wenn $\mathfrak{K}_{\parallel}$ nicht selbst in der Nähe eines verbotenen Gebietes liegt. Läßt man $\mathfrak{K}_{\parallel}$ bei festgehaltenem $\mathfrak{K}_{\perp}$ wachsen, so tritt eine weitere Aufspaltung der Energie auf, wenn $\mathfrak{K}_{\parallel}$ eine kritische Ebene durchschreitet (vgl. hierzu § 7).

Aus (22b) folgt ähnlich wie in (26) für Geschwindigkeit und Freiheitszahl:

$$v_{\perp} = \frac{h}{m} K_{\perp}^*, \quad v_{\parallel} = \frac{h}{m} K_{\parallel}, \quad f_{\mathfrak{R}} = \frac{1}{3}\left(\frac{m}{m^*} + 2\right), \quad (26a)$$

wobei wieder vorausgesetzt ist, daß $\mathfrak{K}_{\parallel}$ nicht in der Nähe einer kritischen Ebene liegt.

In der Nähe der Werte $\mathfrak{K} = \frac{\pi}{a} \mathfrak{m}$ werden alle drei Komponenten von $\mathfrak{K}$ anomal. Energetisch befinden sich also die stärksten Anomalien bei einem einfachen kubischen Gitter in der Nähe der Energiewerte

$$E = V_0 + \frac{h^2 \pi^2}{2 m a^2}(m_x^2 + m_y^2 + m_z^2), \quad \begin{array}{l} m_i = 0, \pm 1, \pm 2, \ldots \\ \mathfrak{m} \neq 0, 0, 0. \end{array} \quad (27)$$

Das bedeutet aber nicht, daß diese Energien verboten sind, denn es gibt ja viele Vektoren $\mathfrak{K}$ mit gleichem Absolutbetrag, die nicht in der Nähe von kritischen Ebenen liegen.

Die im vorstehenden beschriebene Einteilung des $\mathfrak{K}$-Raumes in Zonen (BRILLOUINsche Zonen) ist durchaus keine Eigenart unserer gegenwärtigen speziellen Näherung, sondern hat ganz allgemeine Bedeutung. Wir erinnern uns an die allgemeine Form der Wellenfunktion § 3, (1)

$$\psi = e^{i(\mathfrak{k}, \mathfrak{r})} u.$$

Dort hatten wir den Wertebereich von $\mathfrak{k}$ auf die Werte zwischen $-\frac{\pi}{a}$ und $\frac{\pi}{a}$ für jede Komponente eingeschränkt, um eine eindeutige Zuordnung zu erreichen. Einem bestimmten Wert von $\mathfrak{k}$ entspricht dann je ein Zustand in jedem Energieband. Ein Energiezustand ist also eindeutig bestimmt durch die Angabe des $\mathfrak{k}$-Wertes und der Quantenzahl n des Energiebandes. Wir können aber auch eine eindeutige Zuordnung der Energiewerte zu den Werten des Ausbreitungsvektors erhalten, wenn wir diesen nicht auf den oben

Spezielle Fälle.

angegebenen Bereich reduzieren, also die Eigenfunktion in der Form
$$\psi = e^{i(\mathfrak{K},\mathfrak{r})} u$$
schreiben, wo der Vektor $\mathfrak{K}$ alle möglichen Werte annehmen kann. Um die Zuordnung von $\mathfrak{K}$ zur Energie eindeutig zu machen, gehen wir folgendermaßen vor [5]. Wir geben $\mathfrak{K}$ zunächst einen Wert, der in den Bereich von $\mathfrak{f}$ fällt und nennen ihn $\mathfrak{f}_0$. Diesem $\mathfrak{f}_0$ können wir, wie wir eben auseinandergesetzt haben, unendlich viel Energiewerte $E_{n\mathfrak{f}_0}$ zuordnen, die alle in verschiedenen Bändern liegen. Andererseits gehört zu diesen Energiewerten, falls wir $\mathfrak{K}$ nicht mehr auf den Bereich von $\mathfrak{f}$ beschränken, nicht nur die Wellenzahl $\mathfrak{K} = \mathfrak{f}_0$, sondern alle Wellenzahlen
$$\mathfrak{K} = \mathfrak{f}_0 + \frac{2\pi}{a}\mathfrak{m},$$
also auch unendlich viele. Um die Zuordnung eindeutig zu machen, ordnen wir die $E_{n\mathfrak{f}_0}$ der Größe nach an und beziffern den niedersten mit $\mathfrak{f}_0$ und die folgenden, indem wir zu $\mathfrak{f}_0$ der Reihe nach die Vektoren $\frac{2\pi}{a}\mathfrak{m}$ addieren und die entstehenden $\mathfrak{K}$-Werte ebenfalls der Größe nach ordnen. Da der Wertebereich von $\mathfrak{f}_0$ gerade einem ganzen Energieband entspricht, wird so der ganze Wertebereich von $\mathfrak{K}$ verbraucht. Die Zuordnung der $\mathfrak{K}$-Werte zu den Energien kann somit eindeutig erfolgen, ohne daß man auf ein bestimmtes Näherungsverfahren zur Berechnung der Energien zurückgreifen muß. Die hier behandelte Zuordnung wird immer dann vorteilhaft sein, wenn sich die einzelnen Energiebänder sehr stark überdecken.

Für die Gültigkeit der gegenwärtigen Näherung hoher Energieterme war vorausgesetzt, daß das Potential V eine kleine Störung sei, daß also die Energie der Elektronen, falls man das mittlere Gitterpotential V_0 als Nullpunkt rechnet, groß gegen die FOURIER-Komponenten $V_\mathfrak{m}$ sind. Nach § 2 sind die größten dieser $V_\mathfrak{m}$ etwa 10—20 e-Volt, d. h. ungefähr genau so groß wie V_0. Die Näherung dürfte also bestenfalls für Elektronen, die schon außerhalb des Metalls eine Geschwindigkeit von der Größenordnung 10 e-Volt haben, gültig sein. Wenn wir das erste Band betrachten, ist das Versagen der Näherung besonders drastisch, denn ihr entspricht die K-Schale des Atoms (bei Ag z. B. 10 e-Volt gegen 25000 e-Volt). Aber auch die Elektronen der äußeren Schalen werden noch nicht im Gültigkeitsbereich unserer Näherung liegen, denn wir bekommen mit ihr keine Energiewerte, die kleiner als V_0 sind.

Wenn das n-te Band das erste Band ist, für das wir unser Näherungsverfahren anwenden können, so dürfen wir nicht dieses Band so behandeln, wie wir das *erste* Band in unserer Näherung behandelt haben, denn nach unserer Zuordnung entspricht es auch jetzt dem n-ten Band. Man kann das auch anschaulich so verstehen, daß man sich das Gitterpotential sehr stark erniedrigt denkt [5]. Dann wird schon das erste Band durch unsere Näherung richtig dargestellt. Vergrößern wir jetzt allmählich das Gitterpotential bis zu seinem tatsächlichen Wert, so bleiben die Verhältnisse für große Energien, für welche die Näherung gültig bleibt, im wesentlichen unverändert.

C. Mittlere Energien [154, 175]. Das größte Interesse beanspruchen für uns die Energiebänder der Valenzelektronen, denn diese Elektronen sind für die meisten typisch metallischen Effekte, wie z. B. die elektrische Leitfähigkeit, verantwortlich. Außerdem erhält man aus ihrer Energiedifferenz gegen die entsprechenden Zustände im freien Atom alles, was man im Zusammenhang mit der metallischen Bindung wissen muß. Wir haben oben gesehen, daß sowohl die Näherung A, als auch die Näherung B für eine exakte Beschreibung der Valenzelektronen nicht in Frage kommen und müssen daher eine neue Methode suchen. Diese ist bis zu einem gewissen Grade eine Kombination der Methoden A und B.

Wir teilen das Potential, in dem sich ein Elektron bewegt, in zwei Teile: 1. In alle Teile, nahe den Atomkernen, d. h. innerhalb der Atomrümpfe und 2. alle Teile außerhalb der Atomrümpfe. Wenn sich das Elektron vorwiegend in den Gebieten 1 aufhält, gilt die Methode A; wenn es sich vorwiegend in den Gebieten 2 aufhält, die Methode B. Wenn wir nun z. B. die Breite des Energiebandes berechnen, so liefern die Teile, die nach A behandelt werden, einen viel kleineren Beitrag als diejenigen, die nach B behandelt werden, d. h. die Breite des Energiebandes bestimmt sich nach B. Für die Lage des Energiebandes sind aber die Teile nahe dem Atomkern sehr wesentlich.

Zur Berechnung der Eigenfunktionen gehen wir folgendermaßen vor: Wir teilen zunächst den ganzen Kristall in einzelne gleich große Zellen, in deren Mittelpunkt je ein Atom sitzt. Diese Zellen werden so konstruiert, daß man ein Atom mit seinen nächsten Nachbarn (bei kubisch raumzentriertem Gitter auch mit den übernächsten Nachbarn) durch Gerade verbindet und senkrecht durch den Mittelpunkt dieser Geraden je eine Ebene legt. Diese Ebenen

Spezielle Fälle.

sind die Grenzflächen unserer Zellen. Bei allen praktisch in Frage kommenden Gittertypen (z. B. kubisch-raumzentriert bei Alkalimetallen, kubisch-flächenzentriert bei Edelmetallen) können diese Zellen mit sehr guter Annäherung als Kugeln betrachtet werden. Die zu berechnenden Eigenfunktionen müssen die Form § 3 (1)

$$\psi = e^{i(\mathfrak{k},\mathfrak{r})} u$$

haben. Wir wollen hier festsetzen, daß für den Zustand mit der tiefsten Energie $\mathfrak{k} = 0$ sein soll, was nach den Ausführungen über $\mathfrak{k}$ in § 3 immer zulässig ist. Für $\mathfrak{k} = 0$ ist

$$\psi = u, \quad \mathfrak{k} = 0,$$

d. h. ψ ist eine Funktion mit der Gitterperiode. In jeder unserer Zellen (Kugeln) hat also ψ die gleiche Form und aus Symmetriegründen muß daher am Rand jeder Kugel

$$\left(\frac{\partial \psi}{\partial r}\right)_{r=r_1} = \left(\frac{\partial u}{\partial r}\right)_{r=r_1} = 0, \quad \mathfrak{k} = 0$$

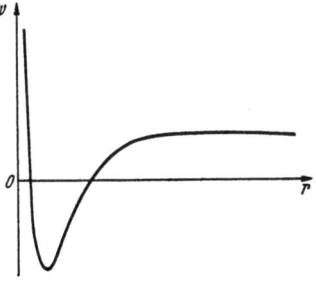

Abb. 10. Die Eigenfunktion $\mathfrak{k} = 0$ des $3 - s$-Bandes von Na. Nach [179].

sein (wobei r der Abstand vom Atomkern und r_1 der Kugelradius ist), denn das ist die Bedingung dafür, daß sich die einzelnen Funktionen stetig aneinander anschließen. Der Radius r_1 ist so zu wählen, daß das Volumen der Kugel gleich dem Atomvolumen ist. Die Funktion u kann man ähnlich berechnen wie die Eigenfunktionen für ein freies Atom, d. h. man löst die SCHRÖDINGER-Gleichung für das Potential, das durch das Ion erzeugt wird. Der einzige Unterschied ist der, daß wir jetzt die Randbedingung $\frac{\partial \psi}{\partial r} = 0$ am Rand der Kugel erfüllen müssen, während sich die Eigenfunktionen bei einem freien Atom bis ins Unendliche erstrecken. Die Ausführung der Rechnung zeigt, daß die Eigenfunktion innerhalb des Atomrumpfes fast genau wie beim freien Atom ist. Außerhalb dagegen fällt sie beim freien Atom exponentiell ab, während sie in unserem Fall angenähert konstant bleibt. Hier verhält sie sich also wie bei freien Elektronen, denn es ist ja

$$e^{i(\mathfrak{k},\mathfrak{r})} = 1 \quad \text{für} \quad \mathfrak{k} = 0.$$

Abb. 10 zeigt die so berechnete Eigenfunktion für Na. Die Energie des betreffenden Zustandes ist niedriger als beim freien Atom, denn das Elektron befindet sich jetzt immer innerhalb der Kugel mit dem Radius r_1, wo das negative Potential größer ist als außerhalb. Man erhält bei Na als Energie des Grundzustandes ~ -8 e-Volt gegen -5 e-Volt beim freien Atom [1].

Wir gehen jetzt zu $\mathfrak{k}$-Werten über, die von Null verschieden sind und machen für die Eigenfunktion den Ansatz

$$\psi = u_0 \, e^{i(\mathfrak{k}, \mathfrak{r})}, \tag{28}$$

wobei u_0 die nach der obigen Methode für $\mathfrak{k} = 0$ berechnete Funktion u ist. Diese Funktion ψ verhält sich außerhalb des Atomrumpfes, wo u_0 beinahe konstant ist, wie

$$\psi \sim e^{i(\mathfrak{k}, \mathfrak{r})}, \tag{28a}$$

d. h. wie bei freien Elektronen. Innerhalb des Rumpfes ist hingegen $\mathfrak{r}$ ungefähr gleich dem Radiusvektor des Atomkerns, d. h. für kubische Kristalle

$$\mathfrak{r} \cong \mathfrak{r}_m = a\,\mathfrak{m}.$$

Außerdem verhält sich u_0 hier praktisch wie die Eigenfunktion ψ_n^m des freien Atoms. Infolgedessen wird hier nach (28)

$$\psi \sim \psi_n^m \, e^{i a(\mathfrak{k}, \mathfrak{m})} \tag{28b}$$

d. h. genau wie bei Näherung A (4) und (5). Unser Ansatz (28) entspricht also genau dem, was wir anfangs für unsere gegenwärtige Methode gefordert haben.

Zur Berechnung der zum Ansatz (28) gehörigen Energie bemerken wir zunächst, daß sich zeigen läßt, daß u_0 immer reell gewählt werden kann. Durch Einsetzen von (28) in die SCHRÖDINGER-Gleichung erhalten wir Gl. (8), § 3 mit $u = u_0$. Zu dieser Gleichung addieren wir die konjugiert komplexe. Da wir eben gesagt haben, daß $u_0 = u_0^*$ ist, verschwindet das Glied $2i(\mathfrak{k}, \mathrm{grad})\,u_0$ und wir erhalten

$$\Delta u_0 + \frac{2m}{h^2}\left(E - \frac{h^2}{2m}k^2 - V\right) u_0 = 0.$$

Für $\mathfrak{k} = 0$ ist

$$\Delta u_0 + \frac{2m}{h^2}(E_1 - V)\, u_0 = 0,$$

wo E_1 die Energie für $\mathfrak{k} = 0$, d. h. des unteren Randes des Bandes ist. Durch Vergleich beider Gleichungen findet man

$$E = E_1 + \frac{h^2}{2m} k^2, \tag{29}$$

---

[1] Wir werden in § 23 ausführlicher auf die Berechnung der Eigenfunktionen und der Energie zu sprechen kommen.

Spezielle Fälle.

d. h. die Energie innerhalb des Bandes verläuft genau wie bei freien Elektronen, solange der Ansatz $u = u_0$ zulässig ist. Aus der eben durchgeführten Rechnung geht auch hervor, daß die Annahme, daß u reell ist, gleichbedeutend damit ist, daß u unabhängig von $\mathfrak{k}$ wird und daß die Energie durch (29) gegeben ist.

Um die oben gemachte Annahme über ψ, die zu dem Energieausdruck (29) führte, zu prüfen, gehen wir nochmal auf Gl. (8), § 3 zurück.

$$\Delta u + 2i(\mathfrak{k}, \mathrm{grad}) u + \frac{2m}{\mathsf{h}^2} \left(E - \frac{\mathsf{h}^2}{2m} k^2 - V \right) u = 0.$$

Solange hier $\mathfrak{k}$ klein ist, können wir das fragliche Glied $(\mathfrak{k}, \mathrm{grad}\, u)$ als Störung auffassen und erhalten dann in erster Näherung für die Energie den Ausdruck (29). Da hier $\mathfrak{k}$ aber quadratisch eingeht, müssen wir konsequenterweise auch in unserer Störungsrechnung bis zur zweiten Näherung gehen, wodurch wir ein zusätzliches Glied in (29) erhalten, das aber auch proportional zu k^2 ist, so daß wir immer schreiben können

$$E = E_1 + \frac{\mathsf{h}^2}{2m^*} k^2, \qquad (29\,\mathrm{a})$$

wo m^* die scheinbare Masse ist, welche durch die Relation

$$f = \frac{m}{m^*}$$

die Freiheitszahl f bestimmt. Ob f wesentlich von Eins verschieden ist, läßt sich durch Berechnung der Breite des Bandes abschätzen, denn wenn diese die gleiche Größenordnung hat wie in der Näherung für freie Elektronen das *erste* Band, so ist sicher auch $f \cong 1$.

Wir müssen somit die Energie des oberen Randes des Energiebandes berechnen, der bei einem einfachen kubischen Gitter die Wellenzahl $\mathfrak{k} = \left(\dfrac{\pi}{a}, \dfrac{\pi}{a}, \dfrac{\pi}{a} \right)$ hat. Wir beachten, daß der Faktor $e^{i(\mathfrak{k}, \mathfrak{r})}$ in ψ dann beim Fortschreiten um die Strecke a (z. B. in der X-Richtung) sein Vorzeichen wechselt. Es ist ja

$$e^{i\frac{\pi}{a}(x+a)} = - e^{i\frac{\pi}{a}x}.$$

Wegen der Periodizität von u ist somit am Rand jeder Zelle

$$\psi = -\psi, \quad \text{d. h.} \quad \psi = 0,$$

damit ψ stetig ist. (Die vorstehenden Überlegungen gelten entsprechend für andere Gittertypen.) Wir müssen somit die gleiche SCHRÖDINGER-Gleichung lösen, wie bei der Berechnung der Energie des unteren Randes, nur haben wir jetzt die Randbedingung $\psi = 0$ zu erfüllen.

Die Durchführung der Rechnung, die wir in § 23 vornehmen werden, zeigt, daß die Breite des Bandes immer die gleiche Größenordnung hat, wie die Breite des ersten Bandes in der Näherung für freie Elektronen.

Verteilung und Dichte der Eigenwerte. Wir sind jetzt in der Lage, genauere Angaben über das Energiespektrum zu machen. Wir beginnen mit den kleinsten Energien. Hier haben wir sehr schmale Energiebänder, praktisch scharfe Linien, die im gleichen Abstand wie die Energieniveaus der entsprechenden freien Atome liegen. Jedes Band enthält G^3 Eigenwerte, und die Dichte der Eigenwerte ist für sehr schmale Bänder demnach sehr groß. Für größere Energien nimmt die Bandbreite zu, die Eigenwertdichte innerhalb eines Bandes ab und außerdem verschiebt sich die mittlere Energie des Bandes gegen das zugeordnete Atomniveau. Bei den Energiebändern, die den Niveaus der Valenzelektronen entsprechen, haben die Bänder eine Breite von einigen Volt erreicht und beginnen sich teilweise zu überdecken. Da dies Überdecken in immer stärkerem Maße erfolgt, beginnt die Eigenwertdichte zu steigen, obwohl sie in den einzelnen Bändern infolge der wachsenden Breite abnimmt. Schließlich ist sie so groß wie bei freien Elektronen, abgesehen von einzelnen Werten der Energie [Gl. (27)], wo sie etwas kleiner wird. Die Abweichung an diesen Stellen vom Verlauf wie bei freien Elektronen ist um so kleiner, je größer die Energie wird.

Wir wollen jetzt die Eigenwertdichte $D(E)$ für eine beliebige Energiefunktion ableiten. Wir verstehen unter $D(E)$ die Zahl der Eigenwerte in der Energieeinheit. Nach § 3, Gl. (6a) ist die Zahl der Eigenwerte in einem Volumenelement $d\tau_{\mathfrak{f}}$ des $\mathfrak{f}$-Raumes

$$\frac{R}{(2\pi)^3} d\tau_{\mathfrak{f}}.$$

Die Eigenwertdichte $D(E)$ ist also

$$D(E) = \frac{1}{\Delta E} \frac{R}{(2\pi)^3} \int_E^{E+\Delta E} d\tau_{\mathfrak{f}}. \tag{30}$$

$D \cdot \Delta E$ ist die Zahl der Eigenwerte im Energieintervall ΔE. Wir führen jetzt auf der Fläche $E(\mathfrak{f}) = \text{const.}$ orthogonale Koordinaten ein, deren Flächenelement $d\sigma$ sei. Die dritte Koordinate

k_n wählen wir senkrecht zur Fläche $E = $ const. Dann ist
$$dk_n = \frac{dE}{|\text{grad}_\mathfrak{k} E|},$$
wobei $\text{grad}_\mathfrak{k} E$ der Gradient im $\mathfrak{k}$-Raum ist. Damit wird
$$D(E) = \frac{R}{(2\pi)^3} \int\limits_{E=\text{const}} \frac{d\sigma}{|\text{grad}_\mathfrak{k} E|}. \tag{30a}$$
Die Integration erstreckt sich über die Fläche $E = $ const.
Im Spezialfall freier Elektronen ist nach Gl. (13)
$$E = V_0 + \frac{\mathsf{h}^2}{2m} K^2. \tag{13}$$
Die Flächen konstanter Energien sind hier die Kugeln $K = $ const. Also ist
$$|\text{grad}_\mathfrak{k} E| = \frac{\mathsf{h}^2}{m} K$$
unabhängig von den Koordinaten auf der Kugeloberfläche und
$$\int d\sigma = 4\pi K^2.$$
Daher ist nach (30a)
$$D(E) = \frac{R}{(2\pi)^3} 4\pi K^2 \frac{m}{\mathsf{h}^2 K},$$
oder mit (13)
$$D(E) = \frac{R}{4\pi^2} \left(\frac{2m}{\mathsf{h}^2}\right)^{3/2} (E - V_0)^{1/2}. \tag{31}$$

An den Rändern jedes Bandes verläuft die Energie, also auch die Eigenwertdichte, wie bei freien Elektronen, deren Energie so normiert ist, daß sie am Rand des Bandes verschwindet und die eine scheinbare Masse m^* haben, die positiv am unteren und negativ am oberen Rand des Bandes ist. Ist E_1 bzw. E_2 die Energie des unteren bzw. oberen Bandrandes, so ist also dort die Eigenwertdichte proportional $(E-E_1)^{1/2}$ bzw. mit $(E_2-E)^{1/2}$.

In Abb. 11a—c zeigen wir den Verlauf der Eigenwertdichte; a) für sehr tiefe Energien, z. B. K- und L-Schale von schweren Elementen; b) für mittlere Energien, wo sich die Bänder zu überlagern beginnen; c) für große Energien, wo die Annäherung an den Verlauf für freie Elektronen beginnt. In a) und b) ist es immer sinnvoll einem Energieniveau des Atoms ein Energieband des Metalls zuzuordnen.

Über den Absolutwert der Eigenwertdichte kann man noch folgende interessante Aussage machen: Es sei E' eine Energie, von der an die Eigenwertdichte D praktisch gleich der bei freien Elektronen ist. Die Gesamtzahl der Eigenwerte für Energien $E \leq E'$ ist dann genau so groß wie bei freien Elektronen, d. h. es ist

$$\int\limits_{-\infty}^{E'} D(E)\,dE = \frac{R}{4\pi^2}\left(\frac{2m}{h^2}\right)^{3/2} \int\limits_{V_0}^{E'} (E-V_0)^{1/2}\,dE = \frac{R}{6\pi^2}\left(\frac{2m}{h^2}\right)^{3/2} (E'-V_0)^{3/2}$$

Denkt man sich nämlich die Schwankungen des Gitterpotentials allmählich erniedrigt, so werden die Eigenwerte, deren Energie

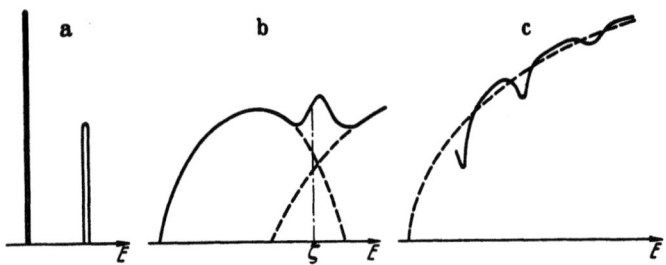

Abb. 11a—c. Eigenwertdichte $D(E)$, a für sehr tiefe Energien, b mittlere Energien (Valenzelektronen). Es wird die Überlagerung zweier Bänder gezeigt. ——— Eigenwertdichte, — — — Eigenwertdichte eines einzelnen Bandes, —·—·— Grenzenergie unter der Annahme von zwei Valenzelektronen (vgl. § 5), c für hohe Energien. ——— Eigenwertdichte, — — — Eigenwertdichte für freie Elektronen.

$E > E'$ ist, im wesentlichen unverändert bleiben. Die Eigenwerte $E < E'$ werden dagegen verschoben und gehen schließlich, wenn die Potentialschwankungen genügend klein sind, in die Eigenwerte für freie Elektronen über. Da bei diesem Prozeß keine neuen Eigenwerte entstehen können, ist die obige Behauptung bewiesen.

§ 5. Die Gesamtheit aller Elektronen.

Nachdem wir in den beiden letzten Paragraphen die möglichen Zustände für Elektronen eines Kristalls berechnet haben, müssen wir feststellen, wie diese bei einer bestimmten Temperatur besetzt sind und was für Werte wir für die wichtigsten Eigenschaften (wie z. B. Impuls und Freiheitszahl) erhalten, wenn wir über alle besetzten Zustände summieren.

PAULI-*Prinzip* [27]. Dieses lautet: *Jeder vollständig definierte Quantenzustand kann höchstens von einem einzigen Elektron besetzt sein.* Ein Quantenzustand ist eindeutig definiert durch Angabe der Quantenzahlen $(n, \mathfrak{k})$ und der Spinquantenzahl. Letztere kann bekanntlich zwei Werte ($\pm \frac{1}{2}$) annehmen. Eine Eigenfunktion als Lösung der SCHRÖDINGER-Gleichung ist durch drei Quantenzahlen bestimmt (drei räumliche Freiheitsgrade). Bei unserer Bezifferung brauchen wir zwar vier (n, k_x, k_y, k_z); die $\mathfrak{k}$ haben aber nur einen beschränkten Wertebereich. Daß wir nur drei Zahlen brauchen, sehen wir am einfachsten durch Übergang zum nichtreduzierten Ausbreitungsvektor $\mathfrak{K}$. Ein Quantenzustand ist also unter Hinzunahme der Spinquantenzahl durch vier Quantenzahlen eindeutig definiert.

Das PAULI-Prinzip kann im Rahmen der Wellenmechanik nicht bewiesen werden. Dagegen läßt sich sehr leicht beweisen, daß es, wenn es einmal gültig ist, auch immer gültig bleibt. Ohne PAULI-Prinzip wären alle Elektronen eines Atoms in der K-Schale vereinigt. Unter Berücksichtigung dieses Prinzips aber werden die Zustände sukzessive besetzt.

Beim absoluten Nullpunkt sind in einem System von N Elektronen die N tiefsten Energieniveaus besetzt. Es soll das oberste Band nicht gerade voll besetzt sein. Die Energie des höchsten besetzten Niveaus nennen wir dann Grenzenergie ζ_0[1]. Bei steigender Temperatur werden einzelne Elektronen Energien haben, die größer als ζ_0 sind. Es ist aber leicht einzusehen, daß eine wesentliche Änderung der Besetzungszahlen der Niveaus nur in einem Bereich von der Größenordnung kT um die Grenzenergie stattfindet.

Um das zu zeigen, kann man z. B. folgendermaßen vorgehen: Nach den Grundsätzen der Thermodynamik muß unser Elektronensystem bei der Temperatur T im Gleichgewicht mit schwarzer Strahlung von der gleichen Temperatur sein. Die Strahlung ruft Übergänge zwischen einzelnen Elektronenniveaus hervor, und zwar hauptsächlich solche mit einer Energiedifferenz $h\nu_{max}$, wo ν_{max} die Frequenz mit der größten Strahlungsintensität ist. Nach dem PLANCKschen Strahlungsgesetz ist $h\nu_{max} \cong 3kT$. Da ein Elektron wegen des PAULI-Prinzips nur dann in höhere Energiezustände übergehen kann, wenn diese unbesetzt sind, ist unsere Behauptung plausibel.

FERMI-*Statistik* [22, 20, 54]. Die Aufgabe der Statistik ist die Berechnung der Zahl der Elektronen, die bei einer bestimmten Temperatur T eine Energie E haben, wenn Gesamtteilchenzahl N und Gesamtenergie des Systems vorgegeben sind.

---

[1] Diese muß kleiner als Null sein, damit die Elektronen an das Metall gebunden sind.

Die Gesamtenergie des Systems setzt sich, wie wir in § 1, Gl. (11) zeigten, zusammen aus der Summe der Energieterme $E_{n\mathfrak{k}}$ der einzelnen Elektronen, etwa wie wir sie in den Paragraphen 3 und 4 berechnet haben, vermindert um die gesamte Wechselwirkungsenergie (denn in $\Sigma E_{n\mathfrak{k}}$ werden alle Wechselwirkungen doppelt gerechnet). Wir machen jetzt die Annahme, daß wir die Wechselwirkungsenergie für unsere ganzen statistischen Überlegungen als konstant betrachten können. Das bedeutet, daß, wenn ein Elektron vom Zustand $E_{n\mathfrak{k}}$ in den Zustand $E_{n'\mathfrak{k}'}$ übergeht, sich die gesamte Energie auch um $E_{n'\mathfrak{k}'} - E_{n\mathfrak{k}}$ ändert. Nun wissen wir aus unseren vorstehenden qualitativen Überlegungen, daß nur die Elektronen in einem Bereich kT um die Grenzenergie temperaturabhängig sind, d. h. nur Elektronen in dem obersten besetzten Band (1 Volt entspricht einer Temperatur von etwa 10^4 °C). Diese Elektronen haben (§ 4) nur einen kleinen Einfluß auf die Lage der Energieterme der Elektronen tiefer Bänder. Unsere Annahme ist daher gleichbedeutend damit, daß die Wechselwirkung der Elektronen des obersten Bandes[1] unabhängig von der Temperatur ist, eine Annahme, die bei weitem nicht so weitgehend ist wie eine vollständige Vernachlässigung der Wechselwirkung dieser Elektronen[2]. Wir verstehen im folgenden unter U die Summe der Eigenenergien der Elektronen. U unterscheidet sich von der Gesamtenergie nach unserer vorstehenden Annahme für alle Temperaturen um einen konstanten Betrag. Bei entsprechender Normierung dürfen wir unter U also auch die Gesamtenergie verstehen. Die äußeren Bedingungen, die wir unserem System auferlegen, sind: konstante Teilchenzahl, konstante Gesamtenergie und konstantes Volumen (d. h. Vernachlässigung der thermischen Ausdehnung).

Die Grundfragestellung der Statistik lautet dann: Wie groß ist bei gegebenen äußeren Bedingungen im Mittel die Zahl der Elektronen mit einer Energie zwischen E und $E + dE$.

Um diese Fragestellung analytisch zu formulieren, teilen wir die Energie in kleine Intervalle von der Größe ΔE ein. Die mittlere Energie im i-ten Intervall sei E_i, die Zahl der Elektronen in diesem Intervall sei N_i, die Zahl der Eigenfunktionen $(n, \mathfrak{k})$ sei $\frac{1}{2} Z_i$. Unter Berücksichtigung des Spins entsprechen jeder Eigenfunktion

---

[1] Oder der obersten Bänder, falls sich die Bänder überdecken.
[2] Könnten wir diese Vernachlässigung nicht machen, so wären die Energieniveaus selbst temperaturabhängig.

Die Gesamtheit aller Elektronen.

zwei Quantenzustände $(n, \mathfrak{l}, \pm 1/2)$. Die Zahl der Quantenzustände im i-ten Intervall ist also Z_i. Fällt das i-te Intervall in ein erlaubtes Energiegebiet, so ist Z_i eine sehr große Zahl, nämlich nach § 3 proportional mit der Zahl der Elementarzellen des Grundgebietes.

Die Bedingungen, die wir dem System auferlegen, lauten jetzt:

$$N = \sum N_i \quad (1), \qquad U = \sum N_i E_i \quad (2), \qquad n = \frac{N}{R}. \quad (3)$$

N, U, n sind konstant (R ist das Volumen des Grundgebietes). Gesucht sind die mittleren Werte der Besetzungszahlen N_i.

Zur Lösung unseres Problems müssen wir zuerst einiges zum wellenmechanischen Mehrkörperproblem mitteilen. Nach dem PAULI-Prinzip kann ein Quantenzustand $(n, \mathfrak{l}, \pm 1/2)$ höchstens von einem einzigen Elektron besetzt werden. Der Zustand des Gesamtsystems ist dadurch eindeutig bestimmt, daß man angibt, welche Quantenzustände besetzt sind. Dabei wird aber nicht angegeben, daß etwa das Elektron a den Zustand A, das Elektron b den Zustand B besetzt usw., denn es besteht prinzipiell nicht die Möglichkeit, irgendein Elektron, a, von einem anderen, b, zu unterscheiden. Die Tatsache, daß ein Quantenzustand besetzt ist, kann nicht dadurch näher bestimmt werden, daß man angibt, daß er durch ein bestimmtes Elektron besetzt ist[1].

Wir nennen einen Zustand des Gesamtsystems einen Mikrozustand, wenn wir genau angeben können, welche Quantenzustände $(n, \mathfrak{l}, \pm 1/2)$ besetzt sind. Einer bestimmten Zahlenfolge der Besetzungszahlen N_i ($N_1, N_2, \ldots$) entsprechen im allgemeinen eine große Zahl von Mikrozuständen, denn es gibt ja in jedem Energieintervall ΔE, das in ein erlaubtes Energiegebiet fällt, sehr viele (Z_i) Quantenzustände. Andererseits gibt es meist sehr viele Zahlenfolgen N_i, die den Bedingungen (1), (2), (3) genügen.

Aus den Grundprinzipien der Quantenmechanik folgt, daß jeder eindeutig definierte Quantenzustand a priori mit gleicher Wahrscheinlichkeit von einem Elektron besetzt werden kann. Wir sagen: jeder nicht entartete Quantenzustand hat gleiches statistisches Gewicht. Infolgedessen wird diejenige Zahlenfolge N_i die wahrscheinlichste sein, die durch die größte Anzahl von Mikrozuständen erzeugt werden kann.

---

[1] In der klassischen Physik dagegen bezeichnet man zwei Zustände des Gesamtsystems als verschieden, die durch Vertauschung zweier Elektronen, die in verschiedenen Zuständen sitzen, hervorgehen.

Um die Zahl der Mikrozustände von N_i Elektronen, die sich im i-ten Intervall befinden, zu berechnen, denken wir uns alle Quantenzustände dieses Intervalls nacheinander angeschrieben und von 1 bis Z_i numeriert. Das ist auf $Z_i!$-fache Weise möglich. Ein Mikrozustand ist dadurch definiert, daß man angibt, welche N_i von den Z_i-Quantenzuständen besetzt sind (wegen des PAULI-Prinzips ist $N_i \leq Z_i$). Bei $N_i!$ von den $Z_i!$ Anordnungsmöglichkeiten werden nur besetzte, bei $(Z_i - N_i)!$-Anordnungen nur die unbesetzten Quantenzustände miteinander vertauscht. Im ganzen gibt es also

$$\frac{Z_i!}{N_i!\,(Z_i - N_i)!}$$

Mikrozustände im i-ten Energieintervall. Einer bestimmten Zahlenfolge N_i entsprechen somit

$$W = \prod_i \frac{Z_i!}{N_i!\,(Z_i - N_i)!} \qquad (4)$$

Mikrozustände. Das mathematische Problem, das wir zu lösen haben, besteht darin, diejenige Zahlenfolge N_i zu bestimmen, die W unter Berücksichtigung von (1), (2) und (3) zu einem Maximum macht. Anstatt W können wir auch

$$\log W = \sum_i [\log Z_i! - \log N_i! - \log (Z_i - N_i)!] \qquad (4\mathrm{a})$$

zu einem Maximum machen.

Zuerst beachten wir, daß $Z_i = 0$ ist (also auch $N_i = 0$), falls das i-te Intervall in ein verbotenes Energiegebiet fällt. Da $0! = 1$ ist, können wir diese Intervalle für die Berechnung von $\log W$ außer acht lassen. Alle anderen Z_i und N_i sind aber große Zahlen. Deshalb können wir die STIRLINGsche Formel anwenden:

$$\log Z_i! = Z_i \log Z_i - Z_i$$

und erhalten aus (4a):

$$\log W = \sum_i [Z_i \log Z_i - N_i \log N_i - (Z_i - N_i) \log (Z_i - N_i)] \,. \quad (4\mathrm{b})$$

Unser Variationsproblem wird dadurch gelöst, daß wir $\delta(\log W) = 0$ setzen, wobei alle N_i zu variieren sind. Die Z_i sind dagegen Konstante. Die Nebenbedingungen (1), (2), (3) berücksichtigen wir nach dem LAGRANGEschen Verfahren, d. h. wir addieren sie mit zunächst willkürlichen Faktoren (den LAGRANGEschen Faktoren) multipliziert zu $\log W$ und bilden die Variationen der Gesamtfunktion. Da die Bedingung (3) nicht von N_i abhängt, können

Die Gesamtheit aller Elektronen. 63

wir sie vorläufig unberücksichtigt lassen. Sind $-\alpha$ und $-\beta$ die LAGRANGEschen Faktoren, so fordern wir also:
$$\delta\,(\log W - \alpha \sum N_i - \beta \sum E_i N_i) = 0, \tag{5}$$
oder, da alle N_i unabhängig voneinander zu variieren sind:
$$\frac{\partial}{\partial N_i}\,(\log W - \alpha \sum N_i - \beta \sum E_i N_i) = 0.$$
Mit (4b) erhalten wir nach Ausführung der Differentiation:
$$-\log N_i + \log (Z_i - N_i) = \alpha + \beta E_i$$
oder
$$N_i = \frac{Z_i}{e^{\alpha + \beta E_i} + 1}. \tag{6}$$
Wir lassen jetzt die Größe unserer Intervalle $\varDelta E$ beliebig klein werden. Für die Zahlenfolge N_i erhalten wir dann eine Funktion von E, $N(E)$, die dadurch bestimmt ist, daß $\lim\limits_{\varDelta E \to 0} \frac{N_i}{\varDelta E} = N(E)$ ist. Entsprechend ergibt sich die Eigenwertdichte $D(E) = \frac{1}{2} \lim\limits_{\varDelta E \to 0} \frac{Z_i}{\varDelta E}$. $\left(\frac{1}{2}\right.$, da wir wegen des Spins in Z_i jeden Eigenwert $(n, \mathfrak{l})$ doppelt gezählt haben.$\left.\right)$ Somit wird (6):
$$N(E) = \frac{2\,D(E)}{e^{\alpha + \beta E} + 1}. \tag{6a}$$
Wir nennen die Größe
$$f = \frac{1}{e^{\alpha + \beta E} + 1} \tag{7}$$
die FERMIsche Verteilungsfunktion[1]. Da $2fD\,dE$ die mittlere Zahl der Elektronen im Energiegebiet E, $E + dE$ ist, stellt $f(E)$ die Wahrscheinlichkeit dafür dar, daß ein Quantenzustand $(n, \mathfrak{l}, \pm 1/2)$ besetzt ist. Da nach § 3 (6a) im Volumenelement des $\mathfrak{l}$-Raumes $\frac{R}{(2\pi)^3}\,d\tau_{\mathfrak{l}}$ Eigenwerte sind, und da jeder doppelt besetzt werden kann, ist die Zahl der Elektronen in $d\tau_{\mathfrak{l}}$
$$\frac{2R}{(2\pi)^3}\,f\,dk_x\,dk_y\,dk_z. \tag{6b}$$
Gesamtelektronenzahl (1) und Gesamtenergie (2) werden jetzt:
$$N = 2\int f(E)\,D\,dE, \tag{1a}$$
$$U = 2\int f(E)\,D\cdot E\,dE. \tag{2a}$$

---
[1] Diese allgemeine Form der Verteilungsfunktion f ist vollständig unabhängig davon, welches spezielle Elektronenproblem betrachtet wird. Dieses ist durch die Eigenwertdichte D charakterisiert.

Die Bedeutung von α und β bestimmen wir durch Anschluß an die Thermodynamik. Diesen stellen wir mit Hilfe der BOLTZMANNschen Beziehung zwischen Entropie S und thermodynamischer Wahrscheinlichkeit W her:
$$S = k \log W. \tag{8}$$
Unsere Forderung, daß $\log W$ ein Maximum sein soll, ist gleichbedeutend mit der thermodynamischen Forderung der maximalen Entropie. Gl. (5) heißt jetzt mit (1), (2) und (8)
$$\delta\left(\frac{S}{k} - \alpha N - \beta U\right) = 0,$$
und damit wird [1]
$$\alpha = \frac{1}{k}\left(\frac{\partial S}{\partial N}\right)_U \quad (9), \qquad \beta = \frac{1}{k}\left(\frac{\partial S}{\partial U}\right)_N, \tag{9a}$$
wobei wir auch noch die Bedingung (3), konstantes Volumen, beachten müssen. Der zweite Hauptsatz, der den Zusammenhang zwischen S und U herstellt, lautet (für konstante Teilchenzahl N)
$$T\,dS = dU + p\,dR.$$
Nach (3) ist $dR = 0$ und β wird mit (9a)
$$\beta = \frac{1}{kT}. \tag{10}$$
Zur thermodynamischen Deutung von α (9) führen wir die freie Energie F ein. Sie ist definiert durch
$$F = U - TS,$$
und daher ist (Definition von ζ)
$$T\left(\frac{\partial S}{\partial N}\right)_U = -\left(\frac{\partial F}{\partial N}\right)_U = -\zeta,$$
also nach (9)
$$\alpha = -\frac{1}{kT}\left(\frac{\partial F}{\partial N}\right)_U = -\frac{\zeta}{kT}. \tag{10a}$$

ζ ist identisch mit dem GIBBSschen thermodynamischen Potential. Die Größe $-dF$ stellt bekanntlich die bei einem isothermen reversiblen Prozeß am System geleistete Arbeit dar. Um diesen Betrag erhöht sich dann die „gebundene Energie" $U - F = TS$, da die Gesamtenergie konstant bleiben soll.

Die FERMI-Verteilung (7) lautet mit (10) und (10a)
$$f = \frac{1}{e^{\frac{E-\zeta}{kT}} + 1}. \tag{7a}$$

---
[1] Die Indizes U und N bedeuten Ausführung der Differentiation bei konstantem U bzw. N.

Die Gesamtheit aller Elektronen.

Die Größe ζ kann unter Benützung von (1a), S. 63, für das jeweilige Problem als Funktion der Teilchenzahl und der Temperatur berechnet werden.

Am absoluten Nullpunkt, $T = 0$, hat f die einfache Form, die wir zu Anfang dieses Paragraphen schon qualitativ abgeleitet haben. f ist nämlich Eins für $E < \zeta_0$ ($\zeta_0 = \zeta$ für $T = 0$) und Null für $E > \zeta_0$. Der Wert von ζ am absoluten Nullpunkt ist also äquivalent mit der von uns auf S. 59 eingeführten Grenzenergie ζ_0.

Mit steigender Temperatur werden die Ecken der Rechteckskurve von f für $T = 0$ abgerundet (vgl. Abb. 12). Es ist aber immer noch $f \cong 1$ für $E < \zeta - kT$ und $f \cong 0$ für $E > \zeta + kT$. Im letzteren Fall wird genauer

$$f \cong e^{-\frac{E'}{kT}} \text{ mit } E' = E - \zeta,$$

also äquivalent mit der MAXWELLschen Verteilungsfunktion. Wir wollen fragen, bei welchen Temperaturen sich alle Elektronen des obersten besetzten Bandes nach der MAXWELLschen Verteilungsfunktion verhalten.

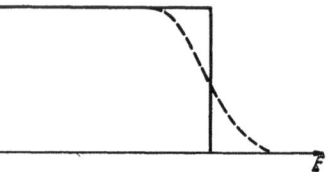

Abb. 12. FERMIsche Verteilungsfunktion f.
—— für $T = 0$, --- für $T > 0$.

Dazu ist nach dem Obigen offensichtlich nötig, daß $kT \gg \zeta_0 - B_0$ wird, wobei B_0 die Energie des unteren Bandrandes ist. Die durch

$$kT_e = \zeta_0 - B_0$$

definierte Temperatur T_e nennen wir Entartungstemperatur. Falls $T \gg T_e$ ist, verhalten sich die Elektronen praktisch nach der MAXWELLschen Verteilungsfunktion. Elektronen, deren Temperatur $T \ll T_e$ ist, nennt man entartet. Ihre Verteilungsfunktion hat den typischen Verlauf von Abb. 12. $\zeta_0 - B_0$ hat die Größenordnung der Bandbreite, d. h. einige e-Volt. Da 5 e-Volt einer Temperatur von etwa $5 \cdot 10^4$ °C entspricht, alle Schmelzpunkte aber höchstens $1 - 2 \cdot 10^3$ °C sind, ist es nur im Fall außergewöhnlich schmaler Bänder möglich, daß die Entartungstemperatur erreichbar ist.

Wir werden im folgenden gelegentlich den Wert irgend einer Größe P dadurch berechnen müssen, daß wir die Beiträge aller Elektronen zu P summieren. Der Beitrag eines Elektrons mit der Energie E sei $Q(E)$. Dann ist

$$P = 2 \int_{-\infty}^{\infty} Q f D \, dE.$$

Wie wir im Anhang 3. zeigen, läßt sich dieses Integral in eine, für $T \ll T_e$ rasch konvergierende Reihe nach der Temperatur entwickeln, und zwar ist [54, 104]

$$P = 2 \int_{-\infty}^{\zeta} Q D \, dE + 2 \frac{\pi^2}{6} \frac{d}{dE} (DQ)_{E=\zeta} (kT)^2 + \ldots =$$
$$= 2 \int_{-\infty}^{\zeta_0} Q D \, dE + 2 \frac{\pi^2}{6} D(\zeta_0) \left(\frac{dQ}{dE}\right)_{E=\zeta_0} (kT)^2 + \ldots \quad (11)$$

Zur Berechnung der Grenzenenergie ζ_0 verwenden wir Gl. (1a). Mit f für $T = 0$ ergibt sich

$$N = 2 \int_{-\infty}^{\zeta_0} D \, dE.$$

Durch Auswerten dieses Integrals läßt sich ζ_0 für den jeweiligen Fall als Funktion von N berechnen, falls ζ_0 nicht gerade in ein verbotenes Energiegebiet fällt. Für alle in Frage kommenden Temperaturen wird (Anhang 3.)

$$\zeta = \zeta_0 - \frac{\pi^2}{6} \frac{d}{dE} (\log D)_{E=\zeta_0} (kT)^2 + \ldots \quad (12)$$

Wie aus den Gl. (11) und (12) zu sehen ist, kann die Temperaturabhängigkeit aller physikalischen Größen aus ihrem Verhalten bei der Energie ζ_0 und aus der Eigenwertdichte bei dieser Energie, $D(\zeta_0)$, berechnet werden. Wir mußten zur Ableitung von (11) und (12) allerdings voraussetzen, daß für $T = 0$ nicht gerade ein Band vollbesetzt ist, weil dann ζ_0 in ein verbotenes Gebiet fällt. Wie man in diesem ausgeschlossenen Fall z. B. ζ berechnet, zeigen wir auf S. 80.

Stoßansatz [120a]. Elektronen können, z. B. durch Zusammenstoß mit anderen Teilchen, von einem Zustand in einen anderen übergehen. Die Wahrscheinlichkeit für einen solchen Übergang ist proportional zu der mittleren Zahl von Elektronen im Ausgangszustand. Nach dem PAULI-Prinzip kann ein solcher Übergang aber nur dann stattfinden, wenn der Endzustand unbesetzt ist. Die Übergangswahrscheinlichkeit ist also auch proportional zu der mittleren Zahl der freien Plätze des Endzustandes, d. h. mit $1 - f_e$, wenn f_e die mittlere Besetzungszahl des Endzustandes ist.

Wir können diesen Stoßansatz dazu benützen, die FERMI-Verteilung auf sehr einfache Weise abzuleiten. Wir betrachten zwei Quantenzustände (1) und (2) unserer Gesamtheit. Elektronen in diesen Zuständen sollen durch ihre Wechselwirkung (Stoß) in zwei andere Quantenzustände (1') und (2') übergehen. Umgekehrt werden auch Elektronen aus (1'), (2') in (1), (2) übergehen. Damit Gleichgewicht herrscht, muß die Zahl der Übergänge in beiden Richtungen gleich groß sein. Nennen wir sie $W_{1\,2}^{1'2'}$ bzw. $W_{1'2'}^{1\,2}$, so ist also zu fordern

$$W_{1\,2}^{1'2'} = W_{1'2'}^{1\,2}.$$

Es sei E_i die Energie und $f(E_i)$ die mittlere Besetzungszahl des i-ten Zustandes. $\Phi_{1\,2}^{1'2'}$ sei die quantenmechanische Übergangswahrscheinlichkeit von (1), (2) nach (1'), (2') und $\Phi_{1'2'}^{1\,2}$ entsprechend in der umgekehrten Richtung. $W_{1\,2}^{1'2'}$ ist dann außer zu $\Phi_{1\,2}^{1'2'}$ nach unseren obigen Ausführungen proportional zu den Besetzungszahlen der Ausgangszustände $f(E_1)$ bzw. $f(E_2)$ und zu der Zahl der freien Plätze der Endzustände $1-f(E_{1'})$ bzw. $1-f(E_{2'})$. Entsprechendes gilt für die Übergänge in der entgegengesetzten Richtung. Unsere Gleichgewichtsbedingung lautet dann:

$$\Phi_{1\,2}^{1'2'} f(E_1)(1-f(E_{1'})) f(E_2)(1-f(E_{2'})) =$$
$$= \Phi_{1'2'}^{1\,2} f(E_{1'})(1-f(E_1)) f(E_{2'})(1-f(E_2)).$$

Nach allgemeinen Sätzen der Quantenmechanik ist $\Phi_{1\,2}^{1'2'} = \Phi_{1'2'}^{1\,2}$. Damit folgt dann, wenn wir die gestrichenen Größen auf die eine und die ungestrichenen auf die andere Seite bringen

$$\frac{f(E_1)}{1-f(E_1)} \frac{f(E_2)}{1-f(E_2)} = \frac{f(E_{1'})}{1-f(E_{1'})} \frac{f(E_{2'})}{1-f(E_{2'})}. \tag{a}$$

Nach dem Energiesatz muß noch die Gesamtenergie beim Stoß konstant bleiben:

$$E_1 + E_2 = E_{1'} + E_{2'}. \tag{b}$$

Setzen wir zur Abkürzung

$$F(E_i) = \frac{f(E_i)}{1-f(E_i)}, \qquad i = 1, 2, 1', 2',$$

so sehen wir sofort ein, daß $F(E_i)$ eine Exponentialfunktion sein muß, denn das ist die einzige Funktion, für welche die beiden Gleichungen (a) und (b) erfüllbar sind. Somit ist

$$F(E) = A\,e^{-\beta E},$$

und daraus folgt für $f(E)$ die FERMI-Verteilung

$$f(E) = \frac{1}{\dfrac{1}{A} e^{\beta E} + 1}.$$

Die hier gezeigte Methode setzt voraus, daß man von einem Zusammenstoß von Elektronen sprechen kann. Sie leitet die FERMI-Verteilung deshalb unter viel spezielleren Voraussetzungen ab als unsere ursprüngliche Methode.

Fall freier Elektronen [54]. Das einfachste spezielle Beispiel in der Statistik bezieht sich immer auf den Fall, daß die Teilchen vollständig frei sind, d. h. daß sich unsere Elektronen in einem konstanten Potential bewegen. Wie wir auf S. 77 zeigen werden, verhalten sich die Elektronen eines Bandes, solange dieses nicht vollbesetzt ist, in einer gewissen Näherung immer wie freie Elektronen. Dem im folgenden zu behandelnden Beispiel freier Elektronen kommt also immer eine, wenigstens angenäherte physikalische Bedeutung zu, auch wenn für die Berechnung der Eigenwerte unsere Näherung freier Elektronen (§ 4 B) nicht zulässig ist. Die Anzahl der freien Elektronen ist, wie wir auf S. 77 zeigen, von der Größenordnung der Zahl der Atome, und zwar meist etwas kleiner als diese.

Wir wollen vorübergehend, solange wir mit freien Elektronen rechnen, den Nullpunkt der Energie mit dem Nullpunkt der kinetischen Energie, d. h. mit dem unteren Rand des Bandes zusammenfallen lassen.

Wir werden jetzt zunächst die Größen, die wir anschließend diskutieren werden, berechnen. Nach § 4, Gl. (31) ist die Eigenwertdichte bei unserer jetzigen Energienormierung:

$$D(E) = \frac{R}{4\pi^2} \left(\frac{2m}{h^2}\right)^{3/2} E^{1/2}. \tag{13}$$

Die Zahl der Elektronen pro Energieintervall ist nach Gl. (6a) und (7)

$$N(E)\,dE = 2D f\,dE = \frac{R}{2\pi^2} \left(\frac{2m}{h^2}\right)^{3/2} f E^{1/2}\,dE, \tag{14}$$

und die Gesamtzahl der Elektronen

$$N = \int_0^\infty N(E)\,dE.$$

Da N von der Temperatur unabhängig ist, können wir in $N(E)$ [Gl. (14)] die Verteilungsfunktion beim absoluten Nullpunkt einsetzen, d. h. es ist $f = 1$ für $E < \zeta_0$ und $f = 0$ für $E > \zeta_0$. Dann wird

$$N = \frac{R}{2\pi^2} \left(\frac{2m}{h^2}\right)^{3/2} \int_0^{\zeta_0} E^{1/2}\,dE = \frac{R}{3\pi^2} \left(\frac{2m}{h^2}\right)^{3/2} \zeta_0^{3/2}. \tag{14a}$$

Hieraus berechnen wir die Grenzenergie beim absoluten Nullpunkt, ζ_0, als Funktion der Zahl der Elektronen pro Volumeneinheit, $n = \frac{N}{R}$.

$$\zeta_0 = \frac{\mathsf{h}^2}{2m}(3\pi^2 n)^{2/3}. \tag{15}$$

Für endliche Temperaturen wird die Grenzenergie ζ nach (12) unter Verwendung von (13) und (15):

$$\zeta = \zeta_0\left(1 - \frac{\pi^2}{12}\left(\frac{kT}{\zeta_0}\right)^2 + \ldots\right). \tag{15a}$$

Die Gesamtenergie U ist:

$$U = 2\int_0^\infty E f D\,dE,$$

nach Gl. (11) also

$$U = U_0 + \frac{\pi^2}{3} D(\zeta_0)(kT)^2 + \ldots$$

Dabei ist U_0 die Gesamtenergie für $T = 0$, die Nullpunktsenergie. Mit (13), (14a) und (15) wird sie:

$$U_0 = 2\int_0^{\zeta_0} D E\,dE = \frac{3}{5} N \zeta_0 = \frac{3\,\mathsf{h}^2}{10\,m} N(3\pi^2 n)^{2/3}, \tag{16}$$

und hiermit ist also

$$U = U_0\left(1 + \frac{5\pi^2}{12}\left(\frac{kT}{\zeta_0}\right)^2 + \ldots\right). \tag{16a}$$

Die Anwendung der Gl. (11) und (12) zur Berechnung von ζ und U [(15a) und (16a)] ist nur korrekt, wenn die Temperatur T klein gegen die Entartungstemperatur T_e, oder, was dasselbe ist, wenn $kT \ll \zeta_0$ ist. Wir zeigen weiter unten, daß das immer zutrifft.

Wir werden jetzt einige Zahlenwerte berechnen. Zunächst rechnen wir, wie wir oben begründet haben, die Zahl der Elektronen pro Volumeneinheit, $n = \frac{N}{R}$, gleich der Zahl der Atome, d. h.

$$n = \frac{\text{Dichte}}{\text{Atomgewicht}} \cdot \text{LOSCHMIDT-Zahl.}$$

Für Na ist z. B.

$$n = \frac{0{,}97}{23} \cdot 6{,}06 \cdot 10^{23} = 2{,}56 \cdot 10^{22}$$

und für andere Metalle ist die Größenordnung natürlich die gleiche. Nach (15) wird dann die Grenzenergie ζ_0 ungefähr 3,2 e-Volt.

Sie hat also die gleiche Größenordnung wie die Bandbreite, was natürlich neben anderem zu fordern ist, damit unseren gegenwärtigen Überlegungen ein physikalischer Sinn zukommt. Die Entartungstemperatur $T_e = \frac{\zeta_0}{k}$ (vgl. S. 65, B_0 ist bei unserer jetzigen Normierung Null!) ist für Na $3{,}6 \cdot 10^{4\,\circ}$, für andere Metalle von der gleichen Größenordnung, so daß tatsächlich praktisch immer $T < T_e$ ist.

Hier wollen wir eine kurze Bemerkung über die Bedeutung der Entartungstemperatur einschalten [139]. Da die MAXWELLsche Statistik, die für $T \gg T_e$ herrscht, gleichbedeutend mit klassischer Physik ist, können sich nur für Temperaturen $T < T_e$ typische Quanteneffekte bemerkbar machen. Die anschauliche Grundlage der Quantenmechanik kann bekanntlich durch die Ungenauigkeitsrelation dargestellt werden. Diese sagt aus, daß bei gleichzeitiger Messung von Impuls und Ortskoordinaten beide nur bis auf Ungenauigkeiten Δp und Δq meßbar sind, die durch die Relation

$$\Delta p \Delta q \gtrsim h$$

miteinander verknüpft sind. Auch im Rahmen der klassischen Physik müssen wir gewisse Forderungen an die Größe der Meßgenauigkeiten Δp, Δq stellen. Der mittlere Raum eines Teilchens ist $\frac{1}{n}$. Damit die Messung der Ortskoordinaten dieses Teilchens sinnvoll (rein im klassischen Sinn) ist, muß die Ungenauigkeit $\Delta q < \frac{1}{n^{1/3}}$ sein. Entsprechend muß, wenn p der mittlere Impuls ist, $\Delta p < \bar{p}$ sein. Nun ist in der klassischen Statistik $\bar{p} = (2\,m\,k\,T)^{1/2}$, und daher ist die rein klassische Forderung an die Meßgenauigkeit

$$\Delta p \Delta q < \frac{(2\,m\,k\,T)^{1/2}}{n^{1/3}}.$$

Die rechte Seite dieses Ausdruckes wird mit abnehmender Temperatur immer kleiner. Sie darf aber nicht kleiner als h werden, weil sonst die Ungenauigkeitsrelation verletzt würde. Für Temperaturen, für die das einträfe, muß also die klassische Statistik ungültig werden. Ihr Gültigkeitsbereich beschränkt sich somit auf Temperaturen, die der Bedingung

$$\frac{(2\,m\,k\,T)^{1/2}}{n^{1/3}} \gg h$$

oder

$$k\,T \gg \frac{h^2}{2\,m}\,n^{2/3} = k\,T'_e$$

genügen. Die so definierte Temperatur T'_e ist bis auf Faktoren von der Größenordnung Eins identisch mit der oben berechneten Entartungstemperatur T_e [vgl. (15)].

Nach dieser Bemerkung über die Entartungstemperatur wenden wir uns wieder zur Diskussion der Grenzenergie ζ. Sie ist, wie aus Gl. (15a) zu ersehen ist, nur sehr schwach temperaturabhängig. Die Änderung zwischen 0 und 1000° ist z. B. bei Na ungefähr $1^0/_{00}$.

Auch die Gesamtenergie (16a) ist nur sehr schwach temperaturabhängig und demnach ist die spezifische Wärme c_v sehr klein. Sie ist (auf die Volumeneinheit bezogen) definiert durch

$$c_v = \frac{1}{R}\frac{dU}{dT}$$

und wird nach (16) und (16a)

$$c_v = \frac{\pi^2}{2}\frac{k^2\,T\,n}{\zeta}.$$

Sie verschwindet für $T = 0$, in Übereinstimmung mit den Forderungen des 3. Hauptsatzes der Thermodynamik. In der klassischen Statistik ist bekanntlich (vgl. Einleitung § 1) die spezifische Wärme $\frac{3}{2}k\,n$. Das Verhältnis unseres Wertes zum klassischen ist also

$$\frac{\pi^2}{3}\frac{k\,T}{\zeta_0} \cong \frac{T}{T_e}.$$

Für $T = 300°$ und für Na, $T_e = 3,6 \cdot 10^4$ (vgl. oben) ist dieses Verhältnis ungefähr $^1/_{100}$. Damit sind die Schwierigkeiten der klassischen Theorie, von denen wir in der Einleitung sprachen, beseitigt, denn auch bei einer exakteren Berechnung, also nicht nur bei freien Elektronen, ist die Größenordnung von c_v die gleiche. Das Ergebnis ist im übrigen leicht verständlich, da ja die Verteilungsfunktion nur für Energien, die größer als $\zeta_0 - k\,T$ sind, temperaturabhängig ist (vgl. hierzu S. 65).

Zahl der freien Elektronen [183]. Der Begriff eines freien Elektrons ist, wie wir zu Anfang des § 3 gezeigt haben, ein rein klassischer Begriff. Wir wollen jetzt für unsere Elektronen folgende Fragen beantworten: Wie viele freie Elektronen erhalten durch ein konstantes äußeres elektrisches Feld $\mathfrak{F}$ den gleichen Gesamtimpuls wie unsere Elektronen? Diese Zahl nennen wir N_F, die Zahl der freien Elektronen.

Die Beantwortung unserer Frage haben wir in § 3 bei Behandlung der Freiheitszahl vorbereitet. Wie wir dort [Gl. (13b)]

gezeigt haben, erhält ein Elektron n ein der kurzen Zeit Δt den Zusatzimpuls
$$\Delta \mathfrak{p} = \Delta \mathfrak{p}_F f_{n\mathfrak{k}},$$
wobei $\Delta \mathfrak{p}_F$ der Zusatzimpuls eines freien Elektrons und $f_{n\mathfrak{k}}$ die durch Gl. (14), § 3 definierte Freiheitszahl ist. Infolgedessen ist durch Summierung über alle Elektronen
$$\Sigma \Delta \mathfrak{p} = \Delta \mathfrak{p}_F \Sigma f_{n\mathfrak{k}} = \Delta \mathfrak{p}_F N_F.$$
Die Zahl der freien Elektronen ist also
$$N_F = \Sigma f_{n\mathfrak{k}}.$$
Die Summe erstreckt sich über alle besetzten Zustände. Wie wir auf S. 26 gezeigt haben, verschwinden dabei alle Beiträge von vollbesetzten Bändern, d. h. *die Zahl der freien Elektronen in einem vollbesetzten Band ist Null*. Beiträge zur Leitfähigkeit können also nur die Elektronen in nicht vollbesetzten Bändern liefern. Wir wollen den obigen Ausdruck für N_F noch umformen. Zunächst ist nach § 3, Gl. (14)
$$f_{n\mathfrak{k}} = \frac{1}{3} \frac{m}{h^2} \operatorname{div}_\mathfrak{k} \operatorname{grad}_\mathfrak{k} E_{n\mathfrak{k}},$$
wobei der Index $\mathfrak{k}$ bedeuten soll, daß sich div und grad auf den $\mathfrak{k}$-Raum beziehen. Sodann führen wir die Summe in ein Integral über[1] unter Beachtung, daß die Zahl der Eigenwerte pro Volumenelement des $\mathfrak{k}$-Raumes $\dfrac{R}{(2\pi)^3} d\tau_\mathfrak{k}$ ist [vgl. § 3, (6a)]. Die Temperaturabhängigkeit der Besetzungszahlen dürfen wir — unseren Ergebnissen über FERMI-Statistik entsprechend — vernachlässigen. Somit wird also
$$N_F = 2 \frac{R}{(2\pi)^3} \frac{m}{3 h^2} \int \operatorname{div}_\mathfrak{k} \operatorname{grad}_\mathfrak{k} E \, d\tau_\mathfrak{k}.$$

$d\tau_\mathfrak{k}$ ist das Volumenelement des $\mathfrak{k}$-Raums. Die Integration erstreckt sich über das Volumen, das durch die Oberfläche $E = \zeta$ begrenzt ist. Der Faktor 2 rührt von der doppelten Besetzung der Zustände (Spin!) her. Wir wandeln das Volumenintegral nach dem GAUSSschen Satz in ein Oberflächenintegral über die begrenzende Oberfläche um und erhalten
$$N_F = \frac{R}{12 \pi^3} \frac{m}{h^2} \int_{E=\zeta} |\operatorname{grad}_\mathfrak{k} E| \, d\sigma. \tag{17}$$
Die Integrationsfläche ist durch die Bedingung $E = \zeta$ gegeben.

---
[1] Da das Eigenwertspektrum innerhalb eines Bandes praktisch kontinuierlich ist und da volle Bänder keinen Beitrag zu N_F liefern, ist diese Überführung in ein Integral korrekt.

Wir können den Ausdruck (17) für die Zahl der freien Elektronen mit Hilfe der Translationsenergie E_{tr} § 3, (11) in einer sehr einfachen Form schreiben. Da nach § 3, Gl. (10) die Geschwindigkeit

$$\mathfrak{v} = \frac{1}{\mathsf{h}} \operatorname{grad}_{\mathfrak{f}} E$$

ist, wird nach § 3, (11)

$$E_{\mathrm{tr}} = \frac{m}{2} v^2 = \frac{m}{2\mathsf{h}^2} |\operatorname{grad}_{\mathfrak{f}} E|^2.$$

Die mittlere Translationsenergie $E_{\mathrm{tr}}(\zeta)$ für Elektronen mit der Grenzenergie ζ erhalten wir hieraus, wenn wir über alle Zustände mit der Energie $E = \zeta$ im $\mathfrak{f}$-Raum mitteln. Das ergibt

$$E_{\mathrm{tr}}(\zeta) = \frac{\dfrac{m}{2\mathsf{h}^2} \displaystyle\int_{E=\zeta}^{\zeta+\varDelta E} |\operatorname{grad}_{\mathfrak{f}} E|^2 \, d\tau_{\mathfrak{f}}}{\displaystyle\int_{E=\zeta}^{\zeta+\varDelta E} d\tau_{\mathfrak{f}}}.$$

Das Integral im Zähler wandeln wir um, indem wir auf der Fläche $E = \zeta$ orthogonale Koordinaten einführen, deren Flächenelement $d\sigma$ ist. Die dritte Koordinate wählen wir wieder senkrecht dazu, so daß ihr Differential

$$\frac{dE}{|\operatorname{grad}_{\mathfrak{f}} E|}$$

ist. Damit wird dann

$$\int_{\zeta}^{\zeta+\varDelta E} |\operatorname{grad}_{\mathfrak{f}} E|^2 \, d\tau_{\mathfrak{f}} = \int_{\zeta}^{\zeta+\varDelta E} |\operatorname{grad}_{\mathfrak{f}} E| \, d\sigma \, dE = \varDelta E \int_{E=\zeta} |\operatorname{grad}_{\mathfrak{f}} E| \, d\sigma.$$

Andererseits ist das Integral im Nenner nach § 4, Gl. (30)

$$\int_{\zeta}^{\zeta+\varDelta E} d\tau_{\mathfrak{f}} = \frac{(2\pi)^3}{R} \varDelta E \, D(\zeta).$$

Somit wird unser Ausdruck für die mittlere Translationsenergie:

$$E_{\mathrm{tr}}(\zeta) = \frac{R}{(2\pi)^3} \frac{m}{2\mathsf{h}^2} \frac{1}{D(\zeta)} \int_{E=\zeta} |\operatorname{grad}_{\mathfrak{f}} E| \, d\sigma.$$

Durch Vergleich mit (17) ergibt sich die Zahl der freien Elektronen, N_F, zu

$$N_F = \frac{4}{3} E_{\mathrm{tr}}(\zeta) D(\zeta). \tag{18}$$

Wir werden diesen Ausdruck auf S. 77 eingehend diskutieren.

Für freie Elektronen ist (18) trivial, wie man leicht mit Hilfe von Gl. (13) und (14a) feststellt[1].

Gesamtoszillatorenstärke. Wenn wir uns nicht nur für konstante, sondern auch für zeitabhängige äußere Felder (Lichtwellen) interessieren, wird die Beschreibung unserer Elektronen durch N_F freie klassische Elektronen natürlich unvollständig. Aber auch dann können wir mit Hilfe der in § 3, (16) eingeführten Oszillatorenstärken das Verhalten unserer Elektronen anschaulich beschreiben durch ein System von klassischen harmonischen Oszillatoren.

Die Elektronen eines Bandes, etwa des n-ten, verhalten sich, entsprechend unseren Ausführungen auf S. 29, wie

$$F_{nm} = \sum_t f_{nmt}$$

Oszillatoren mit einer mittleren Frequenz

$$\nu_{nm} = \frac{\overline{E}_m - \overline{E}_n}{h}.$$

Dabei nimmt m alle möglichen Werte an. $\overline{E}_i$ ist ein Mittelwert der Energie des i-ten Bandes. Es gibt insbesondere auch Oszillatoren mit der Frequenz Null, d. h. freie Elektronen. Ihre Zahl haben wir oben bestimmt.

Die Zahl der Elektronen des n-ten Bandes sei N_n. F_n sei die Zahl der freien Elektronen dieses Bandes, d. h. F_n ist Null für alle vollbesetzten Bänder und $\sum_n F_n = N_F$. Aus dem Summensatz [§ 3, (17a)] ergibt sich dann durch Summieren über alle Elektronen des n-ten Bandes

$$N_n = F_n + \sum_{m \neq n} F_{nm}.$$

Das bedeutet, daß die N_n Elektronen des n-ten Bandes anschaulich ersetzt werden können durch eine Anzahl von freien Elektronen und Oszillatoren, deren Gesamtzahl wieder N_n ist. Dabei ist aber zu beachten, daß die F_{nm} auch negativ sein können, nämlich, wenn $E_m < E_n$ ist. Anschaulich heißt das, daß sich diese Oszillatoren so verhalten, als ob ihre Ladung $-e$ wäre[2].

Die F_{nm} heißen Gesamtoszillatorenstärken. Es ist oft praktisch, dafür von *mittleren* Oszillatorenstärken

---

[1] Wenn wir uns für die Abhängigkeit der Beschleunigung von ihrem Winkel zu den Kristallachsen interessieren, können wir nicht mit der Freiheitszahl operieren, sondern müssen den entsprechenden Tensor wählen (vgl. S. 24). In diesem Falle wird auch N_F ein Tensor.

[2] $+ e =$ Elektronenladung!

Die Gesamtheit aller Elektronen. 75

$$f_{nmt} = f_{nm} = \frac{F_{nm}}{N_n} \qquad (19)$$

zu sprechen, insbesondere dann, wenn man verschiedene Metalle miteinander vergleichen will.

Leiter, Nichtleiter. Wie wir oben gezeigt haben, ist die Erzeugung eines Elektronenstromes durch ein elektrisches Feld nur dann möglich, wenn der Kristall Energiebänder enthält, die nicht vollbesetzt sind. Der Unterschied zwischen Metallen und Nichtmetallen besteht also darin, daß letztere nur vollbesetzte Energiebänder haben, während bei ersteren mindestens ein Band nur teilweise besetzt ist.

Nach § 3 sind in jedem Band eines einfachen Translationsgitters 2 G^3 (2 wegen des Spins) Plätze, d. h. zwei pro Atom. Die abgeschlossenen Elektronenschalen enthalten immer eine gerade Zahl von Elektronen. Diese füllen also eine gewisse Anzahl von Bändern gerade vollständig. Atome mit einem Valenzelektron (d. h. mit einem Elektron in einer nicht abgeschlossenen Schale) bilden somit immer Metalle (Alkalimetalle, Cu, Ag, Au). Damit Atome mit zwei Valenzelektronen Metalle bilden, ist es nötig, daß sich das Energieband dieser Elektronen mit einem höheren Band teilweise überdeckt, weil es sonst gerade vollbesetzt würde. Allgemein läßt sich sagen, daß Atome mit einer geraden Zahl von Valenzelektronen nur dann Metalle bilden, wenn sich die zugehörigen Energiebänder teilweise überdecken. Dadurch entsteht ein charakteristischer Verlauf der Eigenwertdichten (vgl. Abb. 11b, S. 58), der auch experimentell prüfbar ist (vgl. § 10, S. 139).

Nehmen wir den Fall von zwei Energiebändern, die sich teilweise überdecken! Bei einem zweiwertigen Metall müssen wir diese mit 2 G^3 Elektronen auffüllen. Wir fragen nach der Lage der Grenzenergie und nach der Form der Fläche $E = \zeta$ im $\mathfrak{k}$-Raum. Wenn sich die beiden Bänder nicht überdecken würden, wäre das untere Band genau vollbesetzt. Nun lassen wir den Abstand zwischen den Bändern immer kleiner werden, bis sie sich überdecken. Dann gibt es in dem Energiegebiet, das jetzt beiden Bändern gemeinsam ist, mehr Zustände als vor der Überdeckung, d. h. mehr Zustände als Elektronen zur Verfügung sind. Infolgedessen wird die Grenzenergie ζ immer in dem Gebiet liegen, das beiden Bändern gemeinsam ist. In jedem Band gibt es eine Fläche konstanter Energie im $\mathfrak{k}$-Raum, welche die Energie $E = \zeta$ hat. Wenn man beide Bänder gemeinsam behandeln will, ist es manchmal vorteilhaft, nicht in beiden mit der reduzierten Wellenzahl zu rechnen, sondern nur im unteren Band, wie bisher, mit $\mathfrak{k}$. Im nächsten Band dagegen wird man die Zählung der Wellenzahl so fortsetzen, als ob man mit der nichtreduzierten Wellenzahl rechnen würde, d. h. als ob das untere Band das erste, das nächste Band das zweite Band der Näherung § 4 B wäre. Wenn man das in den nächsten Bändern weiter fortsetzen würde, käme man bei hohen

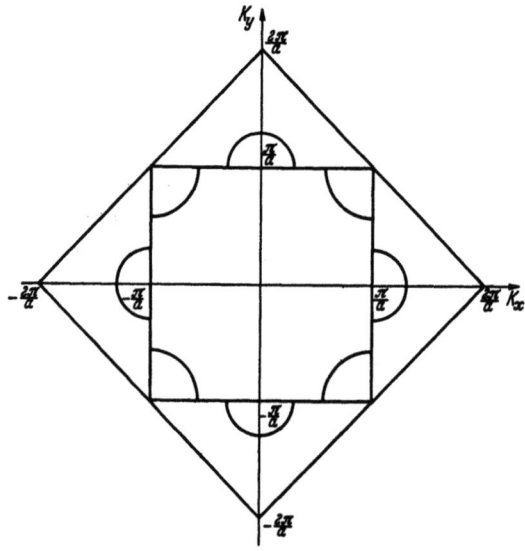

Abb. 13. Kurve der Grenzenergie eines zweiwertigen Metalls (einfaches kubisches Gitter).

Energien zu ganz falschen Zuordnungen, d. h. wenn wir mit $\mathfrak{k}'$ diese Wellenzahl bezeichnen, wäre

$$\frac{h^2}{2m} k'^2 + \frac{h^2}{2m} K^2 = E,$$

wo $\mathfrak{K}$ die richtig gezählte nichtreduzierte Wellenzahl ist. Innerhalb von nur zwei Bändern kann dagegen die hier erwähnte Wellenzahl $\mathfrak{k}'$ von Vorteil sein. In dieser Darstellung hat die Energiefläche $E = \zeta$ den in Abb. 13 für einen zweidimensionalen Fall gezeigten Verlauf.

Falls sich die Bänder nicht stark überdecken, d. h. falls ζ sowohl nahe am oberen Rand des unteren Bandes als auch am unteren Rand des oberen Bandes liegt, läßt sich die Energie dort in jedem Band als quadratische Funktion der Wellenzahl darstellen. Im

Die Gesamtheit aller Elektronen.

oberen Band wird also, da hier die Freiheitszahl positiv ist [unterer Rand des Bandes vgl. Gl. (29a), § 4]

$$E_o = E_2 + \frac{h^2}{2m} f_o k^2, \quad f_o > 0. \tag{20}$$

f_o ist die Freiheitszahl des oberen Bandes. E_2 ist die Energie des unteren Randes dieses Bandes[1]. Am oberen Rand jedes Bandes ist die Freiheitszahl negativ. Nach den Ergebnissen von §§ 3 und 4 wird hier [vgl. z. B. § 4, (22a), (22b) oder § 4, (7), bei Entwicklung der Kosinusse um $\mathfrak{k} = \left(\frac{\pi}{a}, \frac{\pi}{a}, \frac{\pi}{a}\right)$]

$$E_u = E_1 + \frac{h^2}{2m} f_u k^{*2}, \quad f_u < 0. \tag{20a}$$

E_1 ist die Energie des oberen Randes. $\mathfrak{k}^*$ ist dabei nicht die reduzierte Wellenzahl, sondern ähnlich wie in § 4, (23)

$$\mathfrak{k}^* = \mathfrak{k} - \mathfrak{k}_0,$$

wobei $\mathfrak{k}_0$ die Wellenzahl des oberen Randes ist. Wir können natürlich durch die Freiheitszahlen auch scheinbare Massen definieren.

$$m_o^* = \frac{m}{f_o} > 0, \quad m_u^* = -\frac{m}{|f_u|} = \frac{m}{f_u} < 0.$$

Die Eigenwertdichte D_o im oberen Band wird nach § 4, (30a) bei Einführung des Energieausdrucks (20a), § 5, entsprechend wie (31), § 4

$$D_o = \frac{R}{4\pi^2} \left(\frac{2m}{h^2}\right)^{3/2} \frac{(E - E_2)^{1/2}}{f_o^{3/2}}. \tag{21}$$

Ähnlich erhalten wir für das untere Band

$$D_u = \frac{R}{4\pi^2} \left(\frac{2m}{h^2}\right)^{3/2} \frac{(E_1 - E)^{1/2}}{|f_u|^{3/2}}. \tag{21a}$$

Wir wollen jetzt die Zahl der freien Elektronen N_F in einem einwertigen und in einem zweiwertigen Metall berechnen, unter Zugrundelegung einfacher Energieausdrücke. Für ein einwertiges Metall haben wir in § 4 C schon auseinandergesetzt, daß E durch (29a), § 4, d. h. durch die obige Formel (20) gut approximiert wird. Daher ist die Freiheitszahl f_o konstant und die Zahl der *freien* Elektronen wird definitionsgemäß

$$N_F = f_o N,$$

---

[1] Allgemeiner wäre der Ansatz
$$E_o = E_2 + a_x k_x^2 + a_y k_y^2 + a_z k_z^2.$$
Er gibt aber nur dann wesentlich Verschiedenes von unserem Ansatz, wenn es uns auf die Richtung der Geschwindigkeit innerhalb eines Einkristalls ankommt.

wo N die Zahl der Elektronen ist. $\frac{N_F}{N} = \frac{n_F}{n} = f_o$ ist also hier immer von der Größenordnung ein freies Elektron pro Atom[1], da nach § 4 C $f_o \cong 1$ ist. Bei zweiwertigen Metallen erhält man aber durchaus nicht zwei *freie* Elektronen pro Atom, sondern viel weniger, obwohl pro Atom zwei Valenzelektronen vorhanden sind. n_F hängt hier stark davon ab, wie weit sich unsere beiden Bänder überdecken. Falls sie sich gar nicht überdecken, ist offensichtlich $N_F = 0$. Wir wollen annehmen, daß sie sich so weit überdecken, daß im oberen Band z Elektronen sind. Diese tragen dann zu N_F

$$N_o = f_o z$$

freie Elektronen bei, entsprechend wie oben. Andererseits hat im unteren Band die Energie in der Nähe von $E = \zeta$, d. h. am oberen Rande des Bandes im wesentlichen das gleiche Aussehen wie beim oberen Band [vgl. (20) und (20a)]. Nach (18) hängt N_F aber nur vom Verhalten der Eigenwerte bei $E = \zeta$ ab. Daher ist der Beitrag des unteren Bandes zu N_F

$$N_u = |f_u| z.$$

Der absolute Betrag von f_u muß hier stehen, weil er im Ausdruck für D steht und hierdurch in Gl. (18) eingeht. Der andere Faktor in (18), E_{tr} wird, wie man mit § 3, (10) und (11) leicht nachrechnet, proportional zu f_u^2, enthält also auch nur $|f_u|$. Die Zahl der freien Elektronen wird also

$$N_F = z(f_o + |f_u|). \qquad (22)$$

z läßt sich mit Hilfe der Eigenwertdichte berechnen. Mit (21) wird

$$z = 2\int_{E_2}^{\zeta} D_o \, dE = \frac{R}{3\pi^2}\left(\frac{2m}{h^2}\right)^{3/2}\left(\frac{\zeta - E_2}{f_o}\right)^{3/2}.$$

Da andererseits die Zahl z der Elektronen des oberen Bandes im unteren Band gerade fehlt, wird auch [mit (21a)]

$$z = 2\int_{\zeta}^{E_1} D_u \, dE = \frac{R}{3\pi^2}\left(\frac{2m}{h^2}\right)^{3/2}\left(\frac{E_1 - \zeta}{|f_u|}\right)^{3/2}.$$

Durch Kombination beider Gleichungen folgt

$$z = \frac{R}{3\pi^2}\left(\frac{2m}{h^2}\right)^{3/2}\left(\frac{\Delta E}{f_o + |f_u|}\right)^{3/2}, \qquad (22\,\text{a})$$

wobei

$$\Delta E = E_1 - E_2$$

das beiden Bändern gemeinsame Energiegebiet ist.

---

[1] n_F und n beziehen sich auf die Volumeneinheit.

Die Gesamtheit aller Elektronen.

Wir nehmen an, daß wir im ganzen N Atome, also $2N$ Elektronen haben. Wenn wir annehmen, daß diese $2N$ Elektronen sich genau wie freie Elektronen verhalten, wird nach (14a)

$$2N = \frac{R}{3\pi^2}\left(\frac{2m}{h^2}\right)^{3/2} w_\zeta^{3/2}.$$

w_ζ ist dabei die Grenzenergie der freien Elektronen bei der in (14a) gebrauchten Energienormierung, d. h. falls $E = 0$ ist, wenn die kinetische Energie Null ist. Somit erhalten wir

$$z = \frac{2N}{(f_o + |f_u|)^{3/2}}\left(\frac{\Delta E}{w_\zeta}\right)^{3/2}$$

und hieraus mit (22)

$$\frac{n_F}{n} = \frac{N_F}{N} = \frac{2}{(f_o + |f_u|)^{1/2}}\left(\frac{\Delta E}{w_\zeta}\right)^{3/2}. \tag{22b}$$

An dieser Formel fällt zunächst das paradoxe Resultat auf, daß n_F größer wird, wenn $f_o + |f_u|$ kleiner wird, anstatt umgekehrt. Das klärt sich dadurch auf, daß in diesem Fall nach (22a) z proportional mit $(f_o + |f_u|)^{-3/2}$ geht. Lassen wir aber z konstant [also $\Delta E \sim (f_o + |f_u|)^{3/2}$], so ist natürlich (22) $n_F \sim (f_o + |f_u|)$ wie es sein muß. w_ζ hat die gleiche Größenordnung wie die Breite der Bänder. ΔE muß natürlich immer kleiner sein. Wählen wir $\frac{\Delta E}{w_\zeta} = \frac{1}{2}$, so daß sich die beiden Bänder etwa zur Hälfte überdecken, was in dem fraglichen Energiegebiet sehr viel ist, so erhalten wir trotzdem nur $\frac{n_F}{n} = \frac{1}{2}$, falls wir f_o und $|f_u|$ Eins setzen. Wir haben also weniger *freie* Elektronen als in einem einwertigen Metall, obwohl wir doppelt soviel Elektronen haben.

Für höherwertige Metalle lassen sich ganz ähnliche Schlüsse ziehen. Da nach (18) die Zahl der freien Elektronen *nur* von dem Verhalten der Elektronen mit der Energie $E = \zeta$ abhängt, wird sicher, in Analogie zu unseren obigen Betrachtungen, die Zahl der freien Elektronen pro Atom nie größer als Eins sein, auch wenn die Zahl der Valenzelektronen größer ist. Wir dürfen sogar vermuten, daß $\frac{n_F}{n}$ für einwertige Metalle am größten ist.

Halbleiter [110]. Ein Halbleiter ist dadurch definiert, daß bei ihm die Zahl der freien Elektronen mit der Temperatur wächst, im Gegensatz zu den Metallen.

Hat ein Kristall beim absoluten Nullpunkt nur vollbesetzte Bänder, ist aber der Abstand zum ersten unbesetzten Band sehr klein, so werden mit wachsender Temperatur eine merkliche Anzahl von Elektronen in das ursprünglich unbesetzte Band kommen, d. h. wir haben einen Halbleiter.

Wir hatten ursprünglich bei der Berechnung der Grenzenergie (S. 66) den Fall vollbesetzter Bänder ausgeschlossen und wollen das hier nachholen.

Damals konnten wir sofort sehen, daß für $T = 0$ die Grenzenergie ζ_0 mit der Energie der höchsten besetzten Elektronenzustände zusammenfällt. Jetzt dagegen können wir nur sagen, daß ζ_0 in dem verbotenen Energiegebiet nach dem obersten besetzten Band liegt, denn dann ist dieses Band für $T = 0$ vollbesetzt. Um ζ gleich für beliebige Temperaturen zu berechnen, gehen wir davon aus, daß die Zahl der freien Plätze des n-ten Bandes genau so groß sein muß, wie die Zahl der Elektronen des $(n+1)$-ten Bandes, falls das n-te Band für $T = 0$ gerade vollbesetzt, das $(n+1)$-te aber leer ist. Es muß also sein [vgl. (6a) und (7a)]:

$$2 \int_{n\text{-tes Band}} (1-f) D \, dE = 2 \int_{(n+1)\text{-tes Band}} f D \, dE. \tag{23}$$

Es sei E_1 die obere Grenze des n-ten, E_2 die untere Grenze des $(n+1)$-ten Bandes. Dann ist sicher $E_1 \leq \zeta \leq E_2$ und

$$\left.\begin{aligned} f &= \frac{1}{e^{\frac{E-\zeta}{kT}} + 1} \simeq e^{-\frac{E-\zeta}{kT}} \quad \text{für } E > E_2 \\ 1 - f &= \frac{1}{e^{-\frac{(E-\zeta)}{kT}} + 1} \simeq e^{\frac{E-\zeta}{kT}} \quad \text{für } E < E_1. \end{aligned}\right\} \tag{23a}$$

Da diese beiden Ausdrücke nur in der Nähe von E_2 bzw. E_1 groß sind, können wir die Integration bis ∞ bzw. $-\infty$ erstrecken. Schließlich benützen wir noch, daß in der Nähe eines Bandrandes die Eigenwertdichte D durch (21) und (21a) gegeben ist.

Unsere obige Bedingung (23) lautet dann, wenn wir (23a) beachten:

$$|f_u|^{-3/2} \int_{-\infty}^{E_1} e^{\frac{E-\zeta}{kT}} (E_1 - E)^{1/2} \, dE = f_0^{-3/2} \int_{E_2}^{\infty} e^{-\frac{E-\zeta}{kT}} (E - E_2)^{1/2} \, dE,$$

oder, wenn wir $E_1 - E = \xi$ und $E - E_2 = \eta$ setzen:

$$|f_u|^{-3/2} e^{\frac{E_1-\zeta}{kT}} \int_0^{\infty} e^{-\frac{\xi}{kT}} \xi^{1/2} \, d\xi = f_0^{-3/2} e^{\frac{\zeta-E_2}{kT}} \int_0^{\infty} e^{-\frac{\eta}{kT}} \eta^{1/2} \, d\eta.$$

Die Gesamtheit aller Elektronen.

Die beiden Integrale über ξ und η sind genau gleich, kürzen sich also weg. ζ berechnet sich dann zu:

$$\zeta = \frac{E_1 + E_2}{2} + \frac{kT}{2} \log\left|\frac{f_o}{f_u}\right|^{3/2}. \quad (24)$$

Für $T = 0$ liegt also die Grenzenergie ζ_0 genau in der Mitte des verbotenen Gebietes. Falls sich f_o und $|f_u|$ nicht sehr stark unterscheiden, ist die Temperaturabhängigkeit von ζ sehr gering und es ist:

$$\zeta \cong \zeta_0 = \frac{E_1 + E_2}{2}. \quad (24\,a)$$

Wir berechnen mit Hilfe dieses Wertes von ζ die Zahl der Elektronen N_H in dem für $T = 0$ leeren $(n+1)$-ten Band. Mit (23a) und (21) wird:

$$N_H = 2\int_{E_2}^{\infty} Df\,dE = \frac{R}{2\pi^2}\left(\frac{2m}{h^2}\right)^{3/2} \frac{1}{f_o^{3/2}} \int_{E_2}^{\infty} e^{-\frac{E-\zeta}{kT}} (E-E_2)^{1/2}\,dE. \quad (23\,b)$$

Wir nennen ΔB die Breite des verbotenen Gebietes

$$\Delta B = E_2 - E_1.$$

Mit $E - E_2 = \eta$ und (24) wird dann, weil

$$\int_0^{\infty} e^{-\frac{\eta}{kT}} \eta^{1/2}\,d\eta = \frac{\sqrt{\pi}}{4}(kT)^{3/2}$$

ist,

$$N_H = R\left(\frac{mkT}{2\pi h^2(f_o|f_u|)^{1/2}}\right)^{3/2} e^{-\frac{\Delta B}{2kT}}. \quad (25)$$

Die Zahl der Elektronen im $(n+1)$-ten Band steigt also rasch mit der Temperatur an. Bei $T = 300°$ und $\Delta B = 0,3$ e-Volt ist die Zahl der Elektronen N_H pro Volumeneinheit ungefähr 10^{17}, bei $1000°$ dagegen $5 \cdot 10^{19}$.

Es gibt noch eine zweite Art von Halbleitern. Bei ihnen ist zwar die Breite ΔB groß. Der Kristall ist aber durch Fremdatome verunreinigt. Deren höchstes besetztes Energieniveau kann nun nahe, etwa im Abstand $\Delta B'$ vom unteren Rand E_2 des $(n+1)$-ten Bandes liegen. Die Störatome dienen dann als Elektronenquelle für das bei $T = 0$ leere Band $(n+1)$. Die Zahl der Störatome sei N_A, ihre Energie E_1', so daß also

$$\Delta B' = E_2 - E_1'$$

ist.

Fröhlich, Elektronentheorie der Metalle.

Die Berechnung der Anzahl der Elektronen N'_H im $(n+1)$-ten Band geht natürlich genau so vor sich wie im ersten Fall, denn ζ muß auch jetzt aus den gleichen Gründen zwischen E'_1 und E_2 liegen. Wir dürfen aber jetzt bei der Berechnung, die zu (25) führt, ζ nicht aus (24) einsetzen, sondern müssen es vorläufig unbekannt lassen. Dann wird

$$N'_H = R \left(\frac{mkT}{2\pi h^2 f_0}\right)^{3/2} e^{\frac{\zeta - E_2}{kT}}. \tag{26}$$

Um jetzt ζ zu berechnen, fordern wir wieder, daß N'_H gleich ist mit der Zahl der freien Plätze in den Ausgangszuständen E'_1 der Störatome. Nehmen wir *ein* Elektron mit der Energie E'_1 pro Störatom an, so ist die Zahl der freien Plätze

$$N_A (1 - f(E')) \cong N_A e^{+\frac{E'_1 - \zeta}{kT}}.$$

Letzteres, weil, wie oben bemerkt, $\zeta \gtreqless E'_1$ ist.

Unsere Forderung zur Berechnung von ζ heißt also

$$N'_H = N_A e^{\frac{E'_1 - \zeta}{kT}}$$

und daraus folgt

$$\zeta = E'_1 + kT \log \frac{N_A}{N'_H}. \tag{27}$$

Setzen wir dies in (26) ein, so erhalten wir für die Zahl der Elektronen im $(n+1)$-ten Band:

$$N'_H = R \left(\frac{mkT}{2\pi h^2 f_0}\right)^{3/2} \frac{N_A}{N'_H} e^{\frac{E'_1 - E_2}{kT}},$$

oder, wenn wir die Zahl der Störatome pro Volumeneinheit $n_a = \frac{N_a}{R}$ nennen:

$$N'_H = R \left(\frac{mkT}{2\pi h^2 f_0}\right)^{3/4} n_a^{1/2} e^{-\frac{\Delta B'}{2kT}}. \tag{28}$$

Die Temperaturabhängigkeit von N'_H ist im wesentlichen die gleiche wie im ersten Fall für N_H (25), da ja der ausschlaggebende Faktor die Exponentialfunktion ist. Interessant ist hier aber, daß $N_{H'}$ nicht proportional zu n_a, sondern zu $n_a^{1/2}$ ist. Durch Einsetzen von (28) in (27) erhalten wir auch für ζ einen ähnlichen Ausdruck wie (24):

$$\zeta = \frac{E'_1 + E_2}{2} + kT \left[\log n_a^{1/2} - \log \left(\frac{mkT}{2\pi h^2 f_0}\right)^{3/4}\right]. \tag{29}$$

II. Einfache Probleme.

§ 6. Emissionsprozesse.

Allgemeines. Wir hatten (§ 2) die Energie eines Elektrons so normiert, daß alle Elektronen mit einer Energie $E < 0$ ans Metall gebunden sind. Da die Grenzenergie ζ immer kleiner als Null ist, können die Elektronen im Grundzustand, d. h. für $T = 0$, das Metall nicht verlassen. Übertragen wir auf einen Teil der Elektronen, etwa durch Stoß mit anderen Partikeln oder durch Erhöhung der Temperatur, Energie, so daß $E > 0$ wird, so kann ein Teil dieser Elektronen das Metall verlassen. Die Bedingung dafür, daß ein Elektron emittiert werden kann, hängt allerdings nicht nur von der Energie ab, sondern auch vom Verlauf des Potentials an der Oberfläche. Die einfachste Annahme, die wir dabei machen können, ist, daß wir uns die Metalloberfläche als vollkommen eben vorstellen, etwa als die Ebene $x = 0$, und daß das Potential in der Nähe dieser Ebene auf den Wert Null ansteigt, wie das in Abb. 2 gezeigt wurde. Dabei haben wir vernachlässigt, daß die Metalloberfläche immer eine atomare Rauhigkeit hat. Diese Behandlung der Oberfläche als Ebene bedeutet eine Mittelung über Gebiete, deren Lineardimensionen größer als die Gitterkonstante sind. Wenn wir die Annahme einer vollständig glatten Oberfläche machen, so können wir in der gleichen Näherung auch die Elektronendichte bei $x = 0$ konstant, d. h. unabhängig von y und z voraussetzen. Für die Eigenfunktionen der Elektronen,

$$\psi = u(x, y, z) e^{i(\mathfrak{k}, \mathfrak{r})},$$

[vgl. § 3, Gl. (1)] bedeutet das, daß $u(0, y, z) = u(0)$ konstant ist. Die Eigenfunktionen außerhalb des Metalles, d. h. für $x > 0$, sind ebene Wellen,

$$\psi = c\, e^{i(\mathfrak{q}, \mathfrak{r})},$$

und die Energie ist

$$E = \frac{h^2}{2m} q^2.$$

Bei $x = 0$ müssen sich die Eigenfunktionen im Metall ($x < 0$) und im Vakuum ($x > 0$) stetig aneinander anschließen. D. h.

$$u(0) e^{i(k_y y + k_z z)} = c\, e^{i(q_y y + q_z z)}$$

Daraus folgt unter anderem

$$k_y = q_y, \quad k_z = q_z.$$

Ein Elektron mit der Wellenzahl $\mathfrak{k} = (k_x, k_y, k_z)$ hat also, damit es austreten kann, eine Energie

$$E = \frac{\mathsf{h}^2}{2m}(q_x^2 + q_y^2 + q_z^2) \geq \frac{\mathsf{h}^2}{2m}(k_y^2 + k_z^2) \; (\geq 0). \qquad (1)$$

Da die Gesamtenergie beim Austritt unverändert bleibt, genügt es nicht, zu verlangen, daß das Elektron eine Energie $E > 0$ hat, sondern es muß die Bedingung (1) erfüllt sein. Anschaulich heißt das Folgendes: Da an der Oberfläche die Funktion $u(x, y, z)$ nicht von y und z abhängt, ist die kinetische Energie in der $y-z$-Ebene genau so groß wie bei einem freien Elektron mit der gleichen Wellenzahl. Genau wie bei freien Elektronen wird auch die $y-z$-Komponente der kinetischen Energie beim Austritt nicht verändert, so daß die x-Komponente der kinetischen Energie größer sein muß, als die Differenz der potentiellen Energie des Elektrons im Metall und im Vakuum.

Die kleinste Energie, die nötig ist, um bei $T = 0$ ein Elektron aus dem Metall zu entfernen, nennt man Austrittsarbeit w. Bei unserer Energienormierung ist

$$w = -\zeta. \qquad (2)$$

RICHARDSON-*Effekt (Glühelektronenemission)* [54, 40, 47, 49, 60]. Nach § 5 Gl. (6 b) ist die Zahl der Elektronen pro Volumenelement des $\mathfrak{k}$-Raums, wenn wir das Volumen des Grundgebietes $R = 1$ setzen:

$$\frac{2}{(2\pi)^3} \frac{dk_x \, dk_y \, dk_z}{e^{\frac{E-\zeta}{kT}} + 1}.$$

Die Zahl der Elektronen, die pro Sekunde auf die Oberfläche auftrifft, erhalten wir hieraus durch Multiplikation mit der Geschwindigkeit senkrecht zur Oberfläche, d. h. nach § 3, Gl. (10) mit

$$v_x = \frac{1}{\mathsf{h}} \frac{\partial E}{\partial k_x}.$$

Von den Elektronen, die auf die Oberfläche auftreffen, werden alle, die der Bedingung (1) genügen, ins Vakuum emittiert[1]. Die Zahl der Elektronen, die pro Sekunde 1 cm² verlassen, ist also:

$$\frac{1}{\mathsf{h}} \frac{2}{(2\pi)^3} \int_{E \geq \frac{\mathsf{h}^2}{2m}(k_y^2 + k_z^2)} \frac{1}{e^{\frac{E-\zeta}{kT}} + 1} \frac{\partial E}{\partial k_x} dk_x \, dk_y \, dk_z.$$

---

[1] Es wäre zunächst zu berücksichtigen, daß ein Teil der Elektronen an der Oberfläche reflektiert werden kann. Es läßt sich aber zeigen, daß der Reflexionskoeffizient sehr klein ist.

In diesem Integral ersetzen wir zunächst nach (2) $-\zeta$ durch die positive Größe w. Da immer $E > 0$ ist, ist auch

$$\frac{1}{e^{\frac{E+w}{kT}}+1} \cong e^{-\frac{E+w}{kT}}.$$

Die Integrationsgrenzen sind nur durch die Bedingung (1) beschränkt, führen also über den ganzen Wertebereich von k_y und k_z. Die Integration über k_x transformieren wir in eine Integration über E. Wir erhalten so aus dem obenstehenden Integral

$$\frac{1}{h}\frac{2}{(2\pi)^3}\int_{-\infty}^{\infty}dk_y\int_{-\infty}^{\infty}dk_z\int_{\frac{h^2}{2m}(k_y^2+k_z^2)}^{\infty}e^{-\frac{E+w}{kT}}dE. \qquad (3)$$

Die Ausdehnung der Integrationsgrenzen bis $\pm \infty$ kann dadurch gerechtfertigt werden, daß man bei dem Bande der Valenzelektronen beginnend die Wellenzahl nicht mehr reduziert, sondern in die nächsten Bänder geeignet fortsetzt, wie es schon in § 5 auf S. 76 erklärt wurde.

Die Integration über E läßt sich elementar ausführen, ebenso die darauffolgende über k_y und k_z, wenn man $k_y^2 + k_z^2$ als neue Variable einführt. Durch Multiplikation mit e erhalten wir schließlich die Stromdichte J:

$$J = A\,T^2\,e^{-\frac{w}{kT}}, \quad A = \frac{e\,m\,k^2}{2\,\pi^2\,h^3} = 120 \text{ Amp/cm}^2\cdot\text{grad}^2. \qquad (4)$$

Diese Formel für die Glühelektronenemission wird in bezug auf die Temperaturabhängigkeit von der Erfahrung sehr gut bestätigt. Dabei ist beachtenswert, daß die Exponentialfunktion in dem meßbaren Temperaturbereich sich so rasch mit T ändert (w hat die Größenordnung einige Volt), daß der Faktor T^2 sehr schwer prüfbar ist. Interessant ist, daß der Ausdruck (3) in keiner Weise spezielle Annahmen über das Metallmodell enthält und daß das jeweilige Modell nur durch die Austrittsarbeit w charakterisiert ist[1], während der Faktor A eine universelle Konstante ist. Es ist experimentell sehr schwierig, den Wert der Konstanten A genau zu messen. Aber selbst wenn man das berücksichtigt, kann man A schwerlich als eine Konstante betrachten, wie Tabelle 1 zeigt.

---

[1] Vgl. Tabelle 5, S. 120.

Tabelle 1. Aus [12].

Metall	Cs	Ba	Zr	Hf	Th	Ta	Mo	W	Re	Ni	Pd	Pt
A in Amp/cm² · grad²	162	60	330	15	70	60	55	60—100	200	1380	60	17000

Die meisten Metalle zeigen zwar die richtige Größenordnung. Pt fällt aber vollständig heraus. Eine Möglichkeit, die verschiedenen A-Werte zu erklären, besteht in der Annahme, daß w schwach temperaturabhängig ist. Alles in allem ist aber das Problem der Größe A noch ungeklärt.

Die Geschwindigkeitsverteilung der Elektronen ist eine MAXWELL-Verteilung, wie aus (3) sofort zu sehen ist. Experimentell wird das gut bestätigt.

Emission in äußeren elektrischen Feldern.

a) *Schwache Felder* [29].

Ein äußeres elektrisches Feld bewirkt eine Erniedrigung der Austrittsarbeit w. Wir nennen die äußere Feldstärke $-F$, also das Potential $-eFx$. Ist V das mittlere Potential des Metalls (vgl. § 2, Abb. 2), so ist das Gesamtpotential $V_1 = V - eFx$. In Entfernungen von der Metalloberfläche, die größer als der Gitterabstand sind, ist der Potentialverlauf nach § 2, Gl. (8) allein durch das Bildkraftpotential gegeben, d. h. unser Gesamtpotential ist hier

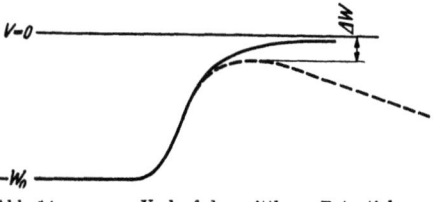

Abb. 14. ---- Verlauf des mittleren Potentials an der Oberfläche unter dem Einfluß eines äußeren elektrischen Feldes, ——— ohne äußeres Feld. Δw ist die Erniedrigung der Austrittsarbeit durch das Feld.

$$V_1 = -\frac{e^2}{4x} - eFx.$$

In Abb. 14 zeigen wir den Verlauf von V_1. Das maximale Potential ist nicht mehr Null, sondern kleiner. Um seinen Wert zu berechnen, bestimmen wir zuerst die Koordinate des Maximums, x_m. Aus $\frac{\partial V_1}{\partial x} = 0$ ergibt sich

$$x_m = \frac{1}{2}\sqrt{\frac{e}{F}}$$

und daraus das Maximum des Potentials zu

$$\Delta w = -e\sqrt{eF}. \qquad (5)$$

Um diesen Betrag erniedrigt sich die Austrittsarbeit w. Bei einem Feld von 1000 Volt/cm wird $x_m \cong 10^{-5}$ cm und $\Delta w \cong 10^{-2}$ e-Volt.

Diese durch (5) gegebene Erniedrigung der Austrittsarbeit wird experimentell gut bestätigt (SCHOTTKY-Effekt).

b) *Starke Felder* [41, 49, 55, 69]. Die oben behandelte Erniedrigung der Austrittsarbeit ist ein rein klassisches Phänomen. Bei sehr starken Feldern tritt aber ein weiterer rein wellenmechanischer Effekt auf. Bekanntlich haben Elektronen die Möglichkeit einen Potentialberg zu durchdringen, auch wenn ihre Energie kleiner als das Maximum des Potentials ist. Die Durchtrittswahrscheinlichkeit ist allerdings nur für schmale Potentialberge, d. h. für starke Felder, groß. Dadurch erhält man bei starken Feldern eine Elektronenemission, die praktisch temperaturunabhängig ist. Um sie zu berechnen, vereinfachen wir den Potentialverlauf so, daß er den in Abb. 15 gezeigten Verlauf hat, d. h. im wesentlichen, daß wir die Bildkraft vernachlässigen. Die Energie der Elektronen wählen wir nach § 4, (29)

$$E = -E_0 + \frac{h^2}{2m} k^2,$$

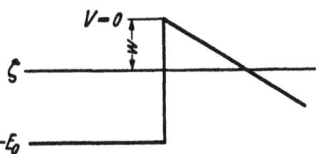

Abb. 15. Verlauf des mittleren Potentials an der Oberfläche unter dem Einfluß eines äußeren Feldes bei Vernachlässigung der Bildkraft.

d. h. wie bei freien Elektronen, die sich in einem konstanten Potential $-E_0$ bewegen. ($-E_0$ ist der untere Rand des Bandes und natürlich verschieden vom mittleren Potential V_{000}.) Dieser Energieansatz ist nach § 4 C in einer für uns gegenwärtig genügenden Genauigkeit erfüllt. Bei dem in Abb. 15 angegebenen Potential, d. h. Potential $-E_0$ für $x < 0$, $-eFx$ für $x > 0$, findet man für die Durchtrittswahrscheinlichkeit $D(\mathfrak{k})$ eines Elektrons mit der Wellenzahl $\mathfrak{k}$

$$D(\mathfrak{k}) = e^{-\mu(k_0^2 - k_x^2)^{3/2}} = D(k_x)$$

$$\mu = \frac{2h^2}{3meF}, \qquad \frac{h^2}{2m} k_0^2 = E_0. \tag{6}$$

Die Zahl der pro Sekunde und pro cm² emittierten Elektronen erhalten wir, wenn wir die pro Sekunde auf die Oberfläche auftreffenden Elektronen mit D multiplizieren. Im Gegensatz zum RICHARDSON-Effekt geht die Integration jetzt über alle Elektronen, da ja *jedes* Elektron mit der Wahrscheinlichkeit D austreten kann. Die geringe Temperaturabhängigkeit der Elektronenverteilung spielt deshalb gar keine Rolle und wir können letztere wie bei $T = 0$ annehmen, so daß also alle Zustände mit Energien kleiner als

$\zeta = -w$ besetzt sind, und zwar [§ 5, Gl. (6b)] pro Volumenelement des $\mathfrak{k}$-Raumes mit

$$\frac{2}{(2\pi)^3} f \, dk_x \, dk_y \, dk_z,$$
$$f = 1 \text{ für } E < \zeta = -w$$
$$f = 0 \text{ für } E > \zeta$$

Elektronen. Genau wie beim RICHARDSON-Effekt erhalten wir hieraus durch Multiplikation mit

$$v_x = \frac{\hbar k_x}{m}$$

die Anzahl der pro Sekunde an die Oberfläche auftreffenden Elektronen. Die Stromdichte wird also

$$J = \frac{2}{(2\pi)^3} \frac{e\hbar}{m} \iiint_{E < -w} e^{-\mu(k_0^2 - k_x^2)^{3/2}} k_x \, dk_x \, dk_y \, dk_z. \qquad (7)$$

Wir setzen (Definition von k_w)

$$-w = \frac{\hbar^2}{2m} k_w^2 - E_0 = \frac{\hbar^2}{2m}(k_w^2 - k_0^2). \qquad (8)$$

Die Integration über k_y und k_z, die wir zuerst ausführen, erstreckt sich dann von $k_y^2 + k_z^2 = 0$ bis $k_y^2 + k_z^2 = k_w^2 - k_x^2$ und ergibt

$$\int dk_y \, dk_z = \pi(k_w^2 - k_x^2).$$

Die Integration über k_x geht von 0 bis k_w. Wir führen eine neue Variable ein:

$$\xi = k_x^2 - k_w^2, \quad 2 k_x \, dk_x = d\xi.$$

Der Bereich von ξ erstreckt sich von $-k_w^2$ bis 0. Im Exponenten entwickeln wir $(k_0^2 - k_x^2)^{3/2}$ nach Potenzen von ξ:

$$(k_0^2 - k_x^2)^{3/2} = (k_0^2 - k_w^2 - \xi)^{3/2} = (k_0^2 - k_w^2)^{3/2} - \frac{3}{2}(k_0^2 - k_w^2)^{1/2} \xi + \ldots$$

Unser Integral (7) wird dann:

$$J = \frac{2}{(2\pi)^3} \frac{e\hbar}{m} \frac{\pi}{2} e^{-\mu(k_0^2 - k_w^2)^{3/2}} \int_{-k_w^2}^{0} e^{\frac{3}{2}\mu(k_0^2 - k_w^2)^{1/2} \xi} \xi \, d\xi.$$

Die Integration läßt sich elementar ausführen. Ohne den Wert des Integrals wesentlich zu verändern, kann die untere Grenze bis $-\infty$ ausgedehnt werden. Wir erhalten dann mit (6) und (8):

$$J = \frac{e^3 F^2}{16\pi^2 \hbar w} e^{-\frac{4}{3} \frac{\sqrt{2m}\, w^{3/2}}{\hbar e F}} = B F^2 e^{-\frac{\beta}{F}}, \qquad (9)$$

oder J in Amp/cm², F und w in Volt:

$$J = 1{,}6 \cdot 10^{-6} \frac{F^2}{w} e^{-6{,}8 \cdot 10^7 \frac{w^{3/2}}{F}} \text{ Amp/cm}^2.$$

Die Stromstärke verläuft also in Abhängigkeit von der äußeren Feldstärke genau so, wie beim RICHARDSON-Effekt in Abhängigkeit von der Temperatur [vgl. (4)]. Nach (9) ist

$$\log J = \log B F^2 - \frac{\beta}{F}.$$

Dieses Gesetz wird von der Erfahrung sehr gut bestätigt. Eine merkliche Emission des Stromes sollte bei Feldstärken von etwa 10^7 Volt/cm einsetzen. Tatsächlich beobachtet man schon bei 10^6 Volt/cm eine Emission. Das rührt daher, daß die Feldstärke an der Metalloberfläche an einzelnen Stellen durch Unebenheiten erhöht wird [1]. Dadurch kennt man die effektive Feldstärke an der Metalloberfläche nicht und kann daher die Konstanten B und β nicht genau prüfen. Ihre Größenordnung ist aber sicher richtig, da die effektive Feldstärke an einzelnen Stellen leicht um eine Zehnerpotenz größer sein kann, als in größerer Entfernung, wo das Feld homogen ist. Es wird tatsächlich auch gefunden, daß die Emission vorzugsweise von einzelnen Stellen der Oberfläche ausgeht.

Es ist schließlich noch zu zeigen, daß der in a) behandelte Effekt, d. h. die Erniedrigung der Austrittsarbeit (5) allein nicht für die Emission verantwortlich sein kann. Zwar wird dadurch, wie aus (9) zu sehen ist, der Emissionsstrom erhöht. Um aber ohne unseren Durchtrittsmechanismus, d. h. nur durch den RICHARDSON- Effekt einen merklichen Strom bei tiefen Temperaturen zu bekommen, müßte die Austrittsarbeit praktisch verschwinden. Da sie von der Größenordnung 5 Volt ist, müßte nach (5) F größer als 10^8 Volt/cm sein. Außerdem wäre die Emission stark temperaturabhängig, was beides im Widerspruch zu den Experimenten steht.

Kontaktpotentialdifferenz [34, 36]. Wenn man die Oberflächen zweier Metalle A und B zusammenbringt, werden sowohl von A nach B als auch von B nach A Elektronen strömen, im allgemeinen jedoch nicht gleich viele in beiden Richtungen. Es soll z. B. ein Überschuß in der Richtung $A \rightarrow B$ bestehen. Dadurch erhöht sich das

---

[1] Diese Unebenheiten haben nichts mit der atomaren Rauhigkeit zu tun, sondern sind durch die Vorbehandlung der Oberfläche bedingt.

mittlere Potential in B etwa um ΔV. Das bedeutet, daß die Elektronen, die ursprünglich die Energie E hatten, jetzt die Energie $E' = E + \Delta V$ haben. Die Folge davon ist, daß der Elektronenstrom in der Richtung $A \to B$ erniedrigt wird. Dadurch wird sich schließlich bei einer bestimmten Potentialdifferenz V_{AB} ein Gleichgewicht einstellen. Die Spannung V_{AB} heißt Kontaktpotentialdifferenz der Metalle A und B.

Beim absoluten Nullpunkt läßt sich V_{AB} leicht berechnen. In jedem Metall sind ja alle Zustände, deren Energie kleiner als die Grenzenergie ζ_A bzw. ζ_B ist, besetzt, während alle Zustände mit größerer Energie leer sind. Der Wert der Grenzenergie ζ_A bzw. ζ_B hängt natürlich vom Potential an der Oberfläche des Metalls ab. Ein Elektronenstrom kann dann nicht auftreten, wenn

$$\zeta_A = \zeta_B \qquad (10)$$

ist, weil die Elektronen dann nur in schon besetzte Zustände fließen könnten, was wegen des PAULI-Prinzips offenbar unmöglich ist. Wenn zwei Metalle (oder auch Halbleiter oder ein Metall und ein Halbleiter) bei $T = 0$ im Gleichgewicht sind, hat somit bei beiden die Grenzenergie ζ den gleichen Wert. Die Grenzenergie steht in einem einfachen Zusammenhang mit der Austrittsarbeit w. Diese ist ja die Energiedifferenz zwischen der Energie eines Elektrons, das das Metall gerade verlassen kann und ζ. Erstere ist gleich dem Potential an der Metalloberfläche [1], das wir bei unserer Normierung (§ 2) Null gesetzt haben, so daß $\zeta = -w$ war [Gl. (2)]. Da unsere beiden Metalle aber verschiedene Potentiale an der Oberfläche haben, ist das nicht mehr zulässig. Ist V_A das Potential an der Oberfläche des Metalls A, so ist nach Definition

$$w_A = V_A - \zeta_A,$$

und Entsprechendes gilt für B. Aus (10) folgt dann

$$w_A - V_A = w_B - V_B,$$

oder, da $V_{AB} = V_A - V_B$ ist:

$$V_{AB} = w_A - w_B.$$

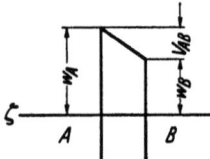

Abb. 16. Kontaktpotentialdifferenz V_{AB}. w_A, w_B, Austrittsarbeit aus den Metallen A, B.

Die Kontaktpotentialdifferenz ist also gleich der Differenz der Austrittsarbeiten (Abb. 16).

---
[1] Unter Potential verstehen wir ja nach § 2 die potentielle Energie eines Elektrons.

Bei Erhöhung der Temperatur wird an diesem Gesetz wenig geändert, da sich die Elektronenverteilung nur in einem Energiebereich kT, also zwischen $\zeta - kT$ und $\zeta + kT$, verändert, bei 300° also in einem Energiebereich von $1/30$ e-Volt. Die Spannung V_{AB} hat dagegen die Größenordnung 1 Volt, so daß keine wesentliche Änderung der Kontaktpotentialdifferenz bei Temperaturerhöhung zu erwarten ist.

Sekundärelektronenemission [123]. Bei den bisher behandelten Effekten war die Elektronenemission im wesentlichen durch die Ähnlichkeit unserer Elektronen mit freien Elektronen bedingt. Bei dem jetzt zu behandelnden Effekt ist aber, wie wir sehen werden, gerade der Unterschied unserer Elektronen gegen freie Elektronen ausschlaggebend.

Der physikalische Vorgang ist folgender: Es werden Primärelektronen auf die Metalloberfläche $x = 0$ geschossen. Der Einfallswinkel sei 0° (senkrechter Einfall). Man beobachtet die Emission von Sekundärelektronen aus der Metalloberfläche, falls die Energie der Primärelektronen eine untere Grenze überschreitet, die von der Größenordnung 10 e-Volt ist. Die mittlere Energie der Sekundärelektronen beträgt einige e-Volt, nahezu unabhängig von der Primärenergie.

Wir zeigen zuerst, daß bei freien Elektronen keine Emission stattfinden kann. Das ist eine einfache Folgerung aus Energie- und Impulserhaltungssatz. Der Impuls des Primärelektrons vor dem Stoß sei $-\mathfrak{P}$, der des Metallelektrons $\mathfrak{p}$. Die entsprechenden Größen nach dem Stoß seien $-\mathfrak{P}'$, $\mathfrak{p}'$. Die Koordinate senkrecht zur Metalloberfläche sei wie immer x. Sie ist positiv außerhalb des Metalls und negativ im Metall. Die x-Komponente des Impulssatzes lautet dann:

$$-P + p_x = -P'_x + p'_x.$$

Dabei ist $|\mathfrak{P}| = P = P_x > 0$, weil das Primärelektron senkrecht zur Metalloberfläche und von positiven zu negativen x-Werten einfällt. p_x kann positiv und negativ sein. Damit das Metallelektron nach dem Stoß das Metall verlassen kann, muß p'_x einen, durch die Austrittsarbeit gegebenen, positiven Wert überschreiten, d. h. es ist dann sicher $p'_x > p_x$. Aus dem Impulssatz folgt dann $-P'_x < -P$, d. h. $P'_x > P$. Andererseits soll nun das Primärelektron Energie abgeben. Da die Energie proportional mit P^2 ist, müßte also $P'_x < P$ sein. (Wenn nach dem Stoß auch noch P'_y- und P'_z-Komponenten vorhanden sind, nehmen diese auch einen

Teil der Primärenergie auf, so daß erst recht $P'_x < P$ sein muß.) Es ist also unmöglich, Energie- und Impulssatz gleichzeitig zu erfüllen, so daß eine Emission aus dem Metall nicht erfolgen kann. Dagegen ist eine Beschleunigung in die entgegengesetzte Richtung, d. h. ins Metall hinein, sehr wohl möglich.

Berücksichtigen wir nun das exakte Verhalten unserer Elektronen, d. h. ihre Modifikation durch das periodische Potential, so braucht für die beiden Elektronen *allein* der Impulssatz nicht erfüllt sein, da ja auch das Metallgitter Impuls aufnehmen kann. Dadurch wird die Elektronenemission ermöglicht. Wir wollen uns von diesem Vorgang eine anschauliche Vorstellung machen. Wie wir auf S. 47 gezeigt haben, wird ein Elektron in einem äußeren Feld so lange beschleunigt, bis es in der Nähe einer kritischen Zone im $\mathfrak{k}$-Raum, d. h. in ein Gebiet mit negativer Freiheitszahl kommt. Hier wechselt die Beschleunigung ihr Vorzeichen. In der Näherung hoher Energien kann man sagen, daß das Elektron reflektiert wird.

Wir können uns die Wechselwirkung zwischen Primär- und Sekundärelektron ähnlich vorstellen. Der Austausch von Energie und Impuls wird immer eine gewisse Zeit beanspruchen. In dieser Zeit durchläuft das Metallelektron kontinuierlich eine Reihe von Zuständen, bis der Endzustand erreicht ist. Es soll am Anfang in Gebieten mit positiver Freiheitszahl sein. Dann wird es zunächst sich ähnlich wie ein freies Elektron verhalten, d. h. es wird ins Metall hineinbeschleunigt. Im Lauf dieser Beschleunigung erreicht seine Wellenzahl ein kritisches Gebiet, so daß es reflektiert wird (für hohe Energien: BRAGGsche Reflexion an einer Netzebene) und das Metall verlassen kann. Bei dieser Reflexion bleibt das Elektron im gleichen Energieband, in dem es zu Anfang war. Seine Geschwindigkeit außerhalb des Metalls ist daher sehr klein (einige Volt), da die obere Grenze dieses Bandes gewöhnlich nicht viel größer als Null ist.

Diese anschauliche Vorstellung kann natürlich keinen Anspruch auf Exaktheit erheben. Um eine genauere Behandlung des Problems zu geben, müssen wir die Wahrscheinlichkeit dafür berechnen, daß ein Metallelektron durch Stoß eines Primärelektrons vom Zustand $(n, \mathfrak{k})$ in einen anderen Zustand $(n', \mathfrak{k}')$ übergeht. Da das Primärteilchen verhältnismäßig große Energie hat, können wir seine Wellenfunktion als ebene Welle mit der Wellenzahl $\mathfrak{K}$ ansetzen.

Wir haben in § 3 gesehen, daß der Impulserhaltungssatz des Gesamtsystems Elektronen + Metallgitter immer durch den Erhaltungssatz der Wellenzahlen der Elektronen zu ersetzen ist, d. h. daß das Gitter immer soviel Impuls aufnimmt oder abgibt, daß die Summe der reduzierten Wellenzahlen konstant bleibt. Wenn wir die einfallenden Elektronen durch eine nichtreduzierte Wellenzahl beschreiben, so haben wir zu beachten, daß sich deren Komponenten von den Komponenten der reduzierten Wellenzahl um ganzzahlige Vielfache von $\frac{2\pi}{a}$ (bei einem kubischen Gitter) unterscheiden.

Es seien $\mathfrak{k}'$ und $\mathfrak{K}'$ die Wellenzahlen nach dem Stoß, dann können nur solche Übergänge stattfinden, bei denen

$$\mathfrak{K} - \mathfrak{K}' + \mathfrak{k} - \mathfrak{k}' = \frac{2\pi}{a}\mathfrak{n} \tag{11}$$

ist. Die Übergangswahrscheinlichkeiten selbst sind nur dann von Null verschieden, wenn außer (11) auch noch der Energieerhaltungssatz erfüllt ist, also wenn

$$E(\mathfrak{K}) - E(\mathfrak{K}') + E_n(\mathfrak{k}) - E_{n'}(\mathfrak{k}') = 0$$

ist. Es ist leicht zu sehen, daß diese beiden Sätze immer erfüllt werden können, auch wenn die Elektronen im Endzustand (n', $\mathfrak{k}'$) die nötige Energie und die richtige Impulsrichtung haben, um das Metall zu verlassen[1]. Zwar ist für das einfallende Teilchen $\mathfrak{K}$ proportional zum Impuls, so daß hier kein Unterschied gegen freie Elektronen vorliegt. Da das Teilchen Energie an das Metallelektron abgibt, wird auch immer $|\mathfrak{K}'| < |\mathfrak{K}|$ sein. Der Unterschied gegen den Impulssatz besteht aber jetzt darin, daß auf der rechten Seite von (11) nicht Null steht, sondern $\frac{2\pi}{a}\mathfrak{n}$. Dieses Glied enthält gerade den soeben besprochenen Einfluß der Reflexionen an Netzebenen.

Durch eine genauere Berechnung der Übergangswahrscheinlichkeiten kann gezeigt werden, daß hauptsächlich nur Übergänge in das Band des betreffenden Metallelektrons oder in benachbarte Bänder erfolgen und daß die Ausbeute in Abhängigkeit von der Primärenergie sowohl den allgemeinen Verlauf als auch die Größenordnung in Übereinstimmung mit den Experimenten wiedergibt.

Es bleibt noch zu zeigen, daß die Sekundäremission erst bei einer bestimmten minimalen Primärenergie einsetzt. Dies hat nicht,

---

[1] Mit Ausnahme sehr kleiner Primärenergien, vgl. S. 94.

wie man glauben könnte, seine Ursache darin, daß den Elektronen mindestens die Austrittsarbeit w zugeführt werden muß, denn die Primärelektronen gewinnen, wenn sie ins Metall eintreten, diese Energie. Das Auftreten einer unteren Grenze der Primärenergie hat vielmehr seinen wesentlichen Grund darin, daß der Wellenzahlensatz (11) gleichzeitig mit dem Energiesatz erfüllt sein muß. Gl. (11) kann immer erfüllt werden, wenn die Komponenten des Vektors $\mathfrak{K} - \mathfrak{K}'$ alle Werte zwischen $-\dfrac{\pi}{a}$ und $\dfrac{\pi}{a}$ annehmen können [vgl. § 3, (5)]. Andererseits muß jedes Metallelektron eine bestimmte Mindestenergie $\Delta E + w$ vom Primärelektron aufnehmen, um das Metall zu verlassen ($-\Delta E$ ist sein energetischer Abstand von der Grenzenergie ζ). Es ist also

$$\frac{\mathsf{h}^2}{2\,m}(K^2 - K'^2) \geqq w + \Delta E. \tag{12}$$

Hieraus folgt $|\mathfrak{K}'| < |\mathfrak{K}|$ und

$$|\mathfrak{K} - \mathfrak{K}'| \leqq |\mathfrak{K}'| + |\mathfrak{K}| \leqq 2\,|\mathfrak{K}|. \tag{13}$$

Sobald also (bei einem kubischen Kristall)

$$2\,|\mathfrak{K}| < \frac{2\,\pi}{a}\sqrt{3}$$

wird, können Energie- und Wellenzahlensatz im allgemeinen nicht mehr gleichzeitig erfüllt werden. Die Emission beginnt also bei Primärenergien von der Größenordnung

$$\frac{\mathsf{h}^2}{2\,m}\frac{3\,\pi^2}{a^2} \simeq 10 \text{ e-Volt}.$$

Die Energieverteilung der Sekundärelektronen ist in großen Zügen durch die Lage der Energiebänder bestimmt. Nehmen wir z. B. an, die Übergangswahrscheinlichkeit eines Metallelektrons in einen Zustand der Energie E sei $\Phi(E)$, so ist die Zahl der Sekundärelektronen mit der Energie E

$$\Phi(E)\,D(E),$$

wo $D(E)$ die Eigenwertdichte ist (vgl. Abb. 11c). Die Energieverteilung der Sekundärelektronen zeigt tatsächlich eine ähnliche Form wie $D(E)$ in Abb. 11c, S. 58, allerdings nur, wenn die Metalloberfläche sehr rein ist [185a].

§ 7. Elektronenbeugung [32, 85].

Elementare Theorie. Das Auftreten von Beugungserscheinungen bei der Reflexion von Elektronen an Einkristallen oder bei ihrem

Durchtritt durch dünne Metallfolien ist eine unmittelbare Folge ihrer Wellennatur. Die Wellenlänge der Elektronen ist bekanntlich [vgl. § 4 B, Gl. (12 b)]

$$\lambda = \frac{h}{m\,v}.$$

Bei einer kinetischen Energie von 100 e-Volt sind das $\sim 10^{-8}$ cm, bei 10 000 e-Volt $\sim 10^{-9}$ cm. Die Wellenlänge ist von der gleichen Größenordnung wie bei Röntgenstrahlen, und daher ist bei einer elementaren, d. h. rein geometrischen Theorie genau das gleiche zu erwarten, wie bei Röntgenstrahlen von der gleichen Wellenlänge. Für selektive Reflexion n-ter Ordnung erhält man also das BRAGGsche Reflexionsgesetz

$$n\,\lambda = 2\,a \cos\vartheta, \tag{1}$$

das den Zusammenhang zwischen Einfallswinkel[1] ϑ und Wellenlänge λ angibt. Das BRAGGsche Gesetz folgt unmittelbar, rein geometrisch, aus der Bedingung, daß sich die an parallelen Netzebenen reflektierten Wellen durch Interferenz verstärken sollen. Die Weiterführung dieser elementaren Theorie hat im Rahmen dieses Buches kein Interesse, obwohl sie natürlich von großer Bedeutung bei der Untersuchung von Kristallstrukturen ist. Dagegen werden wir uns für die Abweichungen von der Beziehung (1) interessieren, denn diese sind nicht durch die rein geometrische Kristallstruktur bedingt, sondern durch die Wechselwirkung der Elektronen mit dem Gitter.

Reflexion an Einkristallen. Die Metalloberfläche sei, wie immer, die Ebene $x = 0$. Die Energie normieren wir wie in § 2 so, daß sie gleich der kinetischen Energie im Vakuum ist. Ist $\mathfrak{K}$ der Ausbreitungsvektor der Elektronen im Vakuum, $\mathfrak{K}'$ im Metall, so ist nach § 4 B, Gl. (13)

$$E = \frac{h^2}{2\,m}(K_x^2 + K_y^2 + K_z^2). \tag{2}$$

Die Eigenfunktion einer einfallenden Welle lautet:

$$\psi_e = A\,e^{i(K_x x + K_y y + K_z z)}, \quad x < 0, \quad K_x > 0.$$

$x < 0$ sei Vakuum, $x > 0$ Metall. A ist ein Normierungsfaktor. Im Metallinneren können wir mit der Näherung für große Energien (§ 4 B) rechnen, da $E > 10$ e-Volt ist. Nehmen wir an, daß K_y und K_z nicht in der Nähe eines kritischen Wertes liegen [vgl. Gl. (21),

---

[1] $\vartheta = 0$ für senkrechten Einfall.

96 Einfache Probleme.

§ 4], so lauten die Eigenfunktionen im Metall nach § 4 B

$$\psi_{\Re'} = f_{K'_x}(x)\, e^{i(K'_y y + K'_z z)}, \quad x > 0. \tag{3}$$

$f_{K'_x}(x)$ ist eine fortschreitende Welle ($\sim e^{i K'_x x}$), wenn K'_x nicht in der Nähe eines kritischen Wertes liegt. Ist dagegen [vgl. § 4, (21a)]

$$K'_x \cong \frac{\pi}{a} n, \quad n = \pm 1, \pm 2, \ldots, \tag{4}$$

so wird $f(x)$ eine, nach innen rasch gegen Null abfallende Funktion.

Wir setzen als allgemeinsten Ansatz im Vakuum eine einfallende Welle mit dem Ausbreitungsvektor $\Re$ und eine Schar reflektierter Wellen mit Ausbreitungsvektoren $\Re''$ an. Die Eigenfunktion im Vakuum lautet also

$$\psi_v = A\, e^{i(K_x x + K_y y + K_z z)} + \sum_{\Re''} B(\Re'')\, e^{i(-K''_x x + K''_y y + K''_z z)}, \; K_x > 0, K''_x > 0.$$

Im Metallinneren ist der allgemeinste Ansatz eine Überlagerung von Eigenfunktionen $\psi_{\Re'}$ (3), also lautet hier die Eigenfunktion

$$\psi_m = \sum_{\Re'} C(\Re')\, f_{K'_x}(x)\, e^{i(K'_y y + K'_z z)}.$$

An der Metalloberfläche $x = 0$ muß die Eigenfunktion stetig sein, d. h. wir fordern

$$\left. \begin{array}{l} \psi_m = \psi_v \\ \dfrac{\partial \psi_m}{\partial x} = \dfrac{\partial \psi_v}{\partial x} \end{array} \right\} \text{ für } x = 0. \tag{5}$$

Diese Bedingungen müssen für beliebige Werte von y und z erfüllt sein. Aus der ersten folgt sofort, daß in ψ_v und ψ_m nur diejenigen Glieder von Null verschieden sind, bei denen

$$K_y = K'_y = K''_y$$
$$K_z = K'_z = K''_z$$

ist. Die Koeffizienten B und C, bei denen dies nicht erfüllt ist, sind also sämtliche Null. Da die Energie außerdem durch (2) festgelegt ist, sind auch K'_x und K''_x bestimmt, und zwar ist

$$K''_x = K_x,$$

während K'_x aus dem Energieansatz im Metallinneren zu entnehmen ist.

Es wird also

$$\left. \begin{array}{l} \psi_v = A\, e^{i(K_x x + K_y y + K_z z)} + B\, e^{i(-K_x x + K_y y + K_z z)} \\ \psi_m = C f_{K'_x}(x)\, e^{i K_y y + K_z z)} \end{array} \right\} \tag{6}$$

Das Verhältnis der Koeffizienten A, B, C kann aus den Stetigkeitsbedingungen (5) berechnet werden. Wir wollen jetzt annehmen, daß die Welle unter einem solchen Azimut einfällt, daß $K_z = 0$ ist [1]. Nach (2) wird dann die Energie

$$E = \frac{\mathsf{h}^2}{2m}(K_x^2 + K_y^2). \qquad (7)$$

Da der Einfallswinkel ϑ ist, wird

$$E \cos^2 \vartheta = \frac{\mathsf{h}^2}{2m} K_x^2 \qquad (8\,\mathrm{a})$$

$$E \sin^2 \vartheta = \frac{\mathsf{h}^2}{2m} K_y^2. \qquad (8\,\mathrm{b})$$

Es sind jetzt zwei Fälle zu unterscheiden.

- 1. K_x' liegt *nicht* in der Nähe eines kritischen Wertes (4). Dann ist die Energie im Metallinneren nach § 4, Gl. (13)

$$E = \frac{\mathsf{h}^2}{2m}(K_x'^2 + K_y^2) + V_0 = \frac{\mathsf{h}^2}{2m}(K_x'^2 + K_y^2) - |V_0|, \qquad (7\,\mathrm{a})$$

da V_0 negativ ist (§ 2). Durch Vergleich mit (7) folgt:

$$K_x' = \left(K_x^2 + \frac{2m}{\mathsf{h}^2}|V_0|\right)^{1/2}.$$

Ferner ist in diesem Fall nach § 4 B

$$f_{K_x'}(x) = e^{i K_x' x},$$

so daß die Bedingungen (5) unter Benützung von Gl. (6) und dem Vorstehenden lauten:

$$C = A + B$$
$$K_x' C = K_x(A - B).$$

Daraus folgt für den Reflexionskoeffizienten

$$R = \frac{|B|^2}{|A|^2} = \left(\frac{K_x - K_x'}{K_x + K_x'}\right)^2.$$

Er ist für $K_x = 0$ Eins, nimmt aber mit wachsendem K_x sehr rasch ab, d. h. die Welle dringt ins Metall ein.

2. K_x' liegt in der Nähe eines kritischen Wertes (4). Jetzt tritt eine Abweichung von dem einfachen Energieverlauf (7a) ein, und zwar entsteht nach § 4 B ein verbotenes Energiegebiet. Da wir Reflexionen an Netzebenen, die parallel zu $x = 0$ sind, betrachten, müssen wir die Wellenzahlkomponenten $\mathfrak{K}_\perp$ und $\mathfrak{K}_\parallel$

---

[1] Das ist offensichtlich keine wesentliche Beschränkung der Allgemeinheit.

(vgl. S. 49) mit K'_x und K_y identifizieren. Die Energie ist dann nach § 4, (22b), S. 49 [1].

$$E = \frac{h^2}{8\,m\,a^2} n^2 + \varepsilon_x + \frac{h^2}{2\,m} K_y^2 - |V_0| \pm V_{n00}, \qquad (9)$$

wobei

$$\varepsilon_x = \pm \frac{h^2}{2\,|m^*|} K_x^{*2}, \qquad K_x^* = K_x - \frac{\pi}{a} n$$

ist. Die Bedeutung von m^* ist in § 4 erklärt. Diese Energieformel ist nur gültig, wenn K_y nicht in der Nähe eines kritischen Wertes liegt. Lassen wir K_y bei festgehaltenem K_x wachsen, so treten Abweichungen vom Energieverlauf (9) dann auf, wenn auch K_y in der Nähe eines kritischen Wertes (§ 4 B)

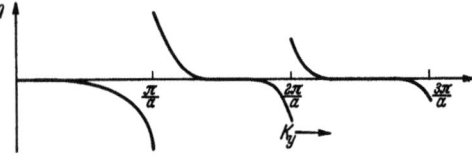

Abb. 17. Verlauf der Energiekorrektion η.

$$K_y \cong \frac{\pi}{a} n_y \qquad (10)$$

liegt, und zwar entsteht ein verbotenes Energiegebiet von der Breite $2\,V_{0n_y 0}$ (vgl. § 4 B). Wir können die Abweichung vom Energieverlauf dadurch ausdrücken, daß wir in (9) ein Korrekturglied η zufügen, das eine Funktion von K_y ist. Immer, wenn (10) erfüllt ist, wird η unstetig (ganz im Gegensatz zu ε_x) und springt um den Wert $2\,V_{0n_y 0}$. Die Energie als Funktion von K_y verläuft also genau so wie im eindimensionalen Fall § 4 B, Abb. 8a gezeigt wurde, mit dem Unterschied, daß für $K_y = 0$ die Energie nicht Null wird. Im übrigen ist für kleine K_y die Näherung § 4 B nicht mehr sehr gut. Das hat auf die Korrektur η den Einfluß, daß sie auch in größerer Entfernung von kritischen Werten (10) von Null verschieden ist. In Abb. 17 zeigen wir den Verlauf von η. Unter Berücksichtigung von η wird die Energie (9):

$$E = \frac{h^2}{8\,m\,a^2} n^2 + \frac{h^2}{2\,m} K_y^2 - \Phi \pm V_{n00}, \qquad (11)$$

wobei

$$\Phi = |V_0| - \varepsilon_x - \eta \qquad (12)$$

ist.

Die Energie eines Elektrons im Vakuum (7) muß identisch mit der Energie im Metall (11) sein. Durch Vergleich von (7) mit (11) erhalten wir unter Berücksichtigung von (8a)

$$E \cos^2 \vartheta = \frac{h^2}{8\,m\,a^2} n^2 - \Phi \pm V_{n00}.$$

---

[1] Die Indizes von V_{n00} sind deshalb $n, 0, 0$, weil die betreffende kritische Ebene senkrecht zu K'_x steht.

Im Metallinneren sind alle Energien verboten, bei denen $E \cos^2 \vartheta$ zwischen

$$\frac{h^2}{8 m a^2} n^2 - \Phi - |V_{n00}|$$

und

$$\frac{h^2}{8 m a^2} n^2 - \Phi + |V_{n00}|$$

liegt. Elektronen, bei denen $E \cos^2 \vartheta$ zwischen diesen beiden Werten liegt, können daher nicht ins Metall eindringen und werden selektiv reflektiert. Die *mittlere* Lage der n-ten selektiven Reflexion ist somit bestimmt durch

$$E \cos^2 \vartheta = \frac{h^2}{8 m a^2} n^2 - \Phi, \tag{13}$$

oder unter Einführung der Vakuumwellenlänge λ [§ 4, (12b)]

$$\lambda = \frac{h}{\sqrt{2 m E}}$$

durch

$$n' \lambda = 2 a \cos \vartheta, \tag{13a}$$

wobei

$$n' = \left(n^2 - \frac{8 m a^2}{h^2} \Phi \right)^{1/2}$$

ist. Das ist genau die Braggsche Bedingung (1), wenn man dort n durch n' ersetzt. Für hohe Ordnungen (große n, große Energien) sind praktisch n und n' gleich, für niedere Ordnungen treten dagegen merkliche Abweichungen auf.

Brechungsindex. Die Abweichung von der gewöhnlichen Braggschen Bedingung (1) im Sinne von (13a) bedeutet, daß der Kristall einen Brechungsindex von der Größe

$$\beta = \sqrt{1 + \frac{\Phi}{E}} \tag{14}$$

hat. Das sieht man durch Ableitung der Braggschen Bedingung für Kristalle mit Brechungsindex (vgl. Lehrbücher). Es ist zu beachten, daß Φ nach (12) verschieden vom mittleren Gitterpotential $|V_0|$ ist. Nur für große Energien, wo ε_x und η klein sind, wird $\Phi \simeq |V_0|$. Andererseits ist aber für große Energien der Brechungsindex sehr wenig von Eins verschieden. Eine Bestimmung des mittleren Gitterpotentials aus dem Brechungsindex dürfte also erhebliche Schwierigkeiten machen. Auf keinen Fall darf man aber, wie das verschiedentlich geschehen ist, aus dem bei kleinen Energien gemessenen Brechungsindex $|V_0|$ berechnen. Dadurch erhält man günstigstenfalls die Größenordnung von $|V_0|$.

Anomale Dispersion. Wie wir oben festgestellt haben, ist η und daher auch Φ (12) keine stetige Funktion. Nach Gl. (14) gilt das also auch für den Brechungsindex. In Analogie zur gewöhnlichen Optik nennt man diese Erscheinung anomale Dispersion. Wir wollen die Lage der Unstetigkeiten als Funktion von Energie und Einfallswinkel berechnen. Setzen wir Gl. (10), die die Lage der Anomalien bestimmt, in (8b) ein, so erhalten wir:

$$E \sin^2 \vartheta = \frac{h^2}{8 m a^2} n_y^2. \tag{13b}$$

η, das ja die Aufspaltung der Energie (Größe des verbotenen Gebietes) bestimmt, wird hier (vgl. oben) $\pm V_{0 n_y 0}$. Mit (13), (13b) und (12) erhalten wir dann anomale Dispersion zwischen den Energien E_a^- und E_a^+, wo

$$E_a^\pm = \frac{h^2}{8 m a^2} (n^2 + n_y^2) - |V_0| + \varepsilon_x \pm V_{0 n_y 0} \tag{15}$$

ist, während die Einfallswinkel $\vartheta_a^\pm$ bestimmt sind durch

$$\operatorname{tg} \vartheta_a^\pm = n_y \left[n^2 + \frac{8 m a^2}{h^2} (-|V_0| + \varepsilon_x \pm V_{0 n_y 0}) \right]^{-1/2} \tag{15a}$$

($\pm$ bei E_a und ϑ_a bezieht sich auf das Vorzeichen von $V_{0 n_y 0}$).
An allen diesen Stellen springt der Brechungsindex β (14) von

$$\beta^- = \left[1 + \frac{|V_0| - \varepsilon_x - V_{0 n_y 0}}{E} \right]^{1/2}$$

bis

$$\beta^+ = \left[1 + \frac{|V_0| - \varepsilon_x + V_{0 n_y 0}}{E} \right]^{1/2}.$$

In Abb. 18 ist der Verlauf des Brechungsindex als Funktion von $E^{1/2}$ gezeigt, für den Einfallswinkel $\vartheta = 45°$, d. h. $\operatorname{tg} \vartheta = 1$. In diesem Fall sind nach (15) und (15a) die Energien, bei denen der Brechungsindex unstetig ist, bestimmt durch

$$E_a = 2 \frac{h^2}{8 m a^2} n_y^2, \quad \vartheta = 45°.$$

Schließlich zeigen wir noch in Abb. 19 die Abhängigkeit der Wellenlänge, bei welcher selektive Reflexion einer bestimmten Ordnung n auftritt, vom Einfallswinkel [Gl. (13)]. Wir finden hier die entsprechenden Anomalien, wie beim Brechungsindex.

In dem Winkelbereiche zwischen ϑ^- und ϑ^+, d. h. nach (15a) zwischen

$$\operatorname{tg} \vartheta^- = n_y \left[n^2 + \frac{8 m a^2}{h^2} (-|V_0| + \varepsilon_x - V_{0 n_y 0}) \right]^{-1/2}$$

Optik. 101

und
$$\operatorname{tg}\vartheta^+ = n_y\left[n^2 + \frac{8ma^2}{h^2}(-|V_0| + \varepsilon_x + V_{0n_y0})\right]^{-1/2}$$

tritt eine Aufspaltung der Energie, d. h. der selektiv reflektierten Wellenlängen, in zwei Werte ein. Hier gibt es also zu *einem* bestimmten Winkel für *zwei* verschiedene Wellenlängen selektive Reflexionen der *gleichen* Ordnung. Wenn man experimentell so vorgeht, daß man bei festgehaltenem Einfallswinkel die Wellenlänge variiert und die erste selektive Reflexion als erste Ordnung,

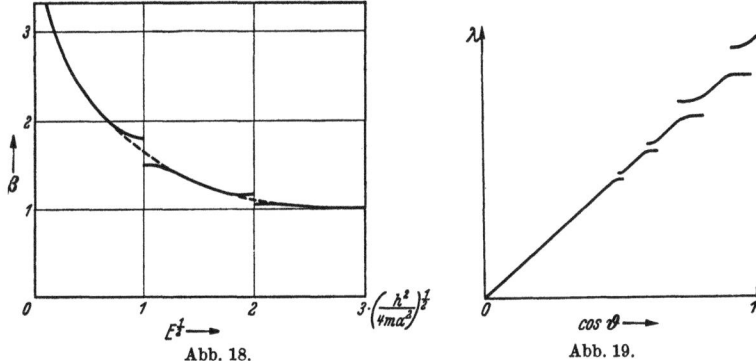

Abb. 18. Abb. 19.

Abb. 18. —— Brechungsindex β als Funktion von $E^{1/2}$, — — — unter Vernachlässigung der Potentialschwankungen im Metall (Ersetzen des Potentials durch das mittlere Potential) Einfallswinkel $\vartheta = 45°$.

Abb. 19. Abhängigkeit der Wellenlänge selektiver Reflexion von $\cos\vartheta$ für Reflexionen einer bestimmten Ordnung. Bei Vernachlässigung der Potentialschwankungen im Metall erhält man eine Gerade.

die zweite als zweite Ordnung usw. bezeichnet, wie das nach der elementaren Theorie zu fordern ist [Gl. (1)], so kommt man zu ganz falschen Zuordnungen, falls ϑ zwischen ϑ^+ und ϑ^- liegt, denn hier gibt es ja zwei Reflexionen, die beide zur gleichen Ordnung gehören.

Die hier beschriebenen Anomalien werden auch experimentell gefunden. Man erhält bei entsprechenden Experimenten ähnliche Kurven, wie in Abb. 19 gezeigt [59a].

§ 8. Optik [64, 102, 124, 147, 156, 171, 207].
(Außer Röntgenstrahlen.)

Aus den Spektren der Atome und Moleküle kann man sehr weitgehende Schlüsse auf die Lage der Energieniveaus und auf die Größe der Übergangswahrscheinlichkeiten, d. h. der Oszillatorenstärken, ziehen. Die Metalle absorbieren, im Gegensatz zu den Atomen und Molekülen, nicht einzelne diskrete Frequenzen, sondern kontinuierlich das ganze Frequenzgebiet von den kleinsten Frequenzen bis ins kurzwelligste Ultraviolett. Dadurch wird natürlich die Deutung erschwert. Trotzdem ist es aber im Prinzip möglich, wie wir in diesem Paragraphen zeigen werden, aus der zu messenden Frequenzabhängigkeit der optischen Konstanten sowohl die Lage der Energieniveaus als auch die Größe der Oszillatorenstärken zu bestimmen. Das gegenwärtig vorliegende experimentelle Material ist allerdings noch zu wenig umfangreich, um die Möglichkeiten, die theoretisch vorhanden sind, voll auszunützen.

Die optischen Konstanten. In der Elektrodynamik wird ein Körper durch Angabe von drei Größen bestimmt: Durch die Leitfähigkeit σ, die Dielektrizitätskonstante ε und die magnetische Permeabilität μ. Bei Wechselwirkung mit Licht sind diese drei Größen nicht als Konstante zu behandeln, sondern sie hängen von der Frequenz ν des Lichtes ab. Man darf deshalb z. B. unter σ nicht die gewöhnliche elektrische Leitfähigkeit verstehen. Nur für sehr kleine Frequenzen geht sie in diese über und ist natürlich für $\nu = 0$, d. h. für konstantes elektrisches Feld, identisch mit ihr. Wir werden im folgenden immer $\mu = 1$ setzen, d. h. wir vernachlässigen eventuelle magnetische Einflüsse. Die Ausbreitung einer Lichtwelle in irgendeinem Medium (σ, ε) ist durch die Wellengleichung bestimmt. Diese lautet, z. B. für die elektrische Feldstärke $\mathfrak{F}$:

$$\Delta \mathfrak{F} - \frac{\varepsilon}{c^2} \frac{\partial^2 \mathfrak{F}}{\partial t^2} - \frac{4\pi\sigma}{c^2} \frac{\partial \mathfrak{F}}{\partial t} = 0.$$

Sie wird durch gedämpfte ebene Wellen gelöst. Ist $x = 0$ die Oberfläche des Metalls, so läßt sich auf Grund der Grenzbedingungen bei $x = 0$ zeigen, daß die Lösung bei senkrechtem Einfall folgende Form hat ($y =$ Polarisationsrichtung):

$$\mathfrak{F} = \mathfrak{F}_y = F_0 e^{-\frac{2\pi\nu}{c}\varkappa x} \sin\left(2\pi\nu t - \frac{2\pi\nu}{c} n x + \gamma\right).$$

Die Phase γ wäre aus den Grenzbedingungen zu berechnen.

Durch diese Form der Lichtwelle sind die optischen Konstanten, der Brechungsindex n und der Absorptionskoeffizient $\varkappa$ definiert. Ihren Zusammenhang mit σ und ε findet man durch Einsetzen

Optik. 103

des obigen Ausdruckes für $\mathfrak{F}$ in die Wellengleichung. Man erhält
$$n\varkappa\nu = \sigma \quad (1\,\text{a}), \qquad n^2 - \varkappa^2 = \varepsilon. \quad (1\,\text{b})$$
Die physikalische Bedeutung von σ und ε ist folgende. Es sei A die pro Sekunde und pro Volumeneinheit absorbierte Energie; $\mathfrak{P}$ sei die elektrische Polarisation, d. h. das elektrische Moment pro Volumeneinheit; dann ist (vgl. Lehrbücher der Elektrodynamik)
$$A = \sigma\,\overline{\mathfrak{F}^2}, \qquad \mathfrak{P} = \frac{\varepsilon-1}{4\pi}\,\mathfrak{F} = \alpha\,\mathfrak{F}.$$

$\alpha = \dfrac{\varepsilon-1}{4\pi}$ heißt Polarisierbarkeit. $\overline{\mathfrak{F}^2}$ ist das Zeitmittel von $\mathfrak{F}^2$.
Aus diesen Gleichungen ergibt sich durch Einsetzen in (1a) und (1b)
$$n\varkappa\nu = \frac{A}{\overline{\mathfrak{F}^2}} = \sigma \quad (2\,\text{a}), \qquad n^2 - \varkappa^2 = 1 + 4\pi\,\frac{\mathfrak{P}}{\mathfrak{F}} = 1 + 4\pi\alpha. \quad (2\,\text{b})$$
Diese beiden Ausdrücke enthalten noch keinerlei spezielle Voraussetzungen über das Metall. Unsere Aufgabe wird es sein, mit Hilfe des im I. Kapitel behandelten Metallmodells die Absorption A und die Polarisation $\mathfrak{P}$ zu berechnen.

Wir hatten auf S. 74 gezeigt, daß die Elektronen in einem Metall sich bei der Wechselwirkung mit Licht verhalten wie eine bestimmte Anzahl klassischer freier Elektronen und klassischer harmonischer Oszillatoren. Wir werden also zunächst das Verhalten klassischer freier Elektronen berechnen.

Freie Elektronen. Wir beschränken uns räumlich auf ein Gebiet, dessen Ausdehnung klein gegen die Wellenlänge des Lichts ist. Da wir dann die elektrische Feldstärke als räumlich konstant annehmen können, lautet die klassische Bewegungsgleichung für die Elektronen
$$\ddot{\mathfrak{r}} = \frac{e}{m}\,\mathfrak{F} = \frac{e}{m}\,F_0 \sin 2\pi\nu t.$$
Daraus erhalten wir durch Integration die Verschiebung des Elektronenortes durch das Feld:
$$\mathfrak{r} - \mathfrak{r}_0 = \frac{-e}{4\pi^2\nu^2 m}\,\mathfrak{F}.$$
Der Beitrag eines Elektrons zum elektrischen Moment ist
$$e(\mathfrak{r} - \mathfrak{r}_0) = \frac{-e^2}{4\pi^2\nu^2 m}\,\mathfrak{F}.$$
Bei n_F freien Elektronen pro Volumeneinheit ist also die gesamte Polarisation
$$\mathfrak{P} = n_F\,e(\mathfrak{r} - \mathfrak{r}_0) = \frac{-e^2 n_F}{4\pi^2\nu^2 m}\,\mathfrak{F}.$$

Die absorbierte Energie A verschwindet im Zeitmittel. Sie berechnet sich aus dem Produkt Feldstärke × Stromdichte. Letztere ist proportional zu $\dot{\mathfrak{r}}$, also zu $\cos 2\pi\nu t$, erstere dagegen geht mit $\sin 2\pi\nu t$, so daß also im Zeitmittel

$$A = 0$$

ist[1]. Durch Einsetzen dieser beiden Ausdrücke für A und $\mathfrak{P}$ in (2a) und (2b) erhalten wir

$$\varkappa = 0 \quad (3\,\mathrm{a}), \qquad n^2 = 1 - \frac{e^2 n_F}{\pi m \nu^2} \quad (3\,\mathrm{b})$$

$$\left[\text{oder } n = 0, \qquad -\varkappa^2 = 1 - \frac{e^2 n_F}{\pi m \nu^2}\right].$$

Wir werden hier eine charakteristische Frequenz ν_1 definieren:

$$\nu_1 = \left(\frac{e^2 n_F}{\pi m}\right)^{1/2}. \tag{4}$$

Für Frequenzen $\nu > \nu_1$ ist der Brechungsindex kleiner als Eins, d. h. freie Elektronen sind dann bis zu einem gewissen Einfallswinkel durchsichtig für Licht, jenseits dieses Einfallswinkels tritt Totalreflexion auf, wie das aus der elementaren Optik bekannt ist. Ist dagegen $\nu < \nu_1$, so wird der Brechungsindex n imaginär. Das bedeutet, daß für diese Frequenzen das Licht bei jedem Einfallswinkel total reflektiert wird.

Für sehr kleine Frequenzen müssen wir aber einen Umstand betrachten, den wir bis jetzt vernachlässigt haben, das sind die Zusammenstöße der Elektronen mit dem Metallgitter. Solange die Schwingungsdauer $\frac{1}{\nu}$ kleiner als die Zeit zwischen zwei Zusammenstößen ist, können wir diese vernachlässigen. Dagegen ist das für lange Schwingungsdauer, d. h. genügend kleine Frequenz, nicht mehr erlaubt. In diesem Fall werden wir die Zusammenstöße in Form einer Dämpfung der Bewegung, die proportional zur Geschwindigkeit $\dot{\mathfrak{r}}$ des Elektrons ist, berücksichtigen. Es kann gezeigt werden, daß das auch quantenmechanisch eine exakte Behandlung ist. Unsere Bewegungsgleichung lautet jetzt also:

$$\ddot{\mathfrak{r}} + \gamma \dot{\mathfrak{r}} = \frac{e}{m}\mathfrak{F} = \frac{e}{m}F_0 \sin 2\pi\nu t.$$

Den Proportionalitätsfaktor γ bestimmen wir weiter unten. Führen wir die Geschwindigkeit $\mathfrak{v} = \dot{\mathfrak{r}}$ ein, so erhalten wir aus obiger Differentialgleichung

---

[1] Die Tatsache, daß freie Elektronen nicht absorbieren können, wird auch in § 9 auf Grund von Energie- und Impuls-Erhaltungssatz nachgewiesen.

Optik.

$$\mathfrak{v} - \mathfrak{v}_0 = \frac{\gamma}{\gamma^2 + 4\pi^2\nu^2} \frac{e}{m} F_0 \sin 2\pi\nu t - \frac{2\pi\nu}{\gamma^2 + 4\pi^2\nu^2} \frac{e}{m} F_0 \cos 2\pi\nu t$$

als Änderung der Geschwindigkeit eines Elektrons unter Einfluß des elektrischen Feldes. Wir finden hieraus die Gesamtstromdichte J unter Einfluß des Feldes, wenn wir die Beiträge aller Elektronen pro Volumeneinheit summieren und mit der Elektronenladung e multiplizieren. Dabei beachten wir, daß

$$\mathfrak{F} = F_0 \sin 2\pi\nu t, \qquad \frac{\partial \mathfrak{F}}{\partial t} = 2\pi\nu F_0 \cos 2\pi\nu t$$

ist. Es wird dann

$$J = \frac{e^2 n_F}{m} \left(\frac{\gamma}{\gamma^2 + 4\pi^2\nu^2} \mathfrak{F} - \frac{1}{\gamma^2 + 4\pi^2\nu^2} \frac{\partial \mathfrak{F}}{\partial t} \right),$$

wenn wir den Gesamtstrom ohne äußeres Feld Null setzen. Um hieraus σ und ε zu bestimmen, schreiben wir die allgemeine Form eines Stromes unter Einfluß eines elektrischen Feldes $\mathfrak{F}$ an. Nach den Grundlagen der Elektrodynamik setzt er sich aus einem Leitungs- und einem Polarisationsstrom in folgender Weise zusammen:

$$J = \sigma \mathfrak{F} + \frac{\partial \mathfrak{P}}{\partial t} = \sigma \mathfrak{F} + \alpha \frac{\partial \mathfrak{F}}{\partial t}.$$

Durch Vergleich erhalten wir:

$$\sigma = \frac{e^2 n_F}{m} \frac{\gamma}{\gamma^2 + 4\pi^2\nu^2} \quad (5\,\text{a}), \qquad \alpha = -\frac{e^2 n_F}{m} \frac{1}{\gamma^2 + 4\pi^2\nu^2}. \quad (5\,\text{b})$$

Um die Konstante γ zu bestimmen, gehen wir zur Frequenz $\nu = 0$ über. Dann wird σ identisch mit der gewöhnlichen elektrischen Leitfähigkeit σ_0 bei konstanten äußeren Feldern. Es ergibt sich für $\nu = 0$ [1]

$$\gamma = \frac{e^2 n_F}{m \sigma_0}.$$

Es ist praktisch hier eine Frequenz ν_0 einzuführen, die bestimmt ist durch die Bedingung

$$2\pi\nu_0 = \gamma \quad (6), \qquad \text{d. h.} \quad \nu_0 = \frac{e^2 n_F}{m \, 2\pi \sigma_0}. \quad (6\,\text{a})$$

Sie steht in einer einfachen Beziehung zur Frequenz ν_1. Wie man durch Vergleich mit Gl. (4) sieht, ist

$$\nu_0 = \frac{\nu_1^2}{2 \sigma_0}. \tag{7}$$

Aus den Gl. (2a) und (2b) erhalten wir mit (5a) und (5b) die

---

[1] Nach § 12, Gl. (5) ist $1/\gamma$ identisch mit der Relaxationszeit.

optischen Konstanten. Berücksichtigen wir dabei noch (6) und (4), so wird

$$n\varkappa\nu = \frac{1}{2}\frac{\nu_1^2\,\nu_0}{\nu_0^2+\nu^2} \quad (8\,\mathrm{a}), \qquad n^2-\varkappa^2 = 1-\frac{\nu_1^2}{\nu_0^2+\nu^2}. \quad (8\,\mathrm{b})$$

Auf die Diskussion dieser Formeln kommen wir auf S. 111 zurück. Zuerst wollen wir die vollständigen Werte der optischen Konstanten berechnen.

Dispersion. Wir hatten gezeigt (S. 74), daß sich die Elektronen durch eine gewisse Anzahl freier Elektronen und harmonischer Oszillatoren darstellen lassen. Wir wollen jetzt die Beiträge der Oszillatoren zur Polarisation berechnen. Die Bewegungsgleichung eines klassischen harmonischen Oszillators mit der Frequenz ν_{nm}, der sich in einem elektrischen Feld $\mathfrak{F} = F_0 \sin 2\pi\nu t$ befindet, lautet:

$$\ddot{\mathfrak{r}} + 4\pi^2\nu_{nm}^2\,\mathfrak{r} = \frac{e}{m}\mathfrak{F} = \frac{e}{m}F_0\sin 2\pi\nu t.$$

Daraus berechnet sich die Verschiebung unter Einfluß des Feldes zu

$$\mathfrak{r}-\mathfrak{r}_0 = \frac{e}{4\pi^2 m}\frac{\mathfrak{F}}{\nu_{nm}^2-\nu^2},$$

und der Beitrag zur Polarisation ist also

$$e(\mathfrak{r}-\mathfrak{r}_0) = \frac{e^2}{4\pi^2 m}\frac{\mathfrak{F}}{\nu_{nm}^2-\nu^2}.$$

Nach § 3, S. 29 können wir ein Elektron im Zustand $(n, \mathfrak{k})$ durch $f_{n\mathfrak{k}}$ freie Elektronen und durch $f_{nm\mathfrak{k}}$ Oszillatoren mit der Frequenz $\nu_{nm\mathfrak{k}}$ darstellen, wobei m alle Werte durchläuft und [vgl. (17a), § 3]

$$f_{n\mathfrak{k}} + \sum_{m(\neq n)} f_{nm\mathfrak{k}} = 1$$

ist. Der gesamte Beitrag der einem Elektron im Zustand $(n, \mathfrak{k})$ zugeordneten Oszillatoren zur Polarisation ist also

$$\frac{e^2\mathfrak{F}}{4\pi^2 m}{\sum_m}'\frac{f_{nm\mathfrak{k}}}{\nu_{nm\mathfrak{k}}^2-\nu^2},$$

wobei der Strich am Summationszeichen andeuten soll, daß $m=n$ auszuschließen ist. Der entsprechende Beitrag aller Elektronen ergibt sich durch Summieren über alle besetzten Zustände $(n, \mathfrak{k})$ zu

$$\frac{e^2\mathfrak{F}}{4\pi^2 m}\sum_{n,\mathfrak{k}}{\sum_m}'\frac{f_{nm\mathfrak{k}}}{\nu_{nm\mathfrak{k}}^2-\nu^2}.$$

Die Gesamtpolarisation $\mathfrak{P}$ setzt sich additiv zusammen, aus diesem Beitrag und dem oben berechneten Beitrag der freien Elektronen.

Wir gehen mit Hilfe von (2b) gleich zu den optischen Konstanten über und erhalten dann mit dem obenstehenden Ausdruck und mit Gl. (8b)

$$n^2 - \varkappa^2 = 1 - \frac{\nu_1^2}{\nu_0^2 + \nu^2} + \frac{e^2}{\pi m} \sum_{n\,\mathfrak{k}} \sum_{m} {}' \frac{f_{n\,m\,\mathfrak{k}}}{\nu_{n\,m\,\mathfrak{k}}^2 - \nu^2}. \tag{9}$$

In der Doppelsumme denken wir uns zuerst die Summe über $\mathfrak{k}$, d. h. über die Elektronen eines Bandes n ausgeführt. Wir setzen zur Abkürzung

$$\varphi_{n\,m}(\nu) = \sum_{\mathfrak{k}} \frac{f_{n\,m\,\mathfrak{k}}}{\nu_{n\,m\,\mathfrak{k}}^2 - \nu^2}.$$

Die $\nu_{n\,m\,\mathfrak{k}}$ entsprechen den Frequenzen aller zulässigen Übergänge vom n-ten in das m-te Band. Für diese hatten wir auf S. 28, § 3 [Gl. (15)] eine Auswahlregel abgeleitet, nach der nur Übergänge, bei denen die reduzierte Wellenzahl konstant bleibt, erlaubt sind. Deshalb haben wir ja bei den Frequenzen und den Oszillatorenstärken nur

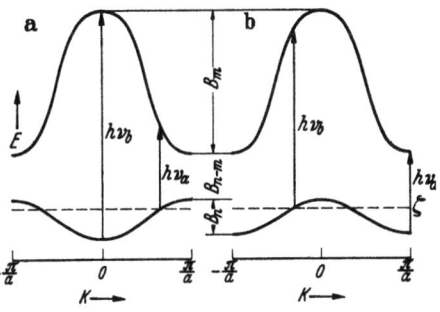

Abb. 20a und b. Erlaubte optische Übergänge. ν_a untere, ν_b obere Grenze des Absorptionsbandes.

einen Index $\mathfrak{k}$ und nicht etwa je einen für das n-te und m-te Band. In Abb. 20a, b sind erlaubte Übergänge durch Pfeile eingezeichnet. Es gibt für die Frequenzen $\nu_{n\,m\,\mathfrak{k}}$ eine untere Grenze ν_a, die aber, wie aus Abb. 20a, b zu ersehen ist, unter Umständen größer sein kann als die, der kleinsten Energiedifferenz zwischen den beiden Bändern entsprechende Frequenz. Die obere Grenze der Frequenzen $\nu_{n\,m\,\mathfrak{k}}$ nennen wir ν_b.

Wir wollen jetzt im obigen Ausdruck für $\varphi_{n\,m}$ die Summe in ein Integral verwandeln, was zulässig ist, weil die Energie innerhalb eines Bandes praktisch kontinuierlich verläuft. Wir führen eine Dichtefunktion $\delta_n(\nu)$ ein, die dadurch definiert ist, daß $\delta_n(\nu) \Delta \nu$ die Zahl der Elektronen des n-ten Bandes pro Volumeneinheit ist, deren zulässige Übergangsfrequenzen $\nu_{n\,m\,\mathfrak{k}}$ zwischen ν und $\nu + \Delta \nu$ liegen. Dann ist

$$\int_{\nu_a}^{\nu_b} \delta_n(\nu)\,\mathrm{d}\nu = n_n, \tag{10}$$

wo n_n die Zahl der Elektronen im n-ten Band pro Volumeneinheit ist. Mit dieser Dichtefunktion $\delta_n(\nu)$ wird

$$\varphi_{nm}(\nu) = \sum_{\mathfrak{k}} \frac{f_{nm\mathfrak{k}}}{\nu_{nm\mathfrak{k}}^2 - \nu^2} = \int_{\nu_a}^{\nu_b} \frac{f_{nm\mathfrak{k}}}{\nu_{nm\mathfrak{k}}^2 - \nu^2} \delta_n(\nu) \, d\nu_{nm\mathfrak{k}}.$$

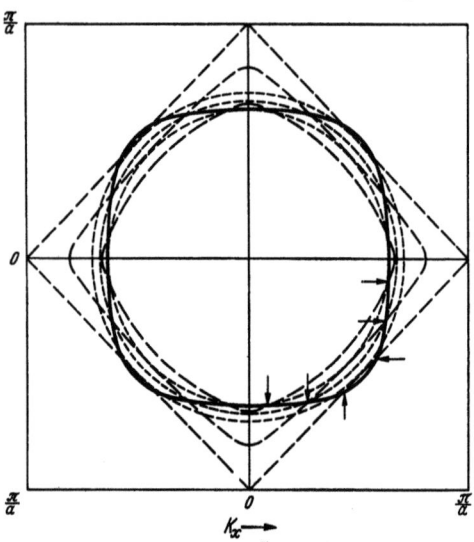

Abb. 20c. Erlaubte optische Übergänge, zweidimensional. Elektronen mit f-Werten, die auf der voll ausgezogenen Kurve liegen, können bei einer bestimmten Frequenz ν Übergänge machen. – – – Kurven konstanter Energie im unteren Band, ······ dasselbe für das obere Band. Die Schnittpunkte mit gleicher Energiedifferenz $h\nu$ sind in einem Viertel der Abbildung durch Pfeile markiert.

Um dieses Integral auszuwerten, müßten wir $f_{nm\mathfrak{k}} \cdot \delta$ kennen. Da aber der Nenner im Integral viel stärker veränderlich ist als der Zähler, werden wir, um die Form von $\varphi_{nm}(\nu)$ angenähert zu bestimmen, letzteren durch einen Mittelwert $\bar{f}_{nm}\bar{\delta}_n$ ersetzen. Nur an den Rändern des Integrals, für $\nu = \nu_a$ und $\nu = \nu_b$ ist das nicht zulässig, weil hier δ_n verschwinden muß. Da wir nur eine ganz grobe Abschätzung der Frequenzabhängigkeit von φ_{nm} geben, können wir im Nenner $\nu_{nm}^2 - \nu^2$ durch $\left[\frac{1}{2}(\nu_a + \nu_b) + \nu\right](\nu_{nm} - \nu)$

ersetzen. Dann wird schließlich

$$\varphi_{nm}(\nu) \simeq \frac{2\bar{f}_{nm}\bar{\delta}_n}{\nu_a + \nu_b + 2\nu} \ln\left|\frac{\nu_b - \nu}{\nu_a - \nu}\right|, \quad \nu \neq \nu_a, \nu_b, \tag{11}$$

und aus (9) erhalten wir

$$n^2 - \varkappa^2 = 1 - \frac{\nu_1^2}{\nu_0^2 + \nu^2} + \frac{e^2}{\pi m} {\sum_{n,m}}' \varphi_{nm}(\nu). \tag{12}$$

Den Verlauf von $\varphi_{nm}(\nu)$ zeigen wir in Abb. 21.

Absorption. Den Übergängen vom n-ten in das m-te Band entspricht ein Absorptionsband, das zwischen den Frequenzen ν_a und ν_b liegt. Um die Stärke der Absorption zu berechnen, gehen wir von den Übergangswahrscheinlichkeiten aus. Nach der auf S. 28

Optik. 109

abgeleiteten Auswahlregel muß $\mathfrak{k}$ bei jedem Übergang konstant bleiben. Für solche Übergänge wird, falls der Ausgangszustand $(n, \mathfrak{k})$ besetzt, der Endzustand $(m, \mathfrak{k})$ unbesetzt ist, die Übergangswahrscheinlichkeit nach § 1, (9)

$$W_{n m \mathfrak{k}} = \left(\frac{e F_0}{2 m h \nu}\right)^2 |p_{n m \mathfrak{k}}|^2 \frac{\sin^2[\pi(\nu - \nu_{n m \mathfrak{k}}) t]}{\pi^2 (\nu - \nu_{n m \mathfrak{k}})^2 t}.$$

Dieser Ausdruck ist nur dann groß, wenn

$$h \nu \cong h \nu_{n m \mathfrak{k}} = E_{m \mathfrak{k}} - E_{n \mathfrak{k}} \tag{13}$$

ist, wenn also der Energiesatz erfüllt ist. Zu einer bestimmten Absorptionsfrequenz ν ($\nu_a < \nu < \nu_b$) gibt es aber infolge der Auswahlregel nur wenige Zustände $(n, \mathfrak{k})$, die (13) erfüllen. Im eindimensionalen Fall, für den Abb. 20a, b zwei Beispiele gibt, sind das höchstens zwei Zustände (mit gleichem $|\mathfrak{k}|$). Im Zweidimensionalen kann man sich in folgender Weise ein Bild von der Lage und der Anzahl der Zustände, die eine bestimmte Frequenz ν

Abb. 21. Verlauf der Funktion $\varphi_{n m}$ innerhalb eines Absorptionsbandes.

absorbieren können, machen. Man denkt sich im $\mathfrak{k}$-Raum sowohl für das n-te als auch für das m-te Band die Kurven konstanter Energie aufgetragen. Diese Kurvenscharen werden sich gegenseitig schneiden. Immer wenn sich die Energien der sich schneidenden Kurven um $h \nu$ unterscheiden, ist (13) erfüllt und gleichzeitig auch die Auswahlregel, weil im Schnittpunkt $\mathfrak{k}$ für beide Kurven gleich ist. Die Gesamtheit aller dieser Schnittpunkte bildet wieder eine Kurve oder auch mehrere Kurven im $\mathfrak{k}$-Raum. Wenn die Kurven konstanter Energie in beiden Bändern gleich sind, also z. B. in beiden Bändern nach Näherung A, § 4 verlaufen [Abb. 7a bzw. Gl. (7), § 4], so überlagern sich die beiden Kurvenscharen vollständig, d. h. zu jeder Kurve in Abb. 7a, S. 36 gehört gleichzeitig ein Energiewert aus dem n-ten und ein anderer aus dem m-ten Band. Wenn sich beide um $h \nu$ unterscheiden, ist sowohl (13) als auch die Auswahlregel erfüllt. In diesem Fall ist also die oben erwähnte Schnittkurve selbst eine Kurve konstanter Energie und das heißt, daß die Ausgangszustände der Elektronen, welche die Frequenz ν absorbieren, alle die gleiche Energie haben. Im allgemeinen werden die Kurven konstanter Energie der beiden Bänder nicht die gleiche Form haben. Die Schnittkurve im $\mathfrak{k}$-Raum ist dann keine Kurve konstanter Energie und die Ausgangszustände der Elektronen liegen in einem gewissen Energieintervall. Dieses dürfte aber gewöhnlich bedeutend kleiner als die Bandbreite sein. Abb. 20c zeigt eine solche Schnittkurve unter der Annahme, daß das Band n nach Näherung A, das Band m aber nach Näherung B zu behandeln ist, und daß Band m breiter als Band n ist. Dann sind die Kurven konstanter Energie in n durch Abb. 7a gegeben, während sie für m Kreise sind und außerdem dichter liegen.

Im Dreidimensionalen wird alles entsprechend, d. h. die Kurven sind durch Flächen zu ersetzen.

Die Anzahl der Elektronen pro cm³, die Frequenzen zwischen ν und $\nu + \Delta \nu$ absorbieren können, nannten wir auf S. 107 $\delta_n(\nu) \Delta \nu$. Den Mittelwert der Quadrate der Matrixelemente $|p_{nml}|^2$ über diese Elektronen nennen wir $|p_{nm}(\nu)|^2$. Dann ist die Summe über alle W_{nml} (vgl. oben) der fraglichen Elektronen, $W_{nm}(\nu)$, gegeben durch [1]

$$W_{nm}(\nu) = \left(\frac{eF_0}{2mh\nu}\right)^2 |p_{nm}(\nu)|^2 \delta_n(\nu) \Delta \nu \overline{\frac{\sin^2[\pi(\nu - \nu_{nml})t]}{\pi^2(\nu - \nu_{nml})^2 t}}.$$

Von hier gehen wir durch Multiplikation mit der bei einem Absorptionsakt absorbierten Energie $h\nu$ zur gesamten absorbierten Energie $A(\nu)$ über. Außerdem müssen wir noch über die Frequenz ν_{nml} zwischen $\nu - \frac{\Delta \nu}{2}$ und $\nu + \frac{\Delta \nu}{2}$ mitteln. Da

$$\frac{1}{\Delta \nu} \int_{\nu - \frac{\Delta \nu}{2}}^{\nu + \frac{\Delta \nu}{2}} \frac{\sin^2[\pi(\nu - \nu_{nml})t]}{\pi^2(\nu - \nu_{nml})^2 t} d\nu_{nml} = \frac{1}{\Delta \nu}$$

ist [2], erhalten wir also

$$A(\nu) = h\nu W_{nm}(\nu) = \left(\frac{eF_0}{2m}\right)^2 \frac{|p_{nm}(\nu)|^2 \delta_n(\nu)}{h\nu}.$$

Schließlich führen wir noch, unter Verwendung von (13), nach § 3, Gl. (16) die Oszillatorenstärken ein:

$$f_{nm}(\nu) = \frac{2|p_{nm}(\nu)|^2}{mh\nu}.$$

Dann ist

$$A(\nu) = \frac{e^2 \overline{\mathfrak{F}^2}}{4m} \delta_n(\nu) f_{nm}(\nu), \tag{14}$$

---

[1] Überstreichen bedeutet hier Mittelung über ν_{nml}.

[2] Die Integrationsgrenzen können bei Ausführung des Integrals von $-\infty$ bis ∞ ausgedehnt werden, da der Integrand nur in der Umgebung von $\nu_{nml} = \nu$ groß ist.

denn es ist

$$\overline{\mathfrak{F}^2} = F_0^2 \overline{\sin^2 2\pi \nu t} = \frac{F_0^2}{2}.$$

Zu der hier besprochenen Absorption durch Übergänge der Elektronen in höhere Energieniveaus addiert sich die Absorption infolge der Zusammenstöße der Elektronen mit dem Gitter, die wir auf S. 105 berechnet haben. Gehen wir mit Hilfe von Gl. (2a) zu den optischen Konstanten über, so erhalten wir aus (14) und (8a)

$$n \varkappa \nu = \frac{1}{2} \frac{\nu_1^2 \nu_0}{\nu_0^2 + \nu^2} + \frac{e^2}{4m} \delta_n(\nu) f_{nm}(\nu). \tag{15}$$

Diskussion. Wir haben in den Gl. (12) und (15) die vollständigen Formeln für die optischen Konstanten abgeleitet. Wir wollen sie jetzt für die verschiedenen Frequenzgebiete genauer untersuchen und zeigen, wie man aus den experimentellen Daten Aussagen über die Oszillatorenstärken, die Zahl der freien Elektronen und die Energiebänder machen kann.

Wir beschränken uns vorläufig auf Frequenzgebiete $\nu \gg \nu_0$. Da $\lambda_0 = \frac{c}{\nu_0}$, wie wir später zeigen werden, größer als 10μ ist, beschäftigen wir uns also zunächst mit den optischen Konstanten im ultravioletten, sichtbaren und nahen ultraroten Gebiet, bis zu Wellenlängen von einigen μ. Nach (12) und (15) erhalten wir dann

$$n^2 - \varkappa^2 = 1 - \frac{\nu_1^2}{\nu^2} + \frac{e^2}{\pi m} \underset{n,m}{\sum}{}' \varphi_{nm}(\nu) \tag{16a}$$

$$n\varkappa = 0 \quad\quad + \frac{e^2}{4m\nu} \delta_n(\nu) f_{nm}(\nu) \tag{16b}$$

$$\nu \gg \nu_0$$

Hier ist zunächst bemerkenswert, daß bei $n^2 - \varkappa^2$ der Term, der von den „freien" Elektronen herrührt $\left(-\frac{\nu_1^2}{\nu^2}\right)$, nicht verschwindet und sogar meist sehr groß ist. Bei $n\varkappa$ erhalten wir dagegen für freie Elektronen einen Term, der proportional zu $\frac{\nu_0}{\nu}$ wird und daher wegen unserer Bedingung $\nu_0 \ll \nu$ verschwindet. Die Form des Absorptionsspektrums $n\varkappa$ ist also vollständig durch die Oszillatorenstärken $f_{nm}(\nu)$ und die zugehörige Dichtefunktion $\delta_n(\nu)$ bestimmt. $f_{nm}(\nu)$ bezieht sich auf alle Übergänge vom n-ten Band in das m-te. Diesen entspricht im Absorptionsspektrum ein Absorptionsband. Wie wir oben gezeigt haben (vgl. Abb. 20a, b), gibt es für diese Absorption eine kleinste Frequenz ν_a. In Abb. 20a, b haben wir das nur für den selbstverständlichen Fall gezeigt, in dem sich die beiden Energiebänder nicht überdecken. Aber auch, wenn sie sich überdecken, gibt es eine Grenzfrequenz ν_a. Wäre nämlich $\nu_a = \frac{\varepsilon}{h} \cong 0$, so müßte

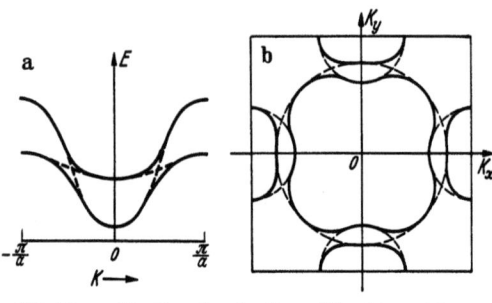

Abb. 22 a und b. Energieaufspaltung falls sich zwei Energiekurven schneiden, a eindimensional, b Kurven konstanter Energie, zweidimensional. — — — Energieverlauf unter Vernachlässigung der Wechselwirkung.

es zunächst in beiden Bändern zwei Zustände gleicher Wellenzahl geben, deren Energien sich nur um den kleinen Betrag ε unterscheiden. Von diesen müßte der Ausgangszustand besetzt sein, der Endzustand wegen des PAULI-Prinzips aber unbesetzt, d. h. der Ausgangszustand müßte mit der Grenzenergie ζ der FERMI-Verteilung zusammenfallen, was gewöhnlich nicht zutrifft.

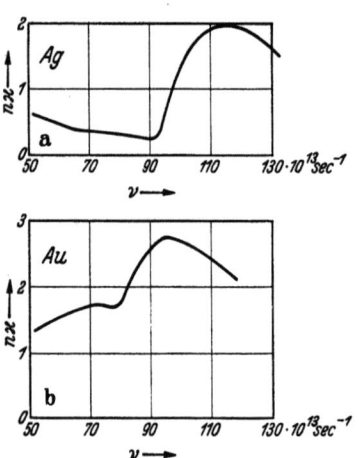

Abb. 23 a und b. Absorptionsbänder a für Ag, b für Au [16].

Aber selbst wenn dieser außergewöhnliche Fall erfüllt wäre, gibt es für die Energie ε noch eine untere Grenze, denn beim Überschneiden zweier Energiebänder spalten diese, bei Berücksichtigung der Wechselwirkung, wieder in zwei Bänder auf. Diese Aufspaltung bewirkt, daß gerade die Zustände gleicher Energie und gleicher Wellenzahl auseinander rücken, wie es in Abb. 22a, b ein- und zweidimensional gezeigt ist.

In Abb. 23a und b haben wir die experimentellen Werte von $n\varkappa$ als Funktion von ν für Ag und Au aufgetragen. Die untere Absorptionsgrenze ν_a ist deutlich sichtbar. Sie ist z. B. bei Ag $\cong 90 \cdot 10^{13}$ sec^{-1}, was einer Wellenlänge $\lambda_a \cong 3300$ Å entspricht. Leider sind aber die experimentellen Daten noch nicht soweit bekannt, daß das Absorptionsband vollständig ist. Wir können natürlich die obere Grenze ν_b des Absorptionsbandes aus der experimentellen Kurve ungefähr abschätzen und erhalten damit $\nu_b \cong 160 \cdot 10^{13}\,\mathrm{sec}^{-1}$. Diese Extrapolation kann allerdings in keiner Weise gerechtfertigt werden, wir benützen sie nur, um im folgenden ein praktisches Beispiel zu geben.

Um aus den Werten von ν_a und ν_b weitere Schlüsse auf die Lage der Energiebänder zu ziehen, müssen wir wissen, wie die Zustände der beiden Energiebänder n, m kombinieren. Wir haben dabei zwischen den beiden Fällen, die wir in Abb. 20a und b gezeigt haben, zu entscheiden. Zunächst dürfen wir sicher annehmen, daß das obere Energieband breiter als das Ausgangsband ist. Den Übergängen der Elektronen mit der Grenzenergie ζ entspricht dann im Fall (20a) die untere Grenze ν_a des Absorptionsbandes, im Fall (20b) dagegen die obere Grenze ν_b. Bei Silber läßt sich zeigen, daß der Fall (20a) realisiert ist. Das folgt aus der Temperaturabhängigkeit von $n\varkappa$. Da die FERMI-Verteilung nur in der Nähe der Energie ζ temperaturabhängig ist, muß $n\varkappa$ ebenfalls überall temperaturunabhängig sein — mit Ausnahme der Frequenzen, die gerade den Übergängen von Elektronen mit der Energie $E \cong \zeta$ entsprechen. Bei Silber ist aber die einzige temperaturabhängige Stelle des ganzen Spektrums (für $\nu \gg \nu_0$) die Gegend um $\nu \cong \nu_a$, was dem Fall (20a) entspricht. Wir werden später auch noch an Hand des Photoeffekts einen weiteren Nachweis dafür geben, daß der Fall (20a) erfüllt ist.

Es sei B_n bzw. B_m die Breite des n-ten bzw. m-ten Energiebandes und B_{n-m} die Breite des zwischen den beiden Bändern liegenden Gebiets. Nach Abb. 20a ist dann

$$B_n + B_m + B_{n-m} = h\nu_b, \qquad (17)$$

was bei unserem oben approximierten Wert von ν_b etwa $6^{1}/_{2}$ e-Volt ergibt. Das bedeutet, daß die Energiedifferenz zwischen unterem Rand des n-ten und oberem Rand des m-ten Bandes nur $6^{1}/_{2}$ e-Volt ist. Da wir ν_b in Wirklichkeit nicht kennen, kommt diesem Wert allerdings keine große Genauigkeit zu. Ferner gilt offensichtlich für die Breite des verbotenen Gebietes

$$B_{n-m} < h\nu_a \cong 3\,\text{e-Volt}. \qquad (17\text{a})$$

Aus der Stärke der Absorption können wir die mittlere Oszillatorenstärke f_{nm} berechnen. Sie ist der Mittelwert aller $f_{nm}(\nu)$, d. h. wegen (10):

$$f_{nm} = \frac{1}{n_n} \int_{\nu_a}^{\nu_b} f_{nm}(\nu)\,\delta_n(\nu)\,d\nu.$$

Den Integranden können wir aus (16b) entnehmen. Das ergibt:

$$f_{nm} = \frac{1}{n_n} \frac{4m}{e^2} \int_{\nu_a}^{\nu_b} n\varkappa\nu \, d\nu.$$

Hier werden wir $n\varkappa$ durch einen Mittelwert $\overline{n\varkappa}$ ersetzen, dann wird

$$f_{nm} = \frac{1}{n_n} \frac{2m}{e^2} \overline{n\varkappa} \, (\nu_b^2 - \nu_a^2). \tag{18}$$

In dieser Formel sind sowohl $\overline{n\varkappa}$ als auch ν_a und ν_b aus Experimenten zu entnehmen. Mit $\overline{n\varkappa} \cong 1{,}3$ (vgl. Abb. 23a) erhalten wir

$$f_{nm} \cong \frac{1}{3} \text{ für Ag,}$$

denn n_n ist ja gleich der Zahl der Atome, d. h. es berechnet sich wie n auf S. 69, also für Ag

$$n_n = \frac{10{,}5}{108} \cdot 6 \cdot 10^{23} = 6 \cdot 10^{22}.$$

Da für freie Elektronen $f_{nm} = 0$ für $n \neq m$ ist, folgt, daß das Verhalten der Elektronen bei Ag beträchtlich vom Verhalten freier Elektronen abweicht. Leider ist es aus Mangel an experimentellem Material gegenwärtig nicht möglich, genauere und umfangreichere Angaben zu machen. Im Prinzip ist es aber an Hand der Formeln (17), (17a) und (18) möglich, ein ziemlich gutes Bild über Lage und Breite der Bänder und über die Größe der Oszillatorenstärken zu erhalten. Ganz allgemein besteht das Absorptionsspektrum immer aus einer Überlagerung einzelner Absorptionsbänder.

Bei Silber und Gold liegt die untere Grenze ν_a des ersten Absorptionsbandes bei ziemlich großen Frequenzen. $n\varkappa$ wird für $\nu < \nu_a$ zwar klein, es verschwindet aber nicht. Es gibt also Übergänge unter Verletzung der Auswahlregel. Sie sind zwar seltener als diejenigen, für welche die Auswahlregel gilt, aber sie kommen vor. Das ist leicht verständlich, denn die Voraussetzung bei der Ableitung der Auswahlregel war ein ideales Gitter, während es in Wirklichkeit, auch bei einem Einkristall, immer Abweichungen von einem idealen Gitter gibt.

Wir gehen jetzt zur Besprechung von Gl. (16a) über. Diese Gleichung ist gerade in dem Gebiet interessant, in dem wir uns für (16b) nicht interessiert haben, nämlich außerhalb von Absorptionsbändern. Dort sind nämlich die φ_{nm}, wie aus Gl. (11) hervorgeht, klein. Wir werden sie vernachlässigen und erhalten dann aus (16a)

$$\nu_1 = \nu(1 - n^2 + \varkappa^2)^{1/2}, \quad \nu_0 < \nu < \nu_a. \tag{19}$$

Optik. 115

Außerhalb eines Absorptionsbandes muß also diese Größe unter Verwendung der experimentellen Werte von n und $\varkappa$ konstant ($= \nu_1$) sein. Abweichungen vom konstanten Wert deuten auf den Einfluß von naheliegenden Absorptionsbändern hin. In Abb. 24 zeigen wir für einige Metalle den Verlauf von $\nu(1 - n^2 + \varkappa^2)^{1/2}$ nach (19). Aus der so erhaltenen Größe von ν_1 können wir nach Gl. (4) die Zahl der freien Elektronen pro Volumeneinheit, n_F, berechnen. Das Verhältnis zur Zahl der Atome, d. h. die Zahl der freien Elektronen pro Atom wird:

$$\frac{n_F}{n} = \frac{\pi m \nu_1^2}{e^2 n}. \qquad (19\,\mathrm{a})$$

Wir zeigen das Ergebnis dieser wichtigen Größe in der nachfolgenden Tabelle:

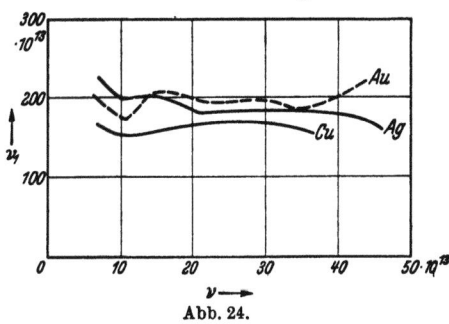
Abb. 24.

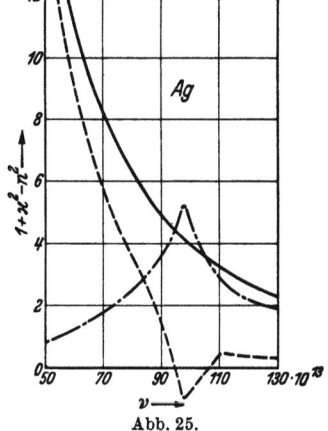
Abb. 25.

Abb. 24. Verlauf von ν_1 für Cu, Ag und Au.

Abb. 25. Dispersion von Ag. —·—·— experimentelle Kurve, ——— Verlauf für freie Elektronen (theoretisch), ———— Differenz, d. h. Einfluß der Bindung der Elektronen in der Nähe des ersten starken Absorptionsbandes.

Tabelle 2.

Metall	Na	K	Rb	Cs	Cu[1]	Ag	Au
$\nu_1 \cdot 10^{-13}$ sec $^{-1}$	134	90	82	80	180	200	190
$\frac{n_F}{n}$	0,9	0,8	0,8	0,9	0,5	0,8	0,7

$\frac{n_F}{n}$ ist also durchwegs kleiner als Eins, hat aber immer die Größenordnung Eins, wie wir aus unseren theoretischen Überlegungen von § 5 zu erwarten haben.

Wir wollen nun zeigen, daß auch der experimentelle Wert der Größen φ_{nm} unseren Erwartungen entspricht. Dazu tragen wir in Abb. 25 die experimentellen Werte von $n^2 - \varkappa^2 - 1$ für Silber

[1] Aufgerundet!

auf. Hierzu addieren wir nach (16a) $\frac{v_1^2}{v^2}$, d. h. den Beitrag der freien Elektronen. v_1 entnehmen wir aus Tabelle 2. Die so entstehende Größe ist im wesentlichen das *erste* Glied der Summe

$$\frac{e^2}{\pi m} \sum_{n,m}{}' \varphi_{nm}$$

[vgl. (16a)], da wir uns im Gebiet des *ersten* Absorptionsbandes befinden. Durch Vergleich mit Abb. 21 ist zu sehen, daß φ_{nm} tatsächlich den zu erwartenden Verlauf hat.

Einen interessanten Verlauf zeigen die optischen Konstanten der Alkalimetalle; bei ihnen ist im ganzen bekannten Frequenzgebiet die Absorption sehr klein ($n\varkappa \ll 1$). Infolgedessen sind die Oszillatorenstärken der Frequenzen, die in dieses Gebiet fallen, sehr klein ($\simeq 10^{-2}$). Daher kann man für Alkalimetalle die einfachen Formeln für freie Elektronen (3a), (3b) anwenden. Das bedeutet, wie wir auf S. 104 auseinandergesetzt haben, daß die Alkalimetalle für Frequenzen $v > v_1$ fast vollkommen durchsichtig, für $v < v_1$ aber beinahe total reflektierend sind. Das wird tatsächlich gefunden und wir können aus den Experimenten direkt v_1 entnehmen [155]. Wie aus Tabelle 3 zu sehen ist, stimmen diese Werte ziemlich gut mit den v_1-Werten, die wir mit (19) aus Messungen bei ganz anderen Frequenzen berechnet haben, überein (Tabelle 2). Der Abfall des Reflexionskoeffizienten bei $v = v_1$ vom Wert Eins ($v < v_1$) auf Null ($v > v_1$) ist natürlich nur dann ein richtiger Sprung, wenn die Absorption $n\varkappa$ genau Null ist. Mit wachsendem $n\varkappa$ erfolgt der Abfall immer langsamer, ganz in Analogie zu den Verhältnissen bei der Totalreflexion.

Tabelle 3.

Metall	Li	Na	K	Rb	Cs
$v_1 \cdot 10^{-13} \sec^{-1}$	150	140	95	83	70
$\frac{n_F}{n}$	0,7	1	0,9	0,8	0,7

Da wir n und $\varkappa$ immer reell annehmen wollen, müssen wir (3a) und (3b) in folgender Weise verstehen:

$$n = \left(1 - \frac{v_1^2}{v^2}\right)^{1/2}, \quad \varkappa = 0 \qquad \text{für} \quad v > v_1$$

$$n = 0 \qquad , \quad \varkappa = \left(\frac{v_1^2}{v^2} - 1\right)^{1/2} \qquad \text{für} \quad v < v_1.$$

Der Absorptionskoeffizient $\varkappa$ hat also bei der Frequenz Null den Wert 1 und sinkt dann, um bei v_1 den Wert Null zu erreichen.

Nun wollen wir annehmen, daß die untere Grenze des ersten starken Absorptionsbandes, ν_a, kleiner als ν_1 ist, wie es mit Ausnahme der Alkalimetalle immer zutrifft. Dann wird sich der Abfall des Absorptionskoeffizienten nur dann bemerkbar machen, wenn ν_a genügend nahe bei ν_1 liegt. Aus Tabelle 2 ist zu sehen, daß ν_1 immer im Ultravioletten liegt. Daher kann der Abfall des Absorptionskoeffizienten nur bei solchen Metallen sehr gut bemerkbar sein, bei denen auch ν_a im Ultravioletten liegt. Ein besonders günstiger Fall ist Silber, bei dem $\nu_a = 90 \cdot 10^{13}$ sec^{-1} ist. Die Verhältnisse sind am besten an Hand von Abb. 26 zu überblicken. Der Abfall von $\varkappa$ wird von dem Absorptionsband erst unterbrochen, wenn $\varkappa$ schon auf etwa 0,2 gefallen ist. Als Folge davon sind dünne Silberschichten für Licht mit einer Frequenz $\nu \cong \nu_a$, d. h. mit einer Wellenlänge von etwa 3300 Å beinahe durchsichtig und können z. B. als Filter dienen, um ultraviolettes Licht von sichtbarem zu trennen. Dies Durchlässigkeitsminimum bedeutet natürlich kein Absorptionsminimum, denn die Absorption ist ja durch $n \varkappa$ (Abb. 23a) gegeben.

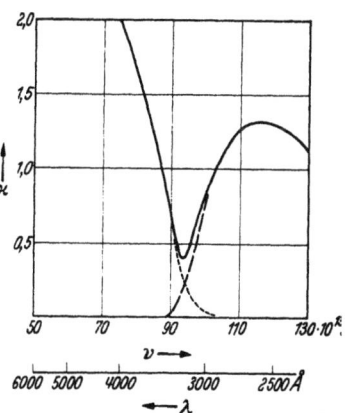

Abb. 26. Der Absorptionskoeffizient $\varkappa$ von Silber. - - - - - Verlauf von $\varkappa$ unter Vernachlässigung des Absorptionsbandes. — — — Beitrag des Absorptionsbandes.

Auch andere Metalle als Silber (und die Alkalimetalle) zeigen dieses Minimum von $\varkappa$, insbesondere Kupfer und Gold. Bei ihnen liegt aber ν_a viel weiter im Sichtbaren als bei Silber (weiter entfernt von ν_1!) und daher wird $\varkappa$ nicht so klein wie bei Ag.

Die Lage des Minimums von $\varkappa$ bestimmt die Farbe des Metalls. Wird z. B. von dem Metall Licht mit einer (sichtbaren) Wellenlänge λ_a durchgelassen, so wird im reflektierten Licht diese Wellenlänge fehlen und die Metallfarbe ist die zu λ_a komplementäre Farbe. In der Durchsicht (bei einer dünnen Schicht) sieht man dagegen die Farbe λ_a. Bei Gold z. B. ist λ_a grün — in der Aufsicht ist Gold daher rot. Bei Silber ist λ_a im Ultravioletten — in der Aufsicht ist es also weiß (in der Durchsicht natürlich blau-violett).

Wir wenden uns jetzt dem Fall $\nu \ll \nu_0$ zu, d. h. dem fernen ultraroten Gebiet. Zunächst können wir ν_0 aus (7) berechnen.

Unter Zugrundelegung der Werte ν_1 aus Tabelle 2 ergeben sich die in Tabelle 4 angegebenen Werte, wenn wir für σ_0 die gewöhnliche elektrische Leitfähigkeit bei Zimmertemperatur einsetzen. Im allgemeinen ist ν_0 um so kleiner, je besser das betreffende Metall leitet.

Tabelle 4.

Metall	Na	K	Rb	Cs	Cu	Ag	Au
$\nu_0 \cdot 10^{-12}$	4,2	2,8	4,4	6,4	2,8	3,3	4,1
λ_0 in μ	70	110	70	50	110	90	80

Wegen dieser kleinen Werte für ν_0 dürfen wir annehmen, daß immer $\nu_0 < \nu_a$ ist, denn für ν_a gibt es ja, wie wir oben gezeigt haben, eine untere Grenze. Wir können deshalb in den Gl. (12) und (15) für die optischen Konstanten diejenigen Glieder, die von den Absorptionsbändern herrühren (d. h. die Glieder mit φ_{nm} bzw. f_{nm}) weglassen. Da außerdem noch $\nu < \nu_0$ sein soll, werden wir ν^2 gegen ν_0^2 vernachlässigen und erhalten

$$n^2 - \varkappa^2 = 1 - \frac{\nu_1^2}{\nu_0^2} \quad (20\,\text{a}), \qquad n\varkappa = \frac{1}{2}\frac{\nu_1^2}{\nu_0 \nu}. \quad (20\,\text{b})$$

Berücksichtigen wir noch (6a) und (7), so finden wir

$$n^2 - \varkappa^2 = 1 - \frac{2\sigma_0}{\nu_0} = \varepsilon_0, \qquad n\varkappa = \frac{\sigma_0}{\nu},$$

wobei σ_0 und ε_0 unabhängig von der Frequenz sind. Insbesondere ist σ_0 die gewöhnliche elektrische Leitfähigkeit, während ε_0 große negative Werte annimmt (z. B. $-6 \cdot 10^4$ für Silber). Da wir vorausgesetzt haben, daß $\nu < \nu_0$ ist, wird trotzdem

$$|n^2 - \varkappa^2| < n\varkappa,$$

d. h.

$$n \cong \varkappa = \left(\frac{\sigma_0}{\nu}\right)^{1/2}. \quad (21)$$

Hieraus folgt insbesondere, daß die optischen Konstanten bei sehr langen Wellen von der Temperatur T abhängen müssen, da ja $\sigma_0 \sim T^{-1}$ ist (vgl. § 14). Zur Prüfung dieser Temperaturabhängigkeit wird man eine Größe wählen, die einfacher zu messen ist als n und $\varkappa$, nämlich das Reflexionsvermögen R, das mit n und $\varkappa$ durch die Formel

$$R = \frac{(n-1)^2 + \varkappa^2}{(n+1)^2 + \varkappa^2}$$

verknüpft ist. Durch Einsetzen von (21) ergibt sich mit $\nu \ll \sigma_0$

$$R = 1 - 2\left(\frac{\nu}{\sigma_0}\right)^{1/2}.$$

Wenn man σ_0 als vorgegebene Materialkonstante auffaßt, enthält diese Formel keinerlei Größen mehr, die sich auf die Elektronentheorie beziehen, denn sie enthält ja weder Ladung e, noch Masse m des Elektrons. Sie kann demnach direkt aus den phänomenologischen MAXWELLschen Gleichungen abgeleitet werden. Im langwelligen Ultrarot wird sie gut bestätigt, sowohl in der Temperaturabhängigkeit als auch im Absolutbetrag des Reflexionsvermögens.

Wenn man zu Wellenlängen $\lambda < \lambda_0$ übergeht, wird man auf Grund der Gl. (12) und (15) geneigt sein, (20a), (20b) durch

$$n^2 - \varkappa^2 = 1 - \frac{\nu_1^2}{\nu_0^2 + \nu^2} \quad (22\text{a}), \qquad n\varkappa = \frac{1}{2}\frac{\nu_1^2}{\nu_0^2 + \nu^2}\frac{\nu_0}{\nu} \quad (22\text{b})$$

zu ersetzen, so lange noch $\nu < \nu_a$ ist. Für $n^2 - \varkappa^2$ ist das sicher eine sehr gute Approximation — nicht aber für $n\varkappa$. Der Grund dafür ist die auf S. 114 erwähnte Restabsorption unter Verletzung der Auswahlregel, die auch für $\nu < \nu_a$ vorhanden ist. Diese Restabsorption ist zwar immer verhältnismäßig klein. Da aber $\frac{\nu_1^2}{\nu_0^2 + \nu^2} \cdot \frac{\nu_0}{\nu}$ sehr rasch mit wachsendem ν kleiner wird, ist sie in $n\varkappa$ doch bedeutend. Infolgedessen kann man ν_0 nicht aus den optischen Konstanten in diesem Gebiet bestimmen.

§ 9. Photoeffekt.

Fällt Licht mit einer Frequenz ν, die größer als eine bestimmte, für jedes Metall charakteristische Frequenz ν_g ist, auf eine Metalloberfläche, so werden von dieser Elektronen emittiert. Die Frequenz ν_g heißt Grenzfrequenz. Die ihr entsprechende Energie $h\nu_g$ ist, wie man leicht einsieht, identisch mit der Austrittsarbeit w, denn diese ist die geringste Energie, die man den Metallelektronen zuführen muß, damit sie das Metall verlassen können[1]. Die Austrittsarbeit kann also durch den RICHARDSON-Effekt und durch den Photoeffekt auf ganz verschiedene Weisen gemessen werden. Die so erhaltenen experimentellen Werte zeigen gute Übereinstimmung, wie aus der nachfolgenden Tabelle zu ersehen ist.

---

[1] Dabei haben wir die geringe Temperaturabhängigkeit der Elektronen vernachlässigt. Zu einer exakten Messung von ν_g muß diese aber in Betracht gezogen werden, wie wir auf S. 130 ausführen werden.

Tabelle 5. Aus [12].

Metall		Ta	Mo	Pd	Pt	Fe	Ni
w in e-Volt	Photo	4,12	4,15	4,99	6,27	4,77	5,03
	Thermo	4,11	4,15	4,97	6,30	4,77	5,01

Die Auslösung der Photoelektronen kann auf zwei verschiedene Weisen erfolgen. Die erste besteht darin, daß die, bei der gewöhnlichen Lichtabsorption (§ 8) in höhere Zustände geworfenen Elektronen, emittiert werden können, wenn die Energie dieser Zustände größer als Null ist. Neben diesem *Volumenphotoeffekt* gibt es auch noch einen *Oberflächeneffekt*, bei dem die Elektronen durch einen später zu erläuternden Mechanismus nur an der Oberfläche ausgelöst werden.

Volumeneffekt [107]. Durch Licht, dessen Frequenz ν in ein Absorptionsband fällt, werden Elektronen aus Zuständen mit einer Energie E_n in solche mit der Energie $E_n + h\nu$ geworfen. Wie wir in § 8 gesehen haben, können infolge der Auswahlregel bei jeder Frequenz nur Elektronen aus ganz bestimmten Zuständen $E_n(\nu)$ absorbieren. Die Energie der Endzustände wächst daher mit der Frequenz, aber nicht linear (vgl. Abschnitt über Geschwindigkeitsverteilung). Bei derjenigen Frequenz, bei der die Energie des Endzustandes größer als Null wird, setzt die Elektronenemission ins Vakuum ein. Diese Grenzfrequenz ν_v des Volumenphotoeffektes ist gewöhnlich *nicht* identisch mit der aus der Austrittsarbeit berechneten Grenzfrequenz $\nu_g = \dfrac{w}{h}$, sondern meist größer. Sie ist es nur, wenn es Zustände mit der Grenzenergie ζ gibt, welche die gleiche Wellenzahl wie Zustände mit der Energie Null haben, so daß nach der Auswahlregel optische Übergänge möglich sind.

Könnten alle Elektronen, deren Energie nach Absorption eines Lichtquantes größer als Null ist, das Metall verlassen, so wäre die Anzahl der emittierten Elektronen gleich der Anzahl der absorbierten Lichtquanten. Tatsächlich können aber, wie wir aus § 6, (1) wissen, Elektronen nur dann das Metall verlassen, wenn die x-Komponente ihrer Energie größer als Null ist. Außerdem werden die Elektronen auf ihrem Weg zur Oberfläche teils elastisch teils unelastisch gestreut.

Die mittlere Wegstrecke, die ein angeregtes Elektron zwischen zwei Zusammenstößen durchläuft, ist sehr klein, nämlich von der

Größenordnung 10^{-7} cm[1]. Infolgedessen werden maximal ebenso viele Elektronen emittiert, als Lichtquanten in einer Schicht von etwa 10^{-7} cm absorbiert werden. Das ist etwa 1% der Gesamtabsorption. Im einzelnen ist aber die genaue Abhängigkeit der Elektronenausbeute von der Lichtfrequenz schwer zu überblicken, weil die Streuung der Elektronen in dem fraglichen Geschwindigkeitsbereich theoretisch nicht gut bekannt ist. Unter anderem ist die Ausbeute aber sicher auch proportional zu dem Absorptionskoeffizienten $\varkappa$ des Lichtes, denn das Verhältnis der in einer kleinen Schichtdicke absorbierten Lichtenergie zur gesamten Absorption ist proportional zu $\varkappa$ (oder zu $n\varkappa$, wenn man nicht auf die absorbierte, sondern auf die einfallende Lichtintensität bezieht).

Oberflächeneffekt [82, 168]. Neben der Lichtabsorption, die wir in § 8 behandelt haben, und die den Volumenphotoeffekt hervorruft, gibt es noch eine Art von Absorption, die nur an der Oberfläche erfolgt. Sie ist, wie wir sehen werden, klein gegen die Volumenabsorption. Da aber beim Volumenphotoeffekt nur die Elektronen einer dünnen Oberflächenschicht tatsächlich das Metall verlassen können, darf diese Oberflächenabsorption durchaus nicht vernachlässigt werden. Im Gegenteil in manchen Fällen ist gerade der Oberflächenphotoeffekt der einzig wesentliche.

Wir gehen aus von der Wechselwirkung vollständig freier Elektronen mit Licht. Wie man leicht sieht, ist es nicht möglich, daß ein Elektron ein Lichtquant absorbiert, ohne daß der Impulserhaltungssatz verletzt wird. Sei z. B. E die Energie eines Elektrons vor der Absorption, so ist sie nachher $E + h\nu$. Die entsprechenden Impulse seien $\mathfrak{p}$ bzw. $\mathfrak{p}_1$, so daß also

$$|\mathfrak{p}| = (2mE)^{1/2}, \qquad |\mathfrak{p}_1| = (2m(E + h\nu))^{1/2} \qquad (1)$$

ist. Nun ist andererseits $\dfrac{h\nu}{c}$ der Impuls des Lichtquantes und nach dem Impulssatz muß

$$|\mathfrak{p}_1| \leq |\mathfrak{p}| + \frac{h\nu}{c} = (2mE)^{1/2} + \frac{h\nu}{c} \qquad (2)$$

sein. Nach (1) und (2) wäre zu fordern

$$(2m(E + h\nu))^{1/2} \leq (2mE)^{1/2} + \frac{h\nu}{c}.$$

---

[1] Sie ist bedeutend kleiner als die mittlere freie Weglänge bei der elektrischen Leitfähigkeit (§ 14), weil dort die Zusammenstöße mit anderen Elektronen bedeutungslos sind.

Durch eine elementare Umformung folgt hieraus
$$\frac{h\nu}{2mc^2} + \left(\frac{2E}{mc^2}\right)^{1/2} \geq 1,$$
was bei den in Betracht kommenden Energien $h\nu \ll mc^2$, $E \ll mc^2$, für die der obige nichtrelativistische Impulsansatz auch nur gültig ist, unmöglich erfüllt werden kann.

Die Tatsache, daß Licht von freien Elektronen nicht absorbiert werden kann, folgt natürlich auch aus der Berechnung der Übergangswahrscheinlichkeiten. Ist die Lichtwelle etwa in der x_i-Richtung polarisiert, so ist nach § 1, Gl. (9) die Übergangswahrscheinlichkeit W_{nm} proportional mit dem Quadrat des Integrals
$$\int \psi_n^* \frac{\partial}{\partial x_i} \psi_m \, d\tau. \tag{3}$$
Die Eigenfunktionen freier Elektronen sind ebene Wellen $\psi_\Re = e^{i(\Re, \mathfrak{r})}$. Daraus folgt
$$\frac{\partial}{\partial x_i} \psi_\Re = i K_i \psi_\Re,$$
und daher wegen der Orthogonalitätsrelation § 1, Gl. (5)
$$\int \psi_{\Re'}^* \frac{\partial}{\partial x_i} \psi_\Re \, d\tau = i K_i \int \psi_{\Re'}^* \psi_\Re \, d\tau = 0, \text{ falls } \Re \neq \Re'.$$
Die Übergangswahrscheinlichkeiten sind bei freien Elektronen also immer Null.

Wir denken uns jetzt die Elektronen durch zwei Flächen $x = l$ und $x = 0$ begrenzt, an denen sie elastisch reflektiert werden sollen. In der y-z-Richtung sind die Elektronen dann immer noch frei beweglich, nicht mehr aber in der x-Richtung. Die elastische Reflexion bedeutet, daß die Elektronendichte und daher die Eigenfunktionen an der Oberfläche verschwinden müssen. Unter dieser Bedingung muß die x-Komponente der Eigenfunktion nicht mehr $e^{iK_x x}$ lauten, sondern $\sin K_x x$. Die vollständige Lösung der SCHRÖDINGER-Gleichung [§ 1, (4)] bei konstantem Potential und mit den oben erwähnten Randbedingungen lautet also:
$$\psi_\Re = A \sin K_x x \, e^{i(K_y y + K_z z)}. \tag{4}$$
Damit die Randbedingung $\psi = 0$ für $x = l, 0$ erfüllt ist, muß
$$K_x = \frac{\pi n}{l} \tag{4a}$$
sein. In der y-z-Richtung fordern wir, ähnlich wie in § 3 zur Vereinfachung der Rechnung Periodizität mit der Periode L, wo L sehr groß ist. Die Normierung führen wir in diesem Gebiet durch,

so daß
$$\int \psi^* \psi \, d\tau = A^2 \int_0^l dx \int_0^L \int_0^L dy \, dz \sin^2 K_x x = 1,$$

oder

$$A^2 = \frac{2}{lL^2} \tag{4b}$$

ist.

Zur Berechnung der für die Übergangswahrscheinlichkeiten wichtigen Integrale (3) unterscheiden wir zwei Fälle. 1. Der elektrische Vektor der Lichtwelle ist parallel zur Oberfläche, d. h. er liegt in der y-z-Ebene. Dann ist immer noch, wie bei freien Elektronen

$$\frac{\partial}{\partial y} \psi_\Re = i K_y \psi_\Re, \quad \frac{\partial}{\partial z} \psi_\Re = i K_z \psi_\Re$$

und das Integral (3) ist also auch hier Null, d. h. es wird kein Licht absorbiert.

2. Der elektrische Vektor ist senkrecht zur Oberfläche. Dann ist nach (4), (4a) und (4b), falls $K_y = K'_y$, $K_z = K'_z$ und $n + n'$ ungerade ist:

$$\left.\begin{array}{l}\int_0^l dx \int_0^L \int_0^L dy \, dz \psi_\Re^* \frac{\partial}{\partial x} \psi_{\Re'} = A^2 L^2 \int_0^l \sin K_x x \cdot K'_x \cos K'_x x \, dx = \\ = \frac{8}{l} \frac{K_x K'_x}{K_x^2 - K_x'^2} = \frac{8}{l} \frac{n n'}{n^2 - n'^2}\end{array}\right\} \tag{5}$$

In allen anderen Fällen ist das Integral Null. Das bedeutet, daß jetzt Licht absorbiert werden kann, wobei sich aber nur die x-Komponente der Wellenzahl, d. h. des Impulses des Elektrons ändert. Das ist ganz in Übereinstimmung mit unseren anfänglichen Überlegungen über die Erhaltung des Impulses. Die Oberfläche ändert bei einem Zusammenstoß die x-Komponente des Elektronenimpulses. Infolgedessen ist es jetzt möglich, den Impulssatz bei Lichtabsorption zu befriedigen, denn die Oberfläche sorgt für die richtige Impulsbilanz, ohne die Energiebilanz zu stören. Dabei darf allerdings nur die x-Komponente des Impulses des Elektrons verändert werden, während y- und z-Komponenten konstant bleiben müssen.

Wir zeigen noch, daß die Gesamtabsorption unabhängig von der Dicke, also tatsächlich ein Oberflächeneffekt ist. Nach § 1 [Gl. (9)] ist die Übergangswahrscheinlichkeit in einen bestimmten

Zustand $\mathfrak{K}'$ proportional zum Quadrat unseres Integrals (5), d. h. zu $\frac{1}{l^2}$. Um daraus die Wahrscheinlichkeit, daß das Elektron vom Zustand $\mathfrak{K}$ in *irgend*einen Endzustand übergeht, zu berechnen, müssen wir noch über alle zulässigen Endzustände summieren[1]. Diese unterscheiden sich nur in den K'_x Komponenten, da K_y und K_z sich ja nicht ändern. Nach (4a) ist die Zahl der Zustände in einem Intervall ΔK_x proportional zu l, so daß also die Wahrscheinlichkeit, daß ein Elektron im Zustand $\mathfrak{K}$ Licht absorbiert, proportional zu $\frac{1}{l^2} \cdot l = \frac{1}{l}$ ist. Die Gesamtabsorption erhält man hieraus durch Summieren über alle Elektronen. Ihre Anzahl ist proportional zum Volumen $l \cdot L^2$, so daß die Absorption proportional zu $\frac{1}{l} \cdot l L^2 = L^2$ ist, also unabhängig von der Dicke, aber proportional zur Oberfläche.

Von den hier gegebenen Beispielen ist der Übergang zu den wirklichen Verhältnissen bei einem Metall einfach. Da wir uns für einen Oberflächeneffekt interessieren, können wir die Potentialschwankungen im Metallinneren vernachlässigen. Das Potential ist dann im Metall konstant, etwa $-E_0$ und springt an der Oberfläche um E_0. Um in Übereinstimmung mit den Energieniveaus des Metalls zu kommen, wählen wir E_0 nicht gleich dem mittleren Potential, sondern gleich dem unteren Rand des obersten besetzten Bandes (§ 4 C). Dieses Metallmodell geht in unser obiges Beispiel über, wenn wir den Potentialsprung unendlich hoch machen.

Die Eigenfunktionen können dann immer, wie in unserem Beispiel, in der Form

$$\psi = A\,\varphi(x)\,e^{i(K_y y + K_z z)} \tag{6}$$

geschrieben werden. $\varphi(x)$ ist aber jetzt nicht mehr so einfach wie in Gl. (4). Wir wollen ohne ausführliche Rechnung gleich das Resultat mitteilen. Solange die Energie E des Elektrons zwischen $-E_0$ und 0 ist, kann dieses das Metall nicht verlassen; die x-Komponenten der Eigenfunktionen $\varphi(x)$ sind im Metallinneren stehende Wellen, ähnlich wie in (4), außerhalb des Metalls fällt $\varphi(x)$ exponentiell ab. Für $E > 0$ ist das Elektron nicht mehr ans Metall gebunden. $\varphi(x)$ wird in diesem Fall sowohl innerhalb als auch außerhalb des Metalls durch ebene Wellen dargestellt. Die Übergangswahrscheinlichkeiten verhalten sich qualitativ genau wie

---

[1] Wegen des Faktors mit $\sin^2$ werden wir nur solche Endzustände berücksichtigen, für die der Energiesatz angenähert erfüllt ist.

in unserem Beispiel. Ist also der elektrische Vektor $\mathfrak{F}$ parallel zur Oberfläche, liegt er z. B. in der y-Richtung, so sind die Übergangswahrscheinlichkeiten Null, denn es ist wie oben [vgl. (3)]

$$\frac{\partial \psi}{\partial y} = i K_y \psi.$$

Ist dagegen $\mathfrak{F}$ senkrecht zur Oberfläche, so ist Absorption möglich, denn $\frac{\partial \varphi}{\partial x}$ ist nicht proportional zu φ. Wie die genauere Rechnung zeigt und wie auch schon aus Gl. (9), § 1 zu sehen ist, sind die Übergangswahrscheinlichkeiten um so kleiner, je größer die Frequenz ν ist. Durch Summation über alle Elektronen erhält man den gesamten Emissionsstrom. Einen Beitrag können aber nur diejenigen Elektronen liefern, deren Endzustände Energien, die größer als Null sind, haben. Für die Emission kommen daher nur Elektronen mit einer Energie $E \geq -h\nu$ in Betracht. Solange also $h\nu < E_0$ ist (und natürlich $\nu > \nu_g$), wächst die Zahl dieser Elektronen. Insgesamt ergibt sich so in der Nähe der Grenzfrequenz ν_g ein Steigen der Emission, für $\nu > \frac{E_0}{h} = \nu'$ dagegen sicher ein Fallen, so daß zwischen ν_g und ν' ein Maximum des Photostromes liegt. Die Formel für den Emissionsstrom, die man bei einer vollständigen Durchrechnung des Problems erhält, ist nicht sehr übersichtlich. Wir werden deshalb die Abhängigkeit des Stromes von der Frequenz in Abb. 27 zeigen. Die wichtigsten Ergebnisse, die man erhält, sind:

1. Nur die Komponente des elektrischen Vektors des Lichts senkrecht zur Oberfläche erzeugt einen Photostrom.
2. Die Frequenz seines Maximums ist gewöhnlich etwas kleiner als $2\nu_g$.
3. Die Ausbeute ist von der Größenordnung 10^{-4} Elektronen pro auffallendes Lichtquant.
4. Da im Gegensatz zum Volumeneffekt jeder Zustand Licht von beliebiger Frequenz absorbieren kann, ist die Grenzfrequenz durch die Austrittsarbeit w bestimmt.

$$h\nu_g = w = -\zeta.$$

Bei Ableitung von 1. ist wesentlich, daß die atomare Rauhigkeit der Oberfläche vernachlässigt ist.

Gesamtemission. Diese setzt sich additiv zusammen aus den Beiträgen von Volumen- und Oberflächeneffekt. Wie wir oben gezeigt haben, ist die Grenzfrequenz ν_v des Volumeneffektes größer als diejenige des Oberflächeneffektes ν_g. Infolgedessen kann man in der Nähe von ν_g den Oberflächeneffekt allein beobachten. Bei den Alkalimetallen sind die Verhältnisse besonders günstig, denn wir wissen aus § 8, daß bei ihnen die Absorption und damit der Volumeneffekt sehr klein ist. Tatsächlich wird bei ihnen die Theorie des Oberflächeneffektes sehr gut bestätigt. In Abb. 27 ist für Kalium die experimentelle und die theoretische Kurve gezeigt. In Anbetracht des groben theoretischen Modells, das wir zur Berechnung dieses Effektes verwendet haben, ist die Übereinstimmung als sehr gut zu bezeichnen, insbesondere, was die absolute Ausbeute anbelangt. Dabei soll ausdrücklich darauf aufmerksam gemacht werden, daß es sich hier um Schichtdicken handelt, die so groß sind, daß man auch wirklich von einem Metallgitter sprechen kann[1]. Auch die Tatsache, daß nur die Komponente des elektrischen Vektors senkrecht zur Oberfläche ($\mathfrak{F}_\perp$) für den Oberflächeneffekt verantwortlich ist, wird sehr gut bestätigt. Das gemessene Verhältnis der Ausbeuten $J(\mathfrak{F}_\perp) : J(\mathfrak{F}_{||})$ ($\mathfrak{F}_{||}$ = elektrischer Vektor parallel zur Oberfläche) ist von der Größenordnung 1:20. Das bedeutet, daß bei Alkalimetallen die Annahme einer glatten Oberfläche erlaubt ist. Bei anderen Metallen ist dagegen die Abhängigkeit von der Polarisation des Lichts nicht zu finden. Auch fallen hier die beiden Grenzfrequenzen ν_v und ν_g viel näher zusammen als bei den Alkalimetallen, so daß eine Separation des Oberflächeneffektes nicht mehr möglich ist.

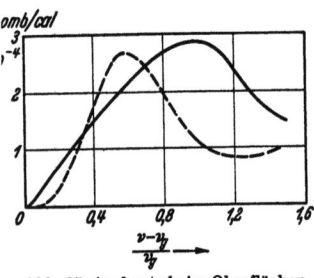

Abb. 27. Ausbeute beim Oberflächenphotoeffekt beim Kalium.
--- experimentell,
— theoretisch nach [168].

Wir wollen die Ausbeuten von Oberflächeneffekt und Volumeneffekt miteinander vergleichen. Beim Oberflächeneffekt ist sie nach S. 125 maximal 10^{-4} Elektronen pro auffallendes Lichtquant. Wir müssen zum Vergleich die Ausbeute beim Volumeneffekt auch auf einfallende Lichtintensität beziehen (nicht wie auf S. 120 auf absorbierte Intensität!). Da beim Volumeneffekt nur Elektronen aus einer Schichtdicke d emittiert werden können (vgl. oben), haben wir die Zahl der in dieser Schichtdicke absorbierten Lichtquanten, bezogen auf die Zahl der einfallenden, zu bestimmen.

[1] Schichten von nur wenigen Atomlagen verhalten sich ganz anders, vgl. S. 121.

Diese ist angenähert

$$n \varkappa \frac{d}{\lambda}.$$

Dabei ist λ die Vakuum-Wellenlänge des Lichts, n und $\varkappa$ Brechungsindex und Absorptionskoeffizient. Bei den meisten Metallen ist $n \varkappa$ etwas größer als Eins (vgl. Abb. 23). d/λ ist 10^{-2}—10^{-3}, so daß der Volumeneffekt den Oberflächeneffekt überwiegt — natürlich nur bei Frequenzen $\nu > \nu_v$. Nahe der Grenzfrequenz ν_g dürfte dagegen immer der Oberflächeneffekt ausschlaggebend sein. Eine Ausnahme bilden die Alkalimetalle, bei denen $n \varkappa$ 10- bis 100mal kleiner als bei anderen Metallen ist. Infolgedessen überwiegt hier, wie wir oben schon mitgeteilt haben, immer der Oberflächeneffekt.

Wir haben schon verschiedentlich darauf hingewiesen, daß sich die Valenzelektronen der Alkalimetalle sehr weitgehend wie freie Elektronen verhalten. Das bestätigt sich jetzt auch beim Photoeffekt, denn für freie Elektronen ist (§ 8, S. 104) $n \varkappa = 0$, und daher gibt es in diesem Fall nur den Oberflächenphotoeffekt.

Dünne Schichten-Selektiver Photoeffekt [13]. Wenn man von dünnen Schichten redet, muß man von vornherein zwei Arten unterscheiden. Bei der einen Art sind alle wesentlichen Eigenschaften ähnlich wie beim massiven Metall. Eine solche Schicht besteht aus Mikrokristallen mit etwa 10^5 Atomen, welche die gleiche Gitterkonstante haben, wie das massive Metall, das ja meist aus einem Gemenge solcher Mikrokristalle besteht. Bei der Herstellung dünner Schichten bilden sich meistens nicht Schichten gleichmäßiger Dicke, sondern die Atome schließen sich zu einzelnen Mikrokristallen zusammen. Ausnahmen davon bilden die Alkalimetalle, wenn man sie in ganz feiner Verteilung auf gewisse Nichtleiter (unter Umständen aber direkt auf Metalle) niederschlägt. Es bildet sich dann zuerst eine Zwischenschicht, die im Fall der Nichtleiter aus einer chemischen Verbindung mit dem Alkalimetalle, etwa einem Oxyd oder Hydrid besteht und die lichtelektrisch und optisch verhältnismäßig unempfindlich ist. Auf dieser Zwischenschicht kann sich eine ganz dünne Alkalischicht von einer oder wenigen Atomlagen ausbilden (Adsorption). Diese können wir uns als zweidimensionales Gitter vorstellen. Sie ist in einem engen Spektralbereich (vgl. Abb. 28) photoelektrisch außerordentlich empfindlich, falls der elektrische Vektor des Lichts senkrecht zur Oberfläche steht, und absorbiert im Maximum unter Umständen mehr als 10% des einfallenden Lichts. (Die Maxima liegen im Sichtbaren, ihre genaue Lage ist aber von der Unterlage abhängig.) Der elektrische Vektor parallel zur Oberfläche wird dagegen praktisch gar nicht absorbiert und erzeugt auch keinen Photoeffekt. Die Ähnlichkeit dieses selektiven Photoeffektes (selektiv sowohl in der Ausbeute als auch in der Abhängigkeit von der Polarisation) mit dem Oberflächenphotoeffekt an dicken Metallschichten (S. 121) ist sehr groß, doch wäre es falsch, diese beiden Effekte zu identifizieren, denn wir haben ja jetzt mit einer so dünnen Schicht zu tun, daß man kaum mehr von einem reinen Metall sprechen kann. Mit der oben angedeuteten Vorstellung dieser Schicht als zweidimensionalem Gitter werden alle Eigenarten des selektiven Photoeffektes im Prinzip verständlich. Dieses zweidimensionale Gitter wird sich für Elektronenbewegung parallel zur Oberfläche ähnlich wie ein Metall, senkrecht dazu aber ähnlich wie isolierte Atome verhalten. Wir wollen nun annehmen, daß sich die Eigenfunktionen als ein Produkt einer Funktion von x (senkrecht zur Oberfläche) und einer Funktion von y und z darstellen lassen, was näherungsweise sicher zulässig ist.

$$\psi = \varphi_\perp(x)\, \varphi_\parallel(y, z).$$

$\varphi_\parallel$ wird dann, da es ja die metallähnliche Komponente bedeutet (parallel zur Oberfläche!) angenähert durch ebene Wellen dargestellt.

$$\varphi_\parallel = e^{i(K_y y + K_z z)}.$$

Die Eigenfunktionen haben somit genau die gleiche Form wie beim Oberflächeneffekt [vgl. Gl. (6)], nur daß $\varphi_\perp(x)$ eine ganz andere Funktion wie dort ist. Die Abhängigkeit des selektiven Photoeffektes von der Polarisation des Lichts ist daher ebenso wie beim Oberflächeneffekt, denn für die Absorption von $\mathfrak{F}_\parallel$ ist ja nur die Komponente $\varphi_\parallel$, für diejenige von $\mathfrak{F}_\perp$ die Komponente $\varphi_\perp$ verantwortlich (vgl. S. 124). Die Stärke der Absorption $\mathfrak{F}_\perp$ ist jetzt aber ganz anders, wegen der Verschiedenheit von $\varphi_\perp(x)$ vom Fall des Oberflächeneffektes am massiven Metall. Wir haben die absorbierte Energie pro cm³, $A(\nu)$ in § 8, (14) ganz allgemein berechnet. Die auf die Einheit der einfallenden Intensität $J = \dfrac{\overline{F^2}\,c}{4\pi}$ bezogene Absorption erhalten wir daraus, wenn wir mit J dividieren und mit der Dicke d multiplizieren. Im Mittel über das ganze Absorptionsband (Breite $\Delta \nu$) ergibt sich dann als relative Absorption (bzw. Ausbeute beim Photoeffekt)

$$\frac{A}{J}\, d = \frac{\pi e^2}{m\, c}\, \frac{N d}{\Delta \nu}\, f_{nm}^{(x)}.$$

Hier ist $f_{nm}^{(x)}$ die mit Hilfe der $\varphi_\perp(x)$ berechnete Komponente der Oszillatorenstärke; Nd ist die Zahl der Atome über einem cm² der Oberfläche und bei unseren Dicken von nur wenigen Atomschichten von der Größenordnung 10^{15}. $\Delta \nu$ ergibt sich aus den

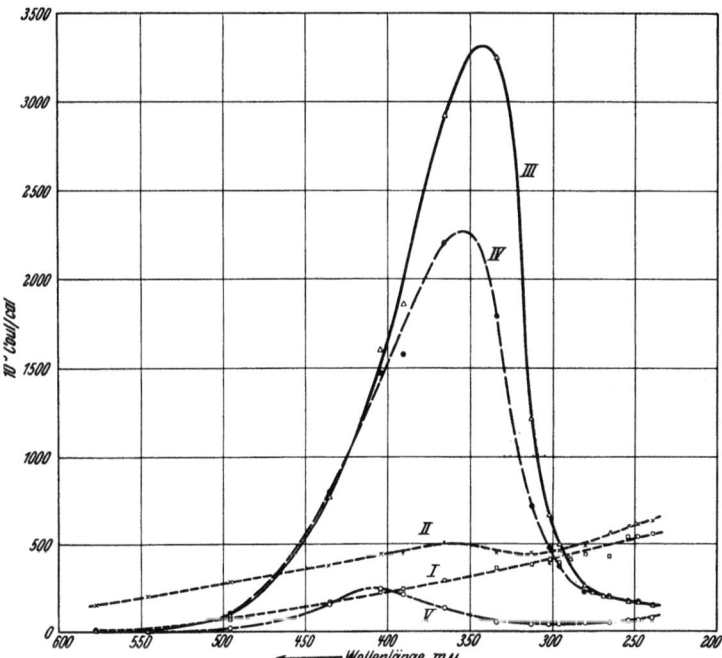

Abb. 28. Dickenabhängigkeit des selektiven Photoeffektes an Kalium. Bei genügend dicken Schichten geht der selektive Photoeffekt in den Oberflächenphotoeffekt über. Wachsende Schichtdicke von $I - V$. Nach [13].

Experimenten zu etwa $0{,}2 \cdot 10^{15} \sec^{-1}$. Damit erhalten wir

$$\frac{A}{J} d \cong 0{,}1\, f_{nm}^{(x)}$$

als mittlere Ausbeute. Die Größe der Oszillatorenstärke hängt natürlich in erster Linie vom betreffenden Alkaliatom, daneben aber auch von der Unterlage ab. Da sich der obige Ausdruck auf die mittlere Absorption bezieht, ist bei plausiblen Werten für die Oszillatorenstärke im Maximum eine Absorption von 10% und mehr verständlich.

Mit wachsender Schichtdicke wird die Ausbeute zunächst ansteigen. Dagegen wird $\varphi_\perp(x)$ sich allmählich der entsprechenden

Funktion des metallischen Zustands (Oberflächeneffekt!) nähern, so daß die Ausbeute wieder fällt, und schließlich wird der selektive Effekt in den Oberflächeneffekt mit einer Ausbeute von etwa 10^{-4} übergehen (vgl. Abb. 28).

Bei der Untersuchung von dünnen Schichten, die auf einem anderen Metall niedergeschlagen sind (entweder direkt oder durch eine Zwischenschicht getrennt), ist immer darauf zu achten, daß die Ausbeute des Photoeffektes proportional mit der Lichtintensität in der empfindlichen Schicht ist. Bei sehr dünnen Schichten wird diese wesentlich durch das Reflexionsvermögen des Unterlagenmetalls mitbestimmt.

Ist die Zahl der Alkaliatome so gering, daß sie die Oberfläche des Trägermetalls nur unzusammenhängend bedeckt, so ist ihr Beitrag zum Photoeffekt sehr klein. Ihre Wirkung besteht dann einfach in einer Erniedrigung der Austrittsarbeit des Trägermetalls (Abb. 28, Kurve I).

Temperaturabhängigkeit [96]. Wir wissen aus § 5, daß die Elektronenverteilung in einem Metall nur in einem Bereich von der Größenordnung kT um die Grenzenergie temperaturabhängig ist. In der Nähe der Grenzfrequenz ν_g werden aber gerade Elektronen, die in diesem Teil der Verteilungsfunktion sitzen, emittiert. Wir können daher nur beim absoluten Nullpunkt eine wirklich scharfe Grenzfrequenz ν_g erwarten. Bei höheren Temperaturen wird die Emission schon bei kleineren Frequenzen einsetzen. Wir wollen die Temperaturabhängigkeit des Photoeffektes in der Nähe von ν_g untersuchen. Da die Grenzfrequenz des Volumeneffektes größer als ν_g ist, brauchen wir nur den Oberflächeneffekt zu berücksichtigen. Es sei Φ die Übergangswahrscheinlichkeit eines Elektrons in einen Energiezustand $E > 0$. Da wir uns gegenwärtig nur für Frequenzen in der Nähe von ν_g interessieren, können wir die Frequenzabhängigkeit von Φ vernachlässigen. Andererseits können dann auch nur Elektronen aus einem kleinen Energieintervall (in der Nähe von ζ) emittiert werden, so daß wir auch die Abhängigkeit von der Elektronenenergie vernachlässigen dürfen und daher Φ als Konstante betrachten werden. Aus unserer Behandlung des Oberflächeneffektes wissen wir, daß nur die x-Komponente der kinetischen Energie (senkrecht zur Oberfläche) die Energie eines Lichtquants erhalten kann. Ist die Energie eines Elektrons vor der Absorption

$$E = -E_0 + \frac{h^2}{2m}(K_x^2 + K_y^2 + K_z^2),$$

so ist sie nachher
$$E = -E_0 + \frac{h^2}{2m}(K_x'^2 + K_y^2 + K_z^2),$$
wo
$$\frac{h^2}{2m} K_x'^2 = \frac{h^2}{2m} K_x^2 + h\nu$$
ist. Damit ein Elektron emittiert wird, muß unter Annahme einer glatten Oberfläche [vgl. § 6, (1)]
$$-E_0 + \frac{h^2}{2m} K_x^2 + h\nu > 0$$
sein. Die Gesamtzahl der emittierten Elektronen berechnet sich entsprechend wie in § 6:
$$Z = \frac{2}{(2\pi)^3} \Phi \int_{K_0}^{\infty} dK_x \int_{-\infty}^{\infty} dK_y\, dK_z\, f(K),$$
wo K_0 bestimmt ist durch
$$-E_0 + \frac{h^2}{2m} K_0^2 = -h\nu.$$
Das Integral über K_y und K_z kann elementar ausgewertet werden. Es wird mit Gl. (7a), § 5, S. 64 und Gl. (2), § 6, wenn wir alle von ν und T unabhängigen Größen zu const zusammenfassen,
$$Z = \text{const} \int dK_x \int \frac{dK_y\, dK_z}{e^{\frac{1}{kT}\left[-E_0 + \frac{h^2}{2m}(K_x^2 + K_y^2 + K_z^2) + w\right]} + 1} =$$
$$= \text{const}\, kT \int_{K_0}^{\infty} \log\left(1 + e^{-\frac{1}{kT}\left[-E_0 + \frac{h^2}{2m} K_x^2 + w\right]}\right) dK_x.$$

Wir führen für K_x eine neue Variable ξ ein:
$$\xi = \frac{1}{kT}\left(-E_0 + \frac{h^2}{2m} K_x^2 + h\nu\right)$$
$$dK_x = \text{const}\, kT\, [\xi kT + E_0 - h\nu]^{-1/2}\, d\xi.$$
Da nur die Werte für kleine ξ einen wesentlichen Beitrag zum Integral liefern (für $\nu \cong \nu_g$), können wir in der eckigen Klammer ξ vernachlässigen. Ferner kann $E_0 - h\nu$ als Konstante betrachtet werden, da wir uns nur für ν-Werte, die in einem kleinen Intervall um ν_g liegen, interessieren. Mit der Abkürzung
$$\mu = \frac{h\nu - w}{kT} = \frac{h(\nu - \nu_g)}{kT}$$
wird dann
$$Z = \text{const}\, (kT)^2 F(\mu), \qquad (7)$$

wo
$$F(\mu) = \int_0^\infty \log(1 + e^{\mu-\xi})\,d\xi$$

eine Funktion von μ allein ist. Das bedeutet, daß der durch T^2 dividierte Photostrom als Funktion von μ aufgetragen, für verschiedene Temperaturen auf einer glatten Kurve liegen muß.

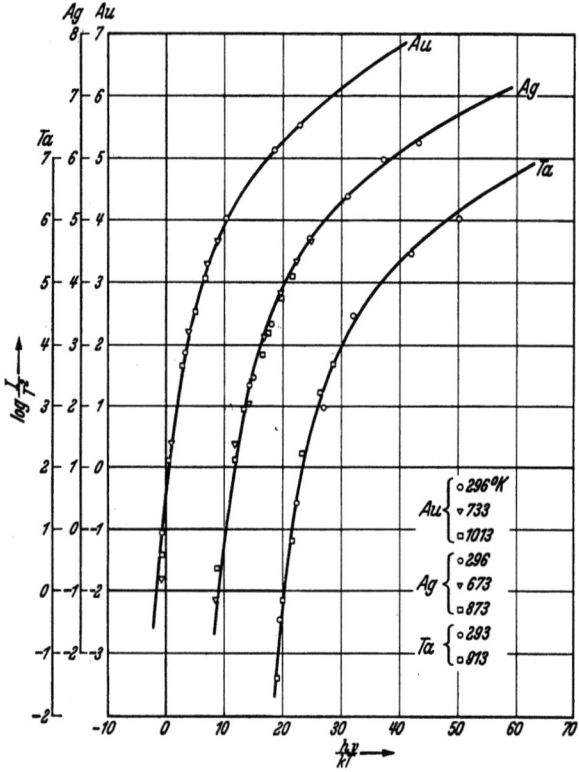

Abb. 29. Temperaturabhängigkeit des Photoeffektes. ——— theoretische Kurven. Nach [96].

Experimentell wird das ausgezeichnet bestätigt, wie aus Abb. 29 zu sehen ist, wo $\log \frac{Z}{T^2}$ für verschiedene Temperaturen als Funktion von $\frac{h\nu}{kT}$ aufgetragen ist. (μ geht durch Verschiebung des Nullpunktes in $\frac{h\nu}{kT}$ über.) Auch der genaue Verlauf der Kurve entspricht, wie Abb. 29 zeigt, dem theoretischen. Zur Konstruktion der theoretischen Kurve muß $F(\mu)$ berechnet werden. Wir unterscheiden dabei zwei Fälle:

1. $\mu < 0$ $(\nu < \nu_g)$. Wir entwickeln den Logarithmus $(e^{\mu-\xi} < 1)$

$$\log(1 + e^{\mu-\xi}) = \sum_{n=1}^{\infty} \frac{(-1)^{n+1}}{n} e^{n(\mu-\xi)}$$

und erhalten

$$F(\mu) = e^{\mu} - \frac{e^{2\mu}}{2^2} + \frac{e^{3\mu}}{3^2} - + \cdots$$

2. $\mu > 0$ $(\nu > \nu_g)$. Wir zerlegen den Integrationsbereich in zwei Teile, die durch $\xi = \mu$ getrennt sind. Für $\xi < \mu$ wird

$$\log(1 + e^{\mu-\xi}) = (\mu - \xi) + \log(1 + e^{\xi-\mu}),$$

wo $e^{\xi-\mu} < 1$ ist, so daß wir den Logarithmus der rechten Seite entwickeln können, während wir für $\xi > \mu$ den Logarithmus wie in Fall 1 entwickeln. Durch Integration ergibt sich dann

$$F(\mu) = \frac{\mu^2}{2} - \left(\frac{e^{-\mu}-2}{1^2} - \frac{e^{-2\mu}-2}{2^2} + \frac{e^{-3\mu}-2}{3^2} - + \cdots\right).$$

Da

$$1 - \frac{1}{2^2} + \frac{1}{3^2} - + \cdots = \frac{\pi^2}{12}$$

ist, wird

$$F(\mu) = \frac{\mu^2}{2} + \frac{\pi^2}{6} - \left(\frac{e^{-\mu}}{1^2} - \frac{e^{-2\mu}}{2^2} + \frac{e^{-3\mu}}{3^2} - + \cdots\right).$$

Für $T = 0$ wird der Emissionsstrom nach (7)

$$Z = 0 \quad \text{für} \quad \nu < \nu_g,$$
$$Z = \text{const}\,(\nu - \nu_g)^2 \quad \text{für} \quad \nu > \nu_g$$

wobei aber natürlich $\nu - \nu_g$ sehr klein sein muß.

Die beim Vergleich mit dem Experiment in Abb. 29 aufgetragene Funktion

$$\log \frac{Z}{T^2} = \text{const} + \log F(\mu)$$

enthält zwei unbekannte Konstante (ν_g und „const"), die aber nicht die Form der Funktion $\log F(\mu)$ beeinflussen, sondern die Lage des Nullpunktes von Abszisse und Ordinate bestimmen, so daß ein Vergleich der experimentellen mit der theoretischen Kurve ν_g ergibt.

Damit haben wir eine exakte Methode zur Bestimmung von ν_g gefunden. Durch Messung der Ausbeute in Abhängigkeit von ν in der Nähe der Grenzfrequenz kann ν_g nicht exakt erhalten werden, da ja die Photoelektronenemission bei ν_g nur für $T=0$ scharf einsetzt. Die in Tabelle 5 benützten Werte sind nach der eben besprochenen Methode gewonnen.

Energieverteilung. Die Bestimmung der maximalen Energie der Photoelektronen in Abhängigkeit von der Frequenz war eines der Grundexperimente in der Entwicklung der Quantentheorie. Die maximale Energie E_m ist mit der Frequenz durch das EINSTEINsche Gesetz
$$E_m = h(\nu - \nu_g)$$
verknüpft. Sie entspricht der Energie, die ein Elektron mit der Grenzenergie $\zeta = -h\nu_g$ nach Absorption eines Lichtquants $h\nu$ besitzt. Infolge der Auswahlregel für Lichtabsorption ist die in Frage kommende Absorption gewöhnlich nur durch Oberflächeneffekt möglich.

Wir wollen jetzt die Energieverteilung für Oberflächeneffekt und Volumeneffekt besprechen. Beim *Oberflächeneffekt* ist die Energieverteilung im wesentlichen ein Abbild der Energieverteilung der Elektronen im Metallinneren, modifiziert durch die Übergangswahrscheinlichkeiten. Es seien K_i die Wellenzahlkomponenten im Metallinneren vor der Absorption, P_i nach der Absorption im Vakuum. Nach unseren früheren Ergebnissen über den Oberflächeneffekt ändern sich bei der Absorption nur die x-Komponenten (senkrecht zur Oberfläche), und zwar ist offensichtlich

$$\frac{h^2}{2m} P_x^2 = \frac{h^2}{2m} K_x^2 + h\nu - E_0, \quad P_y = K_y, \quad P_z = K_z \qquad (8)$$

Die Zahl der Elektronen im Emissionsstrom mit Wellenzahlkomponenten zwischen P_i und $P_i + dP_i$ ist proportional zur Zahl der Elektronen im Ausgangszustand ($f\,dK_x\,dK_y\,dK_z$), multipliziert mit der Wahrscheinlichkeit, daß ein Elektron pro Sekunde von K_x nach P_x übergeht. Es läßt sich zeigen, daß diese angenähert proportional zu $K_x P_x$ ist. Die Verteilung $g(E)$ der Elektronen im Emissionsstrom ist also bestimmt durch

$$g(E)\,dP_x\,dP_y\,dP_z \sim f(E - h\nu) K_x P_x\,dK_x\,dK_y\,dK_z. \qquad (9)$$

E ist hier die kinetische Energie im Vakuum, so daß bei Mittelung über die Winkel
$$E^{1/2}\,dE \sim dP_x\,dP_y\,dP_z, \quad P_x^2\,dP_x\,dP_y\,dP_z \sim E^{3/2}\,dE$$
ist. Nach (8) ist
$$K_x\,dK_x = P_x\,dP_x, \quad dK_y = dP_y, \quad dK_z = dP_z.$$

Also wird, wenn wir diese Ausdrücke in (9) einführen, die Energieverteilung $h(E)$, d. h. die Wahrscheinlichkeit, daß ein Elektron mit einer kinetischen Energie zwischen E und $E + dE$ emittiert wird,

$$h(E)dE \sim g(E)E^{1/2}dE \sim f(E-h\nu)E^{3/2}dE.$$

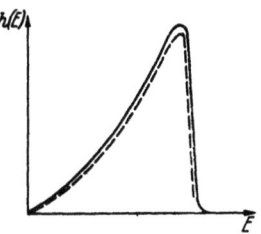

Diese Funktion steigt, wie in Abb. 30 gezeigt ist, unabhängig von ν bis nahe zur Energie $E = \zeta + h\nu = h(\nu - \nu_g)$ wie $E^{3/2}$ und fällt dann wie $E^{3/2} f$ in einem Gebiet, dessen Breite von der Temperatur abhängt, auf Null. Wie in Abb. 30 zu sehen ist, sind die experimentell gefundenen Kurven in sehr guter Übereinstimmung damit. Es zeigt sich aber auch, daß die Energieverteilung unabhängig von der Dicke des Metalls ist, wie es für einen reinen Oberflächeneffekt zu fordern ist. Dieses an

Abb. 30. Energieverteilung $h(E)$ der Photoelektronen bei Kalium. ——— theoretisch, — — — experimentell, nach [158]. Die Verteilungsfunktion ist unabhängig von der Dicke der Schicht, wie es dem Oberflächeneffekt entspricht.

Kalium erhaltene experimentelle Ergebnis ist also ein direkter Beweis dafür, daß hier tatsächlich ein reiner Oberflächeneffekt vorliegt.

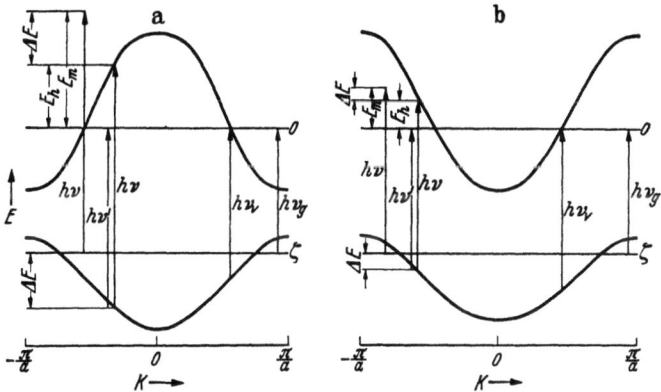

Abb. 31a und b. Zur Energieverteilung der Photoelektronen beim Volumeneffekt. ν_g Grenzfrequenz, ν_v Grenzfrequenz des Volumeneffektes. ν eingestrahlte Frequenz, E_m maximale Energie der Photoelektronen (durch Oberflächeneffekt), E_h häufigste Energie der Photoelektronen (durch Volumeneffekt), ΔE energetischer Abstand des absorbierenden Energieniveaus von der Grenzenergie ζ.

Beim *Volumeneffekt* liegen die Verhältnisse ganz anders. Hier muß, und das wird auch tatsächlich gefunden, ein starker Einfluß der Schichtdicke auf die Energieverteilung vorhanden sein, weil die Elektronen, die im Inneren ausgelöst werden, auf dem Weg zur Oberfläche einen Teil ihrer Energie verlieren. Wenn wir nun annehmen, daß die Schicht so dünn sei, daß Energieverluste bzw. Streuung zu vernachlässigen sind, so erhalten wir trotzdem ein vom Oberflächeneffekt verschiedenes Resultat. Während nämlich beim Oberflächeneffekt Elektronen in allen Zuständen absorbiert werden können, falls das nur energetisch zulässig ist, können beim Volumeneffekt infolge der hier bestehenden Auswahlregel (vgl. § 8) nur Elektronen aus einem engen Energiebereich, dessen Lage von der Frequenz abhängt, absorbiert werden (vgl. Abb. 20c, S. 108). Man kann sich die Verhältnisse am einfachsten an Abb. 31a, b, c, klarmachen. Die kinetische Energie im Vakuum kann immer in der Form $h\nu - h\nu'$ geschrieben werden. $h\nu'$ ist eine Austrittsarbeit, die aber selbst von der Frequenz abhängt, und zwar in unserem Fall mit wachsender Frequenz wächst. Sie ist natürlich immer größer als die eigentliche Austrittsarbeit $h\nu_g$. Die Differenz dieser Austrittsarbeiten

$$\Delta E = h\nu_g - h\nu' \tag{10}$$

bestimmt, wie an der Figur zu sehen ist, den energetischen Abstand der Energie der Elektronen, die bei der Frequenz ν absorbiert werden, von der Grenzenergie ζ. Eine Energie*verteilung* besteht beim Volumeneffekt, bei Vernachlässigung der Absorption überhaupt nicht. Alle Elektronen haben die gleiche kinetische Energie $h(\nu - \nu')$.

Bei den tatsächlich vorliegenden Verhältnissen kann man weder die Absorption vollständig ausschalten, noch hat man reinen Volumeneffekt. Es wird aber, wie wir auf S. 127 abgeschätzt haben, auch bei dünnen Schichten in Gebieten starker Absorption der Volumeneffekt den Oberflächeneffekt überwiegen, wenn man sich in Frequenzgebieten mit einigermaßen starkem Volumeneffekt befindet.

Man hat dann eine Energieverteilung, bei der die häufigste Energie E_h angenähert durch die dem Volumeneffekt entsprechende Energie $E_h = h\nu - h\nu'$ gegeben ist, während die maximale Energie E_m durch Oberflächeneffekt erzeugt wird. Die Differenz dieser Energien ergibt direkt den oben (10) besprochenen energetischen Abstand

$$\Delta E = h\nu_g - h\nu' = E_m - E_h.$$

Die Größe ΔE muß im Fall von Abb. 31a mit wachsender Frequenz zunehmen, im Fall der Abb. 31b dagegen abnehmen.

Dadurch haben wir experimentell die Möglichkeit, zwischen diesen beiden Fällen zu unterscheiden. Bei Silber ist, wie Tabelle 6 zeigt, der Fall a erfüllt, was wir bei der Auswertung der optischen Konstanten (S. 113) schon verwendet haben.

Für Al liegen umfangreichere Messungen vor, deren Resultate in Abb. 31c zusammengestellt sind [204]. Dort ist die maximale Energie der Elektronen E_m, die häufigste Energie E_h und $\Delta E = E_m - E_h$ als Funktion von ν aufgetragen. Das Ergebnis ist genau, wie es nach Abb. 31a zu erwarten ist.

Tabelle 6.

$\nu \cdot 10^{-13}$ sec^{-1} ..	113	119	125
ΔE in e-Volt	0,14	0,26	0,37

Nennen wir die Energien, die bei der Frequenz ν miteinander korrespondieren $E_1(\nu)$ und $E_2(\nu)$, so ist nach dem Obenstehenden unter Beachtung der Energienormierung

$$E_2(\nu) = E_h(\nu)$$
$$\zeta - E_1(\nu) = E_m(\nu) - E_h(\nu).$$

Die Meßergebnisse zeigen dann, daß in dem oberen Band $\dfrac{dE}{d\nu}$, also auch $\dfrac{dE}{dk}$

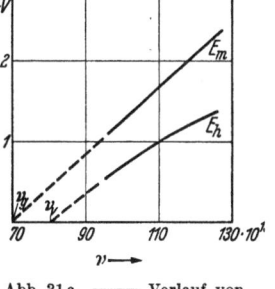

Abb. 31c. —— Verlauf von E_m und E_h nach Messungen an Aluminium. Nach [204]. - - - theoretische Fortsetzung.

größer ist als in dem unteren, was gleichbedeutend damit ist, daß es breiter ist als dieses.

Vollständigen Aufschluß über den Energieverlauf der beiden Energiebänder kann man nur erwarten, wenn man ein Absorptionsband vollständig durchmißt.

§ 10. Röntgenstrahlen.

Emission [99, 162, 159]. Die Emission von Röntgenstrahlen geht bekanntlich so vor sich, daß aus einer inneren Elektronenschale ein Elektron entfernt wird, worauf ein äußeres Elektron, z. B. ein Valenzelektron, unter Emission von Strahlung auf das freie innere Niveau fällt. Da nach unserer allgemeinen Theorie die Energieniveaus der Valenzelektronen in festen Körpern eine Breite von einigen Volt haben, werden die zugehörigen Röntgenemissionslinien eine entsprechende Breite haben (vgl. Abb. 32). Durch Messung dieser Breite erhalten wir direkt die Größe des von den Valenzelektronen eingenommenen Energiegebietes. Nach § 5, Gl. (6a) ist

$$N(E)\,dE = 2f(E)\,D(E)\,dE$$

die Zahl der Elektronen mit einer Energie zwischen E und $E+dE$.

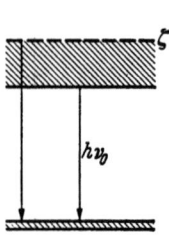

Sei E_0 die Energie des unteren Randes des von Valenzelektronen besetzten Bandes, ν_0 die Frequenz der zugehörigen Emissionslinie (der langwelligsten), so sind die Emissionsfrequenzen ν gegeben durch

$$\nu = \nu_0 + \frac{1}{h}(E-E_0), \quad E \leq \zeta.$$

Ist ferner $\Phi(E)$ die Übergangswahrscheinlichkeit eines Elektrons mit der Energie E in das betreffende untere Niveau, so ist die Intensität der Emissionslinie in Abhängigkeit von der Frequenz

$$J(\nu) = J\left(\nu_0 + \frac{E-E_0}{h}\right) = \Phi(E)\,N(E).$$

Abb. 32. Breite eines Röntgenemissionsbandes, $\lambda_0 = c/\nu_0 =$ langwellige Grenze. Das schraffierte Gebiet ist von Elektronen besetzt.

Die Form von $N(E)$ ist nun in charakteristischer Weise verschieden für Nichtleiter, einwertige Metalle und mehrwertige

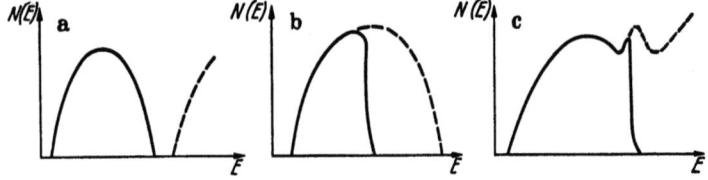

Abb. 33 a—c. Zahl der Elektronen $N(E)$ mit der Energie E, nach [162]. a Bei einem Nichtleiter oder Halbleiter, b bei einem einwertigen Metall, c bei einem zweiwertigen Metall. Die gestrichelte Kurve zeigt den Verlauf der Eigenwertdichte im unbesetzten Gebiet.

Metalle. Wie wir in § 5, S. 75 gezeigt haben, sind bei Nichtleitern die Bänder der Valenzelektronen vollbesetzt. Ebenso ist das praktisch auch bei Halbleitern, weil nach S. 80 hier nur ein sehr kleiner Teil der Elektronen in nicht besetzten Bändern ist. In diesen beiden Fällen ist $N(E)$ eine zur Mitte des Bandes angenähert symmetrische Funktion (vgl. S. 58, Abb. 11b). Anders ist das bei Metallen. Nach § 5 liegt bei einwertigen Metallen die Grenzenergie ζ im Inneren eines Bandes, meist nahe der Mitte des Bandes. In diesem Gebiet ist die Eigenwertdichte $D(E)$ und damit auch $N(E)$ ähnlich wie bei freien Elektronen (vgl. § 5, S. 68),

d. h. $N(E)$ ist proportional zu $(E-E_0)^{1/2}$ und fällt bei $E=\zeta$ in einem Bereich von der Größenordnung kT auf Null (§§ 4, 5). Bei Metallen mit zwei Valenzelektronen müssen sich zwei Bänder überdecken. Die Grenzenergie ζ und damit der rasche Abfall von $N(E)$ liegt in dem beiden Bändern gemeinsamen Gebiet (vgl. § 5 und Abb. 11b). Wir zeigen in Abb. 33 die eben besprochenen Möglichkeiten. Abb. 34 zeigt die entsprechenden Experimente (Photometerkurven der Röntgenemissionslinien). Da $\Phi(E)$ eine stetige, nicht sehr rasch veränderliche Funktion von E ist, muß $J(\nu)$ nahe der Grenzenergie im wesentlichen wie $N(E)$ verlaufen. Das wird sehr gut bestätigt. Wir sehen in Abb. 34 Li als einwertiges Metall, Mg als zweiwertiges Metall, Si als Halbleiter. Ba entspricht dem Nichtleiter, weil die betreffende Linie nicht durch Übergänge von Elektronen aus dem äußeren Band entsteht, sondern aus einem inneren, vollbesetzten Band. Besonders gut ist bei Mg das Überlagern zweier Bänder zu sehen. Durch diese Experimente wird unsere Theorie der Leiter und Nichtleiter (§ 5) sehr schön bestätigt.

In der Tabelle 7 geben wir eine Zusammenstellung der experimentell ermittelten Größe des von Valenzelektronen besetzten Gebietes W. Bei zweiwertigen Metallen ist dieses etwa so groß wie die Bandbreite, bei einwertigen etwa halb so groß.

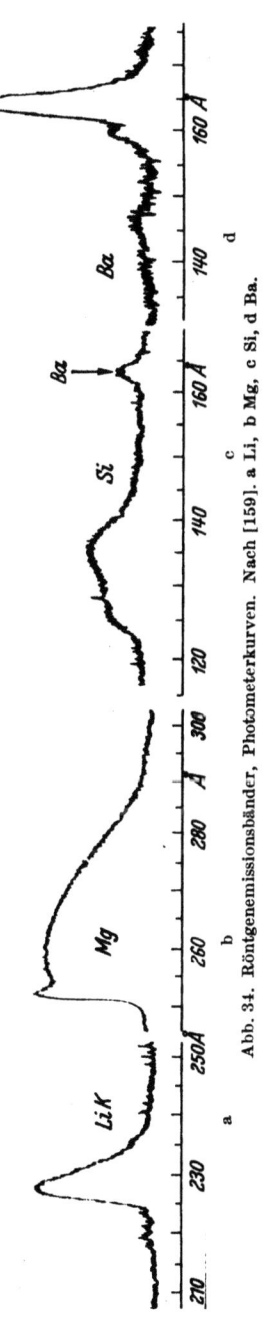

Abb. 34. Röntgenemissionsbänder, Photometerkurven. Nach [159]. a Li, b Mg, c Si, d Ba.

Tabelle 7. Aus [159].

Metall	Li	Na	Be	Mg	Al	C	Si
W in e-Volt	4,2	3,5	13,5	9,0	16,0	5	19,2

Bei den einwertigen Metallen Li, Na ist die Breite genau so groß, wie sie sich unter Annahme freier Elektronen berechnet (4,6 und 3,2 e-Volt). Das war zu erwarten, weil die aus optischen Messungen bestimmte Zahl der freien Elektronen beinahe so groß ist wie die Zahl der Valenzelektronen. Auch bei mehrwertigen Metallen und Halbleitern ist die so berechnete Breite von der gleichen Größenordnung wie die gemessene. Daraus darf man natürlich nicht auf die Zahl der freien Elektronen schließen, die bei Halbleitern ja sehr klein ist. Man kann aber daraus folgern, daß die Freiheitszahl $f_{n\mathfrak{k}}$, die ja das Verhalten der Elektronen im Vergleich mit freien bestimmt, in einem großen Teil des Bandes ungefähr Eins ist, so daß in diesem Teil des Bandes die Eigenwertdichte etwa so groß ist wie bei freien Elektronen, wenn man deren Wellenzahl $\mathfrak{K}$ mit der reduzierten Wellenzahl $\mathfrak{k}$ identifiziert. Im Mittel über ein ganzes Band ist $f_{n\mathfrak{k}}$ aber natürlicher *immer* Null (§ 3).

Wir bemerken schließlich noch, daß bei Si gerade zwei Bänder vollbesetzt sind (4 Valenzelektronen). Tatsächlich scheint die Photometerkurve (Abb. 34) aus zwei sich überlagernden Bändern zu bestehen.

Absorption [101, 129]. Bei der Absorption von Röntgenstrahlen muß ein Elektron aus einer inneren Schale entfernt werden. Das ist wegen des PAULI-Prinzipes nur möglich, wenn die Endenergie des Elektrons größer als die Grenzenergie ist. Von kleinen Frequenzen kommend steigt also hier der Absorptionskoeffizient bei einer Frequenz ν_0 sehr plötzlich an. Die Breite des Anstieges ist von der Größenordnung kT, weil der Übergang der FERMI-Verteilung von $f = 1$ zu $f = 0$ in einem Energiegebiet von dieser Größenordnung erfolgt. Für noch größere Frequenzen $\nu > \nu_0$ ist eine Absorption aber nur dann möglich, wenn der Endzustand des Elektrons in ein erlaubtes Energiegebiet fällt. Bei einem eindimensionalen Modell, wo sich die einzelnen Bänder nicht überdecken, würde der Absorptionskoeffizient an einzelnen Stellen des Spektrums auf Null sinken. Da die Endenergie der Elektronen verhältnismäßig groß ist, können wir die Lage dieser Stellen verschwindender Absorption aus unserer Näherung B (§ 4) bestimmen. Danach ist im eindimensionalen Fall die Lage des n-ten verbotenen Energiegebietes durch [Gl. (22a), § 4, S. 44]

$$V_0 + \frac{h^2}{8\,m\,a^2}\,n^2$$

gegeben. Seine Breite ist V_n, d. h. gleich dem n-ten FOURIER-

Koeffizienten des Potentials. Sind z. B. die ersten fünf Bänder mit Elektronen besetzt, so ist die erste Anomalie des Absorptionskoeffizienten durch $n = 6$ bestimmt. Der Verlauf des Absorptionskoeffizienten für diesen eindimensionalen Fall ist in Abb. 35a gezeigt.

Im dreidimensionalen Fall überdecken sich bei dem in Betracht kommenden Energiebereich (Näherung B, § 4) einzelne Bänder. Nehmen wir ein polykristallines Material an, so hat die Geschwindigkeit der Elektronen im Endzustand alle möglichen Richtungen zu

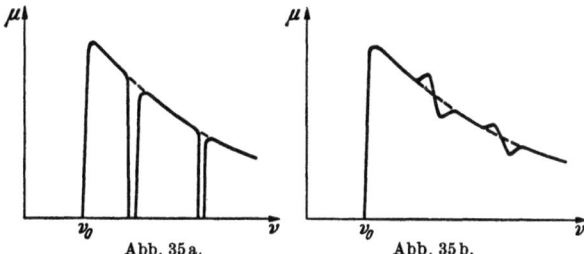

Abb. 35a. Theoretischer Verlauf des Röntgenabsorptionskoeffizienten μ für ein eindimensionales Modell.
Abb. 35b. Dasselbe für ein dreidimensionales Modell.

den Kristallachsen. Da die Übergangswahrscheinlichkeiten langsam veränderliche Größen sind, können wir den Absorptionskoeffizienten proportional zur Eigenwertdichte bei der betreffenden Energie setzen. Diese hat bei einem einfachen kubischen Gitter starke Anomalien bei den Energiewerten [vgl. § 4 B, (27)]

$$E_{\mathfrak{m}} = V_0 + \frac{h^2}{8\, m\, a^2} |\mathfrak{m}|^2 . \tag{1}$$

Sie verschwindet hier zwar nicht vollständig wie im eindimensionalen Fall, weil es in diesem Energiegebiet immer erlaubte Energien von dieser Größe gibt (vgl. Abb. 11c). Eine genauere Berechnung zeigt, daß das Verhältnis der Eigenwertdichte zur Eigenwertdichte bei Vernachlässigung der Anomalie von der Größenordnung $(E_{\mathfrak{m}} - V_{\mathfrak{m}})/E_{\mathfrak{m}}$ ist. Die Breite der Anomalie ist $V_{\mathfrak{m}}$. Die Größenordnung von $V_{\mathfrak{m}}$ ist 5 Volt, diejenige von $E_{\mathfrak{m}}$ 100 Volt. Die Schwankung des Absorptionskoeffizienten müßte also einige Prozent betragen. Da aber meist viele Anomalien zusammenfallen (alle mit gleichem $|\mathfrak{m}|$), können sehr große Schwankungen des Absorptionskoeffizienten entstehen. Abb. 35b zeigt den Verlauf des Absorptionskoeffizienten. Beim Vergleich mit dem Experiment ist darauf zu achten, daß die Energieanomalien (verbotene Gebiete) von den tiefsten Energieniveaus (K-Schale) an zu zählen sind, denn nur so kommt man, wie wir in § 4 B gezeigt haben, zu einer richtigen Zuordnung bei hohen Energien. In Abb. 36a zeigen wir für Cu die experimentelle Photometerkurve der Röntgenabsorptionskante und in Abb. 36b die Lage der Anomalien in Abhängigkeit von $|\mathfrak{m}|^2$ (in der Abbildung mit S bezeichnet). Die Höhe der aufgetragenen Rechtecke gibt an, wie viele Anomalien an der betreffenden Stelle von $|\mathfrak{m}|$ zusammenfallen. Da Cu flächenzentriertes kubisches Gitter hat, dürfen nur solche $|\mathfrak{m}|$ genommen werden, deren Komponenten m_i entweder alle gerade oder alle ungerade sind (vgl.

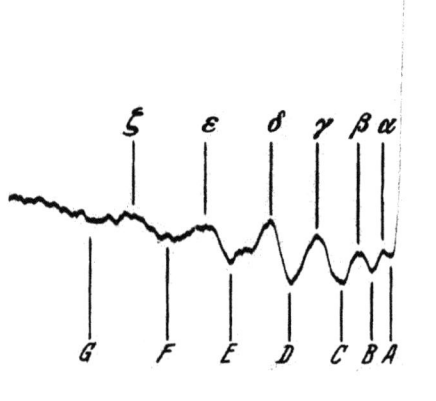

Abb. 36a.

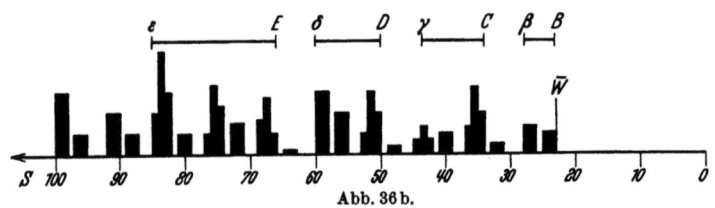

Abb. 36b.

Abb. 36a und b. Röntgenabsorptionskoeffizient von Cu. a Photometerkurve nach [94], b theoretisch nach [129], genauere Erklärung im Text.

Anhang 7.). Die Übereinstimmung zwischen Theorie und Experiment ist sehr gut. Es kann auch gezeigt werden, daß der berechnete Abstand der Anomalien von der Absorptionskante

Röntgenstrahlen. 143

gut mit den Messungen übereinstimmt. Nach Abb. 35b gehört zu jeder Schwankung des Absorptionskoeffizienten ein Maximum und ein Minimum. Diese sind in Abb. 36 mit $A, B, C\ldots$ bzw. $\alpha, \beta, \gamma \ldots$ bezeichnet. Wie wir oben auseinandergesetzt haben, liegen immer mehrere Anomalien nahe beisammen. Diese werden durch die experimentellen Photometerkurven nicht getrennt und sind in Abb. 36b entsprechend zusammengefaßt.

Aus Gl. (1) folgt, daß die Lage der Anomalien des Absorptionskoeffizienten durch die Gitterkonstante a und die Indizes m_i allein bestimmt sind. Daraus ergeben sich folgende Schlüsse:

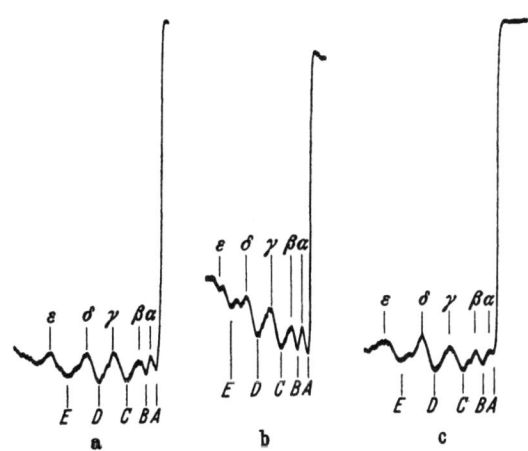

Abb. 37a—c. Röntgenabsorptionskoeffizient nach [198]. a α-Messing, CuK-Kante, b α-Messing, ZnK-Kante, c reines Cu, K-Kante.

Die Struktur der Absorptionskante ist dieselbe:
1. Für verschiedene Absorptionslinien des gleichen Kristalls.
2. Für verschiedene Metalle gleicher Gitterstruktur, wenn man auf gleiche Gitterkonstante reduziert. Nach Gl. (1) muß man dazu die Energiedifferenzen $E_m - E_{m'}$ der Anomalien eines jeden Metalls mit dem Quadrat des Gitterabstands dieses Metalls multiplizieren.
3. In Legierungen ist die Struktur der Absorptionskanten verschiedener Atome gleich.

Sämtliche drei Punkte werden ausgezeichnet bestätigt [198]. In Abb. 37 bringen wir ein Beispiel für α-Messing (Zn-Cu-Legierung) und für reines Kupfer. Beide bilden flächenzentrierte kubische Gitter. In Tabelle 8 zeigen wir die zugehörigen Abstände (in Volt) der Absorptionsanomalien von der Kante. Für Kupfer sind diese entsprechend 2. reduziert auf den Gitterabstand von Messing. Die Übereinstimmung ist sehr gut.

Tabelle 8. Aus [198].

	α-Messing Cu	α-Messing Zn	Reines Cu (reduziert)
A	15	13	16
α	27	30	25
B	37	35	39
β	52	57	55
C	81	84	80
γ	108	108	106
D	139	143	141
δ	168	170	167
E	218	214	216
ε	250	248	246

Schließlich läßt sich auch zeigen, daß die Temperaturabhängigkeit der Gitterkonstanten in der Lage der Anomalien E_m richtig wiedergegeben wird. Mit wachsender Temperatur (wachsendes a) rücken nach (1) demnach die Anomalien näher an die Kante. Gleichzeitig werden sie auch infolge der Wärmeschwingungen verwaschener.

§ 11. Para- und Diamagnetismus.

Allgemeines. Ein äußeres Magnetfeld induziert in einem Metall ein magnetisches Moment M, das bei schwachen Feldern im allgemeinen proportional zu H ist:

$$M = \chi H. \tag{1}$$

Der Proportionalitätsfaktor χ heißt magnetische Suszeptibilität und kann z. B. pro Volumeneinheit, pro Masseneinheit, pro Atom usw. angegeben werden. Ist $\chi > 0$, so ist das Metall paramagnetisch, im anderen Fall $\chi < 0$ ist es diamagnetisch. Daneben gibt es noch einen dritten Fall, den Ferromagnetismus, bei dem auch für $H = 0$ ein sehr starkes Moment M bestehen kann (vgl. § 25).

Die Suszeptibilität χ läßt sich auch energetisch definieren. Man kann zeigen, daß die Energieerhöhung ΔU des Metalls im Magnetfeld

$$\Delta U = -\frac{1}{2} \chi H^2 \tag{2}$$

ist. Paramagnetische Substanzen erniedrigen ihre Energie im Magnetfeld, diamagnetische erhöhen sie.

Eine Erniedrigung der Energie der Elektronen im Magnetfeld ist nur dadurch möglich, daß sie ihre magnetischen Momente parallel zum Feld stellen. Bei den Valenzelektronen der Metalle ist das magnetische Moment μ eines Elektrons durch seinen Spin gegeben, wobei

$$\mu = \frac{1}{2} \frac{e\,h}{m\,c}$$

ist. Bei freien Atomen kommt hierzu noch das Bahnmoment der Elektronen. Bei den Valenzelektronen der Metalle ist dieses aber Null, weil die Eigenfunktionen angenähert ebene Wellen sind. Der Paramagnetismus ist daher der Magnetismus der Elektronenspins. Andererseits ist der Diamagnetismus bedingt durch den Einfluß des Magnetfeldes auf die Elektronenbahn.

Paramagnetismus [28, 36]. Legt man an ein Metall ein äußeres magnetisches Feld H, so werden sich die Elektronenspins entweder parallel oder antiparallel zum Feld einstellen. Ist E die Energie eines Elektrons ohne Feld, so ist seine Energie im Feld $E - \mu H$ bei parallelem, $E + \mu H$ bei antiparallelem Spin. Es tritt also eine Umnumerierung der Energien ein. Die Eigenwertdichte $D(E)$ bleibt dagegen die ursprüngliche, weil wir annehmen dürfen, daß die Elektroneneigenfunktionen nicht beeinflußt werden, solange wir uns nur für den Einfluß des Magnetfeldes auf den Spin interessieren. Ohne Feld ist die Zahl der Elektronen mit einer Energie zwischen E und $E + dE$ [vgl. § 5, (6a)]

$$2 D(E) f(E) dE.$$

Mit Feld dagegen ist die Zahl dieser Elektronen mit parallelem Spin, d. h. mit der Gesamtenergie $E - \mu H$

$$D(E) f(E - \mu H) dE$$

und mit antiparallelem Spin, d. h. mit der Gesamtenergie $E + \mu H$

$$D(E) f(E + \mu H) dE.$$

Beim absoluten Nullpunkt sind alle Zustände mit einer *Gesamt-energie* $E' < \zeta_0$ besetzt, während alle Zustände $E' > \zeta_0$ leer sind. Nun ist für Elektronen mit parallelem Spin (Definition von E_0 und E_1) $\zeta_0 = E_0 - \mu H$, mit antiparallelem Spin $\zeta_0 = E_1 + \mu H$. Die ersteren Elektronen besetzen also alle Zustände bis zur Energie (nichtmagnetische Energie) $E_0 = \zeta_0 + \mu H$, die letzteren bis zur Energie $E_1 = \zeta_0 - \mu H$. Es gibt daher mehr Elektronen mit parallelem Spin. Ihr Überschuß Z ist

$$Z = \int_{\zeta_0 - \mu H}^{\zeta_0 + \mu H} D(E) dE \cong 2 \mu H D(\zeta_0). \tag{3}$$

Sie erzeugen ein magnetisches Moment von der Größe

$$M = \mu \cdot 2 \mu D(\zeta_0) H.$$

Aus (1) folgt daher die paramagnetische Suszeptibilität

$$\chi_{\text{para}} = 2 \mu^2 D(\zeta_0). \tag{4}$$

Aus der Messung der paramagnetischen Suszeptibilität ergäbe sich also eine Methode zur direkten Bestimmung der Eigenwertdichte. Leider ist aber noch keine experimentelle Methode gefunden, die es gestattet, den Paramagnetismus der Metalle vom Diamagnetismus zu trennen. Bei anderen Körpern ist dies möglich, weil dort der Paramagnetismus temperaturabhängig ist (CURIEsches Gesetz!), der Diamagnetismus aber nicht. Bei Metallen dagegen ist der Paramagnetismus der Valenzelektronen beinahe unabhängig von der Temperatur. Das folgt sofort aus der geringen Temperaturabhängigkeit der FERMI-Verteilung. Zum analytischen Nachweis haben wir Z für beliebige Temperaturen zu bestimmen. Aus den obigen Werten für die Anzahl der parallelen bzw. antiparallelen Spins erhalten wir für deren Differenz

$$Z = \int_{-\infty}^{\infty} D(E) \left[f(E-\mu H) - f(E+\mu H) \right] dE.$$

Nun ist aber [§ 5, (7a)]

$$f(E \pm \mu H) = \frac{1}{e^{\frac{E \pm \mu H - \zeta}{kT}} + 1}.$$

Nach Anhang 3, Gl. (3) ist

$$\int_{\infty}^{\infty} f(E \pm \mu H) D(E) dE = \int_{-\infty}^{\zeta_0 \mp \mu H} D(E) dE + \frac{\pi^2}{6}(kT)^2 \left(\frac{dD}{dE}\right)_{\zeta_0 \mp \mu H},$$

also wird

$$Z = \int_{-\infty}^{\zeta_0+\mu H} D(E) dE - \int_{-\infty}^{\zeta_0-\mu H} D(E) dE + \frac{\pi^2}{6}(kT)^2 \left(\left(\frac{dD}{dE}\right)_{\zeta_0+\mu H} - \right.$$

$$\left. - \left(\frac{dD}{dE}\right)_{\zeta_0-\mu H} \right) = \int_{\zeta_0-\mu H}^{\zeta_0+\mu H} D(E) dE + \frac{\pi^2}{6}(kT)^2 \left(\frac{d^2D}{dE^2}\right)_{\zeta_0} \cdot 2\mu H,$$

oder mit (3)

$$Z = 2\mu H \left(D(\zeta_0) + \frac{\pi^2}{6}(kT)^2 \left(\frac{d^2D}{dE^2}\right)_{\zeta_0} \right) = 2\mu H Z_0 \left(1 + \frac{\pi^2}{6} \frac{(kT)^2}{D(\zeta_0)} \left(\frac{d^2D}{dE^2}\right)_{\zeta_0} \right), \quad (3a)$$

wobei Z_0 der Wert von Z für $T = 0$ (3) ist. Der zweite, temperaturabhängige Term in der Klammer ist sehr klein gegen Eins. Setzen wir, wie für freie Elektronen, die Eigenwertdichte $D \sim (E-E_0)^{1/2}$, so wird

$$\frac{\pi^2}{6} \frac{(kT)^2}{D(\zeta_0)} \left(\frac{d^2D}{dE^2}\right)_{\zeta_0} = -\frac{\pi^2}{24} \left(\frac{kT}{\zeta_0-E_0}\right)^2.$$

Für $\zeta_0 - E_0 \cong 3$ e-Volt und Zimmertemperatur ist das etwa 10^{-4}.

Die Suszeptibilität kann auch, wie wir oben mitgeteilt haben, durch die Änderung der Gesamtenergie aller Elektronen durch das Magnetfeld definiert werden. Ist U_H die Gesamtenergie im Magnetfeld, U_0 ohne Magnetfeld, so ist nach (2)

$$U_H = U_0 - \frac{1}{2}\chi H^2 \tag{2a}$$

eine Definition von χ, die gleichbedeutend mit unserer obigen durch das magnetische Moment ist. Die Energieänderung $\frac{1}{2}\chi H^2$ setzt sich aus zwei Teilen zusammen:

1. Die rein magnetische Energie von Z Elektronen mit dem magnetischen Moment parallel zum Feld ist [vgl. (3)]

$$-Z\mu H = -\mu H \cdot 2\mu H D(\zeta_0).$$

2. $\frac{Z}{2}$ Elektronen gehen in höhere Quantenzustände über. Wie wir gesehen haben, besteht der Einfluß des Magnetfeldes ja darin, daß die Gesamtenergie eines Elektrons mit parallelem Spin um $-\mu H$, mit antiparallelem Spin um $+\mu H$ erhöht wird. Daher gehen die Elektronen mit antiparallelem Spin, die ohne Feld in Quantenzuständen zwischen $\zeta_0 - \mu H$ und ζ_0 sind, im Feld in Quantenzustände zwischen ζ_0 und $\zeta_0 + \mu H$ über unter gleichzeitigem Umklappen des Spins. In den ursprünglichen Zuständen ist letzteres wegen des PAULI-Prinzips nicht möglich. Da im ganzen Z Elektronen mit parallelem Spin vorhanden sind, haben $\frac{Z}{2}$ Elektronen ihren Spin umgeklappt, wobei jedes dieser Elektronen in einen um μH höheren Quantenzustand übergeht. Insgesamt wird dadurch [vgl. (3)] die Energie

$$\frac{Z}{2}\mu H = (\mu H)^2 D(\zeta_0)$$

aufgewandt. Mit dem obigen Ausdruck ist die Gesamtänderung der Energie also

$$\Delta U = -Z\mu H + \frac{Z}{2}\mu H = -(\mu H)^2 D(\zeta_0),$$

die nach (2) $-\frac{1}{2}\chi H^2$ gesetzt werden muß, wodurch für χ wieder (4) erhalten wird.

Neben dem hier besprochenen temperaturunabhängigen Paramagnetismus (Diskussion auf S. 154) gibt es bei einigen Metallen auch einen temperaturabhängigen. Dieser Fall tritt dann ein, wenn das Atom eine unabgeschlossene innere Schale hat. Beispiele dafür sind die seltenen Erden, bei denen die N-Schale nicht vollbesetzt ist, während die Valenzelektronen in der P-Schale sitzen. Ein anderes Beispiel ist z. B. Chrom, bei dem die M-Schale nicht vollbesetzt ist. Die Elektronen der inneren Schalen sind im Mittel viel näher beim Atomkern als die Valenzelektronen. Nach § 4 A ist das ihnen zugehörige Energieband also bedeutend schmäler als das Band der Valenzelektronen, und wie wir oben gezeigt haben (3a), bedeutet das sowohl eine Erhöhung des Wertes der Suszeptibilität als auch eine vergrößerte Temperaturabhängigkeit. Wir werden in § 27 näher auf diese Verhältnisse eingehen.

Diamagnetismus freier Elektronen [84, 108]. Die diamagnetische Suszeptibilität wird man am einfachsten aus Gl. (2) bestimmen, d. h. aus der Änderung der Gesamtenergie im Magnetfeld ohne Berücksichtigung des Spins. Die Bewegung freier Elektronen wird bekanntlich durch ein Magnetfeld stark verändert — aus einer geradlinigen Bewegung wird eine spiralenförmige. Das bedeutet aber durchaus nicht, daß freie Elektronen eine große magnetische Suszeptibilität haben. Im Gegenteil, im rein klassischen Fall ist diese Null, weil das Magnetfeld die Energie der Elektronen nicht verändert. Es krümmt nur die Bahn, läßt aber den absoluten Betrag der Geschwindigkeit unverändert, und daher auch die Energie, die ja im Magnetfeld $\frac{m}{2} v^2$ wie ohne Feld ist. Anders ist das im quantentheoretischen Fall. Durch die Krümmung der Bahn wird ja die Bewegung in der Projektion auf die Ebene senkrecht zum Magnetfeld (Projektion der Spirale auf die Ebene senkrecht zur Achse) kreisförmig, d. h. periodisch. Wie bei jeder periodischen Bewegung ist dann nur eine gewisse Auswahl der klassisch möglichen Energien zulässig. Diese Quantelung der Energiekomponente senkrecht zum Magnetfeld bewirkt, daß gewöhnlich ein Elektron seine Energie ändern muß, wenn das Magnetfeld eingeschaltet wird. Daher resultiert in der Quantenmechanik ein Diamagnetismus freier Elektronen. Die Energie läßt sich leicht berechnen. Wir nehmen an, daß das Magnetfeld in der z-Richtung liegt ($H_z = H$) und beschreiben es durch ein Vektorpotential $\mathfrak{A}$ mit den Komponenten

$$A_x = -Hy, \quad A_y = A_z = 0.$$

Dann ist nach den Grundlagen der Elektrodynamik

$$\mathfrak{H} = \operatorname{rot} \mathfrak{A}, \quad \text{d. h.} \quad H_x = H_y = 0, \quad H_z = H.$$

Der Impuls $\mathfrak{p}$ eines Elektrons in einem Vektorpotential $\mathfrak{A}$ ist mit der Geschwindigkeit $\mathfrak{v}$ durch die Relation

$$\mathfrak{v} = \frac{1}{2m}\left(\mathfrak{p} - \frac{e}{c}\mathfrak{A}\right)$$

verknüpft. $\frac{e}{c}\mathfrak{A}$ heißt potentieller Impuls. Die Energie wird nun

$$E = \frac{m}{2}v^2 = \frac{1}{2m}\left(\mathfrak{p} - \frac{e}{c}\mathfrak{A}\right)^2 = \frac{1}{2m}\left(\left(p_x + \frac{e}{c}Hy\right)^2 + p_y^2 + p_z^2\right). \quad (5)$$

Mit den Abkürzungen

$$y_0 = -\frac{p_x c}{He}, \quad 2\pi\nu = \frac{eH}{mc} = \frac{2\mu H}{h} \quad (6)$$

können wir diesem Ausdruck die Form

$$E - \frac{p_z^2}{2m} = E_1 = \frac{p_y^2}{2m} + \frac{m}{2}(2\pi\nu)^2 (y - y_0)^2 \quad (5a)$$

geben. E_1 ist formal identisch mit der Energie eines harmonischen Oszillators mit der Frequenz ν (LARMOR-Frequenz), der um den Punkt y_0 schwingt. Dieser kann bekanntlich in der Quantenmechanik nur die Energien [vgl. (6)]

$$E_1 = \left(n + \frac{1}{2}\right)h\nu = 2\mu H\left(n + \frac{1}{2}\right)$$

annehmen. Daher sind die zulässigen Werte der Energie

$$E = \frac{p_z^2}{2m} + 2\mu H\left(n + \frac{1}{2}\right).$$

Wir müssen dieses Resultat so deuten, daß die z-Komponente der Energie

$$E_z = \frac{p_z^2}{2m}$$

beliebige Werte annehmen kann, während die Komponente senkrecht zu z nur die diskreten Werte E_1 haben kann. Jeder Eigenwert E_1 ist natürlich entartet, d. h. es gibt viele Zustände, die den gleichen Eigenwert haben. Aus einer näheren Untersuchung findet man, daß zur Energie $2\mu H\left(n + \frac{1}{2}\right)$ genau so viele Zustände gehören, wie ohne Magnetfeld im Energieintervall zwischen $2\mu H n$ und $2\mu H(n+1)$ liegen. Der energetische Einfluß des Magnetfeldes besteht also darin, daß alle Eigenwerte des Intervalls zwischen $2\mu H n$ und $2\mu H(n+1)$ in den dazwischenliegenden Wert $2\mu H\left(n + \frac{1}{2}\right)$ hineinrücken.

Die Berechnung der Erhöhung der Elektronenenergie im Magnetfeld ergibt für $\mu H \ll kT$

$$\Delta U = \frac{(\mu H)^2}{3} D(\zeta).$$

Mit (2) erhält man hieraus, als diamagnetische Suszeptibilität

$$\chi_{\text{dia}} = -\frac{2\mu^2}{3} D(\zeta), \qquad (7)$$

falls

$$\mu H \ll kT. \qquad (7\text{a})$$

Das ist nach (4) genau $-1/3$ der paramagnetischen Suszeptibilität.

Einfluß des Gitterpotentials [151]. Wir haben in §§ 3 und 4 gefunden, daß sich die Energie eines Elektrons im Metallgitter in vielen Fällen durch die Energie eines freien Elektrons mit einer scheinbaren Masse m^* darstellen läßt, die mit der tatsächlichen Masse vermittels der Freiheitszahl f_k [§ 3, (14)] durch die Beziehung

$$m_k^* f_k = m$$

verknüpft ist. Der Index k bedeutet, daß m_k^* und f_k von der Wellenzahl abhängen. f_k hat sich durch Mittelung über alle Richtungen ergeben, und zwar war nach § 3, (14)

$$f_k = \frac{1}{3}(f_x + f_y + f_z), \qquad f_i = \frac{m}{\hbar^2} \frac{\partial^2 E}{\partial k_i^2}.$$

Ursprünglich erhielten wir in § 3 anstatt f_k einen Tensor mit dem Komponenten

$$\frac{m}{\hbar^2} \frac{\partial^2 E}{\partial k_r \, \partial k_s}, \qquad r, s = x, y, z.$$

Entsprechend ist dann die scheinbare Masse durch einen Massentensor zu ersetzen. Dieser Tensor sei auf Hauptachsen transformiert, die in einem kubischen Kristall senkrecht zueinander stehen. Wir wollen annehmen, daß unser Koordinatensystem x, y, z mit den Hauptachsen des Tensors zusammenfalle. Das bedeutet, daß die scheinbare Masse, in der x-, y- und z-Richtung gegeben ist durch

$$m_i^* f_i = m, \qquad i = x, y, z. \qquad (8)$$

Die Energie eines Elektrons ohne Magnetfeld wird also (bis auf einen konstanten Term)

$$E = \frac{p_x^2}{2 m_x^*} + \frac{p_y^2}{2 m_y^*} + \frac{p_z^2}{2 m_z^*}.$$

Mit Magnetfeld erhalten wir analog zu (5)

$$E = \frac{1}{2 m_x^*} \left(p_x + \frac{e}{c} H y \right)^2 + \frac{p_y^2}{2 m_y^*} + \frac{p_z^2}{2 m_z^*}$$

oder entsprechend zu (5a)

$$E - \frac{p_z^2}{2 m_z^*} = \frac{p_y^2}{2 m_y^*} + \frac{m_y^*}{2} (2\pi \nu')^2 (y - y_0)^2.$$

Die Frequenz ν' ist verschieden von ν in (6), und zwar, wie man durch Vergleich der obigen beiden Ausdrücke für E findet, wird [vgl. (8)]

$$2\pi\nu' = \frac{eH}{(m_x^* m_y^*)^{1/2} c} = \frac{eH}{mc}(f_x f_y)^{1/2}$$

oder mit (6)

$$2\pi\nu' = 2\pi\nu (f_x f_y)^{1/2} = \frac{2\mu H}{h}(f_x f_y)^{1/2}.$$

Wir erhalten daher jetzt für die Suszeptibilität den gleichen Ausdruck wie für freie Elektronen, wenn wir dort μ durch $\mu(f_x f_y)^{1/2}$ ersetzen. Die f_i hängen gewöhnlich noch vom Zustand der Elektronen ab. Bei der Integration über alle Elektronen stellt sich aber heraus, daß nur die Elektronen mit der Energie $E = \zeta$ von Bedeutung sind. Daher tritt an Stelle von $f_x f_y$ der Mittelwert dieser Größe über alle Elektronen mit der Grenzenergie ζ (durch Überstreichen gekennzeichnet). Aus (7) erhalten wir also χ durch die oben mitgeteilte Substitution:

$$\chi_{\text{dia}} = -\frac{2\mu^2}{3} D(\zeta) \overline{(f_x f_y)}. \tag{9}$$

Bei der Ableitung dieses Ausdruckes hatten wir einen kubischen Kristall vorausgesetzt und die Annahme gemacht, daß das Magnetfeld parallel zu einer Hauptachse liegt. Solange wir uns für polykristallines Material interessieren, sind beide Voraussetzungen offenbar unwesentlich und (9) gilt dann allgemein, wenn wir noch eine Mittelung von $\overline{f_x f_y}$ über alle möglichen Lagen der Ebene $x-y$ in bezug auf die Kristallachsen ausführen, wobei wir allerdings beachten müssen, daß die f_i Komponenten eines Tensors sind. Der Ausdruck $f_x f_y$ geht also in einen etwas komplizierteren Ausdruck über, wenn z nicht mehr in eine Hauptachse fällt. Man kann diesen neuen Ausdruck leicht mit Hilfe der Transformationsformel für Tensoren ableiten. Auf Hauptachsen gebracht hat der Tensor, welcher der Freiheitszahl zugeordnet ist, die Form

$$|f_k| = \begin{vmatrix} f_x & 0 & 0 \\ 0 & f_y & 0 \\ 0 & 0 & f_z \end{vmatrix},$$

während in einem allgemeinen Koordinatensystem x', y', z'

$$|f_k| = \begin{vmatrix} f_{x'} & f_{x'y'} & f_{x'z'} \\ f_{y'x'} & f_{y'} & f_{y'z'} \\ f_{z'x'} & f_{z'y'} & f_{z'} \end{vmatrix}$$

ist, wobei nach § 3, S. 24

$$f_{rs} = f_{sr} = \frac{m}{\mathrm{h}^2}\frac{\partial^2 E}{\partial k_r \partial k_s}$$

ist. Der Ausdruck $f_x f_y$ ist die Unterdeterminante zu f_z in der Determinante, die dem Tensor zugeordnet ist. Daher erhalten wir allgemein anstatt $f_x f_y$

$$f_{x'} f_{y'} - f_{x'y'}^2$$

und für (9)

$$\chi_{\mathrm{dia}} = -\frac{2\mu^2}{3} D(\zeta) \overline{(f_x f_y - f_{xy}^2)}. \tag{9a}$$

Eine Voraussetzung für die Gültigkeit von (7) ist die Bedingung (7a). Die entsprechende Bedingung für die Gültigkeit von (9) bzw. (9a) ist, wie aus unserer Ableitung der Formel (9) aus (7) hervorgeht

$$\mu H \overline{(f_x f_y)}^{1/2} \ll k T. \tag{10}$$

Solange $\overline{f_x f_y} \leq 1$ ist, wird (10) auch bei den höchsten erreichbaren Feldstärken (Größenordnung 10^5 Gauß) noch bei sehr tiefen Temperaturen erfüllt, denn 1° entspricht einer Feldstärke von etwa 10^4 Gauß. Es gibt aber Ausnahmefälle (vgl. § 31), bei denen $\overline{f_x f_y} > 1$ wird. Dann ist, je nach der Größe von $\overline{(f_x f_y)}$, (10) häufig nicht mehr erfüllt. Unter diesen Umständen wird die Berechnung von χ_{dia} sehr kompliziert, so daß wir hier darauf verzichten.

Diamagnetismus gebundener Elektronen. Wir haben in (7) den Diamagnetismus vollständig freier Elektronen berechnet. Gl. (9) erhielten wir daraus unter der Annahme, daß sich die Elektronen im Metallgitter wie freie Elektronen mit einer scheinbaren Masse m^* verhalten. Dies ist für die Valenzelektronen, wie wir aus § 4 wissen, auch meist zutreffend. Wir wollen jetzt hier noch den Beitrag stark gebundener Elektronen berechnen. Bei freien Elektronen war der Einfluß des Magnetfeldes auf die Eigenfunktionen sehr groß, obwohl die Energieänderung nur klein war. Die Ursache dafür ist, daß die Bahn freier Elektronen, d. h. ihre Eigenfunktion, stark verändert werden kann, ohne daß sich dabei die Energie ändert. Bei gebundenen Elektronen trifft das nicht mehr zu. Wir können dann das Magnetfeld als kleine Störung behandeln, was die Berechnung der Energieänderung natürlich stark vereinfacht.

Da wir uns jetzt für stark gebundene Elektronen interessieren, dürfen wir annehmen, daß sich die Elektronen wie beim freien Atom verhalten. Die Zusatzenergie eines Elektrons in einem

Magnetfeld, das in der z-Richtung liegt, ist

$$\varepsilon = \frac{eH}{2mc}(p_x y - p_y x) + \frac{e^2 H^2}{8 m c^2}(x^2 + y^2).$$

Da wir jetzt das Magnetfeld als kleine Störung betrachten können, ist die Eigenfunktion ψ des Elektrons angenähert die gleiche wie ohne Feld. Die Energieerhöhung des Elektrons im Magnetfeld ist dann

$$\Delta E = \int \psi^* \varepsilon \psi \, d\tau,$$

wobei wir in ε nach § 1, S. 7 p_i durch $\frac{h}{i}\frac{\partial}{\partial x_i}$ zu ersetzen haben. Der erste Term liefert den paramagnetischen Beitrag des Bahnmoments ($p_x y - p_y x$ ist ja der Drehimpuls), von dem wir voraussetzen, daß er verschwindet (abgeschlossene Schalen). Dann ist

$$\Delta E = \frac{e^2 H^2}{8 m c^2} \int (x^2 + y^2) \psi^* \psi \, d\tau.$$

Die Ladungsverteilung $\psi^* \psi$ ist bei abgeschlossenen Schalen kugelsymmetrisch. Aus Symmetriegründen ist dann

$$\int (x^2 + y^2) \psi^* \psi \, d\tau = \frac{2}{3} \int r^2 \psi^* \psi \, d\tau = \frac{2}{3} \overline{r^2}.$$

Daher wird

$$\Delta E = \frac{e^2 H^2 \overline{r^2}}{12 m c^2}.$$

Es sei N die Anzahl der Atome in dem von uns betrachteten Gebiet. Dann ist nach (2)

$$\chi_{\text{dia}} = -\frac{e^2 \overline{r^2} N}{6 m c^2}. \tag{11}$$

Bei der Berechnung der gesamten Suszeptibilität des Metalls haben wir die para- und diamagnetischen Beiträge aller Elektronen zu summieren. Alle Elektronen mit Ausnahme der Valenzelektronen verhalten sich wie beim freien Atom, d. h. ihr Beitrag ist durch (11) gegeben, wozu, falls nichtabgeschlossene innere Schalen vorhanden sind, noch ein paramagnetischer Anteil kommt. Die Beiträge der Valenzelektronen andererseits haben wir in (4) und (9a) angegeben. Der diamagnetische Anteil der inneren Elektronen an der Suszeptibilität ist gleich der diamagnetischen Suszeptibilität des betreffenden Ions, die wir χ_{ion} nennen wollen. Dann ist also

$$\chi = \chi_{\text{ion}} + (4) + (9\text{a}) = \chi_{\text{ion}} + 2\mu^2 D(\zeta)\left(1 - \frac{\alpha}{3}\right), \quad \alpha = \overline{(f_x f_y - f_{xy}^2)}, \tag{12}$$

falls das Ion nicht paramagnetisch ist. Hat das Ion hingegen nichtabgeschlossene innere Schalen, so kommt zu (12) noch ein paramagnetischer Anteil, der meist alle anderen Beiträge zu χ weit übertrifft und unter Umständen zu Ferromagnetismus führt. In allen diesen Fällen ist die Einteilung der Elektronen in innere (Ion) und äußere (Valenzelektronen) nicht mehr so einfach durchführbar, wie wir hier geschildert haben. Wir werden diese Fälle beim Ferromagnetismus bzw. in § 27 behandeln und beschränken uns hier bei der Diskussion auf die einfachen Fälle, für die (12) gültig ist.

Diskussion (vgl. auch § 27). Da die Suszeptibilität χ_{Ion} des Ions direkt gemessen werden kann, erhalten wir mit Hilfe von (12) experimentelle Werte der Größe

$$2\mu^2 D(\zeta)\left(1 - \frac{\alpha}{3}\right) = \chi - \chi_{\text{Ion}}. \tag{12a}$$

Wir wollen die linke Seite von (12a) unter vereinfachten Annahmen weiterentwickeln, um einen Vergleich mit dem Experiment zu erleichtern. Wir setzen voraus:

1. Die Energie ζ hängt als Funktion der Wellenzahl nur von $|\mathfrak{k}|$ ab, d. h. $f_x = f_y = f_z$.

2. Die Eigenwertdichte $D(\zeta)$ sei die gleiche wie bei freien Elektronen mit einer scheinbaren Masse[1] $m^* = \dfrac{m}{f_\zeta}$.

Aus 1. folgt zunächst, daß in jedem Koordinatensystem $f_{xy} = f_{yz} = f_{zx} = 0$ ist. Infolgedessen wird

$$\alpha = f_\zeta^2. \tag{13}$$

Aus 2. ergibt sich mit Gl. (31), § 4, wenn wir D auf die Volumeneinheit beziehen [vgl. auch § 5, (21) und (21a)]

$$D(\zeta) = \frac{1}{4\pi^2}\left(\frac{2m}{h^2}\right)^{3/2} \frac{|\zeta - E_0|^{1/2}}{|f_\zeta|^{3/2}}. \tag{14}$$

E_0 ist dabei entweder der untere oder der obere Rand des Bandes, je nachdem, ob f_ζ positiv oder negativ ist. Bei einwertigen Metallen ist immer das erstere der Fall. Wenn wir noch die zusätzliche Annahme machen, daß f_k für alle Energien zwischen E_0 und ζ konstant ist, so läßt sich $\zeta - E_0$ aus der Anzahl n der Atome pro cm^3 berechnen. Es wird dann nach § 5, (15) unter Beachtung der dortigen Energienormierung ($E_0 = 0$), wenn wir m durch $m/f_\zeta = m^*$ ersetzen

---

[1] f_ζ ist der Mittelwert der Freiheitszahl der Elektronen mit der Energie ζ.

Para- und Diamagnetismus.

$$\zeta - E_0 = \frac{h^2}{2\,m^*}\,(3\,\pi^2\,n)^{2/3} = \frac{h^2}{2\,m}\,f_\zeta\,(3\,\pi^2\,n)^{2/3}\,. \quad (14\,\text{a})$$

Hiermit erhalten wir aus (12a) unter Beachtung von (13) und (14) (χ pro Volumeneinheit)

$$\left.\begin{aligned}\chi - \chi_{\text{ion}} &= 2\,\mu^2 \cdot \frac{2\,m}{h^2}\,\frac{(3\,\pi^2\,n)^{1/3}}{4\,\pi^2}\left(\frac{1}{f_\zeta} - \frac{f_\zeta}{3}\right) = \\ &= \frac{e^2\,(3\,\pi^2\,n)^{1/3}}{4\,\pi^2\,m\,c^2}\left(\frac{1}{f_\zeta} - \frac{f_\zeta}{3}\right) = 2{,}1\cdot 10^{-14}\,n^{1/3}\left(\frac{1}{f_\zeta} - \frac{f_\zeta}{3}\right)\end{aligned}\right\} \quad (15)$$

Diese einfache Formel für einwertige Metalle gestattet uns eine Bestimmung der Freiheitszahl f_ζ, da alle anderen Größen bekannt sind. Es ist aber zu beachten, daß die Voraussetzungen (13) und (14) sicher nur näherungsweise gültig sind. Daher kommt den sich ergebenden f_ζ-Werten keine große Genauigkeit zu (vgl. auch § 27). Die Tatsache, daß sie alle die Größenordnung Eins haben, bestätigt uns aber, daß unsere Vorstellungen über das magnetische Verhalten der Metalle richtig sind. Nachfolgende Tabelle 9 gibt die experimentellen Daten und die mit Hilfe von (15) berechneten f_ζ-Werte für die einwertigen Metalle.

Tabelle 9 [1].

Metall	Li	Na	K	Rb	Cs	Cu	Ag	Au
$\chi \cdot 10^6$	0,27	0,63	0,48	0,13	−0,19	−0,8	−1,5	−3,1
$\chi_{\text{ion}} \cdot 10^6$	−0,05	−0,25	−0,29	−0,50	−0,54	−2,9	−3,2	−4,7
f_ζ	1,2	0,65	0,60	0,65	0,90	0,40	0,50	0,55

Um bei zweiwertigen Metallen eine ähnliche Berechnung durchführen zu können, müßte der Abstand der Grenzenergie ζ von den Rändern der beiden sich überlagernden Bänder bekannt sein (vgl. § 5, S. 77). Da wir in diesem Fall eine ähnliche Abschätzung wie in (14a) nicht vornehmen dürfen, können wir auch keine weiteren Schlüsse ziehen. Wir könnten natürlich umgekehrt versuchen $|\zeta - E_0|$ aus den Meßwerten zu bestimmen. In diesem Fall müßten wir aber wieder Annahmen über f_ζ machen. Da die Größenordnung von χ bei fast allen in Frage kommenden Metallen dieselbe ist, ergibt sich unter der Annahme $f_\zeta = 1$ natürlich immer die Größenordnung einige Volt für $\zeta - E_0$. Mehr als die Größenordnung kann aber ohne die Kenntnis von f_ζ nicht erhalten werden, so daß wir auf nähere Angaben verzichten.

---

[1] χ_{ion} nach [5].

Die Temperaturabhängigkeit von χ ist bei allen Metallen der ersten Gruppen des periodischen Systems verschwindend klein, wie das nach unserer Theorie zu fordern ist. Für Metalle mit nicht abgeschlossenen inneren Schalen trifft das nicht mehr zu.

Eine abnorm hohe diamagnetische Suszeptibilität hat Wismut, nämlich $\chi \simeq -10 \cdot 10^{-6}$ (pro Volumeneinheit). Dieser hohe Wert ist fast vollständig dem Beitrag der Valenzelektronen zuzuschreiben. Das folgt daraus, daß bei flüssigem Wismut χ auf etwa ein Zehntel des Wertes für festes Wismut (pro Atom!) zurückgeht. Infolgedessen muß [vgl. (12a)] $\frac{\alpha}{3} > 1$ sein, damit der Beitrag der Valenzelektronen negativ wird. Das ist nur möglich, wenn die Freiheitszahl f_k größer als Eins ist (13). Um den hohen Wert von χ zu erklären, muß f_k sogar bedeutend größer als Eins sein. Theoretisch tritt dieser Fall nach unserer Näherung § 4B für Zustände, die sehr nahe am Rande eines Bandes liegen, ein. Wir müssen also folgern, daß bei Wismut die Grenzenergie sehr nahe am Rande eines Energiebandes verläuft. Diese Vorstellung werden wir später noch durch weiteres Material stützen und theoretisch begründen (vgl. § 31).

III. Leitfähigkeit.

§ 12. Elementare Theorie.

Überblick. Das einfachste und wichtigste Gesetz, das sich auf die elektrische Leitfähigkeit bezieht, ist das OHMsche Gesetz

$$J = \sigma F. \tag{1}$$

J = Stromdichte, F = elektrische Feldstärke, σ = spezifische Leitfähigkeit.

Der reziproke Wert von σ

$$\frac{1}{\sigma} = \varrho$$

ist der spezifische Widerstand. ϱ hängt für alle Metalle in ähnlicher Weise von der Temperatur ab, und zwar ist für Zimmertemperatur $\varrho \sim T$, während für sehr tiefe Temperaturen ϱ mit einer höheren Potenz von T, wahrscheinlich mit T^5, geht. Abb. 38a zeigt für einige Metalle ϱ als Funktion von T für hohe Temperaturen. Diese Temperaturabhängigkeit gilt aber nur für reine Metalle. Für Legierungen setzt sich der Widerstand additiv aus einem

Elementare Theorie. 157

temperaturabhängigen und einem temperaturunabhängigen Term zusammen (MATTHIESSENsche Regel).

$$\varrho = \varrho_0 + \varrho_1(T).$$

Der temperaturunabhängige Teil ϱ_0 heißt Restwiderstand; ϱ_1 hat die gleiche Temperaturabhängigkeit wie bei reinen Metallen (Abb. 38 b).

Neben dem OHMschen Gesetz ist das JOULEsche Gesetz von grundlegender Bedeutung für die elektrische Leitfähigkeit. Es besagt, daß die pro Sekunde und pro Volumeneinheit durch den elektrischen Strom

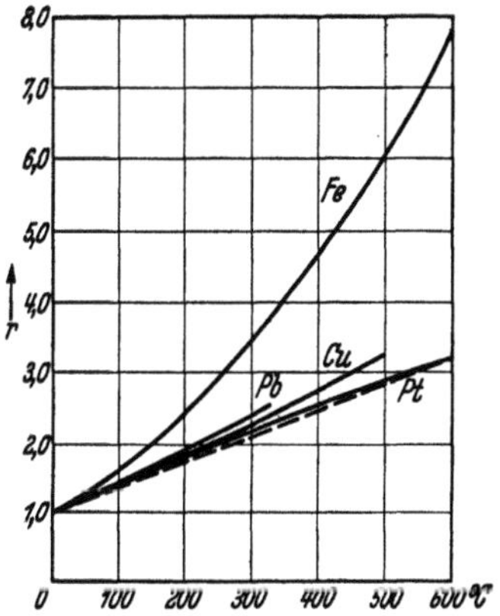

Abb. 38 a. Abb. 38 b.

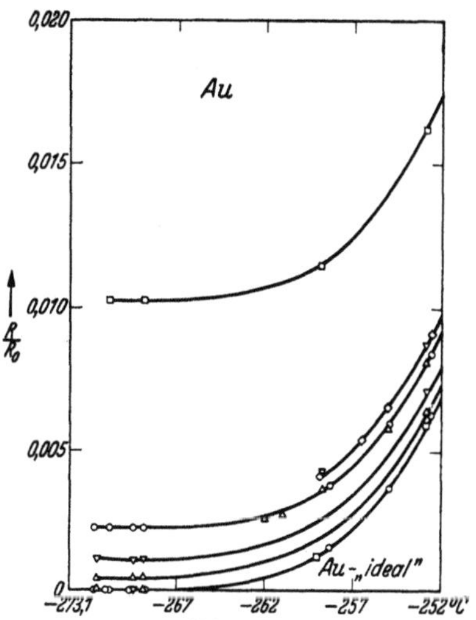

Abb. 38 a und b. a Abhängigkeit des elektrischen Widerstandes von der Temperatur für hohe Temperaturen. Aus [8a]. b Elektrischer Widerstand von Au für tiefe Temperaturen bei verschiedenen Reinheitsgraden, d. h. verschiedenem Restwiderstand. Aus [14].

entwickelte Wärmemenge W durch den Ausdruck

$$W = JF = \sigma F^2 = \varrho J^2 \tag{2}$$

bestimmt wird. Das JOULEsche Gesetz ist eine Folge des OHMschen Gesetzes und des Energieerhaltungsgesetzes.

Auf Grund unseres in Kapitel I entwickelten Metallmodells wird die elektrische Leitfähigkeit unendlich groß. Nach § 3 werden ja die Elektronen durch ein äußeres Feld beschleunigt, so daß ihre Geschwindigkeit immer weiter wächst. Der Grund für eine endliche Leitfähigkeit besteht in der Wechselwirkung der Elektronen mit dem Metallgitter. Unser Metallmodell hatte als wesentliche Voraussetzung, daß das Gitter streng periodisch ist. Nur dann ist es möglich, daß sich ein Elektron ungehindert durch das Kristallgitter bewegt. Tatsächlich führt jedes Atom des Gitters aber Schwingungen um seine mittlere Lage aus. Diese Schwingungen bedeuten Abweichungen von der strengen Periodizität des Gitters und sind die Ursachen für den Widerstand. Da die Amplitude der Gitterschwingungen mit der Temperatur wächst, gilt dasselbe auch vom Widerstand ϱ. Wir stellen uns die Einstellung eines stationären Stromes so vor, daß ein Elektron durch das äußere Feld beschleunigt wird und nach Durchlaufen einer gewissen Strecke l_0 von den Gitterschwingungen gestreut wird. l_0 heißt freie Weglänge des Elektrons. Natürlich wird ein Elektron von den Gitterschwingungen auch gestreut, wenn kein äußeres Feld angelegt ist. Da aber dann die Elektronen im thermischen Gleichgewicht mit den Gitterschwingungen stehen, wird die Verteilungsfunktion der Elektronen durch die Zusammenstöße nicht verändert.

Die Elektronen machen auch untereinander Zusammenstöße. Da aber bei jedem Zusammenstoß der Impulssatz befriedigt werden muß, kann sich durch solche Prozesse der Gesamtimpuls der Elektronen, also auch der Strom, nicht ändern. Sie sind daher belanglos und brauchen nicht weiter beachtet zu werden.

Elektrische Leitfähigkeit. Es sei ein äußeres Feld F in der x-Richtung an ein Metall gelegt. Dieses beschleunigt jedes Elektron so lange, bis es einen Zusammenstoß mit den Gitterschwingungen macht. Wir nennen den Mittelwert dieser Zeit τ_1. Da die Beschleunigung eines freien Elektrons $\dfrac{e}{m} F$ ist, hat das Elektron nach Ablauf von τ_1 Sekunden in der x-Richtung die Geschwindigkeit

$$\Delta v = \frac{e}{m} F \tau_1$$

gewonnen. Im Mittel ist daher der Geschwindigkeitszuwachs jedes Elektrons

$$\overline{\Delta v} = \frac{1}{2} \Delta v = \frac{e}{m} F \tau, \quad \tau = \frac{\tau_1}{2}. \tag{3}$$

Die Zeit τ heißt Relaxationszeit. Wie wir in § 14 sehen werden, ist τ die Zeit, nach der, nach Abschalten des äußeren Feldes, die Störung der Elektronen-Verteilungsfunktion auf den e-ten Teil zurückgegangen ist. Als mittlere freie Weglänge definieren wir die Größe $l = \tau \bar{v}$, wo $\bar{v}$ die mittlere Elektronengeschwindigkeit ist. Aus $\overline{\Delta v}$ erhalten wir die Stromdichte J durch Multiplikation mit der Elektronenladung e und mit der Zahl n der Elektronen pro cm^3:

Elementare Theorie.

$$J = e n \overline{\Delta v} = \frac{e^2 \tau n F}{m}. \qquad (4)$$

Hiermit haben wir schon das OHMsche Gesetz (1) gewonnen, nach dem die Stromdichte proportional zur Feldstärke ist. Der Proportionalitätsfaktor ist die spezifische Leitfähigkeit

$$\sigma = \frac{e^2 \tau n}{m}. \qquad (5)$$

Wir wollen die von den Elektronen pro Sekunde und pro cm³ aufgenommene Energie berechnen. Jedes Elektron wird, wie wir oben mitgeteilt haben, im Mittel τ_1 Sekunden lang beschleunigt und nach Ablauf dieser Zeit ist die x-Komponente seiner Geschwindigkeit von v_x auf $v_x + \Delta v_x$ gewachsen. Dabei hat es also die Energie

$$\Delta E = \frac{m}{2}(v_x + \Delta v)^2 - \frac{m}{2} v_x^2 = m v_x \Delta v + \frac{m}{2}(\Delta v)^2$$

aufgenommen. Pro Sekunde erhöht somit jedes Elektron im Mittel seine Energie um $\Delta E / \tau_1$. Die gesamte Energieaufnahme erhalten wir durch Summieren über alle Elektronen:

$$W = \frac{1}{\tau_1} \Sigma \Delta E.$$

Da es gleich viele Elektronen mit positiver und negativer Geschwindigkeit v_x gibt[1], verschwindet der erste Term von ΔE bei der Summierung und es wird

$$W = \frac{m}{2 \tau_1} \sum (\Delta v)^2,$$

oder mit (3), (4) und (5)

$$W = \frac{e^2 \tau n F^2}{m} = J F = \sigma F^2.$$

Hiermit ist auch das JOULEsche Gesetz abgeleitet. Es ist beachtenswert, daß $J \sim \Delta v$, während $W \sim (\Delta v)^2$ ist, so daß der Strom ein Effekt erster Ordnung, die JOULEsche Wärme aber ein Effekt zweiter Ordnung ist. Wie aus der Ableitung hervorgeht, rührt dies daher, daß ein Elektron durch ein äußeres Feld immer in der gleichen Richtung beschleunigt wird, daß es aber dadurch entweder Energie aufnimmt oder Energie abgibt, je nach der Richtung seiner Geschwindigkeit.

Ein Elektron gibt bei einem Streuprozeß im Mittel nur sehr wenig Energie ab (vgl. § 14). Trotzdem wird die aus dem Feld

---

[1] v_x ist ja die Geschwindigkeit ohne Feld.

aufgenommene Energie von den Elektronen nicht akkumuliert, sondern ans Gitter abgegeben. Der Grund dafür liegt in der eben besprochenen Tatsache, daß auch die Energieaufnahme der Elektronen ein Effekt zweiter Ordnung ist.

Bei der elementaren Theorie, die wir in diesem Paragraphen entwickeln, haben wir in keiner Weise Rücksicht auf eine Verteilungsfunktion der Elektronen genommen, sondern nur mit mittleren Werten gerechnet. Unser Ergebnis [Gl. (4)] wird aber auch durch eine exakte Behandlung (§ 14) bestätigt.

Der in (4) berechnete Ausdruck für die Stromdichte stellt, wie wir kurz zeigen wollen, den einfachsten dimensionsmäßigen Zusammenhang der in Frage kommenden Größen dar [199]. Wir führen folgende Abkürzungen für die Dimensionen ein: ([Masse] bedeutet „Dimension Masse"):

[Länge] = $[l]$, [Zeit] = $[t]$, [Masse] = $[g]$, [Ladung] = $[e]$.

Die Stromdichte genügt der Dimensionsgleichung

$$[J] = \frac{[e]}{[t]\,[l]^2}.$$

Auf der anderen Seite stehen uns e, m, n, F, τ zur Verfügung, welche die Dimensionsgleichungen

$$[e] = [e],\ [eF] = [\text{Kraft}] = \frac{[g]\,[l]}{[t]^2},\ [m] = [g],\ [n] = \frac{1}{[l]^3},\ [\tau] = [t]$$

erfüllen. Zur einfachsten Darstellung von J durch diese Größen nehmen wir e und eF in den Zähler. Um dann die richtige Dimension für J zu erhalten, gibt es nur eine einzige Anordnungsmöglichkeit für die restlichen Größen. Wir erhalten also

$$[J] = \frac{[e]\ [eF]\ [n]\ [\tau]}{[m]}$$

als einfachste Dimensionsgleichung, womit unsere Behauptung nachgewiesen ist.

Wärmeleitfähigkeit. Besteht in einem Metall ein Temperaturgefälle, so entsteht ein Wärmestrom Q, der von den Elektronen getragen wird. Die Wärmeleitfähigkeit $\varkappa$ wird dadurch definiert, daß, falls das Temperaturgefälle in der x-Richtung liegt

$$Q = \varkappa \frac{\partial T}{\partial x} \tag{6}$$

ist. Q ist die Energie, die pro Sekunde durch die Flächeneinheit strömt. Wir berechnen sie etwa an der Fläche $x = x_0$. Die Energie ε, die ein Elektron im Mittel besitzt, ist durch die spezifische Wärme c_v

gegeben. Es ist
$$\frac{\partial \varepsilon}{\partial T} = \frac{c_v}{n}.$$

Die Temperatur T ist eine Funktion von x. In der Entfernung Δx von x_0 ist

$$\varepsilon = \varepsilon_0 + \frac{\partial \varepsilon}{\partial x} \Delta x = \varepsilon_0 + \frac{c_v}{n} \frac{\partial T}{\partial x} \Delta x,$$

wenn ε_0 die Energie bei x_0 ist. Die Gesamtzahl aller Elektronen, die pro Sekunde durch 1 cm² der Fläche $x = x_0$ mit einer Geschwindigkeit v_x[1] strömen, erhält man ähnlich wie beim RICHARDSON-Effekt (S. 84), nur daß jetzt v_x positiv und negativ sein kann, weil von beiden Seiten Elektronen durch die Fläche strömen. Jedes Elektron transportiert durch x_0 diejenige Energie, die es am Ort seines letzten Zusammenstoßes gehabt hat. Der gesamte Wärmestrom Q ist also

$$Q = \sum \left(\varepsilon_0 + \frac{c_v}{n} \frac{\partial T}{\partial x} \Delta x \right) v_x.$$

Dabei ist Δx der senkrechte Abstand des Ortes des letzten Zusammenstoßes von der Ebene x_0. Die Summe geht über alle Elektronen der Volumeneinheit. Wir können dafür auch schreiben

$$Q = \varepsilon_0 n \overline{v_x} + \frac{c_v}{n} \frac{\partial T}{\partial x} n \overline{\Delta x \, v_x}, \tag{7}$$

wo die Striche Mittelung über alle Elektronen bedeuten. Hier ist

$$\overline{v_x} = 0,$$

weil positive und negative Geschwindigkeiten gleich häufig sein müssen, damit kein elektrischer Strom fließt. Um den zweiten Term zu berechnen, führen wir den Winkel ϑ der Geschwindigkeitsrichtung mit der x-Richtung ein, so daß

$$v_x = v \cos \vartheta$$

ist. Der gesamte von einem Elektron bis zur Erreichung der Ebene $x = x_0$ zurückzulegende Weg sei r. Da das betreffende Elektron bis zur Erreichung von x_0 keine Zusammenstöße erleidet, ist

$$\Delta x = r \cos \vartheta.$$

Daher wird

$$\overline{\Delta x \, v_x} = \overline{r \, v \cos^2 \vartheta},$$

---

[1] x-Komponente der Geschwindigkeit!

wobei
$$\overline{\cos^2 \vartheta} = \int_0^\pi \cos^2 \vartheta \sin \vartheta \, d\vartheta \Big/ \int_0^\pi \sin \vartheta \, d\vartheta = \frac{1}{3}$$
und [1]
$$\overline{r v} = l \overline{v}$$
ist.

Aus Gl. (7) folgt dann für den Wärmestrom
$$Q = c_v \frac{\partial T}{\partial x} \frac{l \overline{v}}{3},$$
oder mit (6) für die Wärmeleitfähigkeit
$$\varkappa = \frac{c_v l \overline{v}}{3}. \tag{8}$$
Für freie Elektronen haben wir die spezifische Wärme in § 5, S. 71 berechnet zu
$$c_v = \frac{\pi^2}{2} \frac{k^2 T n}{\zeta_0}.$$
Da für freie Elektronen [2]
$$\zeta_0 = \frac{m}{2} \overline{v}^2$$
ist, erhalten wir aus (8)
$$\varkappa = \frac{\pi^2}{3} \frac{l k^2 T n}{m \overline{v}} = \frac{\pi^2}{3} \frac{k^2 T \tau n}{m}. \tag{8a}$$

WIEDEMANN-FRANZ*sches Gesetz*. Da sowohl die elektrische Leitfähigkeit σ als auch die thermische Leitfähigkeit $\varkappa$ durch die Elektronen erzeugt wird, darf man erwarten, daß man eine Kombination von $\varkappa$ und σ finden kann, die von den Größen, die ein bestimmtes Metall charakterisieren (n, τ) unabhängig ist. Tatsächlich findet man auch mit (5) und (8a)
$$\frac{\varkappa}{\sigma T} = \frac{\pi^2}{3} \left(\frac{k}{e}\right)^2$$
(WIEDEMANN-FRANZsches Gesetz).

Drücken wir den elektrischen Widerstand in Ohm (σ entsprechend) und $\varkappa$ in $\dfrac{\text{Watt}}{\text{cm sec grad}}$ aus, so wird
$$\frac{\varkappa}{\sigma T} = 2{,}43 \cdot 10^{-8}.$$

---

[1] Vgl. Fußnote 2.
[2] Dies möge als Definition von $\overline{v}$ dienen. Daß sie identisch ist mit der, in den Beziehungen $\overline{v} \tau = l$ und $\overline{r v} = l \overline{v}$ enthaltenen Definition, kann aus den Überlegungen dieses Paragraphen nicht entnommen werden (s. § 1f).

Gitterschwingungen und Wechselwirkung mit den Elektronen. 163

In § 15 werden wir sehen, daß dieses Gesetz nur für hohe Temperaturen erfüllt ist. Was unter „hohen" Temperaturen zu verstehen ist, werden wir in § 13 und § 14 näher auseinandersetzen. Hier möge die Mitteilung genügen, daß die Zimmertemperatur als hohe · Temperatur betrachtet werden kann. In der folgenden Tabelle 10 bringen wir für zwei Temperaturen die experimentellen Werte von $\frac{\varkappa}{\sigma T}$, die, abgesehen von Fe, alle in guter Übereinstimmung mit dem theoretischen Wert $2{,}43 \cdot 10^{-8}$ sind.

Tabelle 10.

Metall		Cu	Ag	Au	Zn	Cd	Pb	Fe
$\frac{\varkappa}{\sigma T} \cdot 10^8$	291°	2,28	2,36	2,43	2,31	2,42	2,45	2,88
	373°	2,32	2,37	2,45	2,33	2,43	2,51	3,00

Zum Schluß wollen wir noch die Größe der Relaxationszeit bzw. der mittleren freien Weglänge aus den experimentellen Werten von σ entnehmen. Dazu setzen wir für n die Zahl der Atome pro cm³ ein, was, wie wir aus § 5 wissen, die richtige Größenordnung für die Zahl der freien Elektronen ist. Man erhält dann für die meisten Metalle τ zwischen 10^{-13} und 10^{-14} Sekunden. Da die mittlere Geschwindigkeit $\sim 10^8 \frac{\text{cm}}{\text{sec}}$ ist, wird die mittlere freie Weglänge etwa 10^{-5}—10^{-6} cm. Ein Elektron durchläuft also etwa 100 Atomabstände, bis es einen Zusammenstoß macht.

§ 13. Die Gitterschwingungen und ihre Wechselwirkung mit den Elektronen [19, 18, 33].

Wir haben im I. Kapitel angenommen, daß das Potential im Metallinneren periodisch ist, daß also auch die Atomkerne in der Gitterperiode angeordnet sind. Unter dieser Voraussetzung haben wir gezeigt, daß sich die Elektronen durch das Gitter bewegen können. Nun haben die Atomkerne in Wirklichkeit nicht dauernd die oben angegebene ideale Lage, sondern sie führen Schwingungen um diese Lage aus. Die Amplitude dieser Schwingungen wächst mit der Temperatur. Das Potential, das auf die Elektronen wirkt, zeigt also kleine Abweichungen vom periodischen Verlauf. Dadurch wird, wie wir im vorigen Paragraphen schon mitteilten, die freie Beweglichkeit der Elektronen gestört und diese Störung wächst natürlich, ebenso wie die Abweichung des Potentials vom periodischen Verlauf, mit der Temperatur.

Um die Schwingungen eines Atoms zu berechnen, gehen wir aus von den makroskopischen elastischen Schwingungen des ganzen Kristalls, d. h. von den Schallwellen, die den Kristall durchziehen. Jeder Kristall kann, wie aus der Theorie der festen Körper bekannt ist, eine Folge von Schwingungen, die Eigenschwingungen, ausführen. Denken wir z. B. einen eindimensionalen Fall, bei dem die Enden des Körpers (Länge L) eingespannt sind, also nicht schwingen können. Die Amplituden der Schwingungen bilden eine Welle. Die mit den Randbedingungen (Amplitude Null am Rand) verträglichen Wellenlängen sind

$$\lambda_n = \frac{2L}{n}, \qquad n = 1, 2 \ldots$$

Ganz Entsprechendes erhält man, wenn man nicht stehende, sondern fortschreitende Wellen betrachtet. Ein Kristall führt natürlich nicht nur eine einzelne Eigenschwingung aus. Sein Schwingungszustand ist vielmehr sehr kompliziert und abhängig von der Temperatur. Das Entscheidende in unseren gegenwärtigen Überlegungen ist aber, daß sich jeder Schwingungszustand eines Körpers durch geeignete Überlagerung der Eigenschwingungen darstellen läßt. In dem obigen eindimensionalen Fall bedeutet das einfach die Entwicklung einer Funktion in eine FOURIER-Reihe. Wir haben hier also folgendes festgestellt: Durch die Schwingungen der einzelnen Atome eines Kristalls entsteht ein gewisser komplizierter Schwingungszustand des Kristalls. Dieser läßt sich immer durch eine geeignete Überlagerung der Eigenschwingungen, d. h. der Schallwellen, darstellen.

Bei den Eigenschwingungen (Schallwellen) im Dreidimensionalen müssen wir longitudinale und transversale Schwingungen unterscheiden. Beide Arten haben im allgemeinen verschiedene Fortpflanzungsgeschwindigkeiten c_l und c_t. Die Frequenzen der Schwingungen werden also

$$\nu = \frac{c_l}{\lambda} \quad \text{und} \quad \nu = \frac{c_t}{\lambda}. \tag{1}$$

Die Gesamtzahl der Eigenschwingungen muß noch eingeschränkt werden. Ein aus N-Atomen bestehender Kristall kann ja nicht unendlich viele, sondern nur $3N$ verschiedene Eigenschwingungen ausführen. Es ist naheliegend, dazu die $3N$ niedrigsten Frequenzen zu nehmen. Physikalisch bedeutet diese

Gitterschwingungen und Wechselwirkung mit den Elektronen. 165

Einschränkung, daß Wellenlängen, die kleiner als der Atomabstand sind, weggelassen werden. Diese können aber auch physikalisch nicht mehr sinnvoll sein. Die maximale auftretende Frequenz nennen wir ν_m. Um sie zu berechnen, benötigen wir die Zahl der Eigenschwingungen mit einer Frequenz zwischen ν und $\nu + d\nu$. Diese berechnet sich, wie wir nunmehr zeigen werden, zu

$$Z\,d\nu = 4\pi R \frac{3}{c^3} \nu^2\,d\nu \qquad (2)$$

$$\frac{3}{c^3} = \frac{1}{c_l^3} + \frac{2}{c_t^3}.$$

Es läßt sich zeigen, daß Z unabhängig von der Form des Kristalles ist. Wir wollen (2) dadurch ableiten, daß wir den (unendlich großen) Kristall in einzelne Würfel mit der Seitenlänge L, Volumen $R = L^3$, einteilen und dann Periodizität in den einzelnen Gebieten fordern. Das ist genau dasselbe, was wir bei der Berechnung der Elektroneneigenfunktionen in § 3 (S. 18) gemacht haben. Die Eigenschwingungen sind in unserm jetzigen Fall ebene Wellen (Schallwellen!). Ihre Wellenzahl sei $\mathfrak{w}$, die Wellenlänge ist also

$$\lambda = \frac{2\pi}{w}. \qquad (3)$$

Dann folgt für unsern kubischen Kristall aus der Periodizitätsbedingung, genau wie im § 3:

$$\mathfrak{w} = \frac{2\pi}{L}\mathfrak{n},$$

wo $\mathfrak{n}$ ein Vektor mit ganzzahligen Komponenten ist. Die Zahl der Eigenschwingungen im $\mathfrak{w}$-Raum ist pro Volumenelement $d\tau_\mathfrak{w} = dw_x\,dw_y\,dw_z$ [vgl. § 3, (6a)]

$$\frac{R}{(2\pi)^3}\,d\tau_\mathfrak{w}.$$

Wir integrieren jetzt über alle Wellenzahlen mit gleichem $|\mathfrak{w}|$ und erhalten

$$Z_w\,dw = \frac{R}{(2\pi)^3}\,4\pi w^2\,dw.$$

Durch Einführung der Frequenz nach Gl. (3) und (1′) ergibt sich für longitudinale Wellen

$$w = \frac{2\pi\nu}{c_l}$$

und für die Zahl der Eigenschwingungen im Frequenzintervall ν, $\nu + d\nu$ unter der Annahme, daß c nicht von λ abhängt,

$$\frac{4\pi}{c_l^3} R \nu^2\,d\nu.$$

Für transversale Wellen erhalten wir dasselbe mit c_t für c_l. Wegen der Polarisation haben wir hier noch mit 2 zu multiplizieren. Durch Addition erhalten wir dann Gl. (2).

Die maximale Frequenz ν_m berechnet sich jetzt aus der Bedingung, daß die Gesamtzahl der Eigenschwingungen $3N$ sein soll. Mit (2) folgt:

$$3N = \int_0^{\nu_m} Z \, d\nu = 4\pi R \frac{3}{\bar{c}^3} \int_0^{\nu_m} \nu^2 \, d\nu.$$

Daraus finden wir [1]:

$$\nu_m = \bar{c} \left(\frac{3n}{4\pi}\right)^{1/3}, \qquad n = \frac{N}{R}. \tag{4}$$

Die Verteilung der Energie bei einer bestimmten Temperatur auf die verschiedenen Frequenzen finden wir durch Vergleich mit der Theorie der Strahlung. (PLANCKsches Strahlungsgesetz!) Genau wie dort kann die Energie bei einer bestimmten Frequenz ν nur ein ganzzahliges Vielfaches von $h\nu$ sein. Den Lichtquanten der Strahlungstheorie entsprechen in unserer Theorie die Schallquanten. Die mittlere Zahl der Quanten, die eine Eigenschwingung der Frequenz ν bei der Temperatur T enthält, ist dem PLANCKschen Strahlungsgesetz entsprechend [2]

$$N_\nu = \frac{1}{e^{\frac{h\nu}{kT}} - 1}. \tag{5}$$

Die mittlere Energie ist also

$$\varepsilon_\nu = \frac{h\nu}{e^{\frac{h\nu}{kT}} - 1}. \tag{6}$$

Die gesamte Wärmeenergie des Gitters wird dann mit (2)

$$U = 4\pi R \frac{3}{\bar{c}^3} \int_0^{\nu_m} \frac{h\nu^3 \, d\nu}{e^{\frac{h\nu}{kT}} - 1}. \tag{7}$$

Bei der Auswertung dieses Integrals werden wir zum erstenmal dazu veranlaßt in einem Metall „hohe" und „tiefe" Temperaturen zu unterscheiden. Wir definieren dazu eine Temperatur Θ, die

---

[1] Eigentlich sollten wir je eine maximale Frequenz für longitudinale und transversale Schwingungen einführen.

[2] Vgl. Anhang 4.

Gitterschwingungen und Wechselwirkung mit den Elektronen.

DEBYE-Temperatur, durch
$$k\Theta = h\nu_m. \tag{8}$$
Hohe Temperaturen sind dann solche, für welche $T \gg \Theta$, tiefe, für welche $T \ll \Theta$ ist. Θ läßt sich nach (4) und (8) aus der Schallgeschwindigkeit berechnen. Man bestimmt meistens Θ entweder direkt aus der Schallgeschwindigkeit oder aus dem Zusammenhang zwischen Schallgeschwindigkeit und elastischen Eigenschaften oder aus der Temperaturabhängigkeit der spezifischen Wärme. Es ist ja der Beitrag des Gitters zur spezifischen Wärme
$$c_v = \frac{1}{R}\frac{dU}{dT},$$
d. h. nach (7), wenn wir die Differentiation nach T vor Ausführung der Integration vornehmen und dann
$$\xi = \frac{h\nu}{kT}$$
als neue Variable einführen:
$$c_v = \frac{12\pi}{c^3}\frac{k}{h^3}(kT)^3 \int_0^{\Theta/T}\frac{\xi^4 e^\xi\, d\xi}{(e^\xi - 1)^2},$$
oder mit (4) und (8)
$$c_v = 3nk\left(\frac{T}{\Theta}\right)^3 3\int_0^{\Theta/T}\frac{\xi^4 e^\xi\, d\xi}{(e^\xi - 1)^2}.$$
Für hohe Temperaturen $T \gg \Theta$ ist $\xi \ll 1$. Dann wird
$$\frac{e^\xi}{(e^\xi - 1)^2} \cong \frac{1}{\xi^2},$$
also
$$c_v = 3nk, \quad T \gg \Theta$$
wie in der klassischen Theorie (DULONG-PETITsches Gesetz). In diesem Fall sind auch die Ausdrücke (5), (6) für mittlere Besetzungszahl und mittlere Energie pro Eigenschwingung einfach
$$N_\nu \cong \frac{kT}{h\nu} \tag{5a}$$
$$\varepsilon_\nu \cong kT \quad T \gg \Theta. \tag{6a}$$
Für tiefe Temperaturen $T \ll \Theta$ wird die obere Grenze des Integrals Θ/T, d. h. praktisch unendlich. Dann ist
$$D = 9\int_0^\infty \frac{\xi^4 e^\xi\, d\xi}{(e^\xi - 1)^2}$$

eine Konstante, die für jedes Metall den gleichen Wert hat. In diesem Fall wird die spezifische Wärme

$$c_v = n k \left(\frac{T}{\Theta}\right)^3 D, \qquad T < \Theta.$$

Der Beitrag der Elektronen zur spezifischen Wärme ist nach § 5 proportional zu T. Es läßt sich leicht zeigen, daß er klein gegen den Beitrag des Gitters ist, falls T nicht sehr nahe am absoluten Nullpunkt liegt (vgl. hierzu S. 331). Das obige Gesetz für $T < \Theta$ wird durch die Erfahrung sehr gut bestätigt. Die aus den Messungen bestimmte DEBYE-Temperatur Θ liegt bei den meisten Metallen zwischen 100 und 300° (vgl. Tabelle 38, S. 374).

Lineares Modell. Die oben entwickelte Theorie ist sehr einfach und für Wellenlängen, die groß gegen den Gitterabstand sind, sicher exakt richtig. Für kleine Wellen darf man dagegen nicht von vornherein erwarten, daß die auf Grund einer Kontinuumstheorie erhaltenen Ergebnisse *exakt* richtig sind. In diesem Fall müssen wir von den Schwingungen der einzelnen Atome ausgehen und nicht von den Schwingungen des ganzen Kristalls. Die Durchführung der Rechnung ist dann nicht so einfach wie im oben behandelten Falle, die Ergebnisse decken sich aber in erster Näherung. Natürlich läßt sich aus der atomaren Methode bedeutend mehr entnehmen als aus der obigen, kontinuierlichen. Wir bringen hier die Theorie eines einfachen, eindimensionalen Modelles, das aber schon alle charakteristischen Züge der allgemeinsten Theorie aufweist. Natürlich können wir bei einer Dimension nur von longitudinalen Schwingungen reden.

Es sei, wie immer, a der Gitterabstand, $a n$ die mittlere Lage des n-ten Atoms (n-ter Gitterpunkt). x_n sei die Amplitude seiner Schwingung. Wir dürfen uns vorstellen, daß jedes Atom (oder besser gesagt jeder Atomrumpf, da ja die Valenzelektronen weitgehend frei sind) durch elastische Kräfte an seine mittlere Lage $a n$ gebunden ist. Diese Kräfte können nur vom Abstand der verschiedenen Atome voneinander abhängen. Wir können deshalb etwa die Kraft auf das n-te Atom in eine Potenzreihe nach den Abständen aller andern Atome vom n-ten entwickeln. In dieser Entwicklung können nur ungerade Potenzen der Abstände vorkommen, denn die Kraft, die vom m-ten auf das n-te Atom ausgeübt wird, ändert ihr Vorzeichen, wenn der Abstand sein Vorzeichen ändert. Wir machen jetzt die vereinfachende Annahme,

daß ein Atom (n) nur in Wechselwirkung mit seinen beiden Nachbarn $(n+1, n-1)$ sei. Die Abstände sind
$$a + x_{n+1} - x_n$$
und
$$-a + x_{n-1} - x_n.$$
Da die Kraft Null sein muß, wenn sich alle Atome in ihren mittleren Lagen befinden, können wir die Entwicklung der Kraft mit der ersten Potenz abbrechen, da die Amplituden der Schwingungen klein gegen den Abstand der Atome sein sollen. Die Kraft auf das n-te Atom ist dann
$$A^2(a + x_{n+1} - x_n - a + x_{n-1} - x_n) = A^2(x_{n+1} + x_{n-1} - 2x_n).$$
Dabei ist A eine Konstante, die von der speziellen Art der Wechselwirkung abhängt. Die Bewegungsgleichungen lauten, wenn M die Masse des Atoms ist
$$M\ddot{x}_n = A^2(x_{n+1} + x_{n-1} - 2x_n), \quad n = 1, 2, \ldots N. \tag{9}$$
Die auf das Atom wirkende Kraft läßt sich von einem Potential V ableiten, das dadurch bestimmt ist, daß die Bewegungsgleichungen (9) lauten
$$M\ddot{x}_n = -\frac{\partial}{\partial x_n} V(x_1, x_2, \ldots x_N).$$
Daraus findet man
$$V = -\frac{A^2}{2} \sum_n (x_{n+1} x_n + x_{n-1} x_n - 2 x_n^2), \tag{10}$$
wie man durch Differenzieren leicht verifiziert. Man beachte dabei, daß in der Summe jeder Term $x_{n+1} x_n$ und $x_{n-1} x_n$ zweimal vorkommt.

Die Bewegungsgleichungen (9) werden gelöst mit dem Wellenansatz
$$x_{nw} = b_w e^{i(wan) - 2\pi i \nu_w t}. \tag{11}$$
Durch Einsetzen in (9) ergibt sich
$$-4\pi^2 \nu_w^2 M = A^2(e^{iwa} + e^{-iwa} - 2) = -4 A^2 \sin^2 \frac{wa}{2}. \tag{12}$$
Die Konstanten b_w sind also vollständig willkürlich. Die Frequenzen ν_w müssen nach (12) der Bedingung [1]
$$\nu_w = \frac{A}{\pi M} \sin \frac{wa}{2} \tag{12a}$$

---
[1] Wir lassen auch negative Werte für ν zu.

genügen. Die Wellenzahl kann auf das Intervall

$$-\frac{\pi}{a} < w < \frac{\pi}{a} \tag{13}$$

eingeschränkt werden, denn wenn wir in der Lösung (11) w durch $w + \frac{2\pi}{a}$ ersetzen, erhalten wir keine neue Lösung. Wie oben schon angedeutet, greifen wir aus dem unendlich langen linearen Metallmodell ein Stück mit der Länge $L = aN$, das also N Atome enthält, heraus. Wie auf S. 19 verlangen wir Periodizität der Lösungen mit der Periode L. Aus (11) und (13) folgt dann, daß w die N verschiedenen Werte

$$w_g = \frac{2\pi}{a}\frac{g}{N}, \quad -\frac{N}{2} < g \leq \frac{N}{2} \tag{13a}$$

annehmen kann. Wir haben also im ganzen N verschiedene Lösungssysteme. Durch Vergleich von Gl. (12a) mit (1) und (3) sehen wir, daß unsere jetzige Methode nur für kleine Frequenzen, d. h. große Wellenlängen, das gleiche Resultat liefert wie die erste Methode, wenn wir die Schallgeschwindigkeit als konstant betrachten. In diesem Fall folgt aus (12a) nämlich

$$\nu = \frac{A}{\pi M}\frac{wa}{2}, \quad \frac{|w|a}{2} < 1,$$

oder durch Vergleich mit (1) und (3)

$$\bar{c} = \frac{aA}{M}.$$

Im Fall kurzer Wellen müssen wir dagegen annehmen, daß die Schallgeschwindigkeit von der Frequenz abhängt.

Die allgemeine Lösung der Bewegungsgleichungen (9) erhalten wir durch Überlagerung der N verschiedenen Lösungssysteme (11); vgl. (13a). Dieser Vorgang entspricht genau der Überlagerung der Schallwellen in unserer ersten Methode, nur daß wir dort den Schwingungszustand des kontinuierlich gedachten Kristalls betrachtet haben, während wir hier die Amplitude x_n jedes einzelnen Atoms berechnen. Wir erhalten also aus (11)

$$x_n = \sum_w x_{nw} = \sum_w b_w e^{iwan - 2\pi i\nu_w t}. \tag{14}$$

Die Summe über w ist durch die Bedingungen (13) und (13a) bestimmt.

Wir werden jetzt die Gesamtenergie berechnen. Dazu führen wir Normalkoordinaten B_w ein, das sind Koordinaten, in denen sich die Energie als Summe von Quadraten ausdrückt. Wir wählen

$$B_w = b_w e^{-2\pi i\nu_w t}. \tag{15}$$

Gitterschwingungen und Wechselwirkung mit den Elektronen. 171

Unsere Lösung (14) lautet dann:
$$x_n = \sum_w B_w e^{iwan}. \tag{14a}$$
Damit x_n reell ist, muß
$$B_w = B^*_{-w} \tag{15a}$$
sein. Die Normalkoordinaten sind zeitabhängig, und zwar ist nach (15)
$$\dot{B}_w = -2\pi i \nu_w B_w, \qquad \dot{B}^*_w = 2\pi i \nu_w B^*_w. \tag{16}$$
Die kinetische Energie wird nach (14a) und (16)
$$E_{\text{kin}} = \frac{M}{2} \sum \dot{x}_n^2 = -\frac{M}{2} \sum_n \sum_{w, w'} 4\pi^2 \nu_w \nu_{w'} B_w B_{w'} e^{i(w+w')an}.$$
Wir führen zuerst die Summe über n aus. Diese ist nur dann von Null verschieden, wenn $w = -w'$ ist. In diesem Fall wird $e^{i(w+w')an} = 1$ und die Ausführung der Summe bedeutet Multiplikation mit der Zahl der Glieder N. Da nach (12a) $\nu_{-w} = -\nu_w$ ist, folgt mit (15a):
$$E_{\text{kin}} = \frac{MN}{2} \sum_w (2\pi \nu_w)^2 B_w B^*_w.$$
Die potentielle Energie ist nach (10) mit (14a)
$$V = -\frac{A^2}{2} \sum_n \sum_{w, w'} B_w B_{w'} e^{i(w+w')an} (e^{iwa} + e^{-iwa} - 2).$$
Daraus ergibt sich unter Verwendung von (12) und (15a), wenn wir wie oben wieder zuerst über n summieren, was wieder $w = -w'$ und Multiplikation mit N bedeutet:
$$V = \frac{MN}{2} \sum_w (2\pi \nu_w)^2 B_w B^*_w.$$
Die Gesamtenergie ist also
$$E = E_{\text{kin}} + V = MN \sum_w (2\pi \nu_w)^2 B_w B^*_w.$$
Um den Koordinaten B_w eine anschauliche Bedeutung zu geben, trennen wir sie in reellen und imaginären Teil, und zwar setzen wir
$$\sqrt{2}\, B_w = \xi_w + i \eta_w$$
$$\sqrt{2}\, B^*_w = \xi_w - i \eta_w.$$
Hieraus folgt mit Gl. (16)
$$\dot{\xi}_w = 2\pi \nu_w \eta_w. \tag{16a}$$

Die Gesamtenergie wird
$$E = \frac{MN}{2} \sum_w (2\pi\nu_w)^2 (\xi_w^2 + \eta_w^2).$$

Hier können wir formal ξ_w als Koordinate und $NM\dot{\xi}_w = p_w$ als Impuls auffassen. Nach (16a) ist dann
$$p_w = MN\, 2\pi\nu_w \eta_w$$
und die Energie wird damit
$$E = \sum_w E_w,$$
wo
$$E_w = \frac{NM}{2}(2\pi\nu_w \xi_w)^2 + \frac{p_w^2}{2NM}$$

ist. Formal ist E_w die Energie eines harmonischen Oszillators mit der Masse NM und der Frequenz ν_w. Bei der quantenmechanischen Behandlung des Oszillators wird gezeigt, daß seine Energie nur die Werte $\left(N_\nu + \frac{1}{2}\right)h\nu_w$, $N_\nu = 1, 2, \ldots$ annehmen kann. Der Mittelwert von N_ν bei einer Temperatur T ist durch (5) bestimmt. Damit haben wir den Anschluß an unsere anfängliche Theorie, die auf Schallquanten mit der Energie $h\nu_w$ führte, erreicht. Der Term $\frac{1}{2}h\nu_w$ ist bei allen Anwendungen, die wir von der Theorie machen werden, ohne Belang.

Wechselwirkung mit den Elektronen. Wir haben im vorstehenden gezeigt, daß die Gitterschwingungen durch Schallquanten, die mit der Schallgeschwindigkeit c_l bzw. c_t durch das Metall fliegen, dargestellt werden können. Sie werden durch ihre Wechselwirkung mit den Elektronen von diesen absorbiert oder emittiert. Wir wollen die Wahrscheinlichkeit eines solchen Prozesses berechnen und interessieren uns dabei hauptsächlich für die Änderung des Elektronenzustands.

Es sei $W_{\mathfrak{k}}^{\mathfrak{k}'}$ die Wahrscheinlichkeit, daß ein Elektron pro Sekunde aus dem Zustand $\mathfrak{k}$ unter *Absorption* eines Schallquants der Frequenz ν in den Zustand $\mathfrak{k}'$ übergeht. Diese Wahrscheinlichkeit ist proportional zur Zahl der Schallquanten N_ν, ferner zur Zahl der Elektronen $f(\mathfrak{k})$ im Zustand $\mathfrak{k}$ und wegen des PAULI-Prinzips zur Zahl der freien Plätze $1 - f(\mathfrak{k}')$ im Endzustand $\mathfrak{k}'$.

$$W_{\mathfrak{k}}^{\mathfrak{k}'} = N_\nu f(\mathfrak{k})[1 - f(\mathfrak{k}')] \Phi_{\mathfrak{k}}^{\mathfrak{k}'}. \tag{17}$$

$\Phi_{\mathfrak{k}}^{\mathfrak{k}'}$ hängt von den Eigenschaften der Zustände $\mathfrak{k}$ und $\mathfrak{k}'$ ab. Die

Gitterschwingungen und Wechselwirkung mit den Elektronen. 173

entsprechende Übergangswahrscheinlichkeit $W_{\mathfrak{k}'}^{\mathfrak{k}}$ vom Zustand $\mathfrak{k}'$ nach $\mathfrak{k}$ unter *Emission* eines Schallquants ist proportional zu $N_\nu + 1$ in Analogie zu den entsprechenden Verhältnissen bei Lichtquanten. Das bedeutet, daß, selbst wenn keine Schallquanten vorhanden sind ($N_\nu = 0$), eine spontane Übergangswahrscheinlichkeit $\mathfrak{k}' \to \mathfrak{k}$ unter Emission eines Quants existiert. Nach allgemeinen quantenmechanischen Grundlagen ist

$$\Phi_{\mathfrak{k}}^{\mathfrak{k}'} = \Phi_{\mathfrak{k}'}^{\mathfrak{k}},$$

so daß

$$W_{\mathfrak{k}'}^{\mathfrak{k}} = (1 + N_\nu) f(\mathfrak{k}') [1 - f(\mathfrak{k})] \Phi_{\mathfrak{k}}^{\mathfrak{k}'} \qquad (18)$$

ist. $\Phi_{\mathfrak{k}}^{\mathfrak{k}'}$ ist natürlich nur dann von Null verschieden, wenn Energie- und Impulssatz erfüllt sind. Für den letzteren tritt, wenn die Elektronen nicht als vollständig frei angesehen werden, der Erhaltungssatz der Ausbreitungsvektoren, genau wie bei andern Stoßprozessen (§ 6) oder bei der Lichtabsorption (§ 3, S. 28 und § 8). Im letzteren Fall hatten wir den Ausbreitungsvektor des Lichtes Null gesetzt, weil er (mit Ausnahme des Röntgengebietes) klein gegen den Ausbreitungsvektor der Elektronen ist. Bei Schallwellen ist er aber nach (13) genau von der gleichen Größenordnung wie bei den Elektronen [§ 3, Gl. (5)]. Somit lautet also der Energiesatz

$$E_{\mathfrak{k}'} = E_{\mathfrak{k}} + h\nu \qquad (19)$$

und der Erhaltungssatz der Ausbreitungsvektoren

$$\mathfrak{k}' = \mathfrak{k} + \mathfrak{w}. \qquad (20)$$

Durch (19) und (20) ist $\mathfrak{k}'$ vollständig bestimmt, wenn $\mathfrak{k}$ und $\mathfrak{w}$ gegeben sind (bzw. $\mathfrak{k}$, wenn $\mathfrak{k}'$ und $\mathfrak{w}$ gegeben sind). Zur Berechnung müssen wir aber die Energie als Funktion von $\mathfrak{k}$ kennen. Wir nehmen an, daß sie ähnlich wie bei freien Elektronen [vgl. § 4C, Gl. (29a)]

$$E_{\mathfrak{k}} = \frac{\mathsf{h}^2}{2 m^*} k^2 \qquad (21)$$

sei, wobei m^* die scheinbare Masse ist (vgl. §§ 3 und 4). Aus (20) erhalten wir durch Quadrieren

$$k^2 + k'^2 - 2 k k' \cos \vartheta = w^2, \qquad (22)$$

wo ϑ der Winkel zwischen $\mathfrak{k}$ und $\mathfrak{k}'$ ist. Aus (19) und (21) folgt, da die Energie eines Schallquants [vgl. (1) und (3)]

$$h\nu = \mathsf{h} w \bar{c}$$

ist,

$$k'^2 = k^2 + \frac{2 m^* \bar{c} w}{\mathsf{h}}. \qquad (23)$$

Da die Energie eines Schallquants klein gegen die Elektronenenergie ist, wird

$$k' = k + \frac{m^* \bar{c}\, w}{\mathsf{h}\, k} + \cdots \qquad (23\,\mathrm{a})$$

Aus (22) erhalten wir mit (23) und (23a) nach einfacher Umformung

$$\left(k^2 + \frac{m^* \bar{c}\, w}{\mathsf{h}}\right)^{1/2} \sin \frac{\vartheta}{2} = \frac{w}{2},$$

oder, da wir die Klammer wegen $\frac{\mathsf{h}^2}{2\, m^*}\, k^2 \gg \mathsf{h}\, \bar{c}\, w$ wieder entwickeln dürfen,

$$\sin \frac{\vartheta}{2} = \frac{w}{2\, k} - \frac{m^* \bar{c}\, w^2}{4\, \mathsf{h}\, k^3}$$

zur Bestimmung des Streuwinkels ϑ eines Elektrons im Zustand $\mathfrak{k}$ bei *Absorption* eines Schallquants. Der entsprechende Winkel bei Emission ergibt sich hieraus, wenn wir nach (23a) k durch k' ersetzen und wieder wie oben entwickeln. Dann ist

$$\sin \frac{\vartheta}{2} = \frac{w}{2\, k} + \frac{m^* \bar{c}\, w^2}{4\, \mathsf{h}\, k^3},$$

wo jetzt ϑ der Streuwinkel eines Elektrons im Zustand $\mathfrak{k}$ bei *Emission* eines Schallquants ist. (Wir haben $\mathfrak{k}$ für $\mathfrak{k}'$ geschrieben, also auf den Zustand $\mathfrak{k}$ bezogen.) Das erste Glied ist in beiden Formeln groß gegen das zweite. Da w und k gleiche Größenordnung haben, ist der Streuwinkel nicht klein. Damit er aber 180° wird, müßte

$$\left|\frac{w}{2\, k}\right| = 1$$

sein, was für die meisten Elektronen nicht erfüllt werden kann, da meist $2\, k > w$ ist. Für langsame Elektronen, d. h. für kleine k, kann es jedoch vorkommen, daß $2\, k < w$ ist. In diesem Fall wäre $\sin \frac{\vartheta}{2} > 1$, was sinnlos ist. Die Elektronen können daher nur mit denjenigen Schallquanten in Wechselwirkung treten, für die $2\, k \geq w$ ist. Bei Metallen ist diese Bedingung fast immer für alle in Frage kommenden Elektronen erfüllt. Bei Halbleitern dagegen wird sie von großer Bedeutung (Kapitel IV).

Wir berechnen nun noch den Winkel α zwischen $\mathfrak{w}$ und $\mathfrak{k}$. Aus (20) folgt

$$k'^2 = k^2 + w^2 + 2\, k\, w \cos \alpha,$$

und hieraus wird mit (23)

$$\cos \alpha = -\frac{w}{2\, k} + \frac{m^* \bar{c}}{\mathsf{h}\, k} \qquad (24)$$

im Fall der *Absorption* eines Schallquants durch ein Elektron im Zustand $\mathfrak{k}$. Den entsprechenden Winkel für *Emission* eines Schallquants durch ein Elektron im Zustand $\mathfrak{k}'$ erhalten wir durch Ersetzen von k durch k' nach (23a) und Entwicklung des Ausdrucks. Wir schreiben im Resultat wieder k für k', d. h. wir beziehen auf den Elektronenzustand $\mathfrak{k}$:

$$\cos\alpha = -\frac{w}{2k} - \frac{m^*\bar{c}}{hk}. \tag{24a}$$

Wenn die Elektronenverteilung durch äußere Felder nicht beeinflußt wird, herrscht natürlich thermisches Gleichgewicht, wenn wir für $f(\mathfrak{k})$ die FERMI-Verteilung (§ 5)

$$f(\mathfrak{k}) = \frac{1}{e^{\frac{E_{\mathfrak{k}}-\zeta}{kT}}+1}$$

und für N_ν die PLANCKsche Verteilung (5) einsetzen. Es muß dann die Zahl der Elektronen, die von $\mathfrak{k}$ nach $\mathfrak{k}'$ übergehen, genau so groß sein wie für die umgekehrte Richtung, d. h.

$$W_{\mathfrak{k}}^{\mathfrak{k}'} = W_{\mathfrak{k}'}^{\mathfrak{k}}.$$

Man verifiziert das leicht durch Einsetzen der entsprechenden Ausdrücke in (17) und (18). Es ist ja nach (5)

$$1 + N_\nu = \frac{e^{\frac{h\nu}{kT}}}{e^{\frac{h\nu}{kT}}-1} = e^{\frac{h\nu}{kT}} N_\nu, \tag{25}$$

ferner

$$1 - f(\mathfrak{k}) = \frac{e^{\frac{E_{\mathfrak{k}}-\zeta}{kT}}}{e^{\frac{E_{\mathfrak{k}}-\zeta}{kT}}+1} = e^{\frac{E_{\mathfrak{k}}-\zeta}{kT}} f(\mathfrak{k}), \tag{26}$$

oder mit (19)

$$f(\mathfrak{k}')[1-f(\mathfrak{k})] = e^{\frac{E_{\mathfrak{k}}-\zeta}{kT}} f(\mathfrak{k})f(\mathfrak{k}') = e^{-\frac{h\nu}{kT}} f(\mathfrak{k})[1-f(\mathfrak{k}')]. \tag{27}$$

Wir wollen jetzt die Gesamtänderung der Teilchenzahl im Zustand $\mathfrak{k}$ berechnen. Im Fall des thermischen Gleichgewichts muß diese natürlich Null sein. Wir teilen die Elektronenübergänge in zwei Teile:

1. in solche in und von Zuständen, deren Energien größer als $E_{\mathfrak{k}}$ sind (W_1),
2. in solche in und von Zuständen, deren Energien kleiner als $E_{\mathfrak{k}}$ sind (W_2).

Den ersten Fall haben wir bisher behandelt. Es ist
$$W_{\mathfrak{k}}^{\mathfrak{k}'} - W_{\mathfrak{k}'}^{\mathfrak{k}}$$
die Differenz zwischen der Zahl der Übergänge $\mathfrak{k} \to \mathfrak{k}'$ und $\mathfrak{k}' \to \mathfrak{k}$. Die Gesamtzahl der Übergänge 1. ergibt sich hieraus durch Summierung über alle Endzustände $\mathfrak{k}'$ oder nach (2C) über alle $\mathfrak{w}$:

$$W_1 = \sum_{\mathfrak{w}} (W_{\mathfrak{k}}^{\mathfrak{k}+\mathfrak{w}} - W_{\mathfrak{k}+\mathfrak{w}}^{\mathfrak{k}}). \tag{28}$$

Die Zustände, mit denen der Zustand $\mathfrak{k}$ im zweiten Fall korrespondiert, nennen wir $\mathfrak{k}''$, die Übergangswahrscheinlichkeit $\mathfrak{k} \to \mathfrak{k}''$ sei $V_{\mathfrak{k}}^{\mathfrak{k}''}$ und diejenige in der umgekehrten Richtung $V_{\mathfrak{k}''}^{\mathfrak{k}}$. Die Verhältnisse liegen dann genau wie im ersten Fall, nur daß Absorption und Emission vertauscht werden. Demnach ist [vgl. (17) und (18)]

$$V_{\mathfrak{k}}^{\mathfrak{k}''} = W_{\mathfrak{k}}^{\mathfrak{k}''} \frac{N_\nu + 1}{N_\nu}$$

$$V_{\mathfrak{k}''}^{\mathfrak{k}} = W_{\mathfrak{k}''}^{\mathfrak{k}} \frac{N_\nu}{N_\nu + 1}$$

und entsprechend zu (19) und (20)

$$E_{\mathfrak{k}} = E_{\mathfrak{k}''} + h\nu \tag{29}$$

$$\mathfrak{k} = \mathfrak{k}'' + \mathfrak{w}. \tag{30}$$

Daher wird entsprechend wie bei W_1:

$$W_2 = \sum_{\mathfrak{k}''} (V_{\mathfrak{k}}^{\mathfrak{k}''} - V_{\mathfrak{k}''}^{\mathfrak{k}}) = \sum_{\mathfrak{w}} \left(W_{\mathfrak{k}}^{\mathfrak{k}-\mathfrak{w}} \frac{N_\nu + 1}{N_\nu} - W_{\mathfrak{k}-\mathfrak{w}}^{\mathfrak{k}} \frac{N_\nu}{N_\nu + 1} \right). \tag{31}$$

Die Gesamtänderung der Elektronenzahl im Zustand $\mathfrak{k}$ durch Stöße mit Schallquanten $\mathfrak{w}$ ist pro Sekunde

$$\left(\frac{\partial f(\mathfrak{k})}{\partial t} \right)_{\text{Stoß}} = -(W_1 + W_2). \tag{32}$$

Das Vorzeichen ist so gewählt, daß in den Zustand $\mathfrak{k}$ einströmende Elektronen positiv gezählt werden.

Ehe wir diesen Ausdruck ausführlich anschreiben, müssen wir noch eine Aussage über die Größe der Übergangswahrscheinlichkeit $\Phi_{\mathfrak{k}}^{\mathfrak{k}'}$ bzw. $\Phi_{\mathfrak{k}}^{\mathfrak{k}''}$ machen. Diese ist nach (20) und (30) eine Funktion von $\mathfrak{k}$ und $\pm\mathfrak{w}$ und außerdem nur dann von Null verschieden, wenn der Winkel α zwischen $\mathfrak{k}$ und $\pm\mathfrak{w}$ nach (24) bzw. (24a) gegeben ist (Wellenzahlen-Erhaltungssatz) und wenn der Energiesatz (19), (29) erfüllt ist. Sind diese Bedingungen erfüllt, so kann Φ aus Symmetriegründen nur noch von $|\mathfrak{k}|$ und $|\mathfrak{w}|$ abhängen. Eine genaue Berechnung von $\Phi_{\mathfrak{k}}^{\mathfrak{k}'}$ ist ziemlich umständlich. Das Resultat

Gitterschwingungen und Wechselwirkung mit den Elektronen. 177

ist bei Mittelung über *alle* Winkel (wir nennen die so gemittelte Funktion Φ_k[1])

$$\Phi_k = \frac{C}{N M \bar{c} k}. \tag{33}$$

Es wird nun der Ausdruck (32) mit (28), (31), (17), (18) und (33):

$$\left.\begin{array}{l}\left(\dfrac{\partial f}{\partial t}\right)_{\text{Stoß}} = \dfrac{C}{N M \bar{c} k} \sum_{\mathfrak{w}} \{(1+N_\nu)\, f\,(\mathfrak{k}+\mathfrak{w}_a)\,[1-f(\mathfrak{k})] - \\ - N_\nu f(\mathfrak{k})\,[1-f(\mathfrak{k}+\mathfrak{w}_a)] + N_\nu f(\mathfrak{k}+\mathfrak{w}_e)\,[1-f(\mathfrak{k})] - \\ - (1+N_\nu) f(\mathfrak{k})\,[1-f(\mathfrak{k}+\mathfrak{w}_e)]\}\end{array}\right\} \tag{34}$$

In diesem Ausdruck ist schon [vgl. Definition von (33)] über alle Winkel, die $\mathfrak{k}$ und $\pm \mathfrak{w}$ miteinander bilden können, summiert: $\mathfrak{w}_a$ bzw. $\mathfrak{w}_e$ steht für die Gesamtheit der Vektoren $\mathfrak{w}$ bzw. $-\mathfrak{w}$, die mit $\mathfrak{k}$ den für Absorption bzw. Emission berechneten Winkel (24) bzw. (24a) bilden[2]. $\left(\dfrac{\partial f}{\partial t}\right)_{\text{Stoß}}$ verschwindet natürlich, wenn wie auf S. 175 für $f(\mathfrak{k})$ die FERMI-Verteilung und für N_ν die PLANCKsche Verteilung eingesetzt wird. Bei Anwesenheit eines äußeren Feldes ist aber $f(\mathfrak{k})$ nicht mehr exakt die FERMI-Verteilung. In diesem Fall werden wir (34) zur Berechnung des Stromes bzw. der freien Weglänge benützen.

Der Ausdruck (34) für $\left(\dfrac{\partial f}{\partial t}\right)_{\text{Stoß}}$ vereinfacht sich für hohe Temperaturen ganz bedeutend. In diesem Fall, $T \gg \Theta$, ist für alle Frequenzen ν

$$\frac{h\nu}{kT} \ll 1.$$

Aus diesem Grunde finden wir mit (25)

$$1 + N_\nu = e^{\frac{h\nu}{kT}} N_\nu \cong N_\nu.$$

Daher wird

$$\left(\frac{\partial f}{\partial t}\right)_{\text{Stoß}} = \frac{C}{N M \bar{c} k} \sum_{\mathfrak{w}}' N_\nu \{f(\mathfrak{k}+\mathfrak{w}_a) - f(\mathfrak{k}) + f(\mathfrak{k}+\mathfrak{w}_e) - f(\mathfrak{k})\}. \tag{34a}$$

Es fallen hiernach gerade diejenigen Glieder heraus, die durch das

---
[1] C ist eine Metallkonstante, die von der Wechselwirkung des Atomrumpfes mit dem betreffenden Elektron abhängt, also eine langsam veränderliche Funktion der Kernladungszahl (und evtl. des Atomvolumen) ist.
[2] Demnach geht also ein Elektron im Zustand $\mathfrak{k}$ bei Absorption in einen Zustand $\mathfrak{k} + \mathfrak{w}_a$ über. Hingegen geht ein Elektron im Zustand $\mathfrak{k} + \mathfrak{w}_a$ bei Emission in den Zustand $\mathfrak{k}$ über. Entsprechend ist der Übergang $\mathfrak{k} \to \mathfrak{k} + \mathfrak{w}_e$ mit Emission, $\mathfrak{k} + \mathfrak{w}_e \to \mathfrak{k}$ mit Absorption verknüpft.

Pauli-Prinzip bedingt waren. Das bedeutet, daß bei hoher Temperatur das Pauli-Prinzip für die Berechnung der Änderung der Verteilungsfunktion durch Stöße unwesentlich ist.

Wir wollen uns zum Schluß dieses Abschnittes noch über die mittlere Impulsänderung eines Elektrons durch Stöße mit Schallquanten einer bestimmten Frequenz (gleiches $|\mathfrak{w}|$) orientieren. Wir berechnen z. B. die Änderung der x-Komponente der Wellenzahl ($\sim$ Impuls). Es sei β der Winkel zwischen $\mathfrak{w}$ und der x-Achse, dann ist

$$\mathsf{h}\, w_x = \mathsf{h}\, w \cos \beta \tag{35}$$

die x-Komponente der Impulsaufnahme bzw. Abgabe pro Stoß. Da w und k vorgegeben sind, ist der Winkel α zwischen $\mathfrak{w}$ und $\mathfrak{k}$ nach (24) bzw. (24a) bestimmt, und zwar entspricht Gl. (24) der Absorption eines Schallquants, wobei die resultierende Wellenzahl

$$\mathfrak{k}'_a = \mathfrak{k} + \mathfrak{w}_a$$

und die resultierende Energie

$$E_a = E_\mathfrak{k} + h\nu$$

ist, während Gl. (24a) der Emission eines Schallquants entspricht mit der resultierenden Wellenzahl

$$\mathfrak{k}'_e = \mathfrak{k} + \mathfrak{w}_e$$

und der resultierenden Energie

$$E_e = E_\mathfrak{k} - h\nu.$$

Da nun die Winkel α zwischen $\mathfrak{k}$ und $\mathfrak{w}$ festgelegt sind, gilt für die x-Komponente

$$k'_{a,x} = k_x + w_{ax} = k_x + w \cos \beta_a \tag{36}$$

$$k'_{e,x} = k_x + w_{ex} = k_x + w \cos \beta_e. \tag{36a}$$

Um über alle Stöße bei gegebenem $|\mathfrak{w}|$ zu mitteln, müssen wir noch über alle räumlichen Winkel bei konstantem α mitteln, d. h. über das Azimut φ mit $\mathfrak{k}$ als Achse. Wir wählen $\varphi = 0$, wenn $\mathfrak{w}$ in der von $\mathfrak{k}$ und der x-Achse gebildeten Ebene liegt. Sei ferner Θ der Winkel zwischen $\mathfrak{k}$ und der x-Achse, so daß

$$k_x = k \cos \Theta \tag{37}$$

ist. Nach einfachen Gesetzen der sphärischen Trigonometrie ist dann

$$\cos \beta = \cos \Theta \cos \alpha + \sin \Theta \sin \alpha \cos \varphi.$$

Die mittlere Änderung der x-Komponente der Wellenzahl wird also mit (35)

Gitterschwingungen und Wechselwirkung mit den Elektronen.

$$w_x = \frac{1}{2\pi} \int\limits_0^{2\pi} w \cos\beta \, d\varphi = w \cos\Theta \cos\alpha,$$

da

$$\int\limits_0^{2\pi} \cos\varphi \, d\varphi = 0$$

ist. Mit (37), (24) und (24a) folgt

$$\overline{w}_x = -k_x \left(\frac{w^2}{2k^2} \mp \frac{m^* \bar{c} \, w}{h \, k^2} \right), \tag{38}$$

wobei in der Klammer + im Fall der Absorption, — im Fall der Emission eines Schallquants steht. Auch hier ist das zweite Glied in der Klammer klein gegen das erste, denn ihr Verhältnis ist

$$\frac{w}{2} : \frac{m^* \bar{c}}{h} = \frac{w}{2} : \frac{m^* v}{h} \frac{\bar{c}}{v} = \frac{w}{2} : k \frac{\bar{c}}{v}.$$

k und w haben die gleiche Größenordnung. Das obige Verhältnis ist also $\sim v : \bar{c}$, d. h. Elektronengeschwindigkeit : Schallgeschwindigkeit ($10^8 : 10^5$). Aus (38) folgt, daß $\overline{w}_x$ immer entgegengesetztes Vorzeichen wie k_x hat. Wenn wir den zweiten kleinen Term vernachlässigen, erhalten wir den gleichen Ausdruck für Absorption oder Emission, nämlich

$$\overline{w}_x = -k_x \frac{w^2}{2k^2}. \tag{38a}$$

Dies ist also die mittlere Änderung der x-Komponente der Wellenzahl des Elektrons (k_x) pro Stoß, gemittelt über alle Schallquanten mit gleichem $|w|$. Der Absolutbetrag von k_x wird durch Stöße immer verkleinert, weil $\overline{w}_x$ entgegengesetztes Vorzeichen hat wie k_x. Die gesamte Impulsänderung aller Elektronen wird natürlich Null, falls Elektronen mit positivem und negativem k_x gleich häufig sind. Wenn wir z. B. (38a) über alle Elektronen mit gleicher Energie (gleiches k) mitteln, wird der Mittelwert von $\overline{w}_x$, den wir $\overline{\overline{w}}_x$ nennen,

$$\overline{\overline{w}}_x = -\bar{k}_x \frac{w^2}{2k^2}. \tag{38b}$$

$\bar{k}_x$ ist dann der Mittelwert der k_x, gemittelt über alle Elektronen mit gleichem k. Fließt kein Strom, so ist $\bar{k}_x = 0$, also auch $\overline{\overline{w}}_x = 0$. Fließt dagegen ein Strom in der positiven x-Richtung, so wird $\bar{k}_x > 0$, also $\overline{\overline{w}}_x < 0$, d. h. in diesem Fall wird von den Elektronen Impuls an die Schallquanten abgegeben.

180 Leitfähigkeit.

§ 14. Elektrische Leitfähigkeit.

Allgemeines [33]. Die Stromdichte J in der x-Richtung eines Metalls ist definiert durch die Ladung, welche pro Sekunde durch eine Einheitsfläche senkrecht zur x-Richtung strömt. Ist $f(\mathfrak{k})$ die Verteilungsfunktion der Elektronen, so ist nach § 5

$$\frac{2}{(2\pi)^3} f(\mathfrak{k}) \, d\tau_\mathfrak{k}$$

die Zahl der Elektronen im Volumenelement $d\tau_\mathfrak{k}$ des $\mathfrak{k}$-Raumes pro Volumeneinheit des Metalls.

$$v_x \cdot \frac{2}{(2\pi)^3} f(\mathfrak{k}) \, d\tau_\mathfrak{k}$$

ist also die Zahl der Elektronen pro $d\tau_\mathfrak{k}$, die pro Sekunde durch eine Einheitsfläche senkrecht zur x-Achse fließt. Da jedes Elektron die Ladung e mit sich führt, ist die Stromdichte

$$J = \frac{2e}{(2\pi)^3} \int v_x f(\mathfrak{k}) \, d\tau_\mathfrak{k}. \tag{1}$$

Dieses Integral verschwindet, wenn wir für $f(\mathfrak{k})$ die FERMI-Verteilung einsetzen, weil dann aus Symmetriegründen von beiden Seiten gleich viele Elektronen durch eine Fläche fließen. Unsere Aufgabe ist die Berechnung der Verteilungsfunktion bei Anwesenheit eines äußeren elektrischen Feldes F, das in der x-Richtung liegen möge.

Zur Bestimmung der Verteilungsfunktion stehen uns zwei Bedingungen zur Verfügung. Erstens soll der Zustand stationär sein, d. h.

$$\frac{df}{dt} = 0. \tag{2}$$

Zweitens wollen wir annehmen, daß die Änderung der Verteilungsfunktion durch das Feld sehr klein sein soll, so daß wir f in der Form

$$f(\mathfrak{k}) = f_0(\mathfrak{k}) + g(\mathfrak{k}) \tag{3}$$

ansetzen können, wo f_0 die ungestörte FERMI-Verteilung ist und

$$g(\mathfrak{k}) \ll f_0(\mathfrak{k}) \tag{3a}$$

sein soll. Die Änderung der Verteilungsfunktion setzt sich aus zwei Teilen zusammen, aus einer Änderung durch das äußere Feld und einer Änderung durch Zusammenstöße,

$$\frac{df}{dt} = \left(\frac{\partial f}{\partial t}\right)_{\text{Feld}} + \left(\frac{\partial f}{\partial t}\right)_{\text{Stoß}} = 0, \tag{2a}$$

die sich im stationären Zustand kompensieren müssen. Der Ein-

Elektrische Leitfähigkeit. 181

fluß des Feldes auf die Verteilungsfunktion besteht in einer Änderung der Wellenzahl eines jeden Elektrons, die nach § 3, (12) durch
$$\frac{dk_x}{dt} = \frac{eF}{h}, \quad \frac{dk_y}{dt} = 0, \quad \frac{dk_z}{dt} = 0$$
bestimmt ist. Im $\mathfrak{k}$-Raum wird also die Verteilungsfunktion in der Zeit Δt in der k_x-Richtung um $\frac{eF\Delta t}{h}$ verschoben. Somit ist
$$f(k_x, k_y, k_z, t) = f\left(k_x + \frac{eF\Delta t}{h}, k_y, k_z, t + \Delta t\right)$$
oder
$$f(k_x, k_y, k_z, t + \Delta t) = f\left(k_x - \frac{eF\Delta t}{h}, k_y, k_z, t\right).$$
Hieraus folgt durch Differenzieren
$$\left(\frac{\partial f}{\partial t}\right)_{\text{Feld}} = \lim_{\Delta t \to 0} \frac{f(\mathfrak{k}, t + \Delta t) - f(\mathfrak{k}, t)}{\Delta t} = -\frac{eF}{h}\frac{\partial f}{\partial k_x} = -\frac{eF}{h}\frac{\partial f}{\partial E}\frac{\partial E}{\partial k_x}$$
oder mit § 3, (10)
$$\left(\frac{\partial f}{\partial t}\right)_{\text{Feld}} = -eF v_x \frac{\partial f}{\partial E}. \tag{4}$$
Den zweiten Term der Stationaritätsgleichung (2a) haben wir in § 13, Gl. (34) bestimmt. Setzen wir diese Gleichung, sowie (4) in (2a) ein, so erhalten wir
$$\left.\begin{array}{l}-\left(\dfrac{\partial f}{\partial t}\right)_{\text{Feld}} = eF v_x \dfrac{\partial f}{\partial E} = \left(\dfrac{\partial f}{\partial t}\right)_{\text{Stoß}} = \dfrac{C}{N M \bar{c} k}\sum_{\mathfrak{w}} \\ \{(1 + N_\nu) f(\mathfrak{k} + \mathfrak{w}_a)[1 - f(\mathfrak{k})] - N_\nu f(\mathfrak{k})[1 - f(\mathfrak{k} + \mathfrak{w}_a)] + \\ + N_\nu f(\mathfrak{k} + \mathfrak{w}_e)[1 - f(\mathfrak{k})] - (1 + N_\nu) f(\mathfrak{k})[1 - f(\mathfrak{k} + \mathfrak{w}_e)]\}\end{array}\right\} \tag{5}$$
Hier machen wir für f den Ansatz (3) und berücksichtigen (3a). Dann ist
$$\frac{\partial f}{\partial E} \cong \frac{\partial f_0}{\partial E},$$
so daß wir $\left(\dfrac{\partial f}{\partial t}\right)_{\text{Feld}}$ durch $\left(\dfrac{\partial f_0}{\partial t}\right)_{\text{Feld}}$ ersetzen dürfen und es wird unter Beachtung von § 13, (21) und § 3, (10)
$$-\left(\frac{\partial f}{\partial t}\right)_{\text{Feld}} = eF v_x \frac{\partial f_0}{\partial E} = \frac{eF h k_x}{m^*}\frac{\partial f_0}{\partial E} = \left(\frac{\partial f}{\partial t}\right)_{\text{Stoß}} \tag{5a}$$
Die Lösung dieser Gleichung ist im Fall hoher Temperaturen $(T \gg \Theta)$ einfach.

Hohe Temperaturen $T \gg \Theta$. Nach § 13, (34a) wird für hohe Temperaturen
$$\left(\frac{\partial f}{\partial t}\right)_{\text{Stoß}} = \frac{C}{N M \bar{c} k}\sum_{\mathfrak{w}} N_\nu \{f(\mathfrak{k} + \mathfrak{w}_a) + f(\mathfrak{k} + \mathfrak{w}_e) - 2f(\mathfrak{k})\}.$$

Für f machen wir wieder den Ansatz (3). Wie wir auf S. 175 auseinandergesetzt haben, wird
$$\left(\frac{\partial f_0}{\partial t}\right)_{\text{Stoß}} = 0,$$
denn f_0 ist ja die Verteilungsfunktion im thermischen Gleichgewicht. Daher ist
$$\left(\frac{\partial f}{\partial t}\right)_{\text{Stoß}} = \left(\frac{\partial g}{\partial t}\right)_{\text{Stoß}} = \frac{C}{N M \bar{c} k} \sum_{\mathfrak{w}} N_\nu \{g(\mathfrak{k} + \mathfrak{w}_a) + g(\mathfrak{k} + \mathfrak{w}_e) - 2g(\mathfrak{k})\}. \quad (6)$$

Aus (5a) ersehen wir, daß k_x in $\left(\frac{\partial f}{\partial t}\right)_{\text{Feld}}$ die einzige Größe ist, die nicht kugelsymmetrisch im $\mathfrak{k}$-Raum ist. Für $g(\mathfrak{k})$ wird daher der Ansatz
$$g(\mathfrak{k}) = k_x \chi(E) \quad (7)$$
nahegelegt. $\chi(E)$ ist dabei eine Funktion, die kugelsymmetrisch im $\mathfrak{k}$-Raum ist, d. h. wegen § 13, (21) nur von E, nicht aber z. B. von k_x allein abhängt. Dann ist unter Beachtung von § 13, (36) und (36a)
$$g(\mathfrak{k} + \mathfrak{w}_a) = (k_x + w \cos \beta_a) \chi(E + h\nu) \quad (7a)$$
$$g(\mathfrak{k} + \mathfrak{w}_e) = (k_x + w \cos \beta_e) \chi(E - h\nu). \quad (7b)$$
Da hohe Temperaturen dadurch definiert werden, daß $h\nu \ll kT$ ist, können wir $h\nu$ immer gegen E vernachlässigen, d. h.
$$\chi(E + h\nu) \cong \chi(E - h\nu) \cong \chi(E) \quad (7c)$$
setzen. Somit erhalten wir mit dem Ansatz (7) aus (6) unter Beachtung von (7a), (7b), (7c) und § 13, (5a), S. 167 [1]
$$\left(\frac{\partial f}{\partial t}\right)_{\text{Stoß}} = \left(\frac{\partial g}{\partial t}\right)_{\text{Stoß}} = \frac{C}{N M \bar{c} k} \sum_{\mathfrak{w}} \frac{kT}{h\nu} w (\cos \beta_a + \cos \beta_e) \chi(E). \quad (6a)$$

Die Summe über $\mathfrak{w}$ verwandeln wir in ein Integral. Dieses zerfällt in ein Integral über die Winkel und in eines über $|\mathfrak{w}|$. Bei Ausführung des Winkelintegrals beachten wir, daß der Winkel zwischen $\mathfrak{w}$ und $\mathfrak{k}$ durch die Winkel β_a und β_e gegeben ist, so daß nur noch das Integral über das Azimut φ (mit $\mathfrak{k}$ als Achse) verbleibt. Dieses haben wir in § 13 bei Berechnung der Änderung von k_x durch Stöße mit Quanten mit gleichem $|\mathfrak{w}|$ schon ausgeführt. Nach § 13, (35) und (38a) wird
$$w \int_0^{2\pi} \cos \beta_a \, d\varphi \cong w \int_0^{2\pi} \cos \beta_e \, d\varphi = 2\pi w_x = -2\pi k_x \frac{w^2}{2 k^2}.$$

---

[1] Wir schreiben gelegentlich k für die BOLTZMANN-Konstante, um Verwechslungen mit der Wellenzahl k zu vermeiden.

Es ist also nach (6a)
$$\left(\frac{\partial f}{\partial t}\right)_{\text{Stoß}} = \left(\frac{\partial g}{\partial t}\right)_{\text{Stoß}} = -\frac{2\pi C}{N M c}\frac{k_x}{k^3}\mathsf{k}\, T \chi(E) \sum \frac{w^2}{h\nu}. \tag{8}$$

Bei der Umwandlung der Summe in ein Integral beachten wir, daß nach § 13, (2) die Zahl der Eigenschwingungen in einem Frequenzintervall ν, $\nu + \mathrm{d}\nu$

$$\frac{12\pi R}{c^3}\nu^2\,\mathrm{d}\nu$$

ist. Aus (3), § 13 folgt ferner

$$w = \frac{2\pi\nu}{c}.$$

Es ist dann

$$\sum_w \frac{w^2}{h\nu} = \frac{48\pi^3 R}{h\,c^5}\int_0^{\nu_m}\nu^3\,\mathrm{d}\nu = \frac{12\pi^3 R}{h\,c^5}\nu_m^4. \tag{8a}$$

Da wir den genauen Wert der Konstanten C nicht angegeben haben, werden wir alle Zahlenwerte und universellen Konstanten, die in $\left(\frac{\partial f}{\partial t}\right)_{\text{Stoß}}$ auftreten, zu einer neuen Konstanten C_1 zusammenfassen. Wir berücksichtigen dann noch, daß nach § 13, (4)

$$\frac{\nu_m^3}{c^3} = \frac{3n}{4\pi} = \frac{3N}{4\pi R}$$

ist und ferner nach § 13 (8)

$$\mathsf{k}\,\Theta = h\,\nu_m.$$

Dann wird schließlich [vgl. (8), (7)]

$$\left(\frac{\partial f}{\partial t}\right)_{\text{Stoß}} = \left(\frac{\partial g}{\partial t}\right)_{\text{Stoß}} = -\frac{C_1 n T}{M\,k^3\,\Theta^2}k_x\,\chi(E) = -\frac{C_1 n T}{M\,k^3\,\Theta^2}g(\mathfrak{k}). \tag{9}$$

Relaxationszeit. Die Relaxationszeit ist durch Definition die Zeit, die nötig ist, damit eine Störung der Verteilungsfunktion auf den e-ten Teil abklingt. Die Störung der Verteilungsfunktion ist in unserem Fall die Funktion $g(\mathfrak{k})$, und es ist definitionsgemäß

$$\left(\frac{\partial g}{\partial t}\right)_{\text{Stoß}} = -\frac{1}{\tau}g, \tag{10}$$

denn hieraus folgt (nach Abschalten des elektrischen Feldes)

$$g(t) = g(t_0)\,e^{-\frac{t}{\tau}}.$$

Durch Vergleich von (10) mit (9) finden wir

$$\tau = \text{const}\,\frac{k^3\,M\,\Theta^2}{n\,T}, \tag{11}$$

oder, da bei unserem Energieansatz $k \sim v$ ist
$$\tau \sim \frac{v^3}{T} \frac{M \Theta^2}{n}.$$
Entsprechend wird die freie Weglänge
$$l = \tau v \sim \frac{v^4}{T} \frac{M \Theta^2}{n}. \tag{11a}$$

Es ist sehr wesentlich und keineswegs selbstverständlich, daß in (9) $\left(\frac{\partial f}{\partial t}\right)_{\text{Stoß}} = \left(\frac{\partial g}{\partial t}\right)_{\text{Stoß}}$ proportional zu g ist (bei tiefen Temperaturen ist das nicht mehr der Fall), denn nur dadurch ist es nach (10) möglich, in vernünftiger Weise eine Relaxationszeit zu definieren.

Die Relaxationszeit steht in engem Zusammenhang mit dem von den Elektronen abgegebenen Impuls. Um das zu zeigen, vergleichen wir zunächst (10) mit (6a), woraus wir mit (7) $\left(\frac{kT}{h\nu} = N_\nu, \text{vgl. oben}\right)$

$$-\frac{1}{\tau} = \frac{C}{NM\bar{c}kk_x} \sum_{\mathfrak{w}} N_\nu w (\cos \beta_a + \cos \beta_e)$$

erhalten. Nach § 13, (35) ist $w \cos \beta$ die Änderung der Wellenzahl der Elektronen pro Stoß mit einem Schallquant $\mathfrak{w}$, die wir Δk_x nennen wollen. Daher wird

$$\sum N_\nu w (\cos \beta_a + \cos \beta_e) = N \overline{\Delta k_x},$$

wobei N die gesamte Anzahl der Quanten ist und $\overline{\Delta k_x}$ ein Mittelwert aller Δk_x. Ferner ist nach (33), § 13

$$\Phi_k = \frac{C}{NM\bar{c}k}$$

die Übergangswahrscheinlichkeit. $N\Phi_k$ ist dann (bei hohen Temperaturen) die Wahrscheinlichkeit W, daß ein Stoßprozeß pro Elektron stattfindet. Somit wird

$$\frac{1}{\tau} = -W \frac{\overline{\Delta k_x}}{k_x}.$$

Δk_x ist nach § 13, (38a) immer negativ falls der Strom, d. h. k_x, positiv ist. Da k proportional zum Impuls p ist, wird also

$$-\frac{\overline{\Delta k_x}}{k_x} = \left|\frac{\overline{\Delta k_x}}{k_x}\right| = \left|\frac{\Delta p_x}{p_x}\right|$$

die mittlere relative Abnahme der x-Komponente des Impulses pro Stoß.

Elektrische Leitfähigkeit.

$$\frac{1}{W} = t_0$$

war die Zeit zwischen zwei Stößen. Somit ist

$$\frac{t_0}{\tau} = \left|\frac{\varDelta p_x}{p_x}\right|. \quad (12)$$

Ist insbesondere $|\varDelta p_x| = |p_x|$, d. h. gibt ein Elektron pro Stoß seinen ganzen Impuls ab, so ist $t_0 = \tau$, d. h. es wird dann die Relaxationszeit gleich der Zeit zwischen zwei Zusammenstößen. Im allgemeinen ist aber τ nicht gleich der Zeit zwischen zwei Stößen, sondern unterscheidet sich davon in charakteristischer Weise gemäß Gl. (12). Der Faktor $\frac{\varDelta p_x}{p_x}$ ist ziemlich selbstverständlich, denn wenn sich der Impuls bei einem Stoß nicht ändert ($\varDelta p_x = 0$), muß τ unendlich groß werden.

Die Relaxationszeit setzt sich nach (11) aus drei Faktoren zusammen: einem Temperaturfaktor $(1/T)$, einem Faktor, der von der Geschwindigkeit der Elektronen abhängt (v^3) und einem Faktor, der den Einfluß des Gitters kennzeichnet $\left(\frac{M\Theta^2}{n}\right)$. Alle drei Faktoren sind einfach zu verstehen.

Die Abhängigkeit von der Geschwindigkeit der Elektronen erklärt sich in folgender Weise: Die Wahrscheinlichkeit eines Zusammenstoßes ist nach §13, (33) $\sim \frac{1}{k}$. Die relative Impulsänderung pro Stoß, $\frac{\varDelta k_x}{k_x} = \frac{w_x}{k_x}$, ist nach (38), §13 $\sim \frac{1}{k^2}$. Nach (12) ist also $\tau \sim k^3 \sim v^3$. Um die Abhängigkeit von den Gitterschwingungen zu verstehen, machen wir die einfachste Annahme, die wir über die Streuwahrscheinlichkeit machen können, wir setzten sie nämlich proportional zur Zahl der Atome pro cm³, n und zum mittleren Amplitudenquadrat $\overline{x^2}$ der Schwingung eines Atoms um seine Ruhelage [30]. Unter der Annahme harmonischer Schwingungen mit der Frequenz ν_m ist die mittlere kinetische Energie $2\pi^2 \nu_m^2 M \overline{x^2}$ und aus thermodynamischen Gründen ist sie bei hohen Temperaturen $\frac{1}{2}kT$. Da $h\nu_m = k\Theta$ ist, folgt $n\overline{x^2} \sim \frac{nT}{M\Theta^2}$. Die Relaxationszeit τ ist umgekehrt proportional zur Streuwahrscheinlichkeit, d. h. $\tau \sim \frac{M\Theta^2}{nT}$. Damit haben wir außer der Abhängigkeit von dem Gitter auch die Temperaturabhängigkeit abgeleitet, ohne auf die Vorstellung der Schallquanten Bezug zu nehmen.

Die Temperaturabhängigkeit folgt auch einfach daraus, daß die Zahl der Schallquanten N_ν, also auch die Zahl der Zusammenstöße, proportional zu T ist.

Berechnung des Stromes. Zur Berechnung des Stromes brauchen wir noch die Funktion $\chi(E)$. Aus (9) folgt mit (10) und (7)

$$\left(\frac{\partial f}{\partial t}\right)_{\text{Stoß}} = -\frac{1}{\tau} g = -\frac{1}{\tau} k_x \chi(E).$$

Durch Einsetzen in (5a) erhalten wir

$$\frac{eF\mathsf{h}}{m^*} \frac{\partial f_0}{\partial E} = -\frac{1}{\tau} \chi(E),$$

oder mit (7)

$$g = k_x \chi(E) = -\frac{eF\mathsf{h}\tau}{m^*} k_x \frac{\partial f_0}{\partial E}. \tag{13}$$

Aus (1) finden wir mit (3) unter Berücksichtigung, daß, wie auf S. 180 gezeigt wurde, die Integration über f_0 verschwindet:

$$J = -\frac{2}{(2\pi)^3} \frac{e^2 F \mathsf{h}}{m^*} \int \tau v_x k_x \frac{\partial f_0}{\partial E} d\tau_\mathfrak{k}.$$

Bei unserem Energieansatz (21), § 13 ist

$$\frac{\mathsf{h} k_x}{m^*} = v_x.$$

Im Integral können wir aus Symmetriegründen v_x^2 durch $\frac{v^2}{3}$ ersetzen. Dann ist [vgl. § 3, (11)]

$$J = -\frac{2}{(2\pi)^3} \frac{2}{3} \frac{e^2 F}{m} \int \tau E_{\text{tr}} \frac{\partial f_0}{\partial E} d\tau_\mathfrak{k}.$$

Hier führen wir die Integration über die Winkel im $\mathfrak{k}$-Raum sofort aus, da alle Größen davon unabhängig sind. Nach § 4, (30) ist (pro cm³)

$$\frac{1}{(2\pi)^3} \int_{\text{Winkel}} d\tau_\mathfrak{k} = \frac{D(E)}{R} dE,$$

d. h.

$$J = -\frac{4}{3} \frac{e^2 F}{m} \int \tau E_{\text{tr}} \frac{\partial f_0}{\partial E} \frac{D(E)}{R} dE.$$

Da $\frac{\partial f_0}{\partial E}$ nur in der unmittelbaren Umgebung von $E = \zeta$ wesentlich von Null verschieden ist (Abb. 67, Anhang S. 357), dürfen wir den Faktor von $\frac{\partial f_0}{\partial E}$ mit seinem Wert bei der Energie ζ. vor das

Integral setzen. Mit der Beziehung (18), § 5,
$$\tfrac{4}{3}(E_{\mathrm{tr}} D)_\zeta = N_F = n_F R,$$
sowie mit
$$\int \frac{\partial f_0}{\partial E}\, dE = -1$$
erhalten wir schließlich die Leitfähigkeit:
$$\sigma = \frac{J}{F} = \frac{e^2 \tau_\zeta n_F}{m} = \frac{e^2 l_\zeta n_F}{m\, v_\zeta}, \qquad T \gg \Theta \tag{14}$$

in formaler Übereinstimmung mit der elementaren Theorie § 12, (5). Unsere gegenwärtige Theorie liefert aber über die elementare Theorie hinaus Einzelheiten der Relaxationszeit τ_ζ, insbesondere die Temperaturabhängigkeit, die in guter Übereinstimmung mit der Erfahrung ist. Bei einer exakten Berechnung der in τ auftretenden Konstanten erhält man auch noch die richtige Größenordnung der Leitfähigkeit [33, 104].

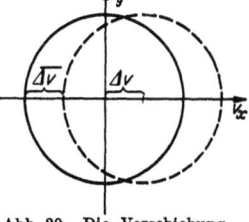

Abb. 39. Die Verschiebung der Elektronenverteilung im elektrischen Feld. —— Begrenzung der Verteilungsfunktion ohne Feld, — — — mit Feld.

Nach (14) ist die mittlere Relaxationszeit identisch mit der Relaxationszeit der Elektronen mit der Grenzenergie ζ und entsprechend ist die „mittlere" Geschwindigkeit die Geschwindigkeit dieser Elektronen. In der Leitfähigkeitstheorie bedeutete also Mittelung einer Größe nicht Mittelung über die ungestörte Verteilung f_0, sondern über $\frac{\partial f_0}{\partial E}$. Der Grund dafür ist leicht verständlich. Durch das Feld wird ja, unserer elementaren Theorie § 12 entsprechend, die x-Komponente der Geschwindigkeit aller Elektronen um einen gewissen Betrag $\overline{\varDelta v}$ erhöht. Das ist gleichbedeutend damit, daß die Verteilungsfunktion im Impulsraum um den Betrag $m\, \overline{\varDelta v}$ in der Richtung des Stromes verschoben wird (vgl. Abb. 39). Dadurch wird aber die Verteilungsfunktion nur an den Stellen wesentlich geändert, an welchen $\frac{\partial f_0}{\partial E}$ groß ist, d. h. am Rand ζ der FERMI-Verteilung. Um $\overline{\varDelta v}$ zu berechnen, bemerken wir, daß nach (3) und (13) die gestörte Verteilungsfunktion

$$f(E) = f_0(E) - \frac{eF\, h\, \tau\, k_x}{m^*} \frac{\partial f_0}{\partial E} \tag{13a}$$

lautet. Andererseits bedeutet eine Erhöhung von v_x um $\overline{\Delta v}$, daß die Verteilungsfunktion gleich der ungestörten Verteilungsfunktion ist, falls wir dort v_x durch $v_x + \overline{\Delta v}$ ersetzen. Demnach ist

$$f(v_x) = f_0(v_x - \overline{\Delta v}) = f_0 - \frac{\partial f_0}{\partial v_x} \overline{\Delta v}.$$

Bei unserem Energieansatz § 13, (21) ist

$$v_x = \frac{\mathsf{h}\, k_x}{m^*} \quad \text{und} \quad \frac{\partial f_0}{\partial v_x} = \frac{\partial f_0}{\partial E} \frac{\partial E}{\partial v_x} = \frac{\partial f_0}{\partial E} \mathsf{h}\, k_x,$$

d. h.

$$f = f_0 - \frac{\partial f_0}{\partial E} \mathsf{h}\, k_x \overline{\Delta v}.$$

Durch Vergleich mit (13a) folgt

$$\overline{\Delta v} = \frac{e F \tau}{m^*}, \tag{14a}$$

genau wie in der elementaren Theorie § 12, (3).

Lassen wir den einfachen Energieansatz § 13, (21) fallen, so ist eine einfache Durchführung der Rechnungen nicht mehr möglich. τ wird aber in jedem Fall den Faktor $\dfrac{M \Theta^2}{n T}$ enthalten, während k^3 durch eine kompliziertere Funktion der Wellenzahl $\mathfrak{k}$ und der Geschwindigkeit $\mathfrak{v} \sim \mathrm{grad}_\mathfrak{k} E$ zu ersetzen sein wird. Nennen wir diesen Faktor φ, so ist (alle Konstanten sind in φ aufgenommen)

$$\tau = \frac{M \Theta^2}{n T} \varphi,$$

oder mit (14)

$$\sigma = \frac{e^2}{m} \frac{M \Theta^2}{T} \frac{n_F}{n} \varphi_\zeta, \qquad T \gg \Theta. \tag{15}$$

In diesem Ausdruck enthält φ_ζ die Konstante C aus § 13, (33). φ_ζ soll also eine Größe sein, die (angenähert) monoton von der Kernladungszahl abhängt, vorausgesetzt, daß φ als Funktion von $\mathfrak{k}$ nicht rasch veränderlich ist. Das ist aber nicht zu vermuten, denn sogar bei Halbleitern, bei denen k eine ganz andere Größenordnung als bei Metallen hat, ist die freie Weglänge von der gleichen Größenordnung. In (15) ist beachtenswert, daß σ nicht proportional zu n_F allein, sondern zu $\dfrac{n_F}{n}$, d. h. zur Zahl der freien Elektronen *pro Atom* ist. Da $\dfrac{M \Theta^2}{T}$ bekannt ist, kann aus den Meßwerten von σ die Größe $\dfrac{n_F}{n} \varphi$ entnommen werden. Anderseits kennen wir $\dfrac{n_F}{n}$ für eine Reihe von Metallen aus optischen Messungen (Tabelle 2,

S. 115). Damit können wir zunächst nachweisen, daß φ tatsächlich eine monotone Funktion der Kernladungszahl ist. Wir tragen dazu in Tabelle 11 alle zur Berechnung von φ nötigen Größen für diejenigen Metalle, für welche wir $\frac{n_F}{n}$ kennen, auf. Da die Genauigkeit von $\frac{n_F}{n}$ höchstens 10—20% ist, geben wir die andern Größen auch nur mit einer entsprechenden Genauigkeit an.

In Tabelle 11 bedeutet Z die Kernladungszahl, A das Atomgewicht. σ ist in elektrostatischen C-G-S-Einheiten für $T = 273°$ angegeben.

Tabelle 11.

Metall	Na	K	Cu	Rb	Ag	Cs	Au
Z	11	19	29	37	47	55	79
$\sigma \cdot 10^{-16}$	21,5	14,3	58	7,8	60	5,1	44
$A\,\Theta^2 \cdot 10^{-5}$	5,8	6,2	63	6,1	50	6,2	60
$\frac{n_F}{n}$	0,9	0,8	0,5	0,8	0,8	0,9	0,7
$\varphi \cdot 10^{-29}$	2,7	1,8	1,2	1,0	0,9	0,6	0,7
$\frac{35}{Z} \cdot 10^{-29}$	3,2	1,8	1,2	1,0	0,7	0,6	0,4

Wir sehen aus dieser Tabelle, daß φ tatsächlich monoton in Z ist, insbesondere, daß die Alkalimetalle und Cu, Ag, Au sich gut aneinander anschließen. Wir können φ, wie die Tabelle zeigt, durch

$$\varphi = \frac{35}{Z} \cdot 10^{29} \qquad (16)$$

recht gut darstellen. Damit gewinnen wir eine halbempirische Darstellung für die Leitfähigkeit. Wenn wir σ in cm$^{-1}\,\Omega^{-1}$ ($1\,\Omega = 1$ Ohm) ausdrücken, wird aus (15) und (16):

$$\sigma = 1650 \frac{A\,\Theta^2}{Z\,T} \frac{n_F}{n} \text{ cm}^{-1}\,\Omega^{-1}. \qquad (17)$$

Diese halbempirische Formel gestattet uns die Bestimmung von $\frac{n_F}{n}$ aus σ. Den erhaltenen Werten liegt die Hypothese zugrunde, daß φ durch (16) richtig dargestellt wird.

Für Metalle mit nichtabgeschlossenen inneren Schalen, z. B. Cr, Ni, müssen die hier angegebenen Formeln, wie wir in § 30 zeigen werden, etwas modifiziert werden [212]. (15) und (17) sind daher für diese Metalle nicht gültig. Für die übrigen Metalle geben

Leitfähigkeit.

wir die mit Hilfe von (17) berechnete Zahl der freien Elektronen pro Atom, $\frac{n_F}{n}$, in Tabelle 12 (σ in cm$^{-1}\Omega^{-1}$ für $T = 273°$).

Tabelle 12.

Metall	Li	Na	K	Rb	Cs	Cu	Ag	Au	Be	Mg	Ca	Sr	Ba
$\sigma \cdot 10^{-4}$	12	24	16	8,6	5,6	65	67	49	18	25	24	3,3	1,7
$A\Theta^2 \cdot 10^{-5}$	9	5,8	6,2	6,1	6,2	63	50	60	90	20	21	17	18
Z	3	11	19	37	55	29	47	79	4	12	20	38	56
$\frac{n_F}{n}$	(0,07)	0,8	0,8	0,8	0,9	0,5	1	1	(0,01)	0,3	0,4	0,1	0,1

Metall	Zn	Cd	Hg	Al	In	Tl	Sn	Pb	Bi
$\sigma \cdot 10^{-4}$	18	15	4,4	40	12	7,1	10	5,2	0,9
$A\Theta^2 \cdot 10^{-5}$	36	32	20	41	45	55	80	17	25
Z	30	48	80	13	49	81	50	82	83
$\frac{n_F}{n}$	0,3	0,4	0,3	0,2	0,2	0,2	0,1	0,4	0,05

Die hier berechneten $\frac{n_F}{n}$-Werte sind zwar nicht sehr genau, sie geben aber sicher ein einigermaßen richtiges Bild von den tatsächlichen Werten. Nur die beiden leichten Metalle Li und Be liefern sicher falsche Werte. Θ wurde teils aus der spezifischen Wärme, teils aus den elastischen Konstanten entnommen.

Das Resultat für $\frac{n_F}{n}$ entspricht ganz unseren Erwartungen des § 5. So haben z. B. die zweiwertigen Metalle durchwegs kleinere $\frac{n_F}{n}$ als die einwertigen, was nach § 5 daher rührt, daß $\frac{n_F}{n}$ sogar Null wäre, wenn für die beiden Valenzelektronen nur *ein* Energieband zur Verfügung stände. Es müssen sich also zwei Bänder teilweise überdecken, wodurch $\frac{n_F}{n}$ zwar von Null verschieden wird, aber verhältnismäßig klein bleibt (vgl. § 5, S. 79).

Charakteristisch für Wismut ist die extrem kleine Zahl der freien Elektronen, die nach § 5 dadurch zu erklären ist, daß die Grenzenergie ζ sehr nahe am Rand eines Energiebandes liegt. Würde ζ mit dem Rand zusammenfallen, so wäre $\frac{n_F}{n} = 0$. Dasselbe mußten wir schon in § 11 aus dem großen Diamagnetismus von Bi folgern (vgl. § 31).

Elektrische Leitfähigkeit.

Wir kehren nochmal zur Diskussion der halbempirischen Formel (17) zurück. Sie zeigt uns, von welchen Faktoren die Leitfähigkeit eines Metalles abhängt. Zuerst wollen wir aber noch eine Vereinfachung vornehmen. Das Verhältnis A/Z ist für alle Atome etwa 2. Es ist ziemlich genau 2 bis zum Element 20 (Ca) und steigt dann langsam. Bei den schweren Elementen ist es etwa 2,5. Die beiden einzigen Faktoren in (17), die ein Metall charakterisieren, sind daher Θ^2 und $\frac{n_F}{n}$. Θ^2 entspricht dem Einfluß des Gitters auf die Leitfähigkeit, $\frac{n_F}{n}$ demjenigen der Elektronen. Innerhalb einer Vertikalgruppe des periodischen Systems hat $\frac{n_F}{n}$ für alle Metalle angenähert gleiche Werte (vgl. Tabelle 12). Der Unterschied der Leitfähigkeit solcher Metalle ist dann allein auf den Unterschied der DEBYE-Temperaturen zurückzuführen. Diese Unterschiede können sehr beträchtlich sein, wie ein Vergleich der Alkalimetalle mit Cu, Ag und Au zeigt[1].

Tiefe Temperaturen, $T \ll \Theta$ [58]. Bei tiefen Temperaturen gestaltet sich die Berechnung der Leitfähigkeit unvergleichlich komplizierter als bei hohen. Der Grund dafür ist, daß die Approximationen, die bei hohen Temperaturen gemacht werden dürfen, nicht mehr zulässig sind, weil jetzt

$$\frac{h\nu}{kT} > 1$$

ist. Bei der Durchführung der Rechnung macht man für die Störung g wieder den Ansatz (7). Es ist aber jetzt [vgl. (7c)]

$$\chi(E + h\nu) + \chi(E - h\nu) + \chi(E).$$

Als Folge davon kann man in (5) im Ausdruck für $\left(\frac{\partial f}{\partial t}\right)_{Stoß}$ die Summe über $\mathfrak{w}$ (die wir in ein Integral verwandelt hatten) nicht mehr wie in (8), (8a) auswerten, weil sie durch die Faktoren $\chi(E \pm h\nu)$ eine unbekannte Funktion von ν, d. h. von w, enthält. Infolgedessen ist auch

$$\left(\frac{\partial f}{\partial t}\right)_{Stoß} = \left(\frac{\partial g}{\partial t}\right)_{Stoß} \not\sim g.$$

Daher ist es nicht mehr möglich, wie in (10) eine Relaxationszeit zu definieren, denn dazu müßte ja $\left(\frac{\partial g}{\partial t}\right)_{Stoß} \sim g$ sein. Natürlich

---
[1] Auch die Druckabhängigkeit der Leitfähigkeit ist in erster Linie auf eine Druckabhängigkeit von Θ zurückzuführen [170].

läßt sich immer eine Zeit τ definieren, welche die Eigenschaft hat, daß die Leitfähigkeit durch den Ausdruck (14)

$$\sigma = \frac{e^2 \tau n_F}{m}$$

gegeben ist. τ hat aber jetzt nicht mehr die Eigenschaft, daß eine Störung des thermischen Gleichgewichtes wie $e^{-\frac{t}{\tau}}$ abklingt. Dagegen läßt sich zeigen, daß τ immer noch durch (12) definiert werden kann. Dann ist also

$$\tau = t_0 \left| \frac{p_x}{\Delta p_x} \right|. \tag{12}$$

Wir wollen hier nicht die ganze komplizierte Lösung von (5) wiedergeben, sondern nur aus dem obigen Ausdruck für τ die Temperaturabhängigkeit berechnen. Nach § 13, (38a) ist die mittlere Änderung der x-Komponente der Wellenzahl durch Stöße mit Schallquanten gleicher Frequenz ν

$$\Delta k_x = -k_x \frac{w^2}{2 k^2}.$$

Im Mittel über alle w wird also

$$\left| \frac{\overline{\Delta k_x}}{k_x} \right| = \left| \frac{\Delta p_x}{p_x} \right| = \frac{\overline{w^2}}{2 k^2},$$

wo $\overline{w^2}$ der Mittelwert von w^2 ist. Da $w \sim \nu$ ist, wird also

$$\left| \frac{\Delta p_x}{p_x} \right| \sim \overline{\nu^2}.$$

Andererseits ist die Zeit t_0 zwischen zwei Zusammenstößen umgekehrt proportional zur Zahl der Schallquanten $\overline{N}$. Somit wird nach (12)

$$\sigma \sim \tau = t_0 \left| \frac{p_x}{\Delta p_x} \right| \sim \frac{1}{\overline{N} \overline{\nu^2}}. \tag{18}$$

Die Gesamtzahl der Schallquanten ist nach § 13, (5) und (2)

$$\overline{N} \sim \int_0^{\nu_m} N_\nu \nu^2 \, d\nu = \int_0^{\nu_m} \frac{\nu^2 \, d\nu}{e^{\frac{h\nu}{kT}} - 1}.$$

Für hohe Temperaturen ist, wie wir bereits wissen, wegen $\frac{h\nu}{kT} < 1$

$$\overline{N} \sim \int_0^{\nu_m} \frac{kT}{h\nu} \nu^2 \, d\nu \sim T.$$

Elektrische Leitfähigkeit.

Für tiefe Temperaturen führen wir die Variable $\xi = \dfrac{h\nu}{kT}$ ein und finden

$$\overline{N} \sim \left(\frac{kT}{h}\right)^3 \int_0^{\xi_m} \frac{\xi^2 \, d\xi}{e^\xi - 1}, \qquad \xi_m = \frac{h\nu_m}{kT}.$$

Da $kT \ll h\nu_m$ ist, wird $\xi_m \to \infty$ und das Integral nimmt einen von T unabhängigen Wert an. Dann ist

$$\overline{N} \sim T^3, \qquad T \ll \Theta.$$

Wir benötigen jetzt noch den Mittelwert $\overline{\nu^2}$, d. h. den Wert

$$\overline{\nu^2} = \frac{1}{\overline{N}} \int_0^{\nu_m} \nu^2 N_\nu \nu^2 \, d\nu = \frac{1}{\overline{N}} \int_0^{\nu_m} \frac{\nu^4 \, d\nu}{e^{\frac{h\nu}{kT}} - 1}.$$

Wie oben wird für hohe Temperaturen

$$\overline{\nu^2} \sim \frac{1}{\overline{N}} \int_0^{\nu_m} \frac{kT}{h\nu} \nu^4 \, d\nu \sim \frac{T}{\overline{N}}, \qquad T \gg \Theta \qquad (19)$$

und für tiefe Temperaturen

$$\overline{\nu^2} \sim \frac{1}{\overline{N}} \int_0^{\xi_m} \frac{\xi^4 \, d\xi}{e^\xi - 1} \sim \frac{T^5}{\overline{N}} \qquad T \ll \Theta. \qquad (19\,\text{a})$$

Nach (18) ist also mit (19) und (19a)

$$\sigma \sim \frac{1}{N\overline{\nu^2}} \sim \frac{1}{T}, \qquad T \gg \Theta$$

$$\sigma \sim \frac{1}{\overline{N}\,\overline{\nu^2}} \sim \frac{1}{T^5}, \qquad T \ll \Theta.$$

Diese Temperaturabhängigkeit $\sigma \sim T^{-5}$ ist vermutlich in guter Übereinstimmung mit der Erfahrung. Mit Sicherheit ist das T^{-5}-Gesetz jedoch noch nicht nachgewiesen (vgl. S. 196).

Die große Verschiedenheit für hohe und für tiefe Temperaturen erklärt sich also dadurch, daß für hohe Temperaturen $\overline{N} \sim T$, für tiefe aber $\sim T^3$ ist, während $\overline{\nu^2}$ für hohe Temperaturen temperaturunabhängig, für tiefe aber $\sim T^2$ ist. Dies letztere ist dadurch bedingt, daß für tiefe Temperaturen die Frequenz ν_0 des Maximums der PLANCKschen Verteilung kleiner als ν_m ist. Man kann dann $\overline{\nu}$ durch ν_0 ersetzen. Nach dem WIENschen Verschiebungsgesetz ist $v_0 \sim T$, also $\overline{v^2} \sim T^2$. Bei tiefen Temperaturen wird also nicht nur die Zahl der Zusammenstöße kleiner ($\sim T^3$), sondern auch der pro Stoß abgegebene Impuls ($\sim T^2$).

Umklapp-Prozesse [86, 87]. Vom elektrischen Feld wird den Elektronen dauernd Impuls in der x-Richtung zugeführt. Dieser wird an die Schallquanten abgegeben, so daß sich deren Gesamtimpuls dauernd erhöht und das thermische Gleichgewicht gestört wird. Wir haben bisher immer so gerechnet, als ob die Schallquanten im thermischen Gleichgewicht wären. Um das zu rechtfertigen, muß gezeigt werden, daß die Abweichungen vom Gleichgewicht sehr klein sind. Eine ausführliche Untersuchung, die wir hier nicht wiedergeben, zeigt, daß bei hohen Temperaturen die Wechselwirkung der Gitterwellen untereinander hinreichend groß ist, um das Gleichgewicht wiederherzustellen. Bei tiefen Temperaturen trifft das aber nicht mehr zu. Zur Herstellung des Gleichgewichts ist hier eine neue Art von Zusammenstößen mit den Schallquanten nötig, die sog. Umklapp-Prozesse. Diese bestehen darin, daß sich die Wellenzahl eines Elektrons beim Stoß außer um $\mathfrak{w}$ noch um $\dfrac{2\pi}{a}\mathfrak{n}$ ändern kann, d. h. daß

$$\mathfrak{k}' = \mathfrak{k} + \mathfrak{w} + \frac{2\pi}{a}\mathfrak{n}$$

ist. Solche Prozesse haben wir schon häufig betrachtet. Mit $\mathfrak{w} = 0$ sind sie gleichbedeutend mit den Prozessen bei Elektronenbeugung, d. h. mit der elastischen Reflexion von Elektronen an Netzebenen. Der Unterschied gegen dort besteht nur darin, daß jetzt nicht $\mathfrak{k}$, sondern $\mathfrak{k} + \mathfrak{w}$ den Bedingungen für selektive Reflexion genügen muß. Da $\mathfrak{w}$ viele Werte annehmen kann, bestehen für ein Elektron im Zustand $\mathfrak{k}$ viel mehr Möglichkeiten für solche Reflexionen. Bei diesen Prozessen ist der Gesamtimpuls Elektron + Quant nicht mehr konstant, so daß die Möglichkeit besteht, den Impuls des Feldes zu vernichten, ohne daß er von den Schallquanten aufgenommen wird. Er wird vielmehr zum Teil, wie z. B. bei der selektiven Reflexion von Elektronen an einem Metall, vom gesamten Gitter direkt aufgenommen. Im übrigen besteht aber für die Berechnung der Leitfähigkeit kein wesentlicher Unterschied zwischen den Umklapp-Prozessen und den gewöhnlichen Streuprozessen, denn der Ausbreitungsvektor ist ohnehin nur bis auf Vektoren $\dfrac{2\pi}{a}\mathfrak{n}$ definiert. Falls wir mit dem reduzierten Aus-

Elektrische Leitfähigkeit.

breitungsvektor rechnen, müssen wir *immer* einen Vektor $\frac{2\pi}{a}\mathfrak{n}$ addieren, der so bestimmt ist, daß die Komponenten des Ausbreitungsvektors immer, d. h. vor und nach dem Stoß, zwischen $-\frac{\pi}{a}$ und $\frac{\pi}{a}$ liegen. Unsere Berechnung der Temperaturabhängigkeit der Leitfähigkeit bleibt also unbeeinflußt, weil hiernach in (38), § 13 der Faktor w^2 nicht zu ändern ist.

Legierungen, Verunreinigungen [104]. Nach unseren Vorstellungen über die Bewegung von Elektronen in Metallen entsteht der elektrische Widerstand dadurch, daß im Metallgitter Abweichungen von der strengen Periodizität vorhanden sind, die eine Streuung der Elektronen verursachen. Bei reinen Metallen und perfekten Einkristallen entstehen solche Abweichungen nur durch die thermischen Schwingungen des Gitters. Anders ist das aber bei Legierungen. Wenn wir, von einem Metall a ausgehend, einige Atome des Metalls b in das Gitter einbauen, so wird an diesen Stellen eine Abweichung von der Periodizität des Gitterpotentials auftreten. Die Folge davon ist eine zusätzliche Streuung und daher ein zusätzlicher Widerstand.

Wir wollen hier nur solche Legierungen betrachten, bei welchen die Gitterstrukturen der beiden Metalle a und b gleich sind. Wir nehmen an, daß durch den Einbau von b-Atomen keine wesentliche Verzerrung des a-Gitters entsteht. Die Elektronen können dann, wie oben erklärt wurde, durch zwei verschiedene Prozesse gestreut werden: 1. Streuung durch die Gitterschwingungen, 2. Streuung infolge des Potentialunterschiedes zwischen den beiden Atomen a und b. Entsprechend setzt sich [vgl. (5a), (6)]
$$\left(\frac{\partial f}{\partial t}\right)_{\text{Stoß}} = \left(\frac{\partial g}{\partial t}\right)_{\text{Stoß}}$$
additiv aus zwei Teilen zusammen:
$$\left(\frac{\partial g}{\partial t}\right)_{\text{Stoß}} = \left(\frac{\partial g}{\partial t}\right)_T + \left(\frac{\partial g}{\partial t}\right)_L.$$
Der Index T bedeutet Streuung durch die thermischen Schwingungen, L bedeutet Streuung durch die Fremdatome (Legierung). Dieser letztere Term ist also unabhängig von der Temperatur. Nach der Definition von τ (10) ist also auch
$$\frac{1}{\tau} = -\frac{1}{g}\left(\frac{\partial g}{\partial t}\right)_{\text{Stoß}} = -\frac{1}{g}\left(\frac{\partial g}{\partial t}\right)_T - \frac{1}{g}\left(\frac{\partial g}{\partial t}\right)_L = \frac{1}{\tau_T} + \frac{1}{\tau_L}.$$
Dies gilt nicht nur für hohe, sondern auch für tiefe Temperaturen,

wie man an Hand der allgemein gültigen Relation (12) leicht zeigen kann. Es war ja t_0 die Zeit zwischen zwei Zusammenstößen, d. h.

$$\frac{1}{t_0} = \Phi,$$

wo Φ die Wahrscheinlichkeit dafür ist, daß pro Sekunde ein Stoß erfolgt. Da wir jetzt zweierlei Stöße haben, von denen wir annehmen, daß sie sich gegenseitig nicht beeinflussen, setzt sich Φ additiv aus den beiden Teilen

$$\Phi = \Phi_T + \Phi_L$$

zusammen, d. h. nach (12)

$$\frac{1}{\tau} = \frac{1}{\tau_T} + \frac{1}{\tau_L},$$

wie oben.

Da die Leitfähigkeit $\sigma \sim \tau$ ist, wird der elektrische Widerstand

$$\varrho \sim \tau^{-1},$$

d. h. bei einer Legierung

$$\varrho = \varrho_T + \varrho_L. \tag{20}$$

ϱ setzt sich somit additiv aus einem temperaturabhängigen Teil ϱ_T und einem temperaturunabhängigen Teil ϱ_L, dem Restwiderstand, zusammen. Das ist die MATTHIESSENsche Regel, die wir schon in § 12 mitgeteilt haben und die sich somit zwanglos aus unseren Grundanschauungen ergibt.

Wir wollen besonders darauf hinweisen, daß in diesem einfachen Gesetz tatsächlich unsere Grundanschauungen bestätigt werden. Würde man z. B. annehmen, wie es in der klassischen Theorie geschah, daß sich ein Elektron nicht frei durch ein ideales Gitter bewegen kann, sondern durch die Gitterpunkte (nicht Gitterschwingungen) gestreut wird, so wäre durchaus nicht einzusehen, daß Fremdatome eine so verschiedenartige Streuung hervorrufen.

Der Restwiderstand ϱ_L ist bei sehr tiefen Temperaturen natürlich der ausschlaggebende Teil in ϱ (20), da ja $\varrho_T \sim T^5$ verschwindet (vgl. Abb. 38b, S. 157). Dies erschwert die experimentelle Prüfung des T^5-Gesetzes sehr wesentlich, da ja kleine Verunreinigungen bei tiefen Temperaturen schon große Veränderungen des Widerstandes hervorrufen.

Da die Änderung des Potentials durch Fremdatome um so größer ist, je stärker sich die Kernladungszahlen Z unterscheiden, muß auch ϱ_L um so größer sein, je größer die Differenz der

Kernladungszahlen, ΔZ, ist. Das soll natürlich nicht heißen, daß ϱ_L eine Funktion von ΔZ allein ist und nicht auch von Z abhängt. In Tabelle 13 zeigen wir für Cu als Grundmetall, daß unsere Behauptung recht gut erfüllt ist. Die Werte von ϱ_L sind in Ω cm angegeben und beziehen sich auf 1 Atomprozent Beimischung.

Besonders interessant ist es auch, den Restwiderstand eines Metalls b im Metall a mit dem umgekehrten Fall, a in b, zu vergleichen [170]. In beiden Fällen ist die Abweichung vom periodischen Potential gleich groß, so daß auch τ_L in beiden Fällen gleich groß ist. Der Widerstand ϱ_L hängt aber auch noch von der Zahl der freien Elektronen pro Atom, $\frac{n_F}{n}$, ab, und zwar ist

Tabelle 13.

Metall b in Cu	ΔZ	ϱ_L in $10^{-6}\,\Omega$ cm
Mg	-17	0,8
Al	-16	0,8
Cu	0	0
Zn	$+1$	0,2—0,3
Ag	$+18$	0,22
Au	$+50$	0,6—0,64

$$\varrho_L \sim \frac{1}{\tau_L \cdot \frac{n_F}{n}}.$$

$\frac{n_F}{n}$ ist durch das Ausgangsmetall gegeben, falls die Konzentration des Fremdmetalls klein ist. Wir können $\frac{n_F}{n}$ aus Tabelle 12 entnehmen. Die Größe $\varrho_L \cdot \frac{n_F}{n}$ muß dann für beide Fälle, a in b, oder b in a, gleich sein, vorausgesetzt, daß unsere $\frac{n_F}{n}$-Werte richtig sind.

Tabelle 14.

Metall	ϱ_L in $10^{-6}\,\Omega$ cm	$\frac{n_F}{n}$	$\frac{n_F}{n}\varrho_L$	Metall	ϱ_L in $10^{-6}\,\Omega$ cm	$\frac{n_F}{n}$	$\frac{n_F}{n}\varrho_L$
Mg in Ag	0,8—1,3	1	0,8—1,3	Ag in Mg	3—3,5	0,3	0,9—1,1
Mg ,, Cd	0,4—0,45	0,4	0,16—0,18	Cd ,, Mg	0,5—0,6	0,3	0,15—0,18
Cu ,, Ag	0,4—0,5	1	0,4—0,5	Ag ,, Cu	0,22	0,5	0,11
Ag ,, Au	0,36	1	0,36	Au ,, Ag	0,3	1	0,3
Cd ,, Au	0,64	1	0,64	Au ,, Cd	1,7—1,9	0,4	0,68—0,76

In Tabelle 14 ist ϱ_L wieder für 1 Atomprozent Beimischung des Fremdmetalls angegeben. Bei der Beurteilung dieser Tabelle müssen wir beachten, daß sowohl unsere $\frac{n_F}{n}$-Werte, als auch die Meßwerte von ϱ_L reichlich ungenau sind. In Anbetracht dessen ist die Übereinstimmung so gut, wie wir erwarten können. Der einzige Wert, der nicht stimmt, ist Ag, Cu. Wahrscheinlich ist hier der experimentelle Wert 0,22 für Ag in Cu zu niedrig, eine Vermutung, die auch durch Tabelle 13 nahegelegt wird.

Wir wollen schließlich auch die Abhängigkeit des Restwiderstandes ϱ_L von der Konzentration berechnen. Es sei γ_a die Konzentration des Metalls a, γ_b diejenige von b, so daß

$$\gamma_a = 1 - \gamma_b.$$

ϱ_L muß proportional sein zur Zahl der Störstellen. Wir können immer die Atome a als Fremdatome in b und umgekehrt die Atome b als Fremdatome im Metall a betrachten. Dann ist also

$$\varrho_L \sim \gamma_a \gamma_b = \gamma_a (1 - \gamma_a) = \gamma_b (1 - \gamma_b). \qquad (21)$$

ϱ_L ist daher als Funktion von γ_a oder γ_b eine Parabel mit dem Maximum bei $\gamma_a = \gamma_b = \frac{1}{2}$ und natürlich $\varrho_L = 0$, falls entweder γ_a oder γ_b Null ist. Dieses Gesetz für ϱ_L ist in sehr guter Übereinstimmung mit der Erfahrung, wie Tabelle 15 für Ag—Au zeigt[1]. Die theoretischen Daten geben uns keine absoluten Werte und sind mit den experimentellen für $\gamma_a = 0,01$ in Übereinstimmung gebracht. γ_a bedeutet Atomprozent Silber.

Tabelle 15. Nach [104].

γ_a	0,01	0,025	0,316	0,629
ϱ_L theor.	0,35	0,88	7,6	8,2
ϱ_L exp.	0,35	0,86	7,3	8,2

In den Überlegungen, die zu (21) führten, war die Voraussetzung enthalten, daß die beiden Metalle keine Verbindung bilden. Trifft das aber nicht mehr zu, sondern bilden sie z. B. eine Verbindung im Verhältnis 1:2, so muß ϱ_L für $\gamma_a:\gamma_b = 1:2$, d. h. $\gamma_a = \frac{1}{3}$, verschwinden, weil das Gitter dann wieder periodisch ist. Auch das wird gefunden und Abb. 40 gibt als Beispiel die experimentellen Daten für die Legierung Cu—Au.

Auch von den hier abgeleiteten Gesetzmäßigkeiten müssen wir wieder die Metalle mit nicht abgeschlossenen inneren Schalen ausnehmen (vgl. § 29).

---

[1] In (21) ist vernachlässigt, daß die Metalle a, b im allgemeinen verschiedene $\frac{n_F}{n}$-Werte haben. Bei Ag und Au sind diese jedoch gleich.

Supraleitfähigkeit. Bei vielen Metallen verschwindet der Widerstand bei einer tiefen Temperatur T_s plötzlich sprungartig und bleibt Null für $T < T_s$. T_s hat die Größenordnung 1°. Der Sprung des Widerstandes ist mit einem Sprung der spezifischen Wärme der Elektronen (die bei so tiefen Temperaturen gemessen werden kann) und einer Änderung des magnetischen Verhaltens eng verknüpft. Es ist bisher noch nicht gelungen, diese Erscheinungen theoretisch zu deuten.

Der Grund hierfür scheint darin zu liegen, daß man bisher immer versucht hat, die Supraleitung als Grenzfall der Leitfähigkeit zu verstehen. Es konnte aber kürzlich gezeigt werden [210a], daß man die Supraströme so beschreiben kann, daß sie immer in bestimmter Weise mit den sie begleitenden Magnetfeldern verknüpft sind, ähnlich wie bei einem diamagnetischen Atom. Der Unterschied gegenüber dem Diamagnetismus besteht nur darin, daß sich hiernach der ganze Supraleiter wie ein einziges großes diamagnetisches Atom verhält, wobei jedoch die diamagnetischen Ströme nicht notwendigerweise im Supraleiter geschlossen sein müssen, sondern auch von außen zugeführt sein können. Es dürfte sich also bei der Supraleitung eher um ein Problem des Diamagnetismus als um ein solches der Leitfähigkeit handeln.

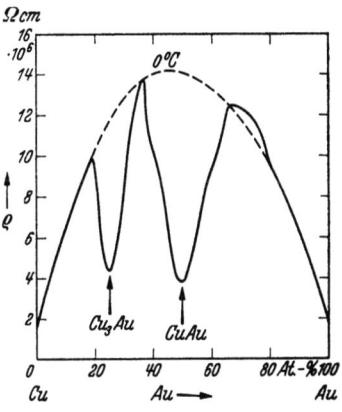

Abb. 40. Der Widerstand der Cu-Au-Legierung. Aus [14].

§ 15. Wärmeleitfähigkeit.

Die Stationaritätsgleichung [54]. Wir haben bei Behandlung der elektrischen Leitfähigkeit die Stationaritätsbedingung nur für den Fall eines äußeren elektrischen Feldes aufgestellt. Wir wollen jetzt den allgemeinen Fall behandeln. Es möge also die Verteilungsfunktion f eine Funktion der Raum- und Impulskoordinaten sein. Für die letzteren führen wir zweckmäßig die Koordinaten des Ausbreitungsvektors $\mathfrak{k}$ ein. Es ist dann:

$$f = f(x, y, z, k_x, k_y, k_z).$$

Die Größe $\frac{df}{dt}$ bedeutet in unserem sechsdimensionalen $\mathfrak{r}$, $\mathfrak{k}$-Raum die Änderung der Dichtefunktion pro Sekunde ganz in Analogie zu hydrodynamischen Strömungsproblemen. Das Vorzeichen ist so zu wählen, daß $\frac{df}{dt} > 0$, wenn die Ausströmung aus dem Volumenelement $d\tau_{\mathfrak{r}\,\mathfrak{k}}$ die Einströmung überwiegt. Durch Ausführung der Differentiation finden wir

$$\begin{aligned}\frac{df}{dt} &= \frac{\partial f}{\partial t} + \frac{\partial f}{\partial x}\frac{dx}{dt} + \frac{\partial f}{\partial y}\frac{dy}{dt} + \frac{\partial f}{\partial z}\frac{dz}{dt} + \frac{\partial f}{\partial k_x}\frac{dk_x}{dt} + \frac{\partial f}{\partial k_y}\frac{dk_y}{dt} + \\ &\quad + \frac{\partial f}{\partial k_z}\frac{dk_z}{dt} = \frac{\partial f}{\partial t} + (\operatorname{grad} f, \dot{\mathfrak{r}}) + (\operatorname{grad}_{\mathfrak{k}} f, \dot{\mathfrak{k}})\end{aligned} \quad (1)$$

Im stationären Zustand ist

$$\frac{df}{dt} = 0, \quad (2)$$

d. h. alles, was aus dem Volumenelement $d\tau_{\mathfrak{r}\,\mathfrak{k}}$ ausströmt, muß durch Stöße wieder hineingeworfen werden. $\frac{\partial f}{\partial t}$ bedeutet die Erhöhung von f pro Sekunde bei festgehaltenen $\mathfrak{r}$ und $\mathfrak{k}$. Diese ist durch die Stöße allein gegeben. Unter Beachtung des Vorzeichens (vgl. S. 176) wird

$$\frac{\partial f}{\partial t} = -\left(\frac{\partial f}{\partial t}\right)_{\text{Stoß}}.$$

Ferner ist nach § 3, (10)

$$\dot{\mathfrak{k}} = \frac{1}{h}\operatorname{grad}_{\mathfrak{k}} E.$$

Damit erhalten wir aus (1) und (2)

$$\frac{1}{h}(\operatorname{grad} f, \operatorname{grad}_{\mathfrak{k}} E) + (\operatorname{grad}_{\mathfrak{k}} f, \dot{\mathfrak{k}}) = \left(\frac{\partial f}{\partial t}\right)_{\text{Stoß}}. \quad (3)$$

Die weitere Entwicklung dieser Gleichung hängt wesentlich von dem Wert von $\dot{\mathfrak{k}}$ ab, d. h. von der durch äußere Felder bedingten zeitlichen Änderung der Wellenzahl eines Elektrons. Wir wollen nicht den allgemeinsten Fall behandeln, bei dem gleichzeitig elektrische, magnetische und thermische Felder vorhanden sind. Dieser Fall ist zwar ohne allzu große Schwierigkeiten lösbar, doch sind die allgemeinen Resultate sehr unübersichtlich. Wir werden hier vielmehr den Fall von gleichzeitigem elektrischen und thermischen Feld, in § 17 denjenigen von gleichzeitigem elektrischen und magnetischen Feld behandeln. In einem äußeren elektrischen Feld

Wärmeleitfähigkeit.

ist nach § 3, (12)
$$\dot{\mathfrak{k}} = \frac{e\,\mathfrak{F}}{\mathsf{h}}.$$

Das Feld soll in der x-Richtung liegen, $\mathfrak{F}_x = F$. Es ist dann
$$\dot{k}_x = \frac{eF}{\mathsf{h}}, \qquad \dot{k}_y = \dot{k}_z = 0. \tag{4}$$

Wir machen, wie in § 14, wieder den Ansatz
$$f = f_0 + g, \qquad g \ll f_0, \tag{5}$$
wobei f_0 die ungestörte FERMI-Verteilung ist.
$$f_0 = \frac{1}{e^{\frac{E-\zeta}{kT}} + 1}.$$

Da $f = f_0$ dem thermischen Gleichgewicht entspricht, ist wie in § 14
$$\left(\frac{\partial f_0}{\partial t}\right)_{\text{Stoß}} = 0.$$

Wir führen nach (10), § 14 die Relaxationszeit τ ein:
$$-\frac{1}{\tau} g = \left(\frac{\partial g}{\partial t}\right)_{\text{Stoß}}. \tag{6}$$

Auf der linken Seite von (3) können wir g gegen f_0 vernachlässigen. Nach (4) wird mit dem Ansatz (5):
$$(\text{grad}_\mathfrak{k} f, \dot{\mathfrak{k}}) = \frac{\partial f_0}{\partial k_x}\dot{k}_x = \frac{\partial f_0}{\partial E}\frac{\partial E}{\partial k_x}\frac{eF}{\mathsf{h}}. \tag{7}$$

Wir nehmen an, daß das Temperaturgefälle, wie das elektrische Feld, in der x-Richtung liege. Dann sind ζ und T Funktionen von x und es ist
$$(\text{grad}\,f,\,\text{grad}_\mathfrak{k} E) = \frac{\partial f_0}{\partial x}\frac{\partial E}{\partial k_x}, \tag{8}$$
wobei
$$\left.\begin{aligned}\frac{\partial f_0}{\partial x} &= \frac{\partial f_0}{\partial E}kT\frac{\partial}{\partial x}\left(\frac{E-\zeta}{kT}\right) = \frac{\partial f_0}{\partial E}kT\frac{\partial}{\partial T}\left(\frac{E-\zeta}{kT}\right)\frac{\partial T}{\partial x} = \\ &= \frac{\partial f_0}{\partial E}\left[-\frac{E}{T} + \frac{\zeta}{T} - \frac{\partial \zeta}{\partial T}\right]\frac{\partial T}{\partial x}\end{aligned}\right\} \tag{8a}$$
ist. Wir erhalten aus (3) und (6) mit (5) bis (8a):
$$\frac{1}{\mathsf{h}}\frac{\partial E}{\partial k_x}\frac{\partial f_0}{\partial E}\left\{\left[-\frac{E}{T} + \frac{\zeta}{T} - \frac{\partial \zeta}{\partial T}\right]\frac{\partial T}{\partial x} + eF\right\} = -\frac{1}{\tau}g. \tag{9}$$

Also wird die gesuchte Funktion g:
$$g = -\frac{\tau}{\mathsf{h}}\frac{\partial E}{\partial k_x}\frac{\partial f_0}{\partial E}\left\{A - \frac{E}{T}\frac{\partial T}{\partial x}\right\}, \tag{10}$$

wo

$$1 = \left[\frac{\zeta}{T} - \frac{\partial \zeta}{\partial T}\right]\frac{\partial T}{\partial x} + eF = \frac{\zeta}{T}\frac{\partial T}{\partial x} - \frac{\partial \zeta}{\partial x} + eF = -T\frac{\partial}{\partial T}\left(\frac{\zeta}{T}\right)\frac{\partial T}{\partial x} + eF \quad (11$$

ist.

Die einzige unbekannte Größe in (10) ist die Relaxationszeit τ. Für hohe Temperaturen haben wir τ in § 14 berechnet. Wir können rein formal (6) auch als Definition von τ für tiefe Temperaturen einführen. Da aber dann nach S. 191

$$\left(\frac{\partial g}{\partial t}\right)_{\text{Stoß}} \neq \sim g$$

ist, hebt sich die Funktion g in der Definitionsgleichung für τ nicht mehr heraus, so daß τ ganz von der speziellen Art der Störung abhängt und für Wärmeleitfähigkeit anders als für elektrische Leitfähigkeit ist. Der Grund dafür ist eben (nach S. 192), daß jetzt die Störung g nicht mehr wie $e^{-\frac{t}{\tau}}$ abklingt. Wir finden also nach § 14, (11) für hohe Temperaturen

$$\tau \sim T^{-1}, \quad T \gg \Theta. \quad (12)$$

Für tiefe Temperaturen dagegen wird, wie wir weiter unten besprechen, $\tau \sim T^{-3}$, im Gegensatz zur elektrischen Leitfähigkeit ($\tau \sim T^{-5}$).

Wärmeleitfähigkeit. Nach dieser Bemerkung über die Relaxationszeit wenden wir uns wieder an die Berechnung der Wärmeleitfähigkeit. Durch die in (10) berechnete Funktion g ist sowohl der elektrische als auch der Wärmestrom bestimmt. Nach § 14, (1) ist die elektrische Stromdichte

$$J = e\frac{2}{(2\pi)^3}\int v_x g\, d\tau_t = \frac{e}{h}\frac{2}{(2\pi)^3}\int \frac{\partial E}{\partial k_x} g\, d\tau_t. \quad (13)$$

Der Ausdruck für den Wärmestrom Q lautet ganz entsprechend. Anstatt des Transports von Ladung e berechnen wir beim Wärmestrom den Transport von Energie E. Dann ist

$$Q = \frac{2}{(2\pi)^3}\int E v_x g\, d\tau_t = \frac{1}{h}\frac{2}{(2\pi)^3}\int E \frac{\partial E}{\partial k_x} g\, d\tau_t. \quad (14)$$

Bei der Ableitung von (13) und (14) ist Gleichung (5) benützt und die Tatsache, daß der ungestörten FERMI-Verteilung weder ein elektrischer, noch ein Wärmestrom entspricht. Wir setzen (10) in (13) und (14) ein und erhalten

$$J = -\frac{e}{h^2}\frac{2}{(2\pi)^3}\int \tau \left(\frac{\partial E}{\partial k_x}\right)^2\left\{A - \frac{E}{T}\frac{\partial T}{\partial x}\right\}\frac{\partial f_0}{\partial E}\, d\tau_t. \quad (13\text{a})$$

$$Q = -\frac{1}{h^2}\frac{2}{(2\pi)^3}\int \tau \left(\frac{\partial E}{\partial k_x}\right)^2 E\left\{A - \frac{E}{T}\frac{\partial T}{\partial x}\right\}\frac{\partial f_0}{\partial E}\, d\tau_t. \quad (14\text{a})$$

Die einzige von der Richtung im $\mathfrak{k}$-Raum abhängige Größe ist in beiden Integralen $\left(\frac{\partial E}{\partial k_x}\right)^2$. Bei Mittelung über alle Winkel dürfen wir sie ersetzen durch $\frac{1}{3}(\text{grad}_\mathfrak{k} E)^2$, oder bei der Einführung der Translationsenergie E_{tr} [§ 3, (11)]:
$$\left(\frac{\partial E}{\partial k_x}\right)^2 \to \frac{1}{3}(\text{grad}_\mathfrak{k} E)^2 = \frac{2}{3}\frac{\mathsf{h}^2}{m}E_{\text{tr}}.$$
Da jetzt in den Integralen keine winkelabhängigen Größen mehr vorkommen, können wir die Integration über die Winkel bei konstanter Energie ausführen und erhalten nach § 4, Gl. (30).
$$\frac{1}{(2\pi)^3}\int\limits_{\text{Winkel}} d\tau_\mathfrak{k} = D(E)\, dE,$$
wobei die Eigenwertdichte D jetzt auf die Volumeneinheit des Metalls zu beziehen ist. Damit wird (13a) und (14a)
$$J = \frac{4}{3}\frac{e}{m}\left(AL_0 - \frac{1}{T}\frac{\partial T}{\partial x}L_1\right), \tag{15}$$
$$Q = \frac{4}{3}\frac{1}{m}\left(AL_1 - \frac{1}{T}\frac{\partial T}{\partial x}L_2\right). \tag{16}$$
Die verschiedenen Integrale haben wir durch die Größen L_n abgekürzt, wobei
$$L_n = -\int \tau\, E_{\text{tr}}\, E^n\, D\, \frac{\partial f_0}{\partial E}\, dE \tag{17}$$
bedeutet. Diese Integrale haben die Form
$$-\int\limits_{-\infty}^{\infty} F(E)\, D(E)\, \frac{\partial f_0}{\partial E}\, dE.$$
Wir zeigen im Anhang 3., Gl. (3), daß der Wert dieses Integrals
$$F(\zeta)D(\zeta) + \frac{\pi^2}{6}\left(\frac{d^2}{dE^2}F(E)D(E)\right)_{E=\zeta}(kT)^2 + \ldots$$
ist. Es wird also, wenn wir als Abkürzung
$$G(E) = \tau E_{\text{tr}} D \tag{18}$$
einführen[1]
$$-L_n = G(\zeta)\zeta^n + \frac{\pi^2}{6}\left(\frac{d^2}{dE^2}GE^n\right)_\zeta(kT)^2 + \ldots \tag{19}$$
Wir berechnen jetzt den Wärmestrom unter der Voraussetzung, daß der elektrische Strom verschwindet. Letzteres gibt uns die

---

[1] Index ζ bedeutet, daß der Wert der betreffenden Größe für $E = \zeta$ zu wählen ist.

Bedingung [vgl. (15)]

$$A L_0 = \frac{1}{T} \frac{\partial T}{\partial x} L_1. \tag{20}$$

Damit wird

$$Q = \frac{4}{3} \frac{1}{m} \frac{1}{T} \frac{\partial T}{\partial x} \frac{L_1^2 - L_0 L_2}{L_0}. \tag{20a}$$

Setzen wir hier L_n aus (19) und (18) ein, so erhalten wir erst in zweiter Näherung ein von Null verschiedenes Ergebnis:

$$Q = \frac{4}{3} \frac{1}{mT} \frac{\partial T}{\partial x} \frac{2\pi^2}{6} G(\zeta)(kT)^2 = \frac{\pi^2}{3} \frac{4}{3} (D E_{\text{tr}})_\zeta \frac{\tau_\zeta k^2 T}{m} \frac{\partial T}{\partial x}.$$

Nach § 5, Gl. (18) ist[1]

$$n_F = \frac{4}{3}(E_{\text{tr}} D)_\zeta$$

die Zahl der freien Elektronen pro Volumeneinheit. Somit wird mit $\tau_\zeta = \frac{l_\zeta}{v_\zeta}$

$$Q = \frac{\pi^2}{3} \frac{\tau_\zeta k^2 T n_F}{m} \frac{\partial T}{\partial x} = \frac{\pi^2}{3} \frac{l_\zeta k^2 T n_F}{m v_\zeta} \frac{\partial T}{\partial x}$$

oder nach § 12 (6) die Wärmeleitfähigkeit

$$\varkappa = \frac{\pi^2}{3} \frac{\tau_\zeta k^2 T n_F}{m} = \frac{\pi^2}{3} \frac{l_\zeta k^2 T n_F}{m v_\zeta} \tag{21}$$

in formaler Übereinstimmung mit der elementaren Theorie § 12, (8a). Daß $\varkappa$ in erster Näherung verschwindet, ist klar, da in dieser Näherung mit einer Verteilungsfunktion f_0 beim absoluten Nullpunkt gerechnet wird, die natürlich keine thermischen Effekte aufweisen kann. Bemerkenswert ist, daß aus der Bedingung (20) folgt, daß das elektrische Feld nicht verschwindet, obwohl der elektrische Strom Null ist. Das ist verständlich, denn die Elektronen, die die Wärmeenergie transportieren, führen gleichzeitig auch elektrische Ladungen mit sich. Um den so entstehenden elektrischen Strom auszugleichen, ist ein elektrisches Feld nötig, das einen Gegenstrom erzeugt. Dieses Feld ist wichtig bei der Berechnung der Thermokraft (§ 16).

Wir kommen zur Berechnung der Temperaturabhängigkeit. Für hohe Temperaturen ist nach (12) $\tau_\zeta \sim l_\zeta \sim T^{-1}$, d. h. die Wärmeleitfähigkeit (21) ist für hohe Temperaturen temperaturunabhängig.

Das Ergebnis ist in guter Übereinstimmung mit der Erfahrung, was natürlich schon daraus folgt, daß das WIEDEMANN-FRANZsche Gesetz (S. 163, § 12) für hohe Temperaturen erfüllt wird.

---

[1] Hier steht n_F, weil D auf die Volumeneinheit bezogen ist.

Wärmeleitfähigkeit. 205

Für tiefe Temperaturen muß τ gesondert berechnet werden. Dabei findet man $\tau \sim T^{-3}$, gegen $\tau \sim T^{-5}$ bei der elektrischen Leitfähigkeit. Der Grund dafür ist folgender. Bei der Berechnung des elektrischen Widerstandes hatten wir auf S. 193, § 14 gezeigt, daß sich das T^5-Gesetz aus zwei Faktoren zusammensetzt. Einem Faktor, der proportional zur Zahl der Zusammenstöße ($\sim T^3$) und einem zweiten, der proportional zum abgegebenen Impuls ist und mit T^2 geht. Bei der Wärmeleitfähigkeit wird, da der elektrische Strom Null ist, gar kein Impuls auf die Elektronen übertragen, was dazu führt, daß in erster Näherung die Verteilungsfunktion überhaupt nicht geändert wird (vgl. S. 204). Für die Wiederherstellung des Gleichgewichts spielt also die Impulsabgabe ($\sim T^2$) gar keine Rolle, so daß $1/\tau$ proportional zur Zahl der Stöße, d. h.

$$\tau \sim T^{-3}, \quad T \ll \Theta \tag{22}$$

ist. Durch Einsetzen von (22) in (21) finden wir die Wärmeleitfähigkeit für tiefe Temperaturen $\sim T^{-2}$, was experimentell bestätigt wird. Das WIEDEMANN-FRANZsche Gesetz ist hiernach für tiefe Temperaturen ungültig.

Einfluß von Verunreinigungen. Wie wir in § 14 bei der Behandlung der Legierungen gezeigt haben, setzt sich τ, falls Fremdatome ins Gitter eingebaut sind, aus zwei Teilen zusammen, und zwar wird

$$\frac{1}{\tau} = \frac{1}{\tau_T} + \frac{1}{\tau_L},$$

wobei τ_T die gewöhnliche temperaturabhängige Relaxationszeit ist, während τ_L nicht von der Temperatur abhängt. Nach (21) ist $\varkappa \sim T\tau$, also

$$\frac{1}{\varkappa} \sim \frac{1}{T\tau_T} + \frac{1}{T\tau_L}.$$

Der Einfluß von Verunreinigungen ist demnach um so stärker, je kleiner T ist. Für tiefe Temperaturen, $\tau_T \sim T^{-3}$, wird

$$\frac{1}{\varkappa} \sim T^2 + \frac{1}{T\tau_L}.$$

Für sehr tiefe Temperaturen wird das erste Glied Null, das zweite hingegen unendlich. Während für den elektrischen Widerstand Verunreinigungen bewirken, daß er bei kleinen Temperaturen nicht gegen Null, sondern gegen einen konstanten Wert ϱ_L konvergiert, verursachen sie, daß der Wärmewiderstand $\frac{1}{\varkappa}$ anstatt Null unendlich wird.

Zum Schluß sei noch bemerkt, daß auch das Gitter einen Beitrag zur Wärmeleitfähigkeit liefert, der aber klein gegen den Beitrag der Elektronen ist, denn elektrische Isolatoren haben eine sehr kleine Wärmeleitfähigkeit [66].

§ 16. Thermoelektrische Effekte.

Thermodynamischer Zusammenhang. Wenn in einem Metall ein Wärmestrom fließt, so wird, wie wir in § 15 schon angedeutet haben, im Metall ein elektrisches Feld F erzeugt, das wir Thermofeld nennen. Dieses Feld ist in der Lage, in einem geschlossenen Stromkreis, der aus mindestens zwei verschiedenen Metallen besteht, einen elektrischen Strom zu erzeugen. Die beiden Metalle nennen wir a und b (vgl. Abb. 41). Ihre beiden Lötstellen mögen die Temperaturen T und $T + \Delta T$ haben. T sei die niedrigste, $T + \Delta T$ die höchste Temperatur des Kreises. Dann fließt von $T + \Delta T$ sowohl durch a als auch durch b ein Wärmestrom.

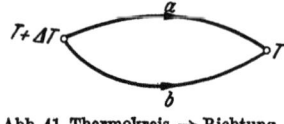

Abb. 41. Thermokreis. → Richtung des Wärmestromes.

Beide erzeugen in a bzw. b ein Thermofeld. Falls a und b verschiedene Metalle sind, entsteht dadurch eine Potentialdifferenz zwischen den beiden Lötstellen. Sind dagegen a und b gleiche Metalle, so heben sich die Wirkungen der beiden Thermofelder gerade auf, weil der Wärmestrom in a und b ja verschiedene Richtung hat. Schneiden wir eines der beiden Metalle a oder b auf, so können wir an den beiden Enden eine Potentialdifferenz messen. Man versteht dann unter Thermokraft φ_{ab} die Potentialdifferenz, falls $\Delta T = 1°$ ist. Es sei also V_{ab} die gemessene Spannung, dann ist die Thermokraft

$$\varphi_{ab} = \frac{dV_{ab}}{dT}. \tag{1}$$

Im Zusammenhang mit dem eben besprochenen Effekt steht der PELTIER-Effekt. Er sagt aus, daß an den beiden Lötstellen zweier Metalle eine Temperaturdifferenz erzeugt wird, falls in dem Kreis ein elektrischer Strom fließt. Die Temperaturdifferenz hängt natürlich von den äußeren Bedingungen ab. Wir definieren deshalb den PELTIER-Koeffizient P_{ab} durch die an der Lötstelle außer der JOULEschen Wärme erzeugten Wärmemenge (genaue Definition weiter unten).

Wie wir in § 15 gesehen haben, besteht das Thermofeld F_{th} in einem Metall immer, wenn ein Wärmestrom fließt. Wenn gleichzeitig nun auch ein elektrischer Strom durch das Metall fließt, wird die entwickelte Wärmemenge von der JOULEschen Wärme etwas verschieden sein, da ja das Thermofeld jetzt auch Wärme erzeugen kann. Das Vorzeichen von F_{th} hängt natürlich von der Richtung des Wärmestromes ab. Die vom Thermofeld erzeugte Wärme, die THOMSON-Wärme, wechselt also ihr Vorzeichen, wenn der Wärmestrom (oder der elektrische Strom) sein Vorzeichen wechselt, d. h. in einem Fall wird Wärme erzeugt, im anderen verbraucht. Der eben beschriebene Effekt heißt THOMSON-Effekt.

Zwischen den drei Größen Thermokraft, PELTIER-Wärme und THOMSON-Wärme bestehen einfache thermodynamische Zusammenhänge. Gegeben sei ein Stromkreis, bestehend, wie oben (Abb. 41) beschrieben, aus den Metallen a und b mit den Temperaturen T und $T + \varDelta T$ an den beiden Lötstellen. Eines dieser Metalle schneiden wir, wie oben, auf, so daß an den Endpunkten die Spannung V_{ab} liegt. Mit diesem Thermoelement können wir Arbeit leisten. Dazu verbinden wir die Endpunkte durch einen sehr hohen Widerstand, so daß der (sehr kleine) Strom I durch den Kreis fließt. Durch den Strom wird im Thermoelement Wärme erzeugt: JOULEsche Wärme, PELTIER-Wärme und THOMSON-Wärme. Wir definieren den PELTIER-Koeffizienten dadurch, daß

$$P_{ab} I \qquad (2)$$

die pro Sekunde an der Lötstelle a, b erzeugte Wärmemenge ist. Den THOMSON-Koeffizienten μ_a eines Metalls a definieren wir entsprechend dadurch, daß

$$\mu_a I \varDelta T \qquad (3)$$

die pro Sekunde erzeugte Wärmemenge ist. An der Lötstelle (a, b) möge die Temperatur $T + \varDelta T$, an (b, a) die Temperatur T herrschen. Offensichtlich ist

$$P_{ab}(T) = -P_{ba}(T).$$

Die PELTIER-Wärme des ganzen Kreises ist daher nach (2)·

$$(P_{ab}(T + \varDelta T) - P_{ab}(T)) I = \frac{d P_{ab}}{d T} \varDelta T I. \qquad (2\text{a})$$

Aus (3) folgt, daß die THOMSON-Wärme im Metall b

$$-\mu_b I \varDelta T$$

ist, denn hier hat I das gleiche, $\varDelta T$ aber das entgegengesetzte Vorzeichen wie im Metall a. Die gesamte THOMSON-Wärme ist also

$$(\mu_a - \mu_b) I \varDelta T. \qquad (3\text{a})$$

Die JOULEsche Wärme ist vernachlässigbar klein, da sie $\sim I^2$ ist.

Nach dem ersten Hauptsatz der Thermodynamik (Energieerhaltungssatz) muß die im Thermoelement erzeugte Wärmemenge gleich der an ihm geleisteten Arbeit

$$- I V_{ab} = - I \frac{dV_{ab}}{dT} \Delta T \qquad (4)$$

sein. Mit (4), (2a) und (3a) folgt dann

$$- I \frac{dV_{ab}}{dT} \Delta T = I \frac{dP_{ab}}{dT} \Delta T + I (\mu_a - \mu_b) \Delta T,$$

oder

$$- \frac{dV_{ab}}{dT} = \frac{dP_{ab}}{dT} + (\mu_a - \mu_b). \qquad (5)$$

Eine weitere Relation gewinnen wir mit Hilfe des zweiten Hauptsatzes. Da PELTIER- und THOMSON-Effekt reversibel sind, muß die Entropie konstant bleiben[1]. Es ist dann, wenn $\overline{T}$ eine mittlere Temperatur ($T \leq \overline{T} \leq T + \Delta T$) ist [vgl. (2) und (3)]

$$0 = + \frac{P_{ab}(T + \Delta T)}{T + \Delta T} I - \frac{P_{ab}(T)}{T} I + \frac{\mu_a}{\overline{T}} I \Delta T - \frac{\mu_b}{\overline{T}} I \Delta T.$$

Hieraus folgt für $\Delta T \to 0$

$$\frac{d}{dT} \left(\frac{P_{ab}}{T} \right) + \frac{\mu_a - \mu_b}{T} = 0$$

als zweite Relation. Durch Kombination mit (5) ergeben sich die beiden folgenden Beziehungen [vgl. (1)]

$$\varphi_{ab} = \frac{dV_{ab}}{dT} = - \frac{P_{ab}}{T}, \qquad (6)$$

$$\frac{d\varphi_{ab}}{dT} = \frac{d^2 V_{ab}}{dT^2} = \frac{\mu_a - \mu_b}{T}. \qquad (7)$$

Wegen dieser beiden Beziehungen genügt es den THOMSON-Koeffizient μ zu berechnen, denn wir können aus ihm dann in einfacher Weise V_{ab} und P_{ab} ableiten.

THOMSON-*Effekt* [54, 65]. Wir betrachten jetzt ein homogenes Metall a, in dem ein elektrischer Strom J (Stromdichte) und ein Wärmestrom Q fließt. Die Stromrichtung sei die x-Richtung. Wir wollen die in der Volumeneinheit pro Sekunde entwickelte Wärmemenge W berechnen. Diese setzt sich aus zwei Teilen zusammen. Der erste Teil ist von der Feldstärke F abhängig, nämlich JF. Der zweite Teil ist der Überschuß der in die Volumeneinheit einströmenden Wärmemenge über die ausströmende. Da durch die

---

[1] Dabei wird die Annahme gemacht, daß die Erhöhung der Entropie infolge des Wärmestromes vernachlässigbar ist.

Flächeneinheit bei $x = x_0$ der Wärmestrom $Q(x_0)$ einfließt, während $Q(x_0 + \Delta x)$ bei $x = x_0 + \Delta x$ ausfließt, verbleibt in der Volumeneinheit pro Sekunde die Wärmemenge
$$\frac{Q(x_0) - Q(x_0 + \Delta x)}{\Delta x} = -\frac{\partial Q}{\partial x}.$$
Somit ist
$$W = JF - \frac{\partial Q}{\partial x}. \tag{8}$$
Zur Berechnung dieses Ausdruckes setzen wir J und Q aus § 15, (15) und (16) ein. Wir nehmen zuerst eine kleine Umformung vor. Berechnet man A in § 15, (15) und setzt es in § 15, (16) ein, so wird
$$Q = \frac{4}{3}\frac{1}{m}\left(\frac{3mJ}{4e}\frac{L_1}{L_0} + \frac{1}{T}\frac{\partial T}{\partial x}\frac{L_1^2}{L_0} - \frac{1}{T}\frac{\partial T}{\partial x}L_2\right),$$
oder, da nach (20a), § 15 die Wärmeleitfähigkeit
$$\varkappa = \frac{4}{3mT}\frac{L_1^2 - L_2 L_0}{L_0}$$
ist, wird
$$Q = \frac{J}{e}\frac{L_1}{L_0} + \varkappa\frac{\partial T}{\partial x}. \tag{9}$$
Aus § 15, (15) folgt mit § 15, (11)
$$J = \frac{4e}{3m}\left(eFL_0 - T\frac{\partial}{\partial T}\left(\frac{\zeta}{T}\right)\frac{\partial T}{\partial x}L_0 - \frac{1}{T}\frac{\partial T}{\partial x}L_1\right).$$
Hier ist [vgl. § 15, (19); § 5, (18), § 14, (14)]
$$\frac{4e^2}{3m}L_0 = \frac{4e^2}{3m}\tau_\zeta(E_{\text{tr}}D)_\zeta = \frac{e^2\tau_\zeta n_F}{m} = \sigma,$$
so daß
$$F = \frac{J}{\sigma} + \frac{1}{e}\frac{\partial T}{\partial x}\left(T\frac{\partial}{\partial T}\left(\frac{\zeta}{T}\right) + \frac{1}{T}\frac{L_1}{L_0}\right) \tag{10}$$
wird. Einsetzen von (9) und (10) in (8) ergibt
$$W = \frac{J^2}{\sigma} - \frac{\partial T}{\partial x}T\frac{\partial}{\partial T}\left(\frac{L_1}{L_0}\frac{1}{T} - \frac{\zeta}{T}\right)\frac{J}{e} - \frac{\partial}{\partial x}\left(\varkappa\frac{\partial T}{\partial x}\right)$$
oder
$$W = \frac{J^2}{\sigma} - \mu J\frac{\partial T}{\partial x} - \frac{\partial}{\partial x}\left(\varkappa\frac{\partial T}{\partial x}\right) \tag{11}$$
mit
$$\mu = \frac{T}{e}\frac{\partial}{\partial T}\left(\frac{1}{T}\frac{L_1}{L_0} - \frac{\zeta}{T}\right). \tag{12}$$
In (11) bedeutet das erste Glied die gewöhnliche JOULEsche Wärme ($\sim J^2$), das letzte Glied die durch die Wärmeleitung erzeugte Wärme, während das mittlere, zu J proportionale Glied definitionsgemäß [vgl. (3)] die THOMSON-Wärme ist.

Aus (18) und (19), § 15 folgt[1]

$$\frac{L_1}{L_0} = \frac{G(\zeta)\,\zeta + \frac{\pi^2}{6}(G\,E)''_\zeta\,(k\,T)^2}{G(\zeta) + \frac{\pi^2}{6}G''(\zeta)\,(k\,T)^2} = \zeta + \frac{\pi^2}{6}(k\,T)^2\left[\frac{G''}{G}E + 2\frac{G'}{G} - \frac{G''}{G}E\right]_\zeta$$

$$= \zeta + \frac{\pi^2}{3}(k\,T)^2\,\frac{(\tau\,E_{\text{tr}}\,D)'_\zeta}{(\tau\,E_{\text{tr}}\,D)_\zeta}\,.$$

Da nach § 3, (11), $E_{\text{tr}} \sim v^2$ und da die freie Weglänge $l = v\,\tau$ ist, wird mit (12)

$$\mu = \frac{k^2\,T}{e}\frac{\pi^2}{3}\,\delta, \qquad (13)$$

wo

$$\delta = \left[\frac{l'}{l} + \frac{v'}{v} + \frac{D'}{D}\right]_\zeta \qquad (13\,\text{a})$$

ist.

Die Thermokraft wird nach (7)

$$\varphi_{ab} = \frac{k^2\,T}{e}\frac{\pi^2}{3}(\delta_a - \delta_b), \qquad (14)$$

d. h. die Spannung

$$V_{ab} = \frac{k^2}{e}\frac{\pi^2}{6}(\delta_a - \delta_b)\,((T + \Delta T)^2 - T^2).$$

Der PELTIER-Koeffizient P_{ab} folgt aus (6)

$$P_{ab} = -\frac{k^2\,T^2}{e}\frac{\pi^2}{3}(\delta_a - \delta_b)\,. \qquad (15)$$

Diskussion. Die hier abgeleiteten Formeln (13) bis (15) haben natürlich nur für hohe Temperaturen $T > \Theta$ Gültigkeit, falls wir die für die elektrische Leitfähigkeit berechnete Relaxationszeit bzw. freie Weglänge verwenden (vgl. S. 202). Auf eine spezielle Diskussion für tiefe Temperaturen verzichten wir hier. Die Größe δ_a ist dann eine für jedes Metall charakteristische Konstante. Die von uns abgeleitete Temperaturabhängigkeit von μ wird für hohe Temperaturen im allgemeinen gut bestätigt. In Abb. 42 geben wir einige experimentelle Kurven. Entsprechend ist auch die direkt gemessene Temperaturabhängigkeit von φ_{ab} und P_{ab} im allgemeinen mit unseren Ergebnissen in Übereinstimmung. Zur Diskussion des Absolutwertes von μ bzw. φ_{ab} wollen wir zunächst für l, v und D die Werte für freie Elektronen einsetzen. Für diese ist nach § 5, (13) und § 14, (11a)

$$v \sim E^{1/2}, \qquad D \sim E^{1/2}, \qquad l \sim E^2.$$

---

[1] Die Striche bedeuten Ableitung nach E.

Daher ist
$$\delta = \frac{3}{\zeta}. \qquad (16)$$

Wir zeigen zunächst an Hand der Thermokraft, daß die Größenordnung in (14) richtig ist. Die beobachtete Thermokraft ist bei Zimmertemperatur von der Größenordnung 10^{-5}—10^{-6} $\frac{\text{Volt}}{\text{Grad}}$. Aus (14) folgt mit (16)

$$e V_{ab} = e \varphi_{ab} \Delta T = \pi^2 k T \left(\frac{1}{\zeta_a} - \frac{1}{\zeta_b} \right) \cdot k \Delta T. \qquad (17)$$

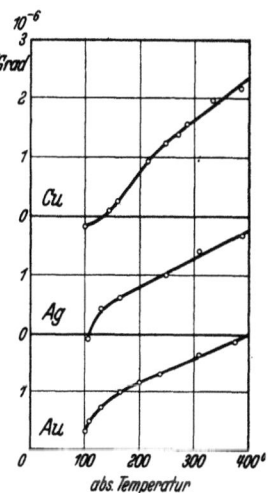

Abb. 42. THOMSON-Koeffizient μ für Cu, Ag, Au. Abhängigkeit von der Temperatur. Nach [17].

$k T$ ist für Zimmertemperatur $1/30$ e-Vclt, $k \Delta T$ für $\Delta T = 1$ ist ungefähr 10^{-4} e-Volt, während ζ etwa 5 e-Volt ist. Damit erhält man also tatsächlich die richtige Größenordnung. Für Alkalimetalle sollten die nach (17) berechneten Thermospannungen auch im einzelnen mit den gemessenen Werten übereinstimmen, weil für Alkalimetalle das Modell freier Elektronen die Wirklichkeit gut wiedergibt. Es stellt sich heraus, daß dies besonders gut im flüssigen Zustand erfüllt ist [176]. Wir haben bisher noch nichts über die flüssigen Metalle mitgeteilt und werden dies auch erst in § 32 tun. Hier sei nur darauf hingewiesen, daß gerade für flüssige Metalle eine besonders gute Übereinstimmung zu erwarten ist. Tabelle 16 zeigt die Ergebnisse für den THOMSON-Koeffizienten.

Tabelle 16. Nach [176].

Metall		Li	Na	K	Rb	Cs
$\frac{\mu}{T}$ in Mikrovolt	exp.	+0,03	—0,048	—0,043	—0,085	—0,075
	theor.	—0,016	—0,023	—0,036	—0,041	—0,048

Bei einer großen Anzahl von Metallen hat δ negative Werte. Betrachten wir zunächst nur die Größen $\frac{v'}{v}$ und $\frac{D'}{D}$ in δ (13a). Beide sind nach § 3 am unteren Rand eines Energiebandes positiv, am oberen Rand aber negativ, denn sowohl v als auch D ist Null an beiden Rändern. Anders verhält sich aber die Größe $\frac{l'}{l}$. Wir haben im § 14, (11a) $l \sim v^4$ gefunden, unter der Annahme, daß die Energie wie bei freien Elektronen mit einer scheinbaren Masse m^* beschrieben werden kann. Aber selbst dann steckt noch eine Voraussetzung über die Größe der Wellenzahl in der Ableitung, wie wir schon in § 13 bei Berechnung des Streuwinkels angedeutet haben. Da nämlich bei einem Stoß mit einem Schallquant praktisch keine Energie übertragen wird und da für die Wellenzahlen ein Erhaltungssatz gilt, muß

$$\mathfrak{k}' = \mathfrak{k} + \mathfrak{w}, \quad k' = k$$

sein, wo $\mathfrak{k}$ die Wellenzahl des Elektrons vor dem Stoß, $\mathfrak{k}'$ nach dem Stoß und $\mathfrak{w}$ die Wellenzahl des Schallquants ist. Daraus folgt sofort

$$2\,k \geq w. \tag{18}$$

Ist $w_{\max} > 2\,k$, so können hiernach nicht alle Schallquanten, sondern nur der Teil, für den (18) erfüllt ist, in Wechselwirkung mit den Elektronen treten. Wie wir in Kap. IV bei der Behandlung der Halbleiter sehen werden, hat dies zur Folge, daß l für kleine k konstant wird. Da nach § 13, (13) $w_{\max} = \frac{\pi}{a}$ ist, sind nach (18) Abweichungen vom $l \sim v^4$-Gesetz auch bei verhältnismäßig großen Energien zu erwarten. Nach diesen Bemerkungen ist es verständlich, daß schon eine kleine Änderung der Energiefunktion eine große Änderung von $\frac{l'}{l}$ hervorrufen kann, so daß auch bei Metallen, bei welchen $\frac{v'}{v}$ und $\frac{D'}{D}$ noch ähnliche Werte wie bei freien Elektronen haben, $\frac{l'}{l}$ schon gänzlich verschieden sein kann. Das ist z. B. der Fall bei Cu, Ag und Au, wo wir, insbesondere aus Messungen des HALL-Effekts (§ 17), schließen müssen, daß $\frac{v'}{v}$ und daher wahrscheinlich auch $\frac{D'}{D}$ positiv ist, während aus den thermoelektrischen Effekten folgt, daß $\delta \cdot$ (13a) negativ ist. Aus den experimentellen Werten für μ (vgl. Abb. 42) findet man $\delta \zeta_0 \cong -1$, wo ζ_0 die Grenzfrequenz unter der Annahme freier Elektronen ist.

§ 17. Galvano-magnetische Effekte.

Elementare Behandlung des HALL-Effekts. An einer Metallplatte ($x-y$-Ebene) liege in der x-Richtung ein elektrisches Feld F_x und in der z-Richtung ein Magnetfeld H. Man beobachtet dann in der y-Richtung ein elektrisches Feld F_y, das wir berechnen werden. Das Auftreten dieses Effekts ist einfach zu verstehen. Die Elektronen, die sich unter Einfluß des elektrischen Feldes in der x-Richtung bewegen, werden durch das magnetische Feld senkrecht zu beiden Feldern, d. h. in die y-Richtung abgelenkt. Um den dadurch in dieser Richtung entstehenden Strom zu kompensieren, ist ein elektrisches Feld F_y nötig. Wir werden sehen, daß wir aus dem HALL-Effekt sehr wichtige Schlüsse auf das Verhalten der Elektronen ziehen können.

Wir haben die Beschleunigung eines Elektrons in einem äußeren Feld in § 3, (13a), (14) berechnet. Die Beschleunigung eines Elektrons ist demnach genau so groß wie diejenige eines freien Elektrons, multipliziert mit der Freiheitszahl f_t. Das ist gleichbedeutend damit, daß man die Masse des Elektrons durch eine scheinbare Masse $\dfrac{m}{f_t}$ ersetzt, die dann auch negativ sein kann (vgl. § 3). Die Bewegungsgleichungen lauten somit für unseren Fall

$$\dot{v}_x = \left(\frac{e}{m}F_x + \frac{e}{mc}Hv_y\right)f_t, \quad \dot{v}_y = \left(\frac{e}{m}F_y - \frac{e}{mc}Hv_x\right)f_t, \quad \dot{v}_z = 0. \quad (1)$$

Der mittlere Geschwindigkeitszuwachs in der Zeit $2\tau = \tau_1$ ist [vgl. § 12, (3)]

$$\Delta v_x = \left(\frac{e}{m}F_x + \frac{e}{mc}Hv_y\right)f_t\tau \quad (2\text{a})$$

$$\Delta v_y = \left(\frac{e}{m}F_y - \frac{e}{mc}Hv_x\right)f_t\tau. \quad (2\text{b})$$

Der Strom wird durch Summierung von $e\Delta v_x$ über alle Elektronen pro cm³ erhalten.

$$J_x = \sum e\Delta v_x = \frac{e^2\tau n_F}{m}F_x. \quad (3)$$

Dabei ist benützt, daß nach § 5, S. 72

$$\sum f_t = n_F \quad (4)$$

ist. Der Strom in der y-Richtung soll verschwinden. Es muß also $\sum \Delta v_y = 0$ sein. Das bedeutet nach (2b)

$$F_y \sum f_t = \frac{H}{c}\sum v_x f_t.$$

v_x setzt sich additiv zusammen aus v_x^0, dem Wert ohne Feld und Δv_x. Es ist $\sum v_x^0 f_t = 0$, weil ohne Feld alle Geschwindigkeitsrichtungen gleich häufig sind. Mit (4) und (3) erhalten wir dann

$$F_y n_F = \frac{H}{c}\sum v_x f_t = \frac{H}{c}\bar{f_t}\sum \Delta v_x = \frac{H}{c}\bar{f_t}\frac{J_x}{e}.$$

$\bar{f}_t$ soll ein geeigneter Mittelwert von f_t sein. Er ist naturgemäß über diejenigen Zustände zu bilden, deren Besetzungszahlen durch das äußere Feld beeinflußt werden, das sind die Zustände in der Nähe der Grenzenergie ζ. Wir schreiben deshalb f_ζ für $\bar{f}_t$ (Ableitung auf S. 218).

Die HALL-Konstante R ist definiert als Feldstärke F_y für $H = 1$, $J_x = 1$. Es ist also

$$R = \frac{F_y}{H J_x} = \frac{f_\zeta}{e c n_F} \qquad (H \text{ in Gauß}). \qquad (5)$$

Für freie Elektronen ist $f_\zeta = 1$. Sonst kann f_ζ aber positiv und negativ sein. Die Diskussion wollen wir auf S. 220 nach der exakten Behandlung durchführen.

Exakte Berechnung des HALL-*Effekts* [54]. Wir gehen aus von der allgemeinen Gleichung § 15, (3). Wir setzen voraus, daß die Temperatur im ganzen Metall konstant, und zwar $> \Theta$ ist und daß auch alle äußeren Felder konstant sind. Dann ist $\operatorname{grad} f = 0$ und wir erhalten

$$(\operatorname{grad}_t f, \dot{\mathfrak{k}}) = \left(\frac{\partial f}{\partial t}\right)_{\text{Stoß}}. \qquad (6)$$

Nach § 3, (12) wird $\dot{\mathfrak{k}}$, wenn wir ein elektrisches Feld in der x- und y-Richtung, $\mathfrak{F} = (F_x, F_y, 0)$ und ein magnetisches Feld in der z-Richtung $\mathfrak{H} = (0, 0, H)$ voraussetzen:

$$\dot{k}_x = \frac{1}{\mathrm{h}}\left(e F_x + \frac{e}{c} H v_y\right), \qquad \dot{k}_y = \frac{1}{\mathrm{h}}\left(e F_y - \frac{e}{c} H v_x\right), \qquad \dot{k}_z = 0,$$

da ja die Kraft $\mathfrak{K} = e \mathfrak{F} + \frac{e}{c}[\mathfrak{v}, \mathfrak{H}]$ ist. Durch Einsetzen in (6) entsteht

$$\frac{e}{\mathrm{h}}\left[F_x \frac{\partial f}{\partial k_x} + F_y \frac{\partial f}{\partial k_y} + \frac{H}{c}\left(v_y \frac{\partial f}{\partial k_x} - v_x \frac{\partial f}{\partial k_y}\right)\right] = \left(\frac{\partial f}{\partial t}\right)_{\text{Stoß}}. \qquad (6\,\mathrm{a})$$

Wir machen wieder den Ansatz

$$f = f_0 + g, \qquad g \ll f_0,$$

wo f_0 die FERMI-Verteilung ist und beachten, daß [vgl. § 15, (6)]

$$\left(\frac{\partial f}{\partial t}\right)_{\text{Stoß}} = \left(\frac{\partial g}{\partial t}\right)_{\text{Stoß}} = -\frac{1}{\tau} g$$

ist. Würden wir auf der linken Seite von (6a) wie bisher g vernachlässigen, so fielen die Glieder mit H ganz weg, denn es ist [§ 3, (10)!]

$$v_y \frac{\partial f_0}{\partial k_x} - v_x \frac{\partial f_0}{\partial k_y} = \frac{\partial f_0}{\partial E}\left(v_y \frac{\partial E}{\partial k_x} - v_x \frac{\partial E}{\partial k_y}\right) = \frac{\partial f_0}{\partial E} \mathrm{h} (v_y v_x - v_x v_y) = 0.$$

Galvano-magnetische Effekte. 215

In diesen Gliedern müssen wir daher g beibehalten. Wir erhalten dann aus (6a) mit § 3, (10), da

$$\frac{\partial f_0}{\partial k_i} = \frac{\partial f_0}{\partial E} \frac{\partial E}{\partial k_i}$$

ist:

$$e \frac{\partial f_0}{\partial E} (F_x v_x + F_y v_y) + \frac{eH}{ch} \left(v_y \frac{\partial g}{\partial k_x} - v_x \frac{\partial g}{\partial k_y} \right) = -\frac{1}{\tau} g. \quad (7)$$

Diese Differentialgleichung für die Funktion g läßt sich unter gewissen Bedingungen exakt lösen, nämlich immer dann, wenn die Energie E für $E = \zeta$ sich ähnlich wie bei freien Elektronen (mit einer scheinbaren Masse m^*) verhält, deren Wellenzahl im Fall $m^* > 0$ identisch mit der reduzierten Wellenzahl ist, während für $m^* < 0$ die Wellenzahl vom oberen Rand des Energiebandes aus zu zählen ist [vgl. z. B. § 4, S. 35 oder § 5, S. 77]. In beiden Fällen ist die Energiefläche $E = \zeta$ im $\mathfrak{k}$-Raum durch Kugelflächen darstellbar. Im Fall $m^* > 0$ ist sie eine Kugel mit $\mathfrak{k} = 0$ als Mittelpunkt; für $m^* < 0$ wird sie bei einem einfachen kubischen Kristall durch Kugeln, welche die 8 Würfelecken $\mathfrak{k} = \left(\pm \frac{\pi}{a}, \pm \frac{\pi}{a}, \pm \frac{\pi}{a} \right)$ als Mittelpunkte haben, dargestellt (vgl. § 4).

Bei den meisten Problemen, die wir bisher behandelt haben, waren die Abweichungen der Energieflächen von Kugelflächen unwesentlich und wir haben sie meist durch Kugelflächen ersetzen können. Bei der magnetischen Widerstandsänderung, die wir in diesem Paragraphen zu besprechen haben, stellt sich aber heraus, daß der ganze Effekt gerade von der Abweichung der Energieflächen von Kugelflächen, also von ihrer Anisotropie abhängt. Für freie Elektronen wird sie also Null.

Ein einfaches Beispiel für eine anisotrope Energiefläche haben wir in § 4 A bei der Behandlung stark gebundener p-Elektronen kennengelernt. Für Energien nahe am unteren Rand des Energiebandes sind die Energieflächen bei einem kubischen Kristall Ellipsoide (vgl. Abb. 7c, 7d). Zu einer Energie gehören immer drei gleiche aufeinander senkrecht stehende Ellipsoide, so daß die kubische Symmetrie trotz der Anisotropie gewahrt ist. Eine unmittelbare Folge der Anisotropie der Energiefläche ist die Anisotropie der Geschwindigkeit

$$v = \frac{1}{h} |\mathrm{grad}_{\mathfrak{k}} E|,$$

d. h. v hängt nicht nur von der Energie E, sondern auch von der

Richtung ab. Da die Relaxationszeit τ eine Funktion der Geschwindigkeit ist, wird auch τ eine anisotrope Funktion, d. h. auch τ hängt außer von der Energie noch von der Bewegungsrichtung des Elektrons ab.

Wir wollen nun (7) zunächst für den Fall verschwindender Anisotropie lösen. Dann wird man auf Grund der Symmetrie des Problems den Ansatz

$$g = v_x \varphi_1 + v_y \varphi_2 \qquad (8)$$

versuchen, bei dem φ_1 und φ_2 nur von E abhängen. Nach §3, (10) ist

$$\frac{\partial v_x}{\partial k_x} = \frac{1}{\mathsf{h}} \frac{\partial^2 E}{\partial k_x^2}, \qquad \frac{\partial v_x}{\partial k_y} = \frac{1}{\mathsf{h}} \frac{\partial^2 E}{\partial k_x \partial k_y} \qquad \text{usw.}$$

Wegen der vorausgesetzten Isotropie ist ferner unter Einführung der Freiheitszahl §3, (14)

$$\frac{\partial^2 E}{\partial k_x^2} = \frac{\partial^2 E}{\partial k_y^2} = \frac{\partial^2 E}{\partial k_z^2} = \frac{\mathsf{h}^2}{m} f_k, \qquad \frac{\partial^2 E}{\partial k_x \partial k_y} = 0. \qquad (9)$$

Wir erhalten dann durch Einsetzen von (8) in (7)

$$e \frac{\partial f_0}{\partial E} (v_x F_x + v_y F_y) + \frac{eH}{mc} f_k (v_y \varphi_1 - v_x \varphi_2) + \frac{1}{\tau} (v_x \varphi_1 + v_y \varphi_2) = 0.$$

In dieser Gleichung sind v_x und v_y unabhängig voneinander. Daher müssen die Faktoren von v_x und v_y einzeln verschwinden. Mit den Abkürzungen

$$a_1 = \frac{\tau e H f_k}{mc}, \qquad (10)$$

$$a_2 = \tau e \frac{\partial f_0}{\partial E} \qquad (11)$$

erhält man die beiden Gleichungen

$$\varphi_1 - a_1 \varphi_2 = -a_2 F_x$$
$$\varphi_2 + a_1 \varphi_1 = -a_2 F_y.$$

Die Lösungen dieser Gleichungen lauten

$$\left.\begin{aligned}\varphi_1 &= -\frac{a_2 F_x + a_1 a_2 F_y}{1 + a_1^2} \\ \varphi_2 &= -\frac{a_2 F_y - a_1 a_2 F_x}{1 + a_1^2}\end{aligned}\right\} \qquad (12)$$

Die elektrische Stromstärke wird entsprechend §15, (13) mit (8)

$$J_x = \frac{2}{(2\pi)^3} e \int (v_x^2 \varphi_1 + v_x v_y \varphi_2) \, d\tau_\mathfrak{k},$$

$$J_y = \frac{2}{(2\pi)^3} e \int (v_y^2 \varphi_2 + v_x v_y \varphi_1) \, d\tau_\mathfrak{k}.$$

In diesen Integralen sind v_x und v_y die einzigen von den Winkeln

Galvano-magnetische Effekte. 217

im $\mathfrak{k}$-Raum abhängigen Größen. Die Integration über die Winkel kann deshalb sofort ausgeführt werden. Wegen der Isotropie sind v_x^2 und v_y^2 durch $\dfrac{v^2}{3}$ zu ersetzen, während die Integrale über $v_x v_y$ verschwinden. Benützen wir noch die Definition der Eigenwertdichte D (pro Volumeneinheit) nach § 4, (30),

$$\frac{1}{(2\pi)^3} \int_{\text{Winkel}} d\tau_{\mathfrak{k}} = D(E)\, dE$$

und der Translationsenergie E_{tr} nach § 3, (11)

$$\frac{m}{2} v^2 = E_{\text{tr}},$$

so erhalten wir

$$\left. \begin{aligned} J_x &= \frac{4e}{3m} \int E_{\text{tr}} \varphi_1 D\, dE \\ J_y &= \frac{4e}{3m} \int E_{\text{tr}} \varphi_2 D\, dE \end{aligned} \right\} \quad (13)$$

Setzen wir hier für φ_1 und φ_2 die Werte aus (12) ein, so wird unter Beachtung von (10) und (11)

$$\left. \begin{aligned} J_x &= \frac{4e^2}{3m} [K_1 F_x + K_2 F_y] \\ J_y &= \frac{4e^2}{3m} [K_1 F_y - K_2 F_x] \end{aligned} \right\} \quad (13\,\text{a})$$

Dabei ist

$$\left. \begin{aligned} K_1 &= -\int \frac{\tau}{1+a_1^2} E_{\text{tr}} D\, \frac{\partial f}{\partial E}\, dE \\ K_2 &= -\int \frac{a_1 \tau}{1+a_1^2} E_{\text{tr}} D\, \frac{\partial f}{\partial E}\, dE \end{aligned} \right\} \quad (14)$$

Beide Integrale lassen sich wie die Integrale L_n in § 15 (17) auswerten. Sie liefern

$$\left. \begin{aligned} K_1 &= \left(\frac{\tau}{1+a_1^2}\right)_\zeta (E_{\text{tr}} D)_\zeta \\ K_2 &= \left(\frac{a_1 \tau}{1+a_1^2}\right)_\zeta (E_{\text{tr}} D)_\zeta \end{aligned} \right\} \quad (14\,\text{a})$$

Der Strom in der y-Richtung soll verschwinden. Nach (13a) ist daher

$$\frac{F_x}{F_y} = \frac{K_1}{K_2} \quad (15)$$

und J_x wird

$$J_x = \frac{4e^2}{3m} F_x \left(K_1 + \frac{K_2^2}{K_1}\right),$$

oder die Leitfähigkeit

$$\sigma = \frac{J_x}{F_x} = \frac{4e^2}{3m} \left(K_1 + \frac{K_2^2}{K_1}\right). \quad (16)$$

Unter Verwendung von (14a) erhalten wir mit (10)
$$\frac{K_1}{K_2} = \frac{mc}{eH\tau_\zeta f_\zeta},\tag{15a}$$

$$K_1 + \frac{K_2^2}{K_1} = (\tau E_{\text{tr}} D)_\zeta.$$

Entnehmen wir $(E_{\text{tr}} D)_\zeta$ aus § 5, (18), so wird nach (16) die Leitfähigkeit

$$\sigma = \frac{e^2 \tau_\zeta n_F}{m},\tag{16a}$$

während die HALL-Konstante nach (5), mit (15), (15a) und (16)

$$R = \frac{F_y}{H J_x} = \frac{F_y}{H F_x \sigma} = \frac{f_\zeta}{e c n_F}\tag{5}$$

ist. Für die HALL-Konstante erhalten wir daher das gleiche Ergebnis wie in der elementaren Theorie.

Die Leitfähigkeit σ (16a) hat genau den gleichen Wert wie ohne Magnetfeld [§ 14, (14)]. Die Widerstandsänderung ist daher bei Vernachlässigung der Anisotropie Null.

Berücksichtigung der Anisotropie [65, 91, 105]. Das Verschwinden der magnetischen Widerstandsänderung läßt sich bei freien Elektronen leicht verstehen. Bekanntlich lauten die Bewegungsgleichungen

$$\dot{v}_x = \frac{e}{m} F_x + \frac{e}{mc} H v_y, \qquad \dot{v}_y = \frac{e}{m} F_y - \frac{e}{mc} H v_x.$$

Entsprechend den Ausführungen von § 12 sollen die v_x, v_y geeignete Mittelwerte über alle Elektronen darstellen. Der Strom in der y-Richtung soll verschwinden, d. h. $\dot{v}_y = 0$. Ferner ist dann auch $\overline{v_y} = 0$. Es wird dann

$$\dot{\overline{v}}_x = \frac{e}{m} F_x,$$

so daß der Einfluß des Magnetfeldes auf v_x und damit auf den Strom vollständig wegfällt.

Bei Berücksichtigung der Anistropie ist eine allgemeine Behandlung des Problems nicht mehr durchführbar. Wir werden deshalb die Annahme machen, daß die Stationäritätsgleichung immer noch durch (8) und (12) gelöst wird, vorausgesetzt, daß man für τ und f_k jetzt die richtigen, anisotropen Werte einsetzt. Man wird dann wieder zur Gl. (13) geführt, hat dabei aber bei der Integration über die Winkel die beiden Größen τ und f_k durch entsprechende Mittelwerte über alle Richtungen zu ersetzen. Diese Mittelwertbildung wollen wir durch Überstreichen kennzeichnen.

Man erhält dann wieder (13a), wobei die Integrale analog zu (14a) jetzt

$$K_1 = \overline{\left(\frac{\tau}{1+a_1^2}\right)_\zeta}(E_{\mathrm{tr}}\,D)_\zeta$$

$$K_2 = \overline{\left(\frac{a_1\,\tau}{1+a_1^2}\right)_\zeta}(E_{\mathrm{tr}}\,D)_\zeta$$

lauten. Gl. (16) bleibt bestehen, aber es ist jetzt

$$K_1 + \frac{K_2^2}{K_1} = (E_{\mathrm{tr}}\,D)_\zeta\left[\overline{\left(\frac{\tau}{1+a_1^2}\right)} + \overline{\left(\frac{a_1\tau}{1+a_1^2}\right)^2}\overline{\left(\frac{\tau}{1+a_1^2}\right)^{-1}}\right]_\zeta \quad (17)$$

und daher wird analog zu (16a)

$$\sigma(H) = \frac{e^2\,n_F}{m}\,[\,]\,, \quad (18)$$

wo die eckige Klammer den in (17) angegebenen Wert hat. Der wesentliche Unterschied gegen früher ist, daß z. B. $\overline{a\,\tau} \neq \bar{a}\cdot\bar{\tau}$ ist, so daß sich jetzt [ ] nicht auf τ reduziert. Um (18) näher auswerten zu können, unterscheiden wir starke und schwache Magnetfelder. Für schwache Felder sei

$$\overline{a_1}\ll 1,$$

d. h. nach (10)

$$\frac{e\,H}{m\,c}\overline{\tau f_k}\ll 1.$$

Wir definieren eine Feldstärke H_0 durch

$$\frac{e\,H_0}{m\,c}\overline{\tau f_k} = 1. \quad (19)$$

Für $H \ll H_0$ kann man [ ] nach H entwickeln und erhält, wenn man Glieder bis H^2 bei behält [vgl. (10)]

$$[\,] = \tau - \overline{a_1^2\,\tau} + \frac{\overline{a_1\tau}^2}{\bar\tau} = \bar\tau - \left(\frac{e\,H}{m\,c}\right)^2\left[\overline{f_k^2\,\tau} - \frac{\overline{f_k\tau}^2}{\bar\tau}\right].$$

Nach (18) wird also die Leitfähigkeit ($\sigma_0 =$ Leitfähigkeit ohne Magnetfeld)

$$\sigma_H = \sigma_0\left(1 - \left(\frac{e\,H}{m\,c}\right)^2\left[\frac{\overline{f_k^2\,\tau^3}}{\bar\tau} - \frac{\overline{f_k\tau}^2}{\bar\tau^2}\right]\right).$$

Hieraus berechnet sich die relative Widerstandserhöhung zu

$$\frac{\Delta\varrho}{\varrho_0} = \frac{\varrho_H - \varrho_0}{\varrho_0} = \frac{\sigma_0 - \sigma}{\sigma} = \left(\frac{e\,H}{m\,c}\right)^2\frac{\overline{f_k^2\,\tau^3}\cdot\bar\tau - \overline{f_k\tau^2}^2}{\bar\tau^2} > 0. \quad (20)$$

$\frac{\Delta\varrho}{\varrho_0}$ ist immer positiv, da nach der S<small>CHWARZ</small>schen Ungleichung

$$\overline{f_k^2\,\tau^3}\cdot\bar\tau \geq \overline{f_k\,\tau^2}^2$$

ist.

Entsprechend berechnet man für starke Felder [vgl. (10)] $H \gg H_0$

$$[\,] = \overline{\left(\frac{\tau}{a_1}\right)^2} \; \overline{\left(\frac{\tau}{a_1^2}\right)}^{-1} = \overline{(f_k^{-1})}^2 \; \overline{((\tau f_k^2)^{-1})}^{-1}.$$

Wir wollen die Abkürzung

$$[\,] = \bar{\tau}\, [\tau, f_k]_1$$

einführen. $[\tau, f_k]_1$ ist eine dimensionslose Größe. Mit (18) finden wir

$$\sigma = \frac{e^2 \bar{\tau} n_F}{m} [\tau, f_k]_1 = \sigma_0 [\tau, f_k]_1, \quad H \gg H_0. \tag{20a}$$

Es läßt sich an Hand der SCHWARZschen Ungleichung leicht beweisen, daß $[\tau, f_k] > 1$ ist.

Diskussion des HALL-*Effekts.* Für die HALL-Konstante R haben wir sowohl in der elementaren als auch in der exakten Behandlung den Wert

$$R = \frac{f_\zeta}{e\, c\, n_F} \tag{5}$$

erhalten. Nach § 3 kann die Freiheitszahl f_ζ sowohl positive als auch negative Werte annehmen (vgl. Abb. 6, S. 27). Am unteren Rand eines Bandes ist f_ζ immer positiv, am oberen immer negativ. Die gemessenen R-Werte liefern uns daher direkt Aussagen über die Besetzung der Energiebänder.

Wir wollen, bevor wir die Experimente diskutieren, zeigen, daß $R\,\sigma$ eine sehr einfache, anschauliche Bedeutung hat. Mit (5) und § 14, (14) wird

$$c\,R\,\sigma = \frac{e\,\tau_\zeta\, f_\zeta}{m}.$$

Nach § 14, (14a) ist $c\,R\,\sigma$ nichts anderes als die mittlere Geschwindigkeitserhöhung eines Elektrons im Feld $F = 1$, d. h. die Beweglichkeit des Elektrons. Aus den Meßwerten für R und σ folgt für $R\,c\,\sigma$ z. B. bei Ag ~ 50, bei Na ~ 40, bei Pb ~ -5 und bei Bi $\sim 5000 \frac{\text{cm}^2}{\text{Volt sec}}$. Der hohe Wert für Bi ist (vgl. unten Tabelle 17) auf den hohen Wert der Freiheitszahl f_ζ zurückzuführen. Der negative Wert für Blei bedeutet, daß hier $f_\zeta < 0$ ist.

Durch Multiplikation mit der Zahl der Atome pro cm³, n, erhält man aus (5)

$$\frac{f_\zeta}{n_F/n} = R\,e\,c\,n. \tag{21}$$

Wenn wir $\frac{n_F}{n}$ aus anderen Messungen, z. B. aus Tabelle 2 oder Tabelle 12 entnehmen, erhalten wir direkt die Freiheitszahl f_ζ der Elektronen mit der Grenzenergie ζ. Für freie Elektronen ist $R\,e\,c\,n = 1$.

Aber nicht nur für freie Elektronen gilt dies, sondern immer, wenn die Energie aller Zustände zwischen dem unteren (oder dem oberen) Rand des Energiebandes und der Energie $E=\zeta$ durch die oft gebrauchte Formel [vgl. § 5, (20), (20a)]

$$E - E_0 = \frac{h^2}{2\,m^*} k^2 = \frac{h^2}{2\,m} f_k k^2 \tag{22}$$

mit konstantem f_k dargestellt werden kann. In diesem Fall ist ja nach § 5, S. 72

$$n_F = n\,|f_k|.$$

Dabei ist E_0 im Fall positiver f der untere und im Fall negativer f der obere Rand des Energiebandes. Die Abweichung des Ausdrucks $\frac{|f_\zeta|}{n_F/n}$ von Eins ist daher ein Maß dafür, wie stark die Abweichung vom Energieausdruck (22) mit *konstanter* effektiver Masse ist. In Tabelle 17 bringen wir die gemessenen Werte von R, die mit Hilfe von (21) berechnete Größe $\frac{f_\zeta}{n_F/n}$ und schließlich f_ζ, wobei wir für $\frac{n_F}{n}$ die Mittelwerte aus den Tabellen 2, S. 115, und 3, S. 116, bzw. die Werte aus Tabelle 12, S. 190, wählen[1]. Wir drücken, wie häufig üblich, R in elektromagnetischen C-G-S-Einheiten aus. An Stelle von (21) tritt dann

$$\frac{f_\zeta}{n_F/n} = \frac{R\,e\,n}{c}$$

(e in elektrostatischen C-G-S-Einheiten).

Tabelle 17.

Metall	Li	Na	K	Cs	Cu	Ag	Au	Mg	Zn	Cd	Al	Pb	Bi
$-R\cdot 10^4$	17	21	42	78	6,1	9,4	7,4	9,4	−10	−6	3,4	−0,9	$5\cdot 10^4$
$\frac{f_\zeta}{n_F/n}$	1,3	0,85	0,9	1,0	0,82	0,89	0,70	0,64	−1	−0,4	0,3	−0,05	2300
$\frac{n_F}{n}$	0,7	0,95	0,85	0,8	0,5	0,8	0,7	0,3	0,3	0,4	0,2	0,4	0,05
f_ζ	0,9	0,8	0,8	0,8	0,4	0,7	0,5	0,2	−0,3	−0,2	0,06	−0,02	120

Wir finden für die Alkalimetalle für f_ζ und $\frac{f_\zeta}{n_F/n}$ durchwegs Werte von der Größenordnung Eins, wie zu erwarten ist. Bei Cu, Ag und Au sind mit Ausnahme von Ag die Abweichungen schon größer, besonders bei Cu, das auch eine verhältnismäßig kleine Anzahl

---

[1] Letzteres nur für Metalle, die in Tabelle 2 oder 3 nicht vertreten sind.

von freien Elektronen hat (vgl. § 29). Bei den mehrwertigen Metallen ist $|f_\zeta|$ durchwegs bedeutend kleiner als Eins. Das ist leicht verständlich, da ja hier immer die Grenzenergie ζ in mehreren Energiebändern zugleich liegt, wie wir in § 5, S. 76 für zweiwertige Metalle besprochen haben. Bei letzteren hat f_ζ positive Werte für das obere und negative für das untere Energieband. Ihr Mittelwert ist daher klein und es sind resultierende positive und negative f_ζ-Werte gleich wahrscheinlich.

Bei Bi ist beachtenswert, daß $f_\zeta \gg 1$ ist. Das gleiche Resultat erhielten wir qualitativ schon in § 11 bei Behandlung des Diamagnetismus. Wie wir dort schon festgestellt haben, ist dies nach unserer Näherung § 4 B verständlich, wenn ζ nahe am Rand eines Energiebandes verläuft (vgl. Abb. 8b, S. 46). Dann muß aber gleichzeitig auch die Anzahl der freien Elektronen sehr klein sein, was nach Tabelle 12, S. 190 auch tatsächlich der Fall ist $\left(\frac{n_F}{n} = 0{,}05\right)$. Die theoretische Begründung für dieses Verhalten des Wismuts wird in § 31 gegeben werden[1].

Diskussion der Widerstandsänderung.

a) Schwache Felder, $H \ll H_0$. Wir wollen zuerst die Bedeutung der durch (19) eingeführten kritischen Feldstärke H_0 untersuchen. Man wird vermuten, daß starke und schwache Felder sich dadurch unterscheiden, daß der Krümmungsradius des Elektrons im einen Fall klein, im anderen Fall groß gegen die freie Weglänge ist. Tatsächlich ist der Krümmungsradius ϱ eines Elektrons mit der Masse $m^* = \dfrac{m}{f}$ im Magnetfeld H_0 bekanntlich

$$\varrho = \frac{mvc}{feH_0},$$

d. h.

$$\frac{eH_0}{mc} f \frac{\varrho}{v} = 1.$$

Ein Vergleich mit (19) ergibt $\varrho = v\tau$, d. h. ϱ ist gleich der freien Weglänge, falls $H = H_0$ ist. Die Größenordnung von H_0 ist bei Zimmertemperatur 10^5—10^6 Gauß, falls f nicht abnormale Werte annimmt (wie z. B. bei Bi).

---

[1] In zweiter Näherung erhält man einen temperaturabhängigen Anteil der HALL-Konstanten, der in größenordnungsmäßiger Übereinstimmung mit den Experimenten ist, ausgenommen Bi [113].

Zur Diskussion von Gl. (20) wollen wir erst eine kleine Umformung vornehmen. Wir schreiben:

$$\frac{\overline{f_k^2 \tau^3} \cdot \overline{\tau} - \overline{f_k \tau^2}^2}{\overline{\tau}^2} = \tau_\zeta^2 f_\zeta^2 \, [\tau, f_k]_2 \, .$$

$[\tau, f_k]_2$ ist dann ähnlich wie $[\tau, f_k]_1$ eine dimensionslose Größe. Hiermit lautet (20)

$$\frac{\Delta\varrho}{\varrho_0} = \left(\frac{eH}{mc}\tau_\zeta f_\zeta\right)^2 [\tau, f_k]_2$$

oder

$$\frac{\Delta\varrho}{\varrho_0} = B(T)H^2, \quad H \ll H_0 \, . \quad (23)$$

Dabei ist unter Beachtung von § 14, (14)

$$B(T) = \left(\frac{\sigma_0 f_\zeta}{c \, n_F \, e}\right)^2 [\tau, f_k]_2 \, .$$

Benutzen wir noch die Formel (5) für die HALL-Konstante, so erhalten wir

$$B(T) = R^2 \, \sigma_0^2 \, [\tau, f_k]_2 \, . \quad (24)$$

Die quadratische Abhängigkeit von der Feldstärke H wird für genügend kleine Feldstärken durchwegs bestätigt. Ebenso ist auch die Temperaturabhängigkeit, $B(T) \sim \sigma_0^2$ für nicht zu tiefe Temperaturen in ziemlich guter Übereinstimmung mit der Erfahrung. Die absolute Größe der Widerstandsänderung ist natürlich durch den Wert der dimensionslosen Größe $[\tau, f_k]_2$ mitbestimmt. Diese Größe hängt von der Anisotropie der Energiefläche $E = \zeta$ ab. Sie sollte für die einwertigen Metalle, für welche die Anisotropie nicht groß ist, ungefähr Eins sein. Für mehrwertige Metalle dagegen kann dieser Wert überschritten werden. Denken wir z. B. an ein zweiwertiges Metall, so liegt ζ gleichzeitig auf zwei verschiedenen Energiebändern. Die Krümmung der Energiefläche hat in beiden verschiedene Vorzeichen, denn das eine Band ist nahezu gefüllt, das andere nahezu leer (vgl. z. B. Abb. 13, S. 76). Die Anisotropie einer solchen Fläche ist natürlich sehr groß. Wir bringen zum Vergleich mit den Experimenten in Tabelle 18 die aus den gemessenen Werten von B, σ_0 und R berechnete Größe

$$[\tau, f_k]_2^{1/2} = \frac{B^{1/2}}{\sigma_0 |R|} \, .$$

Tabelle 18.

Metall	Li	Cu	Ag	Au	Mg	Zn	Cd	Al	Bi
$[\tau, f_k]_2^{1/2}$	1,3	1,7	1	1,8	7	4	13	3	1,3

Wir finden tatsächlich etwa Eins für die einwertigen Metalle und bedeutend höhere Werte für die mehrwertigen. Wismut hat bekanntlich eine sehr große Konstante B. Diese ist aber im wesentlichen dem großen Wert von R zuzuschreiben (24), so daß die Größe $[\tau, f_k]_2$ sich durchaus normal verhält.

b) *Starke Felder, $H \gg H_0$.* Felder von dieser Stärke ($> 10^6$ Gauß) sind bisher noch nicht erreicht worden, so daß nicht entschieden werden kann, ob sich $\dfrac{\varDelta \varrho}{\varrho_0}$ einem konstanten Wert nähert (20a). Die experimentellen Kurven (vgl. Abb. 43) verlaufen, wie oben schon bemerkt, zunächst quadratisch, woran sich dann ein angenähert lineares Stück anschließt. In manchen Fällen ist eine Andeutung einer Sättigung zu bemerken [63, 2].

Eine quantitative Berechnung von $\dfrac{\varDelta \varrho}{\varrho_0}$ für Feldstärken, bei welchen das quadratische Gesetz nicht mehr gültig ist, wurde bis jetzt noch nicht durchgeführt.

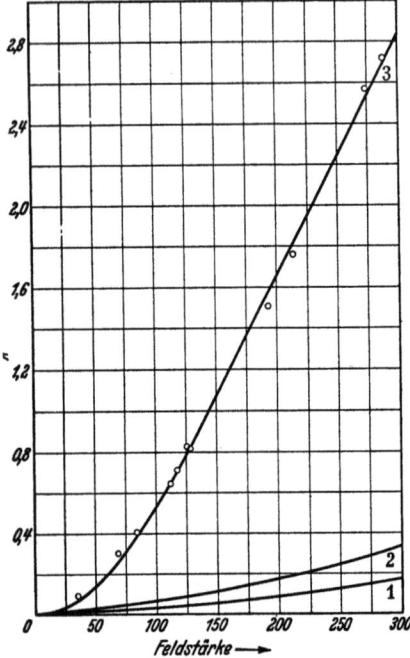

Abb. 43. Magnetische Widerstandsänderung in Abhängigkeit von der Feldstärke für Mg.
1. Zimmertemperatur, 2. 195°, 3. 78°. Nach [63].

IV. Halbleiter[1].

§ 18. Allgemeines.

Termschema [110, 137]. Ein Halbleiter ist dadurch charakterisiert, daß die Zahl seiner freien Elektronen von der Temperatur

---

[1] Es soll vorausgeschickt werden, daß die experimentellen Ergebnisse verschiedener Forscher noch nicht in allen Gebieten der Physik der Halbleiter übereinstimmen [13a]. Andererseits sind die Voraussetzungen bei der theoretischen Behandlung (insbesondere periodisches Potential) bei einem großen Teil der Halbleiter wahrscheinlich nicht mit der nötigen Exaktheit erfüllt.

Allgemeines.

abhängt. Sie ist Null beim absoluten Nullpunkt und steigt mit der Temperatur nach einem Gesetz, dessen wesentlicher Faktor die Form $e^{-b/T}$ hat. Wir haben schon in § 5 die einfachsten Grundlagen der Theorie der Halbleiter gegeben. Danach hat ein Halbleiter beim absoluten Nullpunkt nur vollbesetzte Energiebänder. Bei höheren Temperaturen wird das, auf das oberste besetzte Band folgende Band, infolge der Temperaturabhängigkeit der Elektronenverteilungsfunktion, teilweise besetzt. Dabei hatten wir zwei Fälle unterschieden. Entweder stammten die Elektronen in dem für $T=0$ leeren Band *2* aus dem vorhergehenden für $T=0$ vollbesetzten Band *1*. Die Zahl der Elektronen pro Volumeneinheit im Band *2* ist dann nach § 5, (25)

$$n_H = \frac{N_H}{R} = \left(\frac{\sqrt{|m_1 m_2|}\,kT}{2\pi\hbar^2}\right)^{3/2} e^{-\frac{\Delta B}{2kT}}. \tag{1}$$

Dabei ist m_1 die scheinbare Masse im Band *1* und m_2 diejenige im Band *2*.

Damit n_H bei normalen Temperaturen nicht sehr klein ist, darf die Breite des verbotenen Gebietes, ΔB, nicht zu groß sein, etwa < 1 e-Volt.

Nach der zweiten Möglichkeit stammen die Elektronen des Bandes *2* aus Fremdatomen, deren höchstes besetztes Energieniveau E_1' den kleinen Abstand $\Delta B'$ vom unteren Rand des Bandes *2* hat. In diesem Fall ist die Zahl der Elektronen in *2* nach § 5, (28)

$$n_{H'} = \frac{N_H'}{R} = \left(\frac{m_2\,kT}{2\pi\hbar^2}\right)^{3/4} n_a^{1/2} e^{-\frac{\Delta B'}{2kT}}. \tag{2}$$

Die Grenzenergie ist sehr schwach temperaturabhängig und liegt nach § 5, (24) und (29) in beiden Fällen in der Mitte des verbotenen Energiegebietes, also im Abstand $\frac{\Delta B}{2}$ bzw. $\frac{\Delta B'}{2}$ unterhalb E_2 (= unterer Rand des Bandes *2*).

Diese beiden Fälle sind nicht die einzigen möglichen. Es kann z. B. vorkommen, daß nahe über dem oberen Rand des Bandes *1*, E_1, ein Energieniveau E_2' der Fremdatome liegt, das aber bei $T=0$ unbesetzt ist. Bei höheren Temperaturen wird dieses Niveau Elektronen aus dem Band *1* aufnehmen, das dann nicht mehr vollbesetzt ist und entsprechend der Zahl der freien Plätze einen Beitrag zur Zahl der freien Elektronen liefert.

Die Grenzenergie ζ liegt hier sicher zwischen E_1 und E_2' und daher ist, entsprechend unserer Ableitung in § 5

$$1 - f(E) \cong e^{\frac{E-\zeta}{kT}}, \qquad E < E_1,$$

$$f(E) \cong e^{-\frac{E-\zeta}{kT}}, \qquad E \geq E_2'.$$

Da bei jeder Temperatur die Zahl der freien Plätze im Band *1* gleich der Zahl der Elektronen in dem anfangs unbesetzten Niveau der Fremdatome ist, wird, wenn n_H'' die Zahl der freien Plätze pro cm³ und n_a die Zahl der Fremdatome pro cm³ ist, entsprechend wie (26), § 5:

$$n_H'' = \left(\frac{|m_1| kT}{2\pi h^2} \right)^{3/2} e^{\frac{E_1-\zeta}{kT}} = n_a e^{-\frac{E_2'-\zeta}{kT}}.$$

Hieraus folgt mit
$$\Delta B'' = E_2' - E_1$$
für die Grenzenergie ζ

$$\zeta = \frac{E_1 + E_2'}{2} + \frac{kT}{2} \log \left(\frac{|m_1| kT}{2\pi h^2 n_a^{2/3}} \right)^{3/2} \tag{3}$$

und für die Zahl der freien Plätze im Band *1*, das, wie wir sehen werden, für die Leitfähigkeit verantwortlich ist

$$n_H'' = \left(\frac{|m_1| kT}{2\pi h^2} \right)^{3/4} n_a^{1/2} e^{-\frac{\Delta B''}{2kT}}. \tag{4}$$

Die Formeln (1), (2) und (4) zeigen alle im wesentlichen die gleiche Temperaturabhängigkeit $e^{-\frac{\Delta B}{2kT}}$, die man auch nach klassischen Betrachtungen erwarten würde, wenn eine gewisse Energie nötig ist, um die Elektronen in Zustände überzuführen, in denen sie an der Elektrizitätsleitung teilnehmen können. Das Charakteristische für die FERMI-Verteilung ist aber das Auftreten von $\frac{\Delta B}{2}$ anstatt von ΔB, wie es im klassischen Fall zu erwarten ist.

Die meisten Halbleiter sind „Verunreinigungshalbleiter", d. h. die Leitungselektronen werden durch Fremdatome geliefert [(2) bzw. (4)]. In reinem Zustand sind sie bei nicht zu hohen Temperaturen nur sehr schlecht leitende Halbleiter. Es ist also $\Delta B' < \Delta B$ [vgl. (1) und (2)] und die Zahl der Elektronen im Band *2* [im Fall Gl. (2)] ist durch Gl. (2) gegeben (vgl. Abb. 44a, b); die Elektronen werden von den Störatomen geliefert. Andererseits muß für genügend hohe Temperaturen die Zahl der vom unteren Band *1* gelieferten Elektronen die von den Störatomen herrührende überwiegen, denn die letztere ist natürlich immer $\leq n_a$, während erstere viel größer sein kann, da die Zahl der Elektronen in dem für

$T=0$ vollbesetzten Band immer $\gg n_a$ ist. Die Gesamtzahl der Elektronen im oberen Band 2, n_H''', kann in diesem allgemeinen Fall, wo die Elektronen sowohl von Fremdatomen als auch von dem ursprünglich vollen Band 1 stammen, *nicht* einfach durch Addition von Gl. (1) und (2), d. h. der Elektronenzahlen, wenn nur der eine *oder* der andere Fall realisiert ist, gewonnen werden. Der Grund dafür ist, daß die Grenzenergie ζ im einen Fall $\cong \dfrac{E_1+E_2}{2}$, im zweiten $\cong \dfrac{E_1'+E_2}{2}$ sein soll [§ 5, (24a), (29)]. Sie kann aber natürlich nur einen einzigen Wert haben. Dieser läßt sich durch eine

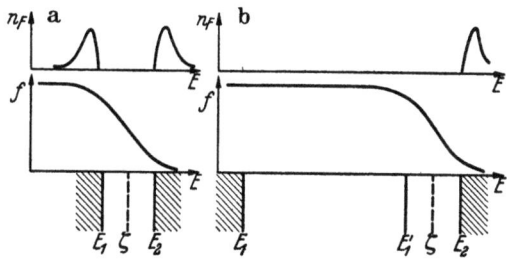

Abb. 44 a und b. Termschema, Verteilungsfunktion f und Zahl der freien Elektronen n_F. a bei einem gewöhnlichen Halbleiter, b bei einem Verunreinigungshalbleiter.

einfache Erweiterung unseres Ansatzes zur Berechnung von ζ (vgl. § 5) erhalten. Man muß nur verlangen, daß die Zahl der Elektronen im oberen Band 2 gleich der Summe der freien Plätze im unteren Band 1 und in dem Energieniveau E_1' der Fremdatome ist. Dabei kann man aber die FERMI-Verteilung im Niveau E_1' nicht mehr durch einen Näherungswert ersetzen und erhält infolgedessen n_H''', wie eine nähere Rechnung zeigt, als Lösung einer kubischen Gleichung. Der so erhaltene Ausdruck für n_H''' ist ziemlich kompliziert, so daß wir ihn hier nicht wiedergeben. Für gewisse Grenzfälle vereinfacht er sich aber sehr. Wie man sofort direkt einsehen kann, muß, wenn [vgl. (1) und (2)] $n_H \gg n_H'$ ist, $n_H''' \cong n_H$ sein, und wenn $n_H \ll n_H'$ ist, $n_H''' \cong n_H'$ sein. Die beiden Fälle sind durch eine kritische Temperatur T_c getrennt, die aus der Bedingung $n_H = n_H'$ zu berechnen ist. Nach (1) und (2) wird dann:

$$\left(\frac{|m_1|kT_c}{2\pi h^2}\right)^{3/4} = n_a^{1/2} e^{\frac{\Delta B - \Delta B'}{2kT_c}}. \tag{5}$$

Für Temperaturen $T \ll T_c$ wird die Zahl der Elektronen im oberen

Band 2 also durch n'_H [Gl. (2)], für $T \gg T_c$ durch n_H [Gl. (1)] dargestellt. Der Gesamtverlauf als Funktion von $\frac{1}{T}$ ist im logarithmischen Maßstab in Abb. 45 aufgetragen. Wie aus (5) folgt, liegt die Temperatur T_c um so höher, je größer die Zahl der Fremdatome n_a ist. Ein experimentelles Beispiel für die hier besprochenen Verhältnisse werden wir später kennenlernen (S. 243).

Wir haben bisher stillschweigend angenommen, daß $\Delta B'$ eine Konstante ist, d. h. sowohl von der Temperatur als auch von der Konzentration n_a unabhängig ist. Um diese beiden Hypothesen theoretisch zu untersuchen, muß man sowohl das Termschema des Halbleiters als auch die Art, in der die Fremdatome eingebaut werden, genau kennen. Beides ist gegenwärtig nicht genau bekannt. Solange keine Strukturänderung erfolgt, wird man aber annehmen dürfen, daß eine Temperaturänderung von $\Delta B'$ höchstens in einem Bereich von der Größenordnung kT erfolgt. Dies würde unsere allgemeine Gesetzmäßigkeit $\left(n_H \sim e^{-\frac{\Delta B'}{2kT}}\right)$ nur ganz unwesentlich beeinflussen. Dagegen ist eine Abhängigkeit von der Konzentration der Fremdatome, n_a, denkbar, die einfluß-

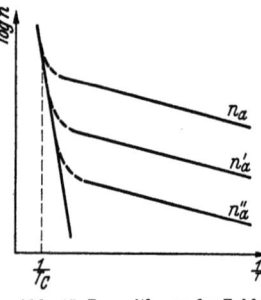

Abb. 45. Logarithmus der Zahl der freien Elektronen eines Verunreinigungshalbleiters als Funktion der Temperatur bei verschiedener Konzentration der Fremdatome ($n_a > n'_a > n''_a$).

reicher ist. Nehmen wir z. B. an, daß die Fremdatome eine Tendenz zeigen, sich zusammenzuschließen, so wird $\Delta B'$ zweifellos von der Größe dieser „Inseln" abhängen. Da wir $n_H \sim n_a^{1/2}$ gefunden haben [vgl. (2), (4)] bedeutet eine geringe Änderung der im Exponenten stehenden Größe $\Delta B'$ (in Abhängigkeit von n_a) schon eine bedeutende Änderung des $n_a^{1/2}$-Gesetzes.

Zahl der freien Elektronen. Die für Leitfähigkeitsprobleme interessante Größe ist nicht die Zahl der Elektronen in einem Band, sondern die Zahl der freien Elektronen, wie wir sie in § 5 definiert haben. Die dort abgeleitete Formel (18) kann für Halbleiter aber nicht benützt werden, denn es war dort vorausgesetzt, daß die Eigenwertdichte $D(E)$ bei der Grenzenergie ζ von Null verschieden ist. Bei Halbleitern liegt ζ aber immer in einem verbotenen Gebiet, für das $D = 0$ ist. Trotzdem ist es auch hier möglich, einfache Ausdrücke zu erhalten, wenn wir die in § 4 abgeleitete und bei der

Berechnung von n_H benutzte Tatsache verwerten, daß die Eigenwertdichte in der Nähe der Ränder jedes Bandes große Ähnlichkeit mit der für freie Elektronen hat [vgl. § 5, (21), (21a)]. Wir wollen alle hierher gehörenden Dinge noch einmal kurz zusammenstellen. Dabei bezieht sich der Index 1 auf das untere Band *1*, das für $T = 0$ vollbesetzt ist; der Index 2 entsprechend auf das obere Band *2*, das für $T = 0$ leer ist; 1' auf das Störniveau E_1', das für $T = 0$ besetzt ist; 2' auf ein Störniveau, das für $T = 0$ leer ist. E_1 ist der obere Rand von Band (*1*), E_2 der untere Rand von Band (*2*). Die Verteilungsfunktionen lauten [vgl. § 5, (23a)].

$$f_2 = e^{-\frac{E-\zeta}{kT}}, \qquad f_1 = 1 - e^{\frac{E-\zeta}{kT}}. \tag{6}$$

Die meisten Elektronen des Bandes (*2*) bzw. freien Plätze des Bandes (*1*) befinden sich in einem Abstand von der Größenordnung kT vom Rand. Da kT klein gegen die Breite eines Bandes ist, wird hier die Freiheitszahl konstant. Um Verwechslungen mit der Verteilungsfunktion zu vermeiden, bezeichnen wir sie mit F_i. Nach §§ 3 und 4 kann man den Elektronen in der Nähe des Randes eine scheinbare Masse zuschreiben, die definitionsgemäß mit der Freiheitszahl verknüpft ist durch die Beziehung

$$F_1 = \frac{m}{m_1} < 0, \qquad F_2 = \frac{m}{m_2} > 0. \tag{7}$$

Daß die Elektronen in den Störniveaus unbeweglich sind, kann man formal ausdrücken durch

$$F_{1'} = 0, \qquad F_{2'} = 0. \tag{7a}$$

Die Energie ist nach § 4 eine quadratische Funktion der vom Rand des Bandes aus gezählten Wellenzahl[1]

$$\left.\begin{aligned} E &= E_1 - \frac{\mathsf{h}^2}{2|m_1|} k_1^{*\,2} \quad \text{in } 1, \\ E &= E_2 + \frac{\mathsf{h}^2}{2 m_2} k_2^2 \quad \text{in } 2 \end{aligned}\right\} \tag{8}$$

Hier ist bei einem kubischen Gitter wie in § 4, S. 44

$$k_{1x}^* = \frac{\pi}{a} - k_{1x} \quad \text{usw. für } y \text{ und } z.$$

Die Geschwindigkeit in *1* ist nach § 3, (10)

$$v_{1x} = \frac{1}{\mathsf{h}} \frac{\partial E}{\partial k_{1x}} = \frac{\mathsf{h}}{|m_1|} k_{1x}^*,$$

---

[1] Der allgemeine Ansatz wäre
$$E = E_1 - (a_x k_x^2 + a_y k_y^2 + a_z k_z^2), \quad a_i = \text{konstant}.$$

und in 2
$$v_{2x} = \frac{h}{m_2} k_{2x}.$$

Daher wird die Translationsenergie § 3, (11)
in (1);

$$\left. \begin{array}{c} E_{tr} = \frac{m}{2} v^2 = \frac{m}{|m_1|} (E_1 - E) = |F_1| (E_1 - E) = -F_1 (E_1 - E), \\ \text{in (2):} \\ E_{tr} = \frac{m}{m_2} (E - E_2) = F_2 (E - E_2), \\ \text{in (1') und (2'):} \\ E_{tr} = 0 \end{array} \right\} \quad (9)$$

Schließlich ist die Eigenwertdichte pro Volumeneinheit, $D(E)$, nach § 5, (21) und (21 a)

$$D_1 = \frac{|m_1|^{3/2}}{\pi^2 \sqrt{2} \, h^3} (E_1 - E)^{1/2}, \qquad D_2 = \frac{m_2^{3/2}}{\pi^2 \sqrt{2} \, h^3} (E - E_2)^{1/2}. \quad (10)$$

Um die Zahl der freien Elektronen n_F zu berechnen, müssen wir nach § 5 (S. 72) die Freiheitszahlen aller Elektronen summieren. Da F_2 in allen besetzten Zuständen von Band 2 eine Konstante ist, folgt sofort

$$n_{F_2} = F_2 \, n_H \quad (11)$$

oder

$$n_{F_2} = F_2 \, n'_H, \quad (11a)$$

je nachdem, ob die Zahl der Elektronen in Band 2 aus Gl. (1) oder Gl. (2) zu bestimmen ist. Im unteren Band muß F_1 über das ganze Band integriert werden. Wäre dieses vollbesetzt, wie bei $T = 0$, so wäre dieses Integral Null (§ 3, S. 26). Ist das Band nicht vollbesetzt, so ist also immer:

Integration über alle besetzten Zustände =
= — Integration über alle freien Plätze.

Bei der letzteren Integration kann aber, wie oben festgestellt wurde, F_1 konstant gesetzt werden. Daher ist, je nachdem die Zahl der freien Plätze aus Gl. (1) oder Gl. (4) zu bestimmen ist, wegen $F_1 < 0$:

$$n_{F_1} = |F_1| \, n_H \quad (12)$$

bzw.

$$n_{F_1} = |F_1| \, n''_H. \quad (12a)$$

Die Zahl der freien Elektronen in den Zuständen der Störatome ist wegen (7a) natürlich immer Null. Die gesamte Anzahl der freien Elektronen ist im Fall der Gl. (1) nach (11) und (12)

$$n_F = n_H (|F_1| + F_2). \quad (13)$$

Allgemeines.

Im Fall der Gl. (2) und (4) (Störatome) ist dagegen
$$n'_F = n'_H F_2 \quad \text{bzw.} \quad n''_F = n''_H |F_1|.$$

Löcher. Wir haben oben gesehen, daß die Zahl der freien Elektronen des beinahe vollbesetzten Bandes proportional zu der Zahl der freien Plätze in diesem Band ist. Zur Berechnung der Eigenschaften der Elektronen eines solchen fast vollen Bandes ist es einfacher, anstatt von den einzelnen Elektronen, von den einzelnen freien Plätzen, den Löchern, auszugehen. Wir nehmen an, daß das ganze Band, mit Ausnahme des Zustandes $\mathfrak{k}_0$, vollbesetzt sei und berechnen Impuls und Beschleunigung der Gesamtheit aller Elektronen des Bandes. Dieses sind dann gleichzeitig Impuls und Beschleunigung des Loches, da diese beiden Größen für ein vollbesetztes Band verschwinden. Wir können daher ein Loch im Zustand $\mathfrak{k}_0$ in mancher Hinsicht als selbständiges Teilchen auffassen.

Wir beginnen mit dem Impuls. Da der Gesamtimpuls eines vollbesetzten Bandes Null ist, muß der Impuls eines Loches im Zustand $\mathfrak{k}_0$ sich mit dem Impuls eines Elektrons im Zustand $\mathfrak{k}_0$ zu Null ergänzen, so daß also [1]

$$m_L \mathfrak{v}_L(\mathfrak{k}_0) = \mathfrak{p}_L(\mathfrak{k}_0) = -\mathfrak{p}(\mathfrak{k}_0) = -m \mathfrak{v}(\mathfrak{k}_0) \tag{14}$$

ist. Nun muß aber die Geschwindigkeit des Loches genau so groß sein, wie die des Elektrons im gleichen Zustand. Es müssen sich nämlich die Dichten des Elektrons und des Loches im gleichen Zustand $\mathfrak{k}_0$ dauernd und überall zu einem konstanten Wert, dem Wert bei vollbesetztem Band, ergänzen. Das ist aber unmöglich, wenn die Geschwindigkeiten von Loch und Elektron verschieden sind.
Somit ist
$$\mathfrak{v}_L(\mathfrak{k}_0) = \mathfrak{v}(\mathfrak{k}_0), \tag{15}$$
oder nach (14)
$$m_L = -m.$$

Ein Loch hat also eine negative Masse. Seine Beschleunigung in einem äußeren Feld ist aber wegen (15) genau so groß, wie die Beschleunigung eines Elektrons im Zustand $\mathfrak{k}_0$. Nehmen wir insbesondere an, daß der Zustand $\mathfrak{k}_0$ nahe an der oberen Grenze des Bandes liegt, d. h. eine negative Freiheitszahl ($F_1 < 0$) hat, so ist die Beschleunigung in einem elektrischen Feld $\mathfrak{F}$ nach §3, (13a), S. 25.

$$\dot{\mathfrak{v}}_L(\mathfrak{k}_0) = \dot{\mathfrak{v}}(\mathfrak{k}_0) = \frac{e}{m} F_1 \mathfrak{F} = -\frac{e}{m} |F_1| \mathfrak{F} = \frac{e}{m_L} |F_1| \mathfrak{F}.$$

---
[1] Der Index L bedeutet, daß sich die betreffende Größe auf ein Loch bezieht.

Die Beschleunigung eines Loches ist also genau so groß wie die Beschleunigung eines freien positiven Elektrons mit der Masse $m^* = \frac{m}{|F_1|}$ oder eines freien negativen Elektrons mit der negativen Masse $\frac{m_L}{|F_1|} = -\frac{m}{|F_1|}$. Eine negative Masse ist natürlich für die Anschauung sehr ungeeignet. Man wird deshalb, solange es sich um die Frage der Beschleunigung eines Loches handelt, der ersten Darstellung den Vorzug geben, nach der sich also ein Loch nahe dem oberen Rand eines Bandes genau so verhält wie ein freies, positives Elektron mit einer scheinbaren Masse $m^* > 0$. Für Leitfähigkeitsfragen ist das Vorzeichen der Elektronenladungen natürlich nur bei solchen Effekten von Bedeutung, die proportional zu einer ungeraden Potenz von e sind, wie z. B. beim HALL-Effekt. Dieser hat für angenähert volle Bänder, wie wir schon in § 17 bei den Metallen gezeigt haben, das umgekehrte Vorzeichen wie bei freien Elektronen, wie es auch nach unserer Löchervorstellung zu erwarten ist.

Schlußbemerkung. Wie wir im Laufe dieses Paragraphen gesehen haben, hängt das Verhalten eines Halbleiters in viel stärkerem Maße von seinem Termschema ab, als das Verhalten eines Metalls. Daher trifft man häufig sehr unübersichtliche Verhältnisse an. Eine weitere Komplikation kann dadurch auftreten, daß eine starke Wechselwirkung zwischen den Störatomen und den von ihnen gelieferten Elektronen existiert. In diesem Fall bedeutet ja das Störatom eine große Änderung des Potentials (Abweichung von der Periodizität!), indem sich die Elektronen bewegen und daher eine stark veränderte Eigenfunktion. Wir werden im folgenden immer mit einem stark dealisierten Halbleiter mit periodischem Potential rechnen. Das muß bei allen Anwendungen der abzuleitenden Formeln beachtet werden.

§ 19. Leitfähigkeitsprobleme [110, 117, 137, 143].

Grundlagen. Die allgemeinen Ansätze für Leitfähigkeitsprobleme können wir bei Halbleitern genau so wählen wie bei Metallen, denn der einzige Unterschied zwischen den Elektronenverteilungsfunktionen ist die verschiedene Eigenwertdichte D, die bei Halbleitern dadurch charakterisiert ist, daß sie in der Nähe der Grenzenergie verschwindet. Wir gehen also wie bei den Metallen von § 15 (3), aus:

$$\frac{1}{h}(\operatorname{grad} f, \operatorname{grad}_t E) + (\operatorname{grad}_t f, \dot{\mathfrak{k}}) = \left(\frac{\partial f}{\partial t}\right)_{\text{Stoß}}. \qquad (1)$$

Ehe wir die weitere Behandlung dieser Gleichung beginnen, müssen wir die Unterschiede gegenüber den Metallen näher besprechen.

1. Die *Eigenwertdichte* $D(E)$ verschwindet bei $E = \zeta$, d. h. an der Stelle, die bei der Theorie der Metalle gerade ausschlaggebend für alle Leitfähigkeitsprobleme war. Formal dürfen wir hiernach die bei den Metallen abgeleiteten Ausdrücke solange benützen, wie von der genaueren Form von $D(E)$ kein Gebrauch gemacht wird, d. h. bis Gl. (15) und (16) in § 15 und Gl. (15) und (16) in § 17. Die Integrale (17), § 15 und (14), § 17 haben aber jetzt andere Werte als dort.

2. Die *freie Weglänge* der Elektronen für die Zusammenstöße mit den Schallquanten hat zwar bei hohen Temperaturen, wie wir zeigen werden, die gleiche Größenordnung wie bei Metallen, ihre Abhängigkeit von der Geschwindigkeit ist aber eine andere. Die Temperaturabhängigkeit bei tiefen Temperaturen ist, im Gegensatz zu den Metallen, wie bei hohen Temperaturen, d. h. $l \sim \frac{1}{T}$. Zum Nachweis dieser Behauptungen werden wir den Ausdruck (8), § 14 für $\left(\frac{\partial f}{\partial t}\right)_{\text{Stoß}}$ für unseren Fall näher untersuchen. Der Zusammenstoß eines Elektrons mit einem Schallquant geht natürlich in gleicher Weise wie bei Metallen vor sich, d. h. ein Elektron absorbiert oder emittiert ein Schallquant, wobei der Gesamtimpuls erhalten bleibt. Bei den Metallen war die Translationsenergie eines Elektrons (mit der Gesamtenergie ζ) immer groß gegen die Energie eines Schallquants, so daß wir die Energieübertragung vernachlässigen konnten. Hier müssen wir diese Frage näher untersuchen, denn die Translationsenergie eines Elektrons (oder eines Loches) ist jetzt wie bei MAXWELL-Statistik von der Größenordnung kT. Bei dieser Betrachtung müssen wir aber beachten, daß ein Elektron jetzt einen im Vergleich mit den Metallelektronen kleinen Impuls hat. Andererseits ist der maximale Impuls (Wellenzahl) der Schallquanten von der gleichen Größenordnung wie bei den Metallelektronen [vgl. § 13, (13)]. Da ein Elektron bei einem Zusammenstoß immer den *gesamten* Impuls eines Schallquants aufnehmen bzw. abgeben soll, werden wir erwarten, daß eine Wechselwirkung mit den Schallquanten mit großem Impuls unter Wahrung des Energiesatzes unmöglich ist. Am einfachsten gehen wir bei der quantitativen Untersuchung dieser Frage von Gl. (24), § 13 aus, die ohne Vernachlässigungen aus Energie- und Impulssatz abgeleitet wurde.

Der dort berechnete Winkel zwischen den Ausbreitungsvektoren von Elektron und Schallquant muß immer der Bedingung
$$|\cos \alpha| \leq 1$$
genügen. Damit folgt sofort aus (24), § 13 (mit $m^* = m$)
$$\frac{w}{2} \leq k + \frac{m\bar{c}}{\mathrm{h}}.$$
Nun ist die mittlere Translationsenergie eines Elektrons oder Loches[1] (Wellenzahl k_0)
$$\frac{\mathrm{h}^2}{2m} k_0^2 = \frac{3}{2} \mathrm{k} T,$$
also
$$k_0 = \left(3 \frac{m}{\mathrm{h}^2} \mathrm{k} T\right)^{1/2}.$$
Für $T = 1°$ ist $k_0 \cong 3 \cdot 10^5$. Andererseits ist die Schallgeschwindigkeit $\bar{c}$ von der Größenordnung 10^5—10^6. Von der gleichen Größenordnung ist $\frac{m}{\mathrm{h}} \bar{c}$, da $\frac{m}{\mathrm{h}} \cong 1$ ist[2]. Daher lautet die obige Bedingung für w hinab bis zu Temperaturen von etwa $1°$ näherungsweise
$$w \leq 2k. \tag{2}$$
Für die Energie eines Schallquants, das in Wechselwirkung mit einem Elektron (k_0) stehen kann finden wir
$$h\nu = \mathrm{h}\bar{c}w \leq 2\mathrm{h}\bar{c}k_0 = 2(3m\bar{c}^2\mathrm{k}T)^{1/2} < \mathrm{k}T, \qquad T > 1°. \tag{3}$$
Die letzte Beziehung ergibt sich aus der obigen Abschätzung von $\frac{m\bar{c}}{\mathrm{h}}$. Bei Metallen ist hingegen $h\nu \leq k\Theta$.

Aus (3) folgt zunächst, daß „hohe" Temperaturen bei Halbleitern nicht durch $T > \Theta$ bestimmt sind, sondern durch $T > 1°$, d. h., daß praktisch *alle* Temperaturen so wie „hohe" Temperaturen bei den Metallen zu behandeln sind.

Unter Berücksichtigung von (2) ist jedoch die obere Grenze des Integrals (8a), § 14 bei Halbleitern nicht ν_m, sondern ν_0. ν_0 ist durch $w_0 = 2k$ bestimmt, d. h. mit § 13, (1) und (3) durch
$$\nu_0 = \frac{\bar{c}}{\pi} k.$$
Daher ist nach § 14, (8a)
$$\sum \frac{w^2}{h\nu} = \frac{12\pi^3 R}{\mathrm{h}\bar{c}^5} \nu_0^4,$$

---

[1] Bei den Löchern ist überall k_i durch $\frac{\pi}{a} - k_i$ zu ersetzen, denn k^2 soll ja proportional zur Translationsenergie sein.
[2] Alles in *C-G-S*-Einheiten.

und der Ausdruck § 14, (9) für $\left(\frac{\partial f}{\partial t}\right)_{\text{Stoß}}$ ist mit $\frac{v_0^4}{v_m^4}$ zu multiplizieren, um $\left(\frac{\partial f}{\partial t}\right)_{\text{Stoß}}$ für unseren Fall zu erhalten.
Da
$$v_m = \frac{\bar{c}\,w_m}{2\,\pi}$$
ist, wird
$$\frac{v_0^4}{v_m^4} = 2^4\,\frac{k^4}{w_m^4}$$
oder [vgl. § 14, (9)]
$$\left(\frac{\partial f}{\partial t}\right)_{\text{Stoß}} = \left(\frac{\partial f}{\partial t}\right)_{\text{Stoß, Metall}} \cdot \frac{2^4\,k^4}{w_m^4} = -\,\frac{2^4\,C_1\,n\,T\,k}{M\,\Theta^2\,w_m^4}\,g(\mathfrak{k}) = \left(\frac{\partial g}{\partial t}\right)_{\text{Stoß}}.$$
Hieraus finden wir die Relaxationszeit nach § 14, (10) ($k \sim v$)
$$\tau \sim \frac{1}{T\,v} \tag{4}$$
und die freie Weglänge
$$l = v\,\tau \sim \frac{1}{T}.$$
Die freie Weglänge ist daher unabhängig von der Geschwindigkeit, im Gegensatz zu den Metallen, wo wir bei den gleichen Voraussetzungen über die Elektronen $l \sim v^4$ fanden. Die Größenordnung von l wird nach dem obigen Wert von $\left(\frac{\partial f}{\partial t}\right)_{\text{Stoß}}$
$$l_{\text{Halbleiter}} \cong l_{\text{Metall},\,T > \Theta} \cdot \frac{k^4_{\text{Metall}}}{w_m^4}.$$
Daher hat die freie Weglänge in Halbleitern die gleiche Größenordnung wie in Metallen, denn es ist ja $k_{\text{Metall}} \cong w_m$. Im Gegensatz zu den Metallen ist aber auch für tiefe Temperaturen $(T < \Theta)\,l \sim \frac{1}{T}$.

In Abhängigkeit von der Geschwindigkeit v ist l also zunächst für kleine v konstant, steigt dann langsam und wird schließlich $\sim v^4$, wenn $k \cong w_m$ ist. Dabei ist vorausgesetzt, daß die Elektronen wie freie Elektronen mit einer scheinbaren Masse m^* behandelt werden können.

3. Bei den Metallen konnten wir immer annehmen, daß bei einer *Störung des Gleichgewichts* der ursprüngliche Zustand immer durch Zusammenstöße mit den Schallquanten wiederhergestellt wird. Bei Halbleitern ist das aber nur dann möglich, wenn die Zahl der Elektronen im oberen Band, d. h. die Zahl der Löcher im Band *1* (bzw. *1'*) durch die Störung nicht verändert wird. Ist diese Voraussetzung aber nicht erfüllt, so müssen noch andere Prozesse

hinzutreten, um den ursprünglichen Zustand wiederherzustellen, etwa unelastische Zusammenstöße der Elektronen untereinander oder Emission bzw. Absorption von Strahlung. In solchen Fällen ist die oben (4) berechnete Relaxationszeit nur ein Teil der tatsächlichen Relaxationszeit und eine gesonderte Untersuchung wird nötig. In manchen Fällen kann man diese umgehen, weil bei Abschaltung der Störung die Zeit zur Herstellung der „richtigen" Elektronen- bzw. Löcherzahl meist sehr groß ist. Infolgedessen kann man manchmal die Herstellung des Gleichgewichtes in zwei Etappen aufteilen. Zuerst wird verhältnismäßig rasch bei konstanter Löcherzahl das Gleichgewicht mit den Schallquanten hergestellt und dann geht diese Verteilung durch die oben erwähnten Prozesse in die ursprüngliche über.

Die hier unter 3. mitgeteilten Unterschiede der Halbleiter von den Metallen sind im wesentlichen bei Prozessen von Bedeutung, die sich bei Anwesenheit von Strahlung (lichtelektrische Leitfähigkeit) abspielen oder in sehr starken Feldern, wo die Elektronen solche Energien bekommen, daß sie durch Stoß Elektronen aus dem unteren Band in das obere werfen (Abweichungen vom OHMschen Gesetz).

Elektrische Leitfähigkeit. Bei nicht zu starken Feldern kommt bei allen Leitfähigkeitsfragen der Punkt 3 der obigen Betrachtungen nicht zur Anwendung. Infolgedessen dürfen wir von Gl. (15), § 15 ausgehen, wobei wir die Temperatur konstant setzen, so daß $\frac{\partial T}{\partial x} = 0$ und $A = eF$ [(11), § 15] wird und der Strom durch

$$\left. \begin{array}{l} J = \dfrac{4\,e^2}{3\,m} F L_0, \\[2mm] L_0 = -\displaystyle\int_{-\infty}^{\infty} \tau\, E_{\mathrm{tr}}\, D\, \dfrac{\partial f_0}{\partial E}\, dE \end{array} \right\} \quad (5)$$

gegeben ist.

Wir werden im folgenden immer nur mit zwei Bändern, die durch die Indizes *1* und *2* charakterisiert sind, rechnen. Der Fall, daß eines dieser Bänder durch ein Niveau von Fremdatomen zu ersetzen ist (Verunreinigungshalbleiter), wird dann immer dadurch erhalten, daß man eine der beiden Freiheitszahlen F_1 oder F_2 null setzt.

Das Integral L_0 zerfällt in zwei Teile über das obere und über das untere Band:

Leitfähigkeitsprobleme.

$$\begin{aligned} L_0 &= L_{01} + L_{02} \\ L_{01} &= -\int_{-\infty}^{E_1} \tau_1 E_{\text{tr}} D_1 \frac{\partial f_{01}}{\partial E} \, dE \\ L_{02} &= -\int_{E_2}^{\infty} \tau_2 E_{\text{tr}} D_2 \frac{\partial f_{02}}{\partial E} \, dE \end{aligned} \right\} \quad (6)$$

Hier steht f_{01} bzw. f_{02} für f_1 bzw. f_2 in § 18, (6). Wir führen jetzt Mittelwerte der Relaxationszeit ein, die wir durch

$$\begin{aligned} \overline{\tau_1^n} M_1 &= -\int_{-\infty}^{E_1} \tau_1^n E_{\text{tr}} D_1 \frac{\partial f_{01}}{\partial E} \, dE \\ \overline{\tau_2^n} M_2 &= -\int_{E_2}^{\infty} \tau_2^n E_{\text{tr}} D_2 \frac{\partial f_{02}}{\partial E} \, dE \end{aligned} \right\} \quad (7)$$

definieren, wobei

$$M_1 = -\int_{-\infty}^{E_1} E_{\text{tr}} D_1 \frac{\partial f_{01}}{\partial E} \, dE$$

$$M_2 = -\int_{E_2}^{\infty} E_{\text{tr}} D_2 \frac{\partial f_{02}}{\partial E} \, dE$$

ist. Unter Berücksichtigung von § 18, (9) findet man

$$M_1 = -|F_1| \int_{-\infty}^{E_1} (E_1 - E) D_1 \frac{\partial f_{01}}{\partial E} \, dE$$

$$M_2 = -F_2 \int_{E_2}^{\infty} (E - E_2) D_2 \frac{\partial f_{02}}{\partial E} \, dE.$$

Durch partielle Integration folgt mit § 18, (10), (11) und § 5, (23b), S. 81 sofort

$$\begin{aligned} M_1 &= \frac{3}{4} |F_1| n_H = \frac{3}{4} n_{F_1} \\ M_2 &= \frac{3}{4} F_2 n_H = \frac{3}{4} n_{F_2} \end{aligned} \right\} \quad (8)$$

Mit (5) bis (8) wird nun die Leitfähigkeit

$$\sigma = \frac{J}{F} = \frac{e^2}{m} n_H (\bar{\tau}_1 |F_1| + \bar{\tau}_2 F_2) = \frac{e^2}{m} (\bar{\tau}_1 n_{F_1} + \bar{\tau}_2 n_{F_2}). \quad (9)$$

Bei einem Verunreinigungshalbleiter ist entweder $F_1 = 0$, wenn die Fremdatome als Elektronenquelle für Band *2* oder es ist $F_2 = 0$, wenn die Störniveaus als Elektronenempfänger von Band *1* dienen.

Dann ist also
$$\sigma = \frac{e^2}{m} n_{F_1} \bar{\tau}_2 \tag{9a}$$
oder
$$\sigma = \frac{e^2}{m} n_{F_1} \bar{\tau}_1. \tag{9b}$$

Im letzteren Fall kann man von „Löcherleitung", im ersteren von Elektronenleitung reden. Die Temperaturabhängigkeit ist im wesentlichen durch den Faktor n_H (bzw. n_{F_1}, n_{F_2}) gegeben. Da Faktoren T^n gegen $e^{-\frac{\Delta B}{2kT}}$ als konstant betrachtet werden können, wird nach § 18, (1), (2) und (4)

$$\left. \begin{array}{l} \sigma \sim e^{-\frac{\Delta B}{2kT}}, \\ \log \sigma = \text{const} - \frac{\Delta B}{2kT} \end{array} \right\} \tag{9c}$$

Schließlich beachten wir noch, daß $\bar{\tau}$ eine andere Temperaturabhängigkeit hat als τ. Nach (4) ist

$$\tau \sim \frac{1}{T v} \sim \frac{1}{T E_{\text{tr}}^{1/2}}.$$

Durch Einsetzen in (7) findet man durch Einführung der dimensionslosen Integrationsvariablen $\xi = \frac{E}{kT}$, daß

$$\bar{\tau} \sim \frac{1}{T^{3/2}} \tag{10}$$

ist.

HALL-*Effekt*. Wir schließen uns formal wieder an die Behandlung des HALL-Effektes bei den Metallen an (§ 17). Nach den dortigen Ergebnissen erwarten wir, daß die Elektronen von Band *2* und die Löcher von Band *1* Beiträge mit entgegengesetzten Vorzeichen liefern. Infolgedessen gestattet der HALL-Effekt zu entscheiden, ob die Leitung vorwiegend durch Löcher oder durch Elektronen erfolgt. Nach § 17, (5), (15) und (16) ist die HALL-Konstante

$$R = \frac{F_y}{H J_x} = \frac{F_y}{H F_x \sigma} = \frac{3 m}{4 e^2 H} \frac{K_2}{K_1^2 + K_2^2}, \tag{11}$$

wobei K_1 und K_2 die in § 17, (14) angegebenen Integrale sind. In unserem Fall spalten wir die Integration wieder in zwei Teile über die beiden Bänder auf und erhalten

$$\left. \begin{array}{l} K_1 = -\int\limits_{-\infty}^{E_1} \frac{\tau_1}{1+a_{11}^2} E_{\text{tr}} D_1 \frac{\partial f_{01}}{\partial E} \, dE - \int\limits_{E_2}^{\infty} \frac{\tau_2}{1+a_{12}^2} E_{\text{tr}} D_2 \frac{\partial f_{02}}{\partial E} \, dE, \\ K_2 = -\int\limits_{-\infty}^{E_1} \frac{a_{11} \tau_1}{1+a_{11}^2} E_{\text{tr}} D_1 \frac{\partial f_{01}}{\partial E} \, dE - \int\limits_{E_2}^{\infty} \frac{a_{12} \tau_2}{1+a_{12}^2} E_{\text{tr}} D_2 \frac{\partial f_{02}}{\partial E} \, dE \end{array} \right\} \tag{12}$$

Dabei ist a_{11} bzw. a_{12} die Größe a_1 aus § 17 (10) mit ihrem Wert für das erste (a_{11}) bzw. zweite Band (a_{12}). Wir beschränken uns auf schwache Felder ($a_{11} \ll 1$, $a_{12} \ll 1$).
Dann wird
$$\frac{1}{1+a_{11}^2} = 1 - a_{11}^2, \quad \frac{1}{1+a_{12}^2} = 1 - a_{12}^2, \quad H \ll H_0,$$
und wir erhalten, da nach § 17, (10)
$$a_{11} = \frac{eH}{mc}\tau_1 F_1, \quad a_{12} = \frac{eH}{mc}\tau_2 F_2$$
ist, mit (7) und (8)
$$\left.\begin{array}{l} K_1 = \dfrac{3}{4}(\bar{\tau}_1|F_1| + \bar{\tau}_2 F_2)n_H - \dfrac{3}{4}\left(\dfrac{eH}{mc}\right)^2 (\overline{\tau_1^3}|F_1|^3 + \overline{\tau_2^3}F_2^3)n_H \\[2mm] K_2 = \dfrac{3}{4}\dfrac{eH}{mc}(-\overline{\tau_1^2}|F_1|^2 + \overline{\tau_2^2}F_2^2)n_H \end{array}\right\} \quad (12\text{a})$$

Aus (11) folgt hiermit in erster Näherung
$$R = \frac{1}{ec\,n_H} \frac{-\overline{\tau_1^2}|F_1|^2 + \overline{\tau_2^2}F_2^2}{(\bar{\tau}_1|F_1| + \bar{\tau}_2 F_2)^2}.$$

Nach (7) und (8) ergibt sich durch Berechnung der Integrale, da $\tau \sim \dfrac{1}{E_{\text{tr}}^{1/2}}$ ist, mit § 18, (9)

$$\frac{\bar{\tau}_1}{\bar{\tau}_2} = \left(\frac{F_2}{|F_1|}\right)^{1/2}, \quad \frac{\overline{\tau_1^2}}{\overline{\tau_2^2}} = \frac{F_2}{|F_1|}$$

und
$$\frac{\overline{\tau_1^2}}{\tau_1^2} = \frac{\overline{\tau_2^2}}{\tau_2^2} = \frac{8}{3\pi}. \tag{13}$$

Damit erhalten wir
$$R = \frac{3\pi}{8} \frac{1}{ec\,n_H} \frac{F_2 - |F_1|}{(|F_1|^{1/2} + F_2^{1/2})^2} \tag{14}$$

oder unter Einführung der Zahl der *freien* Elektronen nach § 18, (11) und (12)
$$R = \frac{3\pi}{8} \frac{1}{ec} \frac{F_2 - |F_1|}{(n_{F_1}^{1/2} + n_{F_2}^{1/2})^2}. \tag{14a}$$

Für die beiden Fälle eines Verunreinigungshalbleiters wird $F_1 = 0$ oder $F_2 = 0$, d. h.
$$R = \frac{3\pi}{8} \frac{F_2}{ec\,n_{F_2}} = \frac{3\pi}{8} \frac{1}{ec\,n_H} \tag{15a}$$

oder
$$R = -\frac{3\pi}{8} \frac{|F_1|}{ec\,n_{F_1}} = -\frac{3\pi}{8} \frac{1}{ec\,n_H}. \tag{15b}$$

Das Produkt $R\sigma$ ist, wie in § 17 gezeigt wurde, proportional mit der mittleren Beweglichkeit der Elektronen. Aus (9) und (14) finden wir

$$\frac{8}{3\pi} c R \sigma = \frac{e}{m} \frac{\bar{\tau}_1 |F_1| + \bar{\tau}_2 F_2}{(|F_1|^{1/2} + F_2^{1/2})^2} (F_2 - |F_1|).$$

Für Verunreinigungshalbleiter vereinfacht sich dieser Ausdruck zu

$$\frac{8}{3\pi} c R \sigma = \frac{e}{m} F_2 \bar{\tau}_2 \quad \text{bzw.} \quad \frac{8}{3\pi} c R \sigma = -\frac{e}{m} |F_1| \bar{\tau}_1. \tag{16}$$

In allen Fällen ist aber wegen (10)

$$R\sigma \sim \bar{\tau} \sim \frac{1}{T^{3/2}}, \tag{17}$$

und zwar soll diese Temperaturabhängigkeit bis zu tiefen Temperaturen gültig sein.

Magnetische Widerstandsänderung. Bei den Metallen war die magnetische Widerstandsänderung in erster Näherung Null, falls wir die Energieflächen im $\mathfrak{k}$-Raum als Kugelflächen (wie bei freien Elektronen) annehmen. Eine Widerstandserhöhung erhielten wir erst dadurch, daß wir die Anisotropie der Energie der Elektronen in Betracht zogen. Dadurch ergaben sich Relationen, wie z. B. $\overline{\tau^2} \neq \bar{\tau}^2$ und ähnliches. Bei Halbleitern gilt dies aber auch [vgl. z. B. (13)] bei Vernachlässigung der Anisotropie, weil hier die Elektronen schon in erster Näherung auf verschiedene Energien verteilt sind, während bei Metallen alle Mittelwerte sich in erster Näherung auf die Werte der betreffenden Größen bei der Energie $E = \zeta$ reduzieren. Wir dürfen also jetzt die Anisotropie vernachlässigen und erhalten dann nach (16) § 17

$$\sigma_H = \frac{4}{3} \frac{e^2}{m} \left(K_1 + \frac{K_2^2}{K_1} \right). \tag{18}$$

Um einfachere Ausdrücke zu bekommen, beschränken wir uns auf einen Verunreinigungshalbleiter und setzen $F_1 = 0$. Da in (18) nur K_2^2 (nicht K_2^1) auftritt, folgt aus (12a), daß das Vorzeichen der Freiheitszahl bedeutungslos wird. Der Fall $F_2 = 0$ ergibt sich dann aus den nachfolgenden Formeln, wenn man F_1 und F_2 vertauscht.

Für *schwache* Felder wird aus (18) mit (12a)

$$\sigma_H = \frac{e^2}{m} \bar{\tau}_2 F_2 n_H \left[1 - \left(\frac{e H F_2 \bar{\tau}_2}{m c} \right)^2 \left(\frac{\overline{\tau_2^3}}{\bar{\tau}_2^3} - \frac{\overline{\tau_2^2}^2}{\bar{\tau}_2^4} \right) \right]. \tag{19}$$

Ohne Magnetfeld ist [vgl. (9a)]

$$\sigma_0 = \frac{e^2}{m} \bar{\tau}_2 n_{F_2} = \frac{e^2}{m} \bar{\tau}_2 F_2 n_H. \tag{20}$$

Daher ist die Widerstandserhöhung mit (19) und (20)

$$\frac{\sigma_0 - \sigma_H}{\sigma_0} = \frac{\varrho_H - \varrho_0}{\varrho_H} = \left(\frac{\Delta \varrho}{\varrho}\right)_H = B(T) H^2, \qquad H \ll H_0, \quad (21)$$

wobei

$$B(T) = \left(\frac{e F_2 \bar{\tau}_2}{m c}\right)^2 \left(\frac{\overline{\tau_2^3}}{\bar{\tau}_2^3} - \frac{\overline{\tau_2^2}^2}{\bar{\tau}_2^4}\right)$$

ist. $B(T)$ ist immer positiv. Aus (7) berechnet man ähnlich wie bei (13)

$$\frac{\overline{\tau_2^3}\,\bar{\tau}_2}{\bar{\tau}_2^{\,2}} = \frac{4}{\pi},$$

so daß mit (18) und (13)

$$B(T) = \frac{4-\pi}{\pi} \left(\frac{3\pi}{8}\right)^2 \left(\frac{e F_2 \bar{\tau}_2}{m c}\right)^2$$

wird.

Wegen (10) ist

$$B(T) \sim \frac{1}{T^3},$$

und aus (16) findet man, daß sich B durch die HALL-Konstante und die Leitfähigkeit ausdrücken läßt:

$$B(T) = \frac{4-\pi}{\pi} (R \sigma_0)^2 = 0{,}27 (R \sigma_0)^2 \sim \frac{1}{T^3}. \qquad (22)$$

Für *starke* Felder, $a_{11} \gg 1$, $a_{12} \gg 1$ wird nach (12a) mit (7) und (8) unter Beachtung des oben angegebenen Wertes für a_{12} (mit $F_1 = 0$)

$$K_1 = \frac{3}{4} \left(\frac{m c}{e H}\right)^2 \frac{\overline{\tau_2^{-1}}}{F_2^2} n_{F_2},$$

$$K_2 = \frac{3}{4} \frac{m c}{e H F_2} n_{F_2}.$$

Aus (18) folgt für $H \to \infty$

$$\sigma_\infty = \frac{e^2}{m} \frac{n_{F_2}}{\overline{\tau_2^{-1}}},$$

oder mit (20)

$$\frac{\sigma_0 - \sigma_\infty}{\sigma_0} = \frac{\varrho_\infty - \varrho_0}{\varrho_\infty} = \frac{\Delta \varrho_\infty}{\varrho_\infty} = 1 - \frac{1}{\overline{\tau_2^{-1}}\,\bar{\tau}_2}.$$

Aus (7) und (8) berechnet man

$$\overline{\tau_2^{-1}}\,\bar{\tau}_2 = \frac{32}{9\pi},$$

so daß

$$\frac{\Delta \varrho_\infty}{\varrho_\infty} = 0{,}117, \qquad H \gg H_0$$

oder

$$\frac{\Delta \varrho_\infty}{\varrho_0} = \frac{\Delta \varrho_\infty}{\varrho_\infty} \frac{\varrho_\infty}{\varrho_0} = 0{,}117 \,\overline{\tau_2^{-1}}\,\overline{\tau_2} = 0{,}132 \qquad (23)$$

wird. Das Bemerkenswerte an diesem Resultat ist, daß der Sättigungswert von $\frac{\Delta \varrho_\infty}{\varrho}$ unabhängig vom Material und von der Temperatur ist.

Bei *mittleren* Feldstärken läßt sich kein einfacher Ausdruck für $\frac{\Delta \varrho}{\varrho}$ angeben, denn die Mittelwerte von $\frac{\tau_2^n}{1 + \left(\frac{eH\tau_2 F_2}{mc}\right)^2}$, die bei der allgemeinen Lösung auftreten, können nicht elementar ausgewertet werden. Dagegen läßt sich leicht zeigen, daß die allgemeine Lösung die Form

$$\frac{\Delta \varrho}{\varrho} = \varphi\left(\frac{H^2}{T^3}\right)$$

hat, d. h. die Widerstandsänderungen für verschiedene Feldstärken und Temperaturen sind gleich, wenn $\frac{H^2}{T^3}$ den gleichen Wert hat [150].

Diskussion. Die Temperaturabhängigkeit der Leitfähigkeit (9) bis (9c) wird gut bestätigt. Trägt man $\log \sigma$ als Funktion von $\frac{1}{T}$ auf, so erhält man nach (9c) die Breite des betreffenden verbotenen Gebietes ΔB aus der Steigung der entstehenden Geraden $\left(-\frac{\Delta B}{2kT}\right)$. Die Temperaturabhängigkeit der Leitfähigkeit ist im wesentlichen durch die Temperaturabhängigkeit der Zahl der freien Elektronen bestimmt, ganz im Gegensatz zu den Metallen, wo die Relaxationszeit die einzige temperaturabhängige Größe ist. Um bei Halbleitern die Temperaturabhängigkeit der mittleren Relaxationszeit (10) zu prüfen, können wir Gl. (17) verwenden, die für alle Temperaturen bis nahe an den absoluten Nullpunkt hin gültig ist. Beim Vergleich mit dem Experiment müssen wir aber darauf achten, daß insbesondere bei tiefen Temperaturen, die Messungen infolge der geringen Stromstärken mit großen Fehlern behaftet sein können. Wenn wir das berücksichtigen, können wir (10) als bestätigt ansehen [13a].

Das Vorzeichen des HALL-Effektes richtet sich nach (14) danach, welche der beiden Freiheitszahlen F_2 oder $|F_1|$ größer ist. Überwiegt F_2, so ist das Vorzeichen von R das gleiche wie bei freien Elektronen (normaler HALL-Effekt). Überwiegt $|F_1|$, so nennt man den

HALL-Effekt anormal, das Vorzeichen ist so, als ob die Elektronen positiv geladen wären, was leicht verständlich ist, weil in diesem Fall die Löcher ausschlaggebend sind. Bei Verunreinigungshalbleitern kann man am Vorzeichen des HALL-Effektes feststellen, ob die Fremdatome als Elektronenquelle [normaler Effekt (15a)] oder als Elektronenempfänger [anormaler Effekt (15b)] dienen.

Die magnetische Widerstandsänderung ist für ausgesprochene Halbleiter wie z. B. Cu_2O in einem großen Feldstärken- und Temperaturgebiet noch nicht untersucht, so daß wir die Ergebnisse dieser Theorie gegenwärtig nicht prüfen können. Das interessanteste Resultat, das wir erhielten, war, daß der Sättigungswert von $\frac{\Delta \varrho}{\varrho}$ für starke Felder unabhängig vom Material ist (23). Der Begriff „starke Magnetfelder" ist genau wie bei den Metallen durch die Bedingung $H \gg H_0$ gegeben, wobei H_0 aus § 17, (19) zu entnehmen ist, d. h.

$$H_0 = \frac{mc}{e\,\overline{\tau}_2 F_2} \sim T^{3/2}.$$

Bei Zimmertemperatur ist $H_0 \cong 500000$ Gauß, bei $100°$ ist $H_0 \cong 100000$ Gauß (unter der Annahme $F_2 = 1$).

Der am besten untersuchte Halbleiter ist Kupferoxydul, Cu_2O [13a]. In vollständig reinem Zustand ist er ein ziemlich schlechter Halbleiter, d. h. ΔB ist ziemlich groß ($\cong 1,5$ e-Volt). Enthält Cu_2O aber überschüssigen Sauerstoff, so wirken die Sauerstoffatome im Sinn von § 18 als Fremdatome und die Leitfähigkeit steigt. Aus dem Vorzeichen des HALL-Effektes ergibt sich, daß die Sauerstoffatome als Elektronenempfänger dienen, so daß die Leitung von den Löchern des unteren Bandes 1 besorgt wird. Der energetische Abstand $\Delta B''$ hängt sowohl von der Konzentration als auch von der Vorbehandlung ab und nimmt Werte an, die meist zwischen 0,1 und 0,6 e-Volt liegen. Die Abhängigkeit der Leitfähigkeit von der Konzentration ist sicher nicht wie in § 18, (4) angegeben $\sim n_a^{1/2}$. Die Leitfähigkeit steigt vielmehr viel rascher mit der Konzentration an, doch wurde bis jetzt keine allgemeine Gesetzmäßigkeit gefunden. Wie wir in § 18 gezeigt haben, muß bei genügend hohen Temperaturen die Leitfähigkeit des reinen Cu_2O (mit dem großen ΔB-Wert) überwiegen, so daß $\log \sigma$ als Funktion von $\frac{1}{T}$ ähnlich wie $\log n_H$ in Abb. 45, S. 228 verläuft. Ein solches Verhalten wurde auch experimentell gefunden [127], doch ist gegenwärtig das experimentelle Material noch zu uneinheitlich, um genauere Angaben machen zu können. Wenn man annimmt, daß das obere Band *2* eine größere Freiheitszahl als das untere hat $(F_2 > |F_1|)$, wie es theoretisch zu erwarten ist, bedeutet das Überwiegen der Leitung durch Elektronen im oberen Band über die durch die Fremdatome bewirkte Löcherleitung einen Wechsel des Vorzeichens der HALL-Konstanten, wobei die kritische Temperatur T_c, bei der die HALL-Konstante gerade Null ist, durch § 18 (5) gegeben ist. Dieser Vorzeichenwechsel wird tatsächlich gefunden und T_c ergibt sich zu etwa 500° C [13a, 186].

Bei tiefen Temperaturen kann man nach (16) aus der Messung von $R\,\sigma$ die Größe $F_1\,\bar\tau_1$ bestimmen. Wenn wir dafür die mittlere freie Weglänge

$$\bar{l}_1 = \bar\tau_1\,\bar v_1$$

einführen, erhalten wir wegen [vgl. § 18, (9)]

$$\bar v_1 = \left(\frac{2\,\bar E_{\mathrm{tr}}}{m}\right)^{1/2} = \sqrt{\frac{2}{m}}\,|F_1|^{1/2}\,\overline{(E_1-E)^{1/2}} = \sqrt{\frac{2}{m}}\,|F_1|^{1/2}\left(\frac{3}{2}\,kT\right)^{1/2}$$

aus dem Experiment die Größe $\bar l_1\,|F_1|^{1/2}$, die für Zimmertemperatur ungefähr 10^{-7} cm wird. Da l die gleiche Größenordnung wie bei Metallen hat (10^{-5}—10^{-6} cm) muß $F_1 \cong -10^{-1}$ sein. Ein so kleiner Wert für $|F_1|$ ist verständlich, da das untere Band *1* wahrscheinlich bedeutend schmäler ist als die Energiebänder der Metalle.

Thermoeffekte [117, 143]. Im Anschluß an die Behandlung bei den Metallen in § 16 berechnen wir den THOMSON-Koeffizienten μ, aus dem man mit Hilfe der Beziehungen (6), (7), § 16 die Thermokraft und die PELTIER-Wärme ableiten kann. Nach Gl. (12), § 16 ist

$$\mu = \frac{T}{e}\,\frac{\partial}{\partial T}\left(\frac{1}{T}\,\frac{L_1}{L_0} - \frac{\zeta}{T}\right). \tag{24}$$

$\dfrac{L_1}{L_0}$ bestimmt sich nach Gl. (17), § 15. Wenn wir unter $\overline{\tau E}$ den Mittelwert von τE über die in (7) bei der Bildung von $\overline{\tau^n}$ benützten Funktionen verstehen, so wird unter Berücksichtigung von (8) und (6)

$$\frac{L_1}{L_0} = \frac{\overline{E\,\tau_1}\,|F_1| + \overline{E\,\tau_2}\,F_2}{|F_1|\,\bar\tau_1 + F_2\,\bar\tau_2}.$$

Im Ausdruck

$$\frac{L_1}{L_0} - \zeta$$

können wir $\overline{E\tau_1}$ bzw. $\overline{E\tau_2}$ durch $E_1\bar\tau_1$ bzw. $E_2\bar\tau_2$ ersetzen, denn $\overline{E_1-E}$ bzw. $\overline{E-E_2}$ sind von der Größenordnung kT, also klein gegen $\zeta - E_1$ bzw. $E_2 - \zeta$. Daher wird

$$\frac{L_1}{L_0} - \zeta = \frac{(E_1-\zeta)\,\bar\tau_1\,|F_1| + (E_2-\zeta)\,\bar\tau_2\,F_2}{\bar\tau_1\,|F_1| + \bar\tau_2\,F_2}.$$

Nach § 5, (24a) ist

$$E_1 + E_2 \cong 2\zeta, \quad \text{also} \quad E_2 - \zeta \cong -(E_1 - \zeta) = \frac{\Delta B}{2},$$

und daher

$$\frac{L_1}{L_0} - \zeta = \frac{\Delta B}{2} \frac{-\bar{\tau}_1 |F_1| + \bar{\tau}_2 F_2}{\bar{\tau}_1 |F_1| + \bar{\tau}_2 F_2}.$$

Nach (24) wird also

$$\mu = -\frac{\Delta B}{2eT} \frac{-\bar{\tau}_1 |F_1| + \bar{\tau}_2 F_2}{\bar{\tau}_1 |F_1| + \bar{\tau}_2 F_2}. \tag{25}$$

Für Verunreinigungshalbleiter ist

$$\mu = \mp \frac{\Delta B}{2eT},$$

wobei — für Elektronenleitung (normaler Effekt) und + für Löcherleitung (anormaler Effekt) gilt.

Beim Vergleich mit den Metallen fällt vor allem auf, daß der THOMSON-Koeffizient der Halbleiter bedeutend größer ist. Aus (25) und § 16, (13) und (16) findet man

$$\frac{\mu_\text{Halbleiter}}{\mu_\text{Metall}} \cong \frac{\Delta B \cdot \zeta_\text{Metall}}{(kT)^2}.$$

Bei Zimmertemperatur ist dieses Verhältnis ungefähr 100—1000. Mißt man die Thermokraft eines Halbleiters gegen ein Metall, so kann man daher den Beitrag des Metalls vernachlässigen. Aus § 16, (7) folgt dann mit $\mu_\text{Metall} = 0$

$$\frac{d\varphi_{ab}}{dT} = \frac{\mu}{T},$$

und demnach wird die Thermokraft vgl. (25)

$$\varphi_{ab} = \frac{dV_{ab}}{dT} = \frac{\Delta B}{2eT} \frac{-\bar{\tau}_1 |F_1| + \bar{\tau}_2 F_2}{\bar{\tau}_1 |F_1| + \bar{\tau}_2 F_2}.$$

Bei Zimmertemperatur erhält man mit $\Delta B = 0{,}5$ e-Volt Werte von der Größenordnung $10^{-3} \frac{\text{Volt}}{\text{Grad}}$. Thermospannungen von dieser Größe werden bei Halbleitern auch beobachtet. Die geforderte Temperaturabhängigkeit $\sim \frac{1}{T}$ bestätigt sich aber nur bei hohen Temperaturen. Bei tieferen Temperaturen erhält man mit fallender Temperatur keinen Anstieg, sondern meist wieder einen Abfall. Die Ursache für das Versagen der theoretischen Formel ist wahrscheinlich darin zu suchen, daß bei tiefen Temperaturen das Näherungsverfahren, das zur Aufstellung von (24) führte, nicht mehr konvergiert[1].

---

[1] Am absoluten Nullpunkt muß die Thermokraft nach dem dritten (NERNSTschen) Hauptsatz der Thermodynamik verschwinden, so daß auch hieraus folgt, daß das $\frac{1}{T}$-Gesetz für tiefe Temperaturen ungültig sein muß.

246   Halbleiter.

Gleichrichtung [121, 131]. Der Kontakt zwischen einem Metall und einem Halbleiter wirkt als Detektor, d. h. der Widerstand hängt von der Richtung der elektrischen Feldstärke ab, und zwar in der Weise, daß die Elektronen leichter vom Metall in den Halbleiter strömen als vom Halbleiter in das Metall. Damit in einem geschlossenen Stromkreis, der Metalle und Halbleiter enthält, die Stromstärke wesentlich von der Richtung der angelegten Spannung abhängt, ist es nötig, daß wenigstens in einer Richtung der Hauptteil der Spannung an *einem* Kontakt liegt. Das ist gleichbedeutend

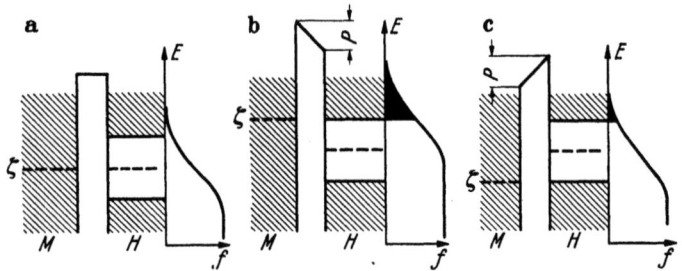

Abb. 46a—c. Gleichrichtung. Termschema (*M* Metall, *H* Halbleiter) und Verteilungsfunktion *f*.
a ohne äußeres Feld, b äußeres Feld so, daß die Elektronen von *M* nach *H* strömen, c äußeres Feld in der umgekehrten Richtung. — — — Grenzenergie ζ. Der ausgefüllte Teil der Verteilungsfunktion zeigt, wie viele Elektronen in beiden Fällen überströmen. In b ist *f* die Verteilungsfunktion des Metalls, in c diejenige des Halbleiters.

damit, daß der Widerstand eines solchen Kontaktes groß ist. Dies ist aber nur dann möglich, wenn zwischen Metall und Halbleiter eine dünne Schicht mit hohem Widerstand liegt, die sog. Sperrschicht. Über die Natur dieser Schicht brauchen wir für die folgende Theorie keine näheren Angaben. Sie kann aus irgendeinem schlecht leitenden Material bestehen.

Im Halbleiter sollen die Elektronen des oberen Bandes *2* die wesentlichen Träger der Leitfähigkeit sein. Die Sperrschicht charakterisieren wir durch einen Potentialberg, der eine gewisse Durchlässigkeit für Elektronen hat. Die Gleichrichtung kommt dann dadurch zustande, daß die Zahl der freien Elektronen im Metall groß gegen diejenige im Halbleiter ist. Liegt also die Spannung in der Richtung, in welcher die Elektronen vom Halbleiter zum Metall fließen, so wird wegen der geringen Zahl der verfügbaren Elektronen bald ein Sättigungsstrom erreicht, d. h. mit steigender Spannung bleibt die Stromstärke konstant. In der umgekehrten Richtung sind hingegen immer genügend viele Elektronen verfügbar. In Abb. 46

zeigen wir den Potentialverlauf und die Lage der Elektronenverteilungsfunktion a) ohne äußeres Feld, b) wenn die Elektronen vom Metall zum Halbleiter und c) wenn sie in der entgegengesetzten Richtung fließen.

Es seien ζ_M und ζ_H die Grenzenergien von Metall und Halbleiter. Ohne äußeres Feld ist, damit Gleichgewicht herrscht, immer $\zeta_M = \zeta_H = \zeta$ (§ 6). $W(\mathfrak{k})$ sei die Durchlässigkeit der Sperrschicht, d. h. die Wahrscheinlichkeit, daß ein Elektron, das auf die Sperrschicht auftrifft, von ihr durchgelassen wird[1]. J_M und J_H seien die Stromdichten der Ströme vom Metall in den Halbleiter bzw. vom Halbleiter in das Metall. Dann ist im Gleichgewicht ($\zeta_M = \zeta_H = \zeta$)

$$J_M(\zeta) = J_H(\zeta), \tag{26}$$

wobei

$$J_H(\zeta) = \frac{2e}{(2\pi)^3} \int v_x f(\zeta) W(\mathfrak{k}) d\tau_\mathfrak{k} \tag{26a}$$

ist. $f(\zeta)$ ist hier die FERMI-Verteilung, $\frac{2}{(2\pi)^3} v_x f(\zeta) d\tau_\mathfrak{k}$ also die Zahl der Elektronen pro Volumenelement des $\mathfrak{k}$-Raumes, die pro Sekunde auf die Oberflächeneinheit auftrifft. Da $W(\mathfrak{k})$ für das untere Band praktisch Null ist, geht das Integral (26a) nur über das *obere* Band. Mit § 18, (6) erhalten wir

$$J_H(\zeta) = \frac{2e}{(2\pi)^3} \int v_x(\mathfrak{k}) e^{\frac{\zeta - E}{kT}} W(\mathfrak{k}) d\tau_\mathfrak{k}. \tag{26b}$$

Liegt eine Potentialdifferenz P zwischen Metall und Halbleiter, so ist die Differenz der potentiellen Energien

$$eP = V = \zeta_M - \zeta_H. \tag{27}$$

Der resultierende Strom J vom Metall zum Halbleiter ist

$$J = J_M(\zeta_M) - J_H(\zeta_H), \tag{28}$$

oder mit (26)

$$J = J_H(\zeta_M) - J_H(\zeta_H).$$

Nehmen wir an, daß $W(\mathfrak{k})$ von V unabhängig ist, so ergibt sich mit (26b) und (27)

$$J_H(\zeta_M) = J_H(\zeta_H) e^{\frac{\zeta_M - \zeta_H}{kT}} = J_H(\zeta_H) e^{\frac{V}{kT}},$$

oder nach (28)

$$J = J_H(\zeta_H) \left(e^{\frac{V}{kT}} - 1 \right).$$

---

[1] $W(\mathfrak{k})$ ist unabhängig davon, ob das Elektron vom Metall zum Halbleiter oder umgekehrt fliegt.

Als Gleichrichtungskoeffizient können wir das Verhältnis $J(V) : -J(-V)$ bei gleichem $|V|$ bezeichnen, das

$$\frac{e^{\frac{V}{kT}} - 1}{1 - e^{-\frac{V}{kT}}} \cong e^{\frac{V}{kT}}$$

ist, falls $V \gg kT$. Bei $V = 0,5$ Volt und Zimmertemperatur ist das e^{15}, bei $600°$ nur noch[1] e^7. Wird die Spannung größer als die Breite der verbotenen Zone des Halbleiters, so stehen auch die Elektronen des unteren Energiebandes für den Elektronenstrom vom Halbleiter zum Metall zur Verfügung. Von diesen Spannungen ab muß also der Gleichrichtungskoeffizient wieder kleiner werden.

§ 20. Optische Probleme.

Lichtelektrische Leitfähigkeit. Das Absorptionsspektrum eines Halbleiters ist ganz entsprechend wie das eines Metalls, wenn man die Absorption, die den freien Elektronen zukommt (infolge der Zusammenstöße mit dem Gitter), wegläßt. Es gibt demnach eine Grenzfrequenz ν_g, bei der die Absorption einsetzt und die durch die Breite ΔB des verbotenen Gebietes gegeben ist durch

$$h\nu_g = \Delta B.$$

Unter dem Einfluß von Licht einer Absorptionsfrequenz $\nu > \nu_g$ wird die Elektronenverteilung verändert, und zwar wird die Zahl der Elektronen im oberen Band *2*, also auch die Leitfähigkeit, erhöht. Wenn J die Intensität des einfallenden Lichts ist, so ist die Zahl der Elektronen, die pro Sekunde in das obere Band *2* geworfen werden, $c_1 J$ ($c_1 =$ konstant). Andererseits ist die Zahl der Elektronen, die spontan von Band *2* nach Band *1* zurückgehen, proportional zur Zahl der Elektronen in Band *2*, die wir n nennen und zur Zahl der freien Plätze in Band *1*, die ebenfalls n ist. Wählen wir die Temperatur so tief, daß die Zahl der Elektronen, die ohne Beleuchtung in Band *2* sind (Dunkelelektronen), vernachlässigbar klein ist, so lautet die Gleichgewichtsbedingung

$$c_1 J = c_2 n^2 \quad (c_2 = \text{konstant})$$

---

[1] Es soll hier nochmal darauf aufmerksam gemacht werden, daß V die Spannung an der Sperrschicht ist. Ihr Verhältnis zur Spannung V_1, die am ganzen Stromkreis liegt, hängt von dem Vorzeichen von V ab, und zwar in der Weise, daß die Gleichrichtung, bezogen auf V_1, kleiner wird.

Optische Probleme. 249

oder
$$n \sim J^{1/2}. \qquad (1.)$$
n kann bei der Temperatur der flüssigen Luft etwa das Tausendfache der Zahl der Dunkelelektronen betragen. Der Hauptgrund für diese großen Werte liegt darin, daß die relative Zahl der freien Plätze in Band *1* sehr klein ist, so daß ein Elektron sehr lange in Band *2* bleibt, ehe es rekombiniert (d. h. nach Band *1* zurückfällt). Daher stellt sich auch beim Abschalten des Lichts die Dunkelleitfähigkeit erst nach einer verhältnismäßig langen Zeit ein.

Die oben berechnete Proportionalität von n mit $J^{1/2}$ enthält zwei wichtige Voraussetzungen: 1. sollen nur zwei Niveaus an dem Prozeß beteiligt sein; 2. sollen die Elektronen und die Löcher räumlich gleichmäßig verteilt sein. Besprechen wir zunächst die letztere Voraussetzung! Sie trifft für Verunreinigungshalbleiter wohl nur in Grenzfällen zu. Allgemein werden wir aber annehmen müssen, daß ein Elektron mit größerer Wahrscheinlichkeit in der Nähe eines ionisierten Fremdatoms ist als in der Nähe eines neutralen, denn bei ersterem ist das Potential tiefer. Nun hat ein Ion immer

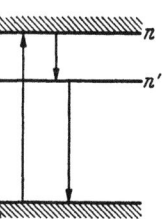

Abb. 47. Zur Rekombination in Verunreinigungshalbleitern.

einen freien Platz, so daß im Grenzfall, in dem die Elektronen vorwiegend in der Nähe der Ionen sind, die Rekombinationswahrscheinlichkeit (falls die Photoelektronen von den Fremdatomen stammen) proportional zu n wird, woraus
$$c_1 J = c_2' n, \quad n \sim J$$
folgt, im Gegensatz zu (1).

Schließlich wollen wir annehmen, daß mehr als zwei Energieniveaus am Rekombinationsprozeß beteiligt sind [145, 146]. Wir setzen einen Verunreinigungshalbleiter voraus, bei dem aber die Absorption nicht aus dem Niveau der Fremdatome, sondern aus dem unteren Band *1* erfolgt. Die Elektronen werden dann durch die Absorption in das obere Band *2* geworfen und sollen bei der Rekombination zuerst auf das Niveau der Störatome übergehen und von hier zurück zu Band *1* (Abb. 47). Die Zahl der Störatome sei n_a, die Zahl der Elektronen im Energieniveau der Störatome n'. Wir müssen jetzt die beiden Fälle für Verunreinigungshalbleiter unterscheiden.

1. Das Störniveau ist für $T=0$ und ohne Beleuchtung voll besetzt, d. h. es dient für $T>0$ als Elektronenquelle. Die Absorption

erfolgt aber aus Band *1*. Die Zahl der freien Plätze ist dann offensichtlich in Band *1* $n-(n_a-n')$, im Störniveau n_a-n'. Die Zahl der Übergänge aus Band *2* in das Störniveau ist daher $\sim n(n_a-n')$ und vom Störniveau nach Band *1* ist sie $\sim n'(n-(n_a-n'))$ (vgl. Abb. 47). Die Gleichgewichtsbedingung lautet dann

$$c_1 J = c_2 n (n_a - n') \quad \text{für Band } 2.$$
$$c_1 J = c_3 n' (n - (n_a - n')) \quad \text{für Band } 1.$$

c_1, c_2, c_3 sind Konstante. Da die Absorption nicht aus dem Störniveau erfolgen soll, dürfen wir für genügend tiefe Temperaturen immer annehmen, daß es stark besetzt ist, d. h. $n_a - n' \ll n_a$ oder $n' \cong n_a$. Aus den obigen Gleichungen folgt dann zunächst

$$n_a - n' = \frac{c_3 n' n}{c_2 n + c_3 n'} \cong \frac{c_3 n_a n}{c_2 n + c_3 n_a}.$$

Ist hier $c_3 n_a \ll c_2 n$, so folgt
$$n \sim J.$$
Ist hingegen $c_2 n \ll c_3 n_a$, so wird wie in (1)
$$n \sim J^{1/2}.$$

2. Die Störatome dienen als Elektronenempfänger, sind also für $T=0$ und ohne Beleuchtung unbesetzt. Die Zahl der freien Plätze in Band *1* ist dann $n'+n$ und die Gleichgewichtsbedingungen lauten jetzt

$$c_1 J = c_2 n (n_a - n') \quad \text{für Band } 2,$$
$$c_1 J = c_3 n' (n + n') \quad \text{für Band } 1.$$

In unserem jetzigen Fall wird für tiefe Temperaturen immer $n_a \gg n'$ sein, d. h.
$$n \sim J.$$
Nehmen wir hier noch an, daß $n' \gg n$ ist, so folgt
$$n' \sim J^{1/2}.$$

Die hier gegebenen Beispiele erschöpfen durchaus nicht alle möglichen Fälle. Sie sollen nur zeigen, daß theoretisch für die Abhängigkeit der Zahl der Lichtelektronen von der Lichtintensität keine allgemeine Gesetzmäßigkeit zu erwarten ist.

Verteilungsfunktion [208]. Das Verhalten des belichteten Kristalls ist natürlich im wesentlichen durch die Verteilungsfunktion der Elektronen bestimmt. Wenn die Lichtelektronen aus dem unteren Band *1* stammen und von da in Band *2* geworfen werden, wird sowohl die Verteilung der Löcher in Band *1* als auch die

Verteilung der Elektronen in Band 2 verschieden von der Verteilungsfunktion ohne Beleuchtung sein. Stammen die Elektronen hingegen aus einem Störniveau, so wird nur die Elektronenverteilung in Band 2 wesentlich verändert. Diese Verteilungsfunktion hängt außer von der Lichtintensität vom Verhältnis zweier Zeiten ab. Von der Zeit τ_R, die sich ein Elektron im Mittel im Band 2 aufhält, bis es wieder in sein ursprüngliches Niveau zurückfällt (Rekombinationszeit) und von der Zeit τ_G die nötig ist, damit ein Elektron seine Energie innerhalb von Band 2 (an die Gitterschwingungen) verliert, d. h. bis seine Energie etwa $E_2 + kT$ ist, wo E_2 der untere Rand des oberen Bandes 2 ist. Das Verhältnis

$$\gamma = \frac{\tau_G}{\tau_R} \tag{2}$$

ist meist unabhängig von der Temperatur. Von τ_R ist das selbstverständlich, wenn man annimmt, daß die Rekombination nicht durch die Gitterschwingungen beeinflußt wird, was meist richtig ist. Zur Abschätzung von τ_G ersetzen wir zunächst das ganze Spektrum der Gitterschwingungen durch die größte Frequenz ν_0, mit der das Elektron in Wechselwirkung ist, was näherungsweise zulässig ist, weil ja nach § 13, (2) die Zahl der Gitterschwingungen mit einer Frequenz ν proportional zu ν^2 ist. Nach S. 234 ist $\nu_0 = \frac{\bar{c}k}{\pi}$, was unter der Annahme freier Elektronen ($\hbar k = mv$, v = Elektronengeschwindigkeit)

$$h\nu_0 = 2mv\bar{c} \tag{3}$$

ergibt. Nach § 13, (5) ist die Wahrscheinlichkeit, daß eine Gitterschwingung mit der Frequenz ν_0 angeregt ist

$$N_0 = \frac{1}{e^{\frac{h\nu_0}{kT}} - 1} \cong \frac{kT}{h\nu_0} > 1 \quad \text{für} \quad kT > h\nu_0. \tag{4}$$

Sei $\bar{E}$ die Energie des Elektrons sofort nach der Absorption, so ist

$$\bar{E} - E_2 = \frac{m}{2}v^2. \tag{5}$$

Nach (3) bedeutet dann $kT > h\nu_0$:

$$T > \frac{2mv\bar{c}}{k},$$

was mit einer Schallgeschwindigkeit $\bar{c} = 5 \cdot 10^5$ cm/sec

$$T > 100 \sqrt{\bar{E} - E_2}$$

bedeutet, falls $\overline{E}-E_2$ in e-Volt ausgedrückt wird. (4) ist daher gewöhnlich bei Temperaturen bis herab zu etwa 100° erfüllt, da $\overline{E}-E_2$ die Größenordnung 1 e-Volt hat. Nach § 13 ist die Wahrscheinlichkeit, daß ein Elektron pro Stoß die Energie $h\nu_0$ aufnimmt, proportional zu N_0, und daß es die Energie $h\nu_0$ abgibt, proportional zu $1+N_0$. Um im Mittel die Energie $h\nu_0$ abzugeben, sind also [vgl. (4)]

$$N_0 + (1 + N_0) \cong 2 N_0 \cong \frac{2kT}{h\nu_0}$$

Stöße nötig, denn dann wird die Energie $h\nu_0$ gerade N_0-mal aufgenommen und $1+N_0$-mal abgegeben. Um die Energie $\overline{E}-E_2$ abzugeben, muß die Energie $h\nu_0$ im ganzen $\frac{\overline{E}-E_2}{h\nu_0}$-mal abgegeben werden[1], so daß [vgl. (3) und (5)]

$$2kT\frac{\overline{E}-E_2}{(h\nu_0)^2} = \frac{kT}{4m\overline{c}^2}$$

Stöße nötig sind, damit ein Elektron den größten Teil seiner kinetischen Energie verliert. Bei Zimmertemperatur sind das (mit $\overline{c} \cong 10^5$ cm/sec) etwa 10^3 Stöße. Die Zeit zwischen zwei Stößen ist bei unseren vereinfachten Annahmen gleich der Relaxationszeit τ, so daß also

$$\tau_G \cong \frac{\tau kT}{4m\overline{c}^2}$$

wird. Da $\tau \sim T^{-1}$ ist, wird τ_G unabhängig von der Temperatur.

Die Verteilungsfunktion der Elektronen ist im wesentlichen, wie wir oben schon mitgeteilt haben, durch die Größe von γ (2) bestimmt. Für $\gamma \to \infty$, d. h. beim vollständigen Fehlen einer Wechselwirkung mit den Gitterschwingungen, behalten alle Elektronen ihre Energie $\overline{E}$. Für $\gamma \to 0$, d. h. sehr starker Wechselwirkung mit den Gitterschwingungen, geht die Verteilung in eine FERMIsche, d. h. praktisch in eine MAXWELLsche über [denn die Dichte der Lichtelektronen ist immer so klein, daß das Elektronengas nicht entartet ist (vgl. § 5)]. Wahrscheinlich ist immer $\gamma < 1$. Über den genauen Wert von γ kann man gegenwärtig keine sicheren Angaben machen.

Ist n die Zahl der Photoelektronen, die natürlich von der Lichtintensität abhängt, f die Verteilungsfunktion der Elektronen,

---

[1] Wir vernachlässigen, daß $h\nu_0$ von der kinetischen Energie des Elektrons abhängt.

Optische Probleme.

D die Eigenwertdichte, so läßt sich zeigen, daß für $\gamma < 1$

$$fD = \frac{2}{\sqrt{\pi}} n \frac{\varepsilon^{1/2}}{(kT)^{3/2}} (1-\gamma) e^{-\frac{\varepsilon}{kT}} + n\gamma \frac{\varepsilon^{1/2}}{\bar{\varepsilon}^{3/2}} \begin{cases} e^{\gamma \frac{\varepsilon - \bar{\varepsilon}}{\bar{\varepsilon}}} & \text{für } \varepsilon < \bar{\varepsilon} \\ e^{-\frac{\varepsilon - \bar{\varepsilon}}{kT}} & \text{für } \varepsilon > \bar{\varepsilon}. \end{cases} \quad (6)$$

Dabei ist

$$\varepsilon = E - E_2$$

die vom unteren Rand E_2 des Bandes aus gezählte Energie und

$$\bar{\varepsilon} = \bar{E} - E_2$$

die Energie der Elektronen sofort nach der Absorption[1]. Abb. 48 zeigt den Verlauf der Verteilungsfunktion (6). Diese besteht aus zwei Termen. Der erste ist eine gewöhnliche MAXWELL-Verteilung, während der zweite von $\varepsilon = 0$ gegen die Energie $\varepsilon = \bar{\varepsilon}$ hin ansteigt und dann rasch abfällt. Es ist bemerkenswert, daß der zweite Term in seinem wesentlichen Gebiet $\varepsilon < \bar{\varepsilon}$ nicht von der Temperatur ab-

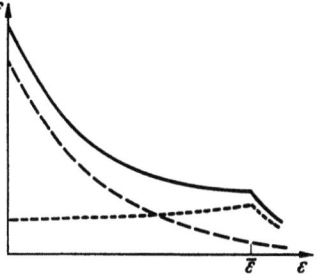

Abb. 48. Die Verteilungsfunktion im oberen Band eines belichteten Halbleiters.
- - - - - temperaturunabhängiger Anteil.
— — — MAXWELLscher Anteil.

hängt und daher um so bedeutungsvoller wird, je tiefer die Temperatur ist.

Leitfähigkeit. Alle Probleme, die mit der Leitfähigkeit eines belichteten Halbleiters zusammenhängen, sind im Prinzip genau so zu lösen, wie beim unbelichteten, wenn man alle Mittelwertbildungen mit Hilfe unserer Verteilungsfunktion (6) ausführt. Bei der Leitfähigkeit σ [§ 19, (9) bis (9c)] ist das einflußreichste Glied die Zahl der Elektronen, hinter das die verschiedenartige Mittelwertbildung von τ zurücktritt. Daher hat σ beim belichteten Kristall den gleichen Wert wie beim unbelichteten, bei einer Temperatur, die zur gleichen Zahl von Elektronen führt. Nicht so trivial ist es mit dem HALL-Effekt und der Thermokraft. Nehmen wir z. B. einen Verunreinigungshalbleiter mit vorwiegender Löcherleitung. Durch Belichtung mögen die Elektronen vom unteren Band *1* in das obere Band *2* geworfen werden. Dann ist das Verhältnis — Zahl der Elektronen : Zahl der Löcher — bedeutend größer als beim dunklen

---
[1] Zu dieser Verteilungsfunktion f ist noch die Verteilungsfunktion der Elektronen des unbelichteten Halbleiters zu addieren.

Kristall, wo es praktisch Null war. Daher werden der HALL-Effekt und die Thermokraft (die beim unbelichteten Kristall anormales Vorzeichen haben) kleiner sein als bei einem unbelichteten Kristall, der die gleiche Leitfähigkeit, also die gleiche Gesamtzahl Elektronen + Löcher hat. Das folgt sofort aus § 19, (9), (14) und (25), wonach Elektronen und Löcher ihre Beiträge zur Leitfähigkeit addieren, zum HALL-Effekt R und zur Thermokraft φ_{ab} aber subtrahieren. Auch die Temperaturabhängigkeit der Größe $R\sigma$ ($\sim$ Beweglichkeit) wird durch die veränderte Verteilungsfunktion (6) beeinflußt. Nach § 19, (16) ist

$$\frac{8}{3\pi} c R \sigma = \frac{e}{m} F_2 \bar{\tau}_2,$$

wobei entsprechend zu § 19, (7), (8)

$$F_2 \bar{\tau}_2 \int_0^\infty \varepsilon D \frac{\partial f}{\partial \varepsilon} d\varepsilon = F_2 \int \tau_2 \varepsilon D \frac{\partial f}{\partial \varepsilon} d\varepsilon,$$

mit f aus (6), ist ($E_{tr} = F_2 \varepsilon$).

Durch Ausführung der Integration findet man, daß $R\sigma$ die Summe von zwei Gliedern ist, von denen das erste $\sim T^{-3/2}$, das zweite $\sim T^{-1}$ ist. Der Unterschied der Temperaturabhängigkeit ist zwar nicht sehr beträchtlich, sollte aber in einem genügend großen Temperaturintervall trotzdem merklich sein.

DEMBER-*Effekt.* Unter Berücksichtigung der Lichtabsorption im Halbleiter nimmt die Konzentration der Photoelektronen senkrecht zur Oberfläche ab. Dadurch entsteht, ähnlich wie bei der Thermokraft, ein elektrisches Feld, das dafür sorgt, daß der elektrische Strom verschwindet, was natürlich zu fordern ist, falls der Halbleiter isoliert ist. Die Richtung des Feldes muß im allgemeinen nicht dieselbe wie beim Thermofeld des unbelichteten Kristalls sein, falls man als positive Richtung kalt → heiß und unbelichtet → belichtet einführt. Sie wird z. B. dann verschieden sein, wenn die Leitung beim unbelichteten Halbleiter hauptsächlich durch Löcher, beim belichteten aber durch Elektronen erfolgt.

Die Größe der Potentialdifferenz V_{ab} zweier Stellen a, b ergibt sich mit Hilfe von (6) zu

$$eV_{ab} = kT \left(1 + \frac{\sqrt{\pi}}{4} \gamma \left(\frac{\bar{\varepsilon}}{kT}\right)^{1/2}\right) \ln \frac{\sigma_a}{\sigma_b},$$

wobei σ_a und σ_b die Leitfähigkeiten an a und b sind, deren Verhältnis natürlich um so größer ist, je größer das Verhältnis der

Lichtintensitäten in a und b ist. Bei tiefen Temperaturen, wo das Glied $\dfrac{\bar{\varepsilon}}{kT}$ groß wird, sollte es hiernach möglich sein, die wichtige Konstante γ zu bestimmen. Die obige Formel gibt das Beobachtungsmaterial in großen Zügen richtig wieder. Eine genauere Prüfung ist nach den vorliegenden Messungen nicht möglich.

Grenzfrequenz. Bei einem reinen Halbleiter (ohne Fremdatome) kann die aus der Grenzfrequenz ν_g des inneren Photoeffekts bestimmte Energie $h\nu_g$ identisch mit der aus der Temperaturabhängigkeit der Leitfähigkeit bestimmten Breite $\varDelta B$ des verbotenen Gebietes sein. Es ist aber sehr leicht möglich, daß $h\nu_g \neq \varDelta B$ ist, wenn wir eine Eigenwertverteilung der beiden Energiebänder nach Abb. 20b annehmen und die zugehörige Auswahlregel beachten. In diesem Fall wird

$$h\nu_g = \varDelta B + B_1,$$

wo B_1 die Breite von Band *1* ist, das im allgemeinen schmäler als bei Metallen sein dürfte. Die Auswahlregel kann durch Störungen im Gitterbau und durch die Temperaturbewegung der Atome durchbrochen werden. Dann setzt der innere Photoeffekt nicht plötzlich bei der Frequenz ν_g ein, sondern schon bei $\nu = \dfrac{\varDelta B}{h}$ und steigt dann langsam an. Wegen dieses langsamen Anstiegs dürfte es sehr schwierig sein, den Wert von ν genau zu bestimmen.

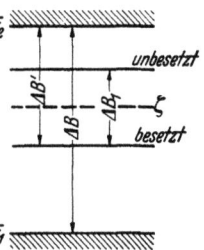

Abb. 49. Zum Termschema von Verunreinigungshalbleitern.

Bei den Verunreinigungshalbleitern wird im allgemeinen $\varDelta B'$ (aus der Leitfähigkeit gemessen) von $h\nu_g$ verschieden sein, selbst wenn man auf spezielle Annahmen über das Eigenwertspektrum verzichtet. Das rührt zum Teil daher, daß die Fremdatome mehrere Energieniveaus, die in das verbotene Gebiet des reinen Halbleiters fallen, haben können. Nehmen wir z. B. ein Termschema nach Abb. 49, bei dem die Fremdatome als Elektronenquelle dienen. Über dem höchsten besetzten Niveau der Fremdatome möge im Abstand $\varDelta B_1$ ein für $T=0$ leeres Niveau der Fremdatome liegen und im Abstand $\varDelta B' > \varDelta B_1$ die untere Grenze des oberen Bandes *2*. Ferner sei $\varDelta B = E_2 - E_1$ die Breite des verbotenen Gebietes beim reinen Halbleiter. Bei genügend tiefen Temperaturen liegt ζ immer in der Mitte zwischen dem höchsten besetzten und dem (für $T=0$) tiefsten unbesetzten Niveau. Nach § 18 ist die Zahl der Leitfähigkeitselektronen

$$n_H \sim e^{-\frac{E_2-\zeta}{kT}},$$

da ja nur die Elektronen im oberen Band 2 zur Leitfähigkeit beitragen. Aus der Temperaturabhängigkeit der Leitfähigkeit mißt man also (vgl. Abb. 49) unter Annahme einer Formel $\sigma \sim e^{-\frac{b}{kT}}$

$$b = E_2 - \zeta = \Delta B' - \frac{\Delta B_1}{2}.$$

Aus dem lichtelektrischen Effekt erhält man dagegen entweder $\Delta B'$ oder ΔB, je nachdem, ob die Elektronen aus den Störniveaus oder aus dem unteren Band absorbiert werden.

Wir sehen hieraus, daß es durchaus nicht möglich ist, allgemeine Beziehungen zwischen elektrischem und optischem Verhalten der Halbleiter aufzustellen (etwa von der Art $\Delta B = h \nu_g$), ohne das Termschema genau zu kennen. Dadurch wird ein Überblick über die Halbleiter bedeutend erschwert. Da das Termschema noch bei keinem Halbleiter eindeutig bekannt ist, müssen wir hier darauf verzichten, spezielle Beispiele zu geben.

V. Die metallische Bindung.

§ 21. Einführung.

Die verschiedenen Bindungsarten. Man unterscheidet vier Arten von chemischer Bindung:

1. Ionen- oder heteropolare Bindung.
2. Atom- oder homöopolare Bindung.
3. Bindung durch Polarisation (VAN DER WAALsche Bindung).
4. Metallische Bindung.

Die Ionenbindung entsteht durch die elektrische Anziehung von Ionen verschiedener Ladung. Ein einfaches Beispiel ist der Steinsalzkristall NaCl, der aus den positiven Na^+-Ionen und den negativen Cl^--Ionen besteht. Das charakteristische Beispiel für eine homöopolare Bindung ist das Wasserstoffmolekül. Die beiden H-Atome des Moleküls verhalten sich vollständig gleich, d. h. es tritt keine Ionenbildung auf. Die Anziehung ist durch die Austauschkräfte bedingt [25]. Diese stehen in engem Zusammenhang mit der Spinkonfiguration der Elektronen, durch welche die chemische Valenz bestimmt ist. Die dritte Bindungsart wird, wie schon der Name sagt, durch Polarisationskräfte hervorgerufen. Die meisten nichtmetallischen Flüssigkeiten und festen Körper, die nicht aus Ionen, sondern aus neutralen Molekülen aufgebaut sind, bilden Beispiele hierfür (Molekülgitter). Es gibt natürlich keine scharfe Grenze zwischen den verschiedenen Bindungsarten. Meist spielt aber eine davon eine bevorzugte Rolle am Zustandekommen der betreffenden Bindung.

Wir werden uns hier nur mit der metallischen Bindung näher befassen. Was sind die charakteristischen Eigenschaften der metallischen Bindung? Der wesentlichste Punkt ist hier die Tatsache, daß im typischen Metallkristall jedes Atom gleichwertig ist. Die Bausteine eines Metallkristalls sind also die Metallatome, diejenigen eines Nichtleiters (eines Elements, z. B. fester Wasserstoff) dagegen, mit wenigen Ausnahmen (z. B. Diamant) Moleküle.

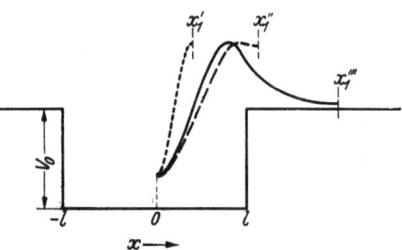

Abb. 50. Potentialverlauf eines „Atoms", des einfachen Metallmodells. Eigenfunktionen für verschiedene Werte von x_1 (x_1', x_1'', x_1''').

Entsprechend bilden die Nichtleiter im gasförmigen Zustand Moleküle, während es von den Metallen im allgemeinen nur sehr wenig stabile Moleküle gibt [1]. Wir werden hiernach vermuten, daß ein Element M immer dann ein Metall bildet, wenn seine Fähigkeit Moleküle (M_2) zu bilden, sehr klein ist. Das ist allerdings, wie wir sehen werden, nicht ausreichend, denn sonst müßten ja die Edelgase Metalle sein. Wir werden finden, daß die Zahl der Elektronen in der äußeren Schale klein sein muß, damit das betreffende Atom ein Metall bildet.

Einfaches Modell. Wir wollen zunächst ein ganz einfaches lineares Modell betrachten, um das Wesen der metallischen Bindung klarzumachen. Das Metallatom soll dargestellt sein durch eine rechteckige Potentialmulde, von der Tiefe V_0 und der Länge $2l$, in der sich ein Elektron bewegt (vgl. Abb. 50). Auf dieses Atommodell wenden wir unsere Näherung § 4 C an. Unser Metall besteht aus einer linearen Kette von Atomen. Nach dem Vorgang von § 4 C umgeben wir jedes Atom mit einer Zelle, auf deren Oberfläche

---

[1] Z. B. ist die Dissoziationsenergie des Wasserstoffmoleküls 4,7 e-Volt, diejenige der Alkalimetallmoleküle kleiner als 1 e-Volt.

die Ableitung der tiefsten Eigenfunktion, $\mathfrak{k} = 0$, verschwinden muß,

$$\left(\frac{\partial \psi}{\partial r}\right)_{r=r_1} = 0, \quad \mathfrak{k} = 0, \tag{1}$$

damit die Eigenfunktionen die richtige Symmetrie haben[1]. In unserem Fall heißt das, daß (1) für $x = \pm x_1$ erfüllt sein muß (Koordinate x nach Abb. 50, $2 x_1 =$ Abstand zweier „Atome"). Unsere Aufgabe ist die Berechnung der Energie einer Zelle als Funktion von x_1.

Die Eigenfunktionen müssen aus Symmetriegründen entweder gerade oder ungerade Funktionen von x sein. Wir wählen für unser Modell eine gerade Funktion. Wir haben also die SCHRÖDINGER-Gleichung

$$\frac{\mathsf{h}^2}{2 m} \frac{d^2 \psi}{d x^2} + (E - V) \psi = 0, \tag{2}$$

$$V = 0 \quad \text{für} \quad |x| > l,$$
$$V = -V_0 \quad \text{für} \quad |x| < l$$

zu lösen, mit der Randbedingung

$$\frac{d \psi}{d x} = 0 \quad \text{für} \quad x = x_1. \tag{3}$$

Da die Funktion gerade sein soll, brauchen wir nur positive x zu betrachten, da ja

$$\psi(x) = \psi(-x)$$

sein soll. Aus Stetigkeitsgründen muß dann

$$\frac{d \psi}{d x} = 0 \quad \text{für} \quad x = 0 \tag{3a}$$

sein. Die Lösungen von (2), die dieser Bedingung genügen, lauten, für Energien $E < 0$ (gebundene Elektronen!)

$$\left.\begin{array}{ll} \psi = a \cos k x & \text{für} \quad x < l \\ \psi = b_1 e^{-\alpha x} + b_2 e^{\alpha x} & \text{für} \quad x > l \end{array}\right\} \tag{4}$$

a, b_1, b_2 sind Konstante. Durch Einsetzen in (2) ergibt sich für k und α

$$\frac{\mathsf{h}^2}{2 m} k^2 - V_0 = E, \quad \frac{\mathsf{h}^2}{2 m} \alpha^2 = -E.$$

Mit der Abkürzung

$$\frac{\mathsf{h}^2}{2 m} q^2 = V_0, \quad q^2 > k^2 \quad \text{wegen} \quad E < 0 \tag{5}$$

wird also

$$E = \frac{\mathsf{h}^2}{2 m} (k^2 - q^2), \quad \alpha^2 = q^2 - k^2. \tag{5a}$$

---

[1] Dies gilt nur für gerade Funktionen.

Die Randbedingung (3a) ist durch unsere Wahl von ψ schon erfüllt. Zur Bestimmung der Verhältnisse der Konstanten a, b_1, b_2, haben wir noch 3 homogene Bedingungen zur Verfügung. Erstens müssen ψ und $\frac{\partial \psi}{\partial x}$ in $x = l$ stetig sein, was 2 Bedingungen

$$\left.\begin{array}{r}a\cos kl = b_1 e^{-\alpha l} + b_2 e^{\alpha l}\\ -ak\sin kl = -\alpha\,(b_1 e^{-\alpha l} - b_2 e^{\alpha l})\end{array}\right\} \quad (6)$$

ergibt. Als dritte Bedingung kommt noch (3) hinzu. Aus (6) finden wir zunächst durch Division der zweiten durch die erste Gleichung

$$\operatorname{tg} kl = \frac{a}{k}\frac{b_1 e^{-\alpha l} - b_2 e^{\alpha l}}{b_1 e^{-\alpha l} + b_2 e^{\alpha l}}. \quad (6a)$$

Das ist eine Bedingung für k, welche uns die Eigenwerte liefert. Wir eliminieren b_1 und b_2 mit Hilfe von (3). Durch Einsetzen von (4) in (3) wird $b_1 e^{-\alpha x_1} = b_2 e^{\alpha x_1}$ für $x_1 > l$. (7) Den Fall $x_1 < l$ diskutieren wir weiter unten. Einsetzen von (7) in (6) ergibt

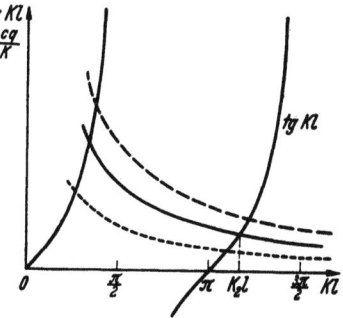

Abb. 51. Bestimmung des Eigenwertes. tg kl und $c\,q/k$ als Funktion von kl. Von den drei Kurven für $c\,q/k$ bezieht sich ——— auf den Fall $x_1 = \infty$ ($c=1$), ····· auf den unteren Rand ($c<1$), ——— auf den oberen Rand des Bandes ($c>1$).

$$\operatorname{tg} kl = \frac{\alpha}{k}\frac{e^{\alpha(x_1-l)} - e^{-\alpha(x_1-l)}}{e^{\alpha(x_1-l)} + e^{-\alpha(x_1-l)}}, \quad x_1 > l \quad (8)$$

als Bedingung zur Bestimmung von k als Funktion von x_1. Wir wollen noch annehmen, daß $k^2 \ll q^2$ ist, so daß nach (5a) $\alpha \cong q$ ist. Wir beginnen die Diskussion von (8) mit dem Wert $x_1 = \infty$, d. h. mit dem freien Atom. Hierfür wird (mit $\alpha = q$)

$$\operatorname{tg} kl = \frac{q}{k}. \quad (8a)$$

Die Lösungen dieser Gleichung finden wir graphisch mit Hilfe von Abb. 51. Dort sind tg kl und $\frac{q}{k}$ als Funktion von kl aufgetragen. Die Schnittpunkte ergeben die zulässigen k-Werte. Wir wählen für unser Modell den zweiten Schnittpunkt[1], der

---

[1] Alle anderen Eigenwerte verhalten sich ähnlich wie dieser, mit Ausnahme des tiefsten Eigenwertes. Wir interessieren uns aber immer *nur* für den zweiten Eigenwert.

nach Abb. 51 zwischen $kl = \pi$ und $kl = \dfrac{3\pi}{2}$ liegt. Sein Wert sei k_2.

Wir lassen jetzt x_1, von Unendlich kommend, allmählich abnehmen. Dann wird die rechte Seite in (8a) nach (8) mit einem Faktor, der kleiner als Eins ist, multipliziert, denn es ist ja

$$\frac{e^{\alpha(x_1-l)} - e^{-\alpha(x_1-l)}}{e^{\alpha(x_1-l)} + e^{-\alpha(x_1-l)}} < 1, \qquad x_1 > l.$$

In Abb. 51 ist jetzt $\dfrac{q}{k}$ für ein bestimmtes $x_1 < \infty$ durch eine Kurve $c \cdot \dfrac{q}{k}$, $c < 1$ zu ersetzen, wodurch k zu kleineren Werten rückt. Wird schließlich $x_1 = l$, so wird der Faktor $c = 0$, d. h. es ist

$$\operatorname{tg} k\, x_1 = \operatorname{tg} k\, l = 0, \qquad x_1 = l$$

oder

$$k l = n\pi, \qquad n = 0, 1, 2, \ldots$$

Für unseren speziellen Eigenwert wird

$$k l = \pi < k_2 l, \qquad x_1 = l.$$

Ist x_1 nicht exakt gleich l, aber nur sehr wenig größer, so findet man durch Entwicklung aus (8)

$$k l = \pi + \frac{q^2 l}{\pi}(x_1 - l), \qquad x_1 > l, \quad (x_1 - l)q \ll 1. \qquad (9)$$

Wird schließlich $x_1 < l$, so liefert die Bedingung (3) mit (4) an Stelle von (7) einfach

$$\sin k\, x_1 = 0,$$

d. h.

$$k\, x_1 = n\pi,$$

in unserem speziellen Fall

$$k\, x_1 = \pi. \qquad (9a)$$

Mit Hilfe von (5a) können wir jetzt die Energie berechnen. Sie ist (vgl. Abb. 52) für $x_1 = \infty$

$$E = \frac{\mathsf{h}^2}{2m}(k_2^2 - q^2), \qquad x_1 = \infty, \quad \frac{3\pi}{2} > k_2 l > \pi, \qquad (10)$$

fällt dann mit abnehmendem x_1, bis sie in der Nähe von $x_1 = l$ in den Ausdruck

$$E = \frac{\mathsf{h}^2}{2m}\left(\frac{\pi^2}{l^2} + 2q^2\,\frac{x_1 - l}{l} - q^2\right), \qquad x_1 > l \qquad (10a)$$

übergeht. Für $x_1 = l$ hat E ein Minimum

$$E_0 = \frac{\mathsf{h}^2}{2m}\left(\frac{\pi^2}{l^2} - q^2\right), \qquad x_1 = l,$$

und für $x_1 < l$ steigt die Energie wieder[1]:

$$E = \frac{h^2}{2m}\left(\frac{\pi^2}{x_1^2} - q^2\right), \quad x_1 < l. \quad (10\,\text{b})$$

Die Energie des tiefsten Zustandes unseres Energiebandes wird also mit abnehmendem x_1 zunächst kleiner als beim freien Atom, erreicht bei $x_1 = l$ ein Minimum und steigt dann wieder an. Um das Zustandekommen des Minimums zu verstehen, spalten wir die Gesamtenergie in kinetische und potentielle Energie auf. Solange $x_1 > l$ ist, setzt sich die kinetische Energie $\left(\sim -\int \psi^* \frac{d^2\psi}{dx^2}\right)$ aus einem positiven Term im Innern der Potentialmulde und einem negativen Term, der von den Teilen der Wellenfunktion für $|x| > l$ herrührt, zusammen (vgl. Abb. 50). Der positive Term überwiegt natürlich immer den negativen. Bei abnehmendem x_1 wird die Wellenlänge zunächst langsam größer, der Beitrag des „inneren" Terms zur kinetischen Energie also kleiner. Gleichzeitig wird aber auch

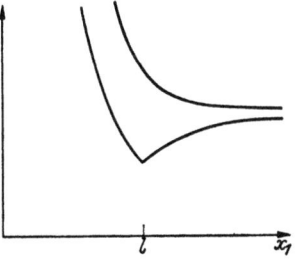

Abb. 52. Energie der beiden Ränder des Bandes als Funktion von x_1.

der absolute Betrag des „äußeren" Terms kleiner, denn $\frac{d^2\psi}{dx^2}$ nähert sich für $|x| > l$ bei abnehmendem x_1 rascher dem Werte Null. Die kinetische Energie wird als Differenz zweier gleichzeitig abnehmender Terme also nur unbedeutend verändert. Hingegen wird die potentielle Energie erniedrigt, weil die Wahrscheinlichkeit, daß sich das Elektron in dem Gebiet mit negativem Potential ($|x| < l$) aufhält, mit abnehmendem x_1 wächst. Die Gesamtenergie fällt daher mit abnehmendem x_1, solange $x_1 > l$ ist. Ist hingegen $x_1 < l$, so ist das Elektron ständig in dem Gebiet mit negativem Potential und daher bleibt jetzt die potentielle Energie konstant. Dagegen wächst die kinetische Energie und daher auch die Gesamtenergie sehr rasch mit abnehmendem x_1, weil die Wellenlänge proportional zu x_1 abnimmt.

Wir haben bisher nur die tiefste Eigenfunktion ($\mathfrak{k} = 0$) unseres Energiebandes, in das ein Zustand des isolierten Atoms aufspaltet, betrachtet. Um alle Zustände zu erhalten, haben wir die

---

[1] Für $x_1 = l$ hat E eine Unstetigkeit (Abb. 52), die durch die Unstetigkeit des Potentialverlaufs an dieser Stelle bedingt ist.

Bedingung (8) durch eine allgemeinere zu ersetzen (vgl. § 4 C), die aussagt, daß sich jede Eigenfunktion wie
$$e^{ikx} u$$
verhalten muß, wo u eine periodische Funktion mit der Periode $2x_1$ ist. Wir wollen hier aber nur die obere Grenze des Energiebandes berechnen, bei der nach § 4C die Randbedingung

$$\psi = 0 \quad \text{für} \quad x = x_1 \tag{11}$$

zu erfüllen ist. Das führt anstatt zu (7) nach (4) zu
$$b_1 e^{-\alpha x_1} = -b_2 e^{\alpha x_1}, \quad x_1 > l,$$
und daher wird (8) jetzt ersetzt durch
$$\operatorname{tg} kl = \frac{\alpha}{k} \frac{e^{\alpha(x_1 - l)} + e^{-\alpha(x_1 - l)}}{e^{\alpha(x_1 - l)} - e^{-\alpha(x_1 - l)}}.$$

Für $x_1 = \infty$ ergibt das natürlich den gleichen Wert k_2 für k wie mit (8). Für abnehmendes x_1 wächst aber jetzt die rechte Seite und damit nach Abb. 51 auch k. Für $x_1 = l$ wird
$$\operatorname{tg} kl = \infty, \quad x_1 = l,$$
d. h.
$$kl = \left(n + \frac{1}{2}\right)\pi,$$
oder für unseren speziellen Eigenwert
$$kl = \frac{3\pi}{2} > k_2 l, \quad x_1 = l.$$

Für $x_1 > l$, aber $(x_1 - l) q \ll 1$, erhält man ähnlich wie oben (9)
$$k x_1 = \frac{3\pi}{2}, \quad x_1 > l, \quad (x_1 - l) q \ll 1. \tag{12}$$

Für $x_1 < l$ lautet (11) nach (4)
$$\cos k x_1 = 0, \quad x_1 < l$$
d. h.
$$k x_1 = \left(n + \frac{1}{2}\right)\pi,$$
oder für unseren Fall
$$k x_1 = \frac{3\pi}{2}, \quad x_1 < l. \tag{12a}$$

Die Energie, die wir wieder aus Gl. (5a) entnehmen, hat für $x_1 = \infty$ den gleichen Wert (10) wie für den unteren Rand des Bandes. Für abnehmendes x_1 wächst aber jetzt die Energie dauernd, und zwar sowohl für $x_1 < l$ als auch für $x_1 > l$ [und $q(x_1 - l) \ll 1$], wie
$$E = \frac{h^2}{2m}\left(\frac{9}{4}\frac{\pi^2}{x_1^2} - q^2\right) \tag{13}$$
da (12) mit (12a) identisch ist.

Einführung.

Die Differenz der Energien des oberen und unteren Randes liefert die Breite B des Energiebandes als Funktion von x_1. Mit (10a), (10b) und (13) wird sie

$$B \cong \frac{h^2}{2m}\left[\frac{5}{4}\frac{\pi^2}{x_1^2} - \frac{2(x_1-l)}{l}\left(q^2 + \frac{\pi^2}{l^2}\right) + \cdots\right], \quad x_1 > l, \; (x_1-l) \ll l$$

$$B = \frac{h^2}{2m}\frac{5}{4}\frac{\pi^2}{x_1^2}, \quad x_1 < l.$$

Im Falle $x_1 < l$ sind die Eigenfunktionen und Eigenwerte natürlich genau wie bei freien Elektronen, die sich in einer Potentialmulde von der Tiefe V_0 und der Länge des Metalls bewegen, denn die Potentialmulden der einzelnen „Atome" schließen sich in diesem Fall aneinander an, ohne daß dazwischen ein Anstieg des Potentials erfolgt. Für $x_1 < l$ ist daher die Breite des Bandes genau wie im Grenzfall freier Elektronen $\left(\sim \frac{1}{x_1^2}\right)$, für $x_1 > l$ wird das Band aber wegen des Terms mit (x_1-l) langsam schmäler als für freie Elektronen.

Wir kommen jetzt zur Berechnung der Gesamtenergie. Jede der Zellen (von der Länge $2x_1$) enthält bei einem einwertigen Metall im Mittel genau ein Elektron, ist also elektrisch neutral. Infolgedessen liefert die Wechselwirkung der einzelnen Zellen keinen Beitrag zur Energie. Die Gesamtenergie entsteht dann einfach durch Summierung der Eigenenergien der einzelnen Elektronen. Infolge des PAULI-Prinzips sitzen die Elektronen nicht alle im tiefsten Zustand E_0 des Bandes, sondern besetzen entsprechend der FERMI-Verteilung auch die höheren Zustände. Die Energie irgendeines Zustandes E_n kann immer in der Form

$$E_n = E_0 + (E_n - E_0)$$

geschrieben werden, wobei also E_0 die Energie des tiefsten Zustandes des Bandes, $E_n - E_0$ den Abstand vom tiefsten Zustand bedeutet. Die *mittlere* Energie U pro Elektron $\left(= \frac{1}{N} \cdot \text{Gesamtenergie}\right)$ hat daher die Form

$$U = E_0 + F.$$

F nennen wir FERMI-Energie. Sie ist die Energie, welche die Elektronen besitzen, weil sie infolge der FERMI-Verteilung nicht alle im tiefsten Zustande sind. Sie hat natürlich immer die Größenordnung der Breite des Bandes, da dieses nach § 3 immer zur Hälfte besetzt ist, falls jedes Atom ein Valenzelektron hat. E_0 hat bei l ein Minimum, F steigt dagegen dauernd $\sim \frac{1}{x_1^2}$ [vgl. § 5, (16)]. U wird daher bei x_1-Werten, die etwas größer als l sind, ein Minimum besitzen. Die Koordinate dieses Minimums bestimmt den Gitterabstand, seine Tiefe die Sublimationswärme und seine Krümmung die Kompressibilität des Metalls.

Die quantitative Berechnung der mittleren Energie werden wir in § 23 ganz analog zu den hier entwickelten Ideen durchführen. Wir sehen, daß von einer Größe, die der chemischen Valenz entspricht, bei metallischer Bindung nicht die Rede ist. Trotzdem ist aber die Zahl der „äußeren" Elektronen, d. h. der Elektronen in der äußersten, nicht abgeschlossenen Schale von Bedeutung. Dadurch, daß das Volumen, das einem Elektron im Mittel zur Verfügung steht, mit abnehmendem r_1 kleiner wird, wächst natürlich die Wechselwirkung der Elektronen einer Zelle untereinander. Hierdurch kommt ein weiterer Term zur Gesamtenergie, der mit abnehmendem r_1 wächst. Solange r_1 größer als der Radius der nächsten inneren Schale ist, wird dieser Term hauptsächlich durch die Wechselwirkung der äußeren Elektronen bedingt. Er ist dann um so größer, je größer die Zahl dieser Elektronen ist und wird so bewirken, daß bei genügend vielen Außenelektronen überhaupt kein oder nur ein sehr flaches Energieminimum zustande kommt.

Gitterabstand, Sublimationswärme, Kompressibilität. Im Dreidimensionalen sei r_1 der Radius einer Kugel, deren Volumen gleich dem Atomvolumen ist. Im Gleichgewichtszustand sei $r_1 = \varrho$ und es wird

$$\frac{4\pi}{3} \varrho^3 = \frac{1}{n} = \frac{\text{Atomgewicht}}{\text{Dichte}} \cdot \frac{1}{6{,}06 \cdot 10^{23}}. \tag{14}$$

$n = $ Zahl der Atome pro cm³.

Aus r_1 läßt sich der Gitterabstand rein geometrisch aus der jeweiligen Kristallstruktur berechnen.

Das Ergebnis unserer Energieberechnung ist immer die mittlere Energie U als Funktion von r_1. Am absoluten Nullpunkt hat r_1 denjenigen Wert ϱ, für welchen die Energie ein Minimum hat, der sich also aus

$$\frac{\partial U}{\partial r_1} = 0, \quad r_1 = \varrho \tag{15}$$

bestimmt.

Die Sublimationswärme S ist die Differenz zwischen der Energie eines isolierten Atoms und eines Atoms im Metall. Für $T = 0$ ist

also
$$S = U(\infty) - U(\varrho) = -J - U(\varrho) = |U(\varrho)| - J, \qquad (16)$$
wobei J die Ionisierungsenergie der äußeren Elektronen ist.

Die Kompressibilität $\varkappa$ ist im wesentlichen durch die zweite Ableitung von U bestimmt. $\varkappa$ ist definiert durch
$$\varkappa = \frac{1}{v_0} \frac{\varDelta v}{\varDelta p},$$
wo v_0 das Volumen des Metalls ist, $\varDelta v$ seine Abnahme bei einer Erhöhung des äußeren Druckes um $\varDelta p$. Die hiermit verknüpfte Energieänderung pro Atomvolumen (v_0) ist
$$\varDelta U = \frac{1}{v_0} \int_0^{\varDelta v} \varDelta p\, dv = \frac{1}{v_0^2 \varkappa} \int_0^{\varDelta v} \varDelta v\, dv = \frac{(\varDelta v)^2}{2 v_0^2 \varkappa}. \qquad (17)$$
Andererseits können wir $U(r_1)$ in der Umgebung der Gleichgewichtslage nach $\varDelta r = \varrho - r_1$ entwickeln und erhalten wegen (15)
$$U = U(\varrho) + \left(\frac{\partial^2 U}{\partial r_1^2}\right)_\varrho \frac{(\varDelta r)^2}{2} + \cdots$$
Die Energieänderung ist daher mit (14)
$$\varDelta U = \left(\frac{\partial^2 U}{\partial r_1^2}\right)_\varrho \frac{(\varDelta r)^2}{2} = \frac{3}{4\pi \varrho^3} \left(\frac{\partial^2 U}{\partial r_1^2}\right)_\varrho \frac{(\varDelta r)^2}{2}. \qquad (17\,\text{a})$$
Nach (14) ist
$$v_0 = \frac{4\pi}{3} \varrho^3, \qquad (17\,\text{b})$$
also
$$\varDelta v = 4\pi \varrho^2 \varDelta r.$$
Durch Vergleich von (17) und (17a) folgt dann
$$\frac{1}{\varkappa} = \frac{1}{12\pi \varrho} \left(\frac{\partial^2 U}{\partial r_1^2}\right)_\varrho. \qquad (18)$$
Wir können somit aus dem Verlauf der Energiekurve $U(r_1)$ alle uns interessierenden Größen entnehmen. Zu beachten ist aber, daß sie sich alle auf den absoluten Nullpunkt beziehen.

Austrittsarbeit. Die Austrittsarbeit w ist die kleinste Energie, die ein Elektron aufnehmen muß, damit es das Metall verlassen kann. Sie entspricht also der Ionisierungsenergie. Man könnte zunächst versucht sein $-w$ gleich der Energie des höchsten besetzten Elektronenzustandes zu setzen. Das wäre aber nur dann richtig, wenn sich die Wechselwirkungsenergie der Elektronen nicht ändern würde, wenn man ihre Anzahl vermindert, ohne die Zahl der Ionen zu ändern. Bei unserer obigen Berechnung der Gesamtenergie nahmen wir an, daß die Wechselwirkungsenergie der Elektronen durch diejenige der Ionen gerade kompensiert wird, da wir ja jede Zelle als elektrisch neutral vorausgesetzt haben. Das ist nicht mehr möglich, wenn (bei einwertigen Metallen) die Zahl der Elektronen verschieden von der Zahl der Ionen ist. Wir haben also die Gesamtenergie W als Funktion der Zahl der Ionen N_i und der Elektronen N_e zu berechnen:

$$W(N_e, N_i) = N_e \cdot U(N_e, N_i). \tag{19}$$

U ist wie oben die mittlere Energie pro Elektron. Die Austrittarbeit wird dann die Änderung der Energie des Metalls, wenn die Zahl der Elektronen um Eins abnimmt, d. h.

$$w = W(N_e-1, N_i) - W(N_e, N_i) = -\frac{\partial W}{\partial N_e}. \tag{20}$$

§ 22. Das Metallmodell der freien Elektronen.

Ehe wir mit einer exakten Berechnung der Elektronenenergie beginnen, wollen wir die metallische Bindung vom Standpunkt der freien Elektronen behandeln. Wir haben schon in § 4C gezeigt, daß die Valenzelektronen sich in guter Näherung wie freie Elektronen verhalten, die sich in einem konstanten Potential E_0 bewegen, wobei E_0 die Energie des unteren Randes des Energiebandes ist. Unsere exakte Behandlung in § 23 wird daher im wesentlichen eine Berechnung von E_0 sein. Hier stellen wir uns auf den Standpunkt, daß E_0 gegeben ist. Die Elektronen verhalten sich dann, wie wir in § 5, S. 68 berechnet haben. Ihre FERMI-Energie F ist identisch mit ihrer kinetischen Energie, d. h. nach § 5, (16) ist pro Elektron

$$F = \frac{3}{5} \frac{h^2}{2m} (3\pi^2 n)^{2/3} = \frac{3}{5} \zeta. \tag{1}$$

Im übrigen werden wir die Elektronen wie klassische Elektronen behandeln.

Sublimationswärme [37]. Ein wesentliches Hilfsmittel zur Berechnung der Gesamtenergie ist der CLAUSIUSsche Virialsatz, der besagt, daß im Gleichgewicht die negative kinetische Energie der Elektronen gleich der Gesamtenergie ist. Auf ein Elektron bezogen lautet er

$$U = -E_{\text{kin}}, \tag{2}$$

wo U die mittlere Energie, E_{kin} die mittlere kinetische Energie ist. Wir beweisen den Virialsatz für klassische Elektronen im Anhang 5.

Die Verteilungsfunktion der Elektronen spielt dabei keine Rolle, so daß der Virialsatz auch im Fall der FERMI-Statistik gültig ist. Aus (2) folgt natürlich, daß die Erniedrigung der Gesamtenergie, $-\Delta U$, gleich der Erhöhung der kinetischen Energie ist, wenn wir von freien Atomen zu Atomen im Metall übergehen. Diese Erhöhung der kinetischen Energie ist im wesentlichen identisch mit der FERMI-Energie. Nach (2) ist dann

$$\Delta U = -F.$$

$-\Delta U$ ist nach § 21, (16) die Sublimationswärme S. Mit (1) ist also

$$S = F = \frac{3}{5} \frac{h^2}{2m} (3\pi^2 n)^{2/3} = \frac{3}{5} \zeta. \tag{3}$$

Dieses Gesetz wird, wie Tabelle 19 zeigt, für die einwertigen Metalle, für welche die Voraussetzung freier Elektronen am ehesten zutrifft, recht gut erfüllt. (S ist in K-Cal pro g-Atom angegeben.)

Tabelle 19.

Metall	Li	Na	K	Rb	Cs	Cu	Ag	Au
$S_{\text{exp.}}$	46	30	26,5	25	24	76	65	83
$S_{\text{theor.}}$	66	44	28	24	21	93	73	73

Bei den meisten Metallen ist der theoretische Wert zu groß, was darauf hinweist, daß die FERMI-Energie kleiner ist als in (1). Dieses Verhalten ist zu erwarten und bedeutet, daß die scheinbare Masse der Elektronen größer als die wirkliche ist.

Austrittsarbeit [153, 182]. Die Austrittsarbeit läßt sich auf ganz ähnliche Weise wie die Sublimationswärme berechnen. Die Gesamtenergie W des Metalls ist nach dem Virialsatz, da unter der Annahme freier Elektronen die FERMI-Energie gleich der kinetischen Energie ist [vgl. (1)]

$$W = -NF = -\frac{3}{5} \frac{h^2}{2m} (3\pi^2 n)^{2/3} N = \frac{3}{5} \zeta N,$$

wobei N die gesamte Elektronenzahl ist ($=nR$). Nach § 21, (20) wird also die Austrittsarbeit

$$w = -\frac{\partial W}{\partial N} = \frac{5}{3} \cdot \frac{3}{5} \frac{h^2}{2m} (3\pi^2 n)^{2/3} = \zeta. \tag{4}$$

Tabelle 20 zeigt für die einwertigen Metalle den Vergleich mit den Experimenten (w in e-Volt).

Auch hier bewährt sich also das Modell freier Elektronen in den Grenzen, die wir erwarten dürfen. Beide Tabellen (19 und 20) zeigen, daß unsere FERMI-Energie besonders für Cu, Ag und Au und für die leichten Alkalimetalle Li und Na zu groß ist. Dieser Fehler wird teilweise kompensiert, wenn wir w aus der Sublimationswärme berechnen. Aus (3) und (4) folgt ja

$$w = \frac{5}{3} S. \qquad (5)$$

Diese Formel trägt der Möglichkeit einer scheinbaren Masse m^* der Elektronen (§ 4), die von der wirklichen verschieden ist, Rechnung, weil die Elektronenmasse ja eliminiert ist. Im übrigen beruht sie aber auf den gleichen Voraussetzungen wie (3) und (4). Aus Tabelle 20 ist zu sehen, daß (5) recht gut bestätigt wird.

Tabelle 20.

Metall	Li	Na	K	Rb	Cs	Cu	Ag	Au
$w_{\text{exp.}}$	2,9	2,5	2,2	2,1	1,9	4,4	4,7	4,9
$w_{\text{theor.}}$ (4)	4,7	3,2	2,0	1,8	1,5	6,8	5,3	5,3
$w_{\text{theor.}}$ (5)	3,3	2,2	1,9	1,8	1,7	5,5	4,7	6,0

Kompressibilität $\varkappa$ [184]. Zur Berechnung der Kompressibilität dürfen wir den Virialsatz nicht in der oben (2) angegebenen Form benützen, denn diese bezieht sich auf den Fall, daß der äußere Druck verschwindet. Um $\varkappa$ zu berechnen, müßten wir auch die potentielle Energie als Funktion von r_1 kennen. Wir wollen die Annahme machen, daß die potentielle Energie keinen wesentlichen Beitrag zur Kompressibilität liefert. Nach § 21, (18) wird dann, da F der von r_1 abhängige Teil der kinetischen Energie ist,

$$\frac{1}{\varkappa} = \frac{1}{12 \pi \varrho} \left(\frac{\partial^2 F}{\partial r_1^2} \right)_\varrho.$$

F ist durch (1) gegeben. Unter Beachtung, daß [vgl. § 21, (17b)]

$$n = \frac{1}{v_0} = \frac{3}{4 \pi \varrho^3}$$

ist, erhalten wir

$$\varkappa = 2{,}8 \cdot \frac{2m}{h^2} \varrho^5. \qquad (6)$$

Auch dieses Gesetz wird für die Alkalimetalle verhältnismäßig gut erfüllt, während Cu, Ag und Au sehr beträchtliche Abweichungen aufweisen.

Tabelle 21. Nach [184].

Metall	Li	Na	K	Rb	Cs	Cu	Ag	Au
$\frac{\varkappa_{\text{theor.}}}{\varkappa_{\text{exp.}}}$	0,9	1,6	1,9	1,4	1,6	3,7	7,0	8,2

Tabelle 21 zeigt das Verhältnis der berechneten zur beobachteten Kompressibilität. Die Reduktion der letzteren auf den absoluten Nullpunkt der Temperatur ist etwas willkürlich, weil für die meisten Metalle nur wenige Meßpunkte vorliegen. Für Rb, Cs und Au konnte sie gar nicht durchgeführt werden. Für diese Metalle bezieht sich $\varkappa_{\text{exp.}}$ auf Zimmertemperatur. Die Größe der Temperatur-Korrektur bei den anderen Metallen beträgt bis zu 25%.

Gitterabstand. Zur Berechnung des Gitterabstandes ist natürlich eine genaue Kenntnis der potentiellen Energie nötig. Wir können diese hier nicht wie bei der Berechnung der Kompressibilität vernachlässigen, denn sonst bekommen wir überhaupt kein Energieminimum. Wir werden, um die Größenordnung des Gitterabstandes zu bestimmen, annehmen, daß die Ladung des Metallions im Atomkern vereinigt ist, während die Ladung der Elektronen, entsprechend unserer Vorstellung freier Elektronen, gleichmäßig verteilt ist. Nach den in § 21 auseinandergesetzten Ideen müssen wir also die potentielle Energie einer Kugel vom Radius r_1 berechnen, in deren Mittelpunkt die Ladung $+|e|$ sitzt (Ion), während die Ladung $-|e|$ (Elektron) gleichmäßig verteilt ist. Die Dichte der negativen Ladung ist

$$\varrho = -\frac{3|e|}{4\pi r_1^3}$$

und die potentielle Energie daher [1]

$$E_0 = |e| \int_0^{r_1} \frac{\varrho}{r} d\tau = -\frac{e^2 \cdot 3}{4\pi r_1^3} \int_0^{r_1} \frac{4\pi r^2 dr}{r} = -\frac{3}{2} \frac{e^2}{r_1}.$$

Damit wird die Gesamtenergie $\left[\text{vgl. (1) mit } n = \frac{3}{4\pi r_1^3}\right]$

$$U = E_0 + F = -\frac{3}{2} \frac{e^2}{r_1} + \frac{3 h^2}{10 m} \left(\frac{9\pi}{4}\right)^{2/3} \frac{1}{r_1^2}.$$

Das Minimum der Energie, welches den Gleichgewichtsradius bestimmt [§ 21, (15)] berechnet sich aus

$$0 = \left(\frac{\partial U}{\partial r_1}\right)_\varrho = \frac{3}{2} \frac{e^2}{\varrho^2} - 2 \frac{3 h^2}{10 m \varrho^3} \left(\frac{9\pi}{4}\right)^{2/3}. \tag{7}$$

---
[1] Die Wechselwirkung der konstanten negativen Ladung mit sich selbst darf natürlich nicht mitgerechnet werden.

Aus dieser Gleichung folgt sofort wieder der Virialsatz, denn sie lautet ja:
$$0 = -E_b - 2F = -U - F.$$
Der Radius der Kugel ergibt sich aus (7) zu
$$\varrho = \frac{2}{5}\left(\frac{9\pi}{4}\right)^{2/3} \frac{h^2}{m e^2} \cong 0.8 \text{ Å},$$
während die beobachteten Werte von ϱ bei den Alkalimetallen zwischen 1,6 und 3 Å liegen. Wir dürfen natürlich aus unseren groben Überlegungen nicht mehr als die richtige Größenordnung erwarten. Wir werden in § 23 zeigen, daß man die ϱ-Werte durch einfache Rechnungen auf einige Prozent genau bestimmen kann.

DEBYE-*Temperatur.* Nach § 13, (8) ist die DEBYE-Temperatur Θ mit der raschesten Eigenschwingung des Kristalls, ν_m, durch die Beziehung
$$h\nu_m = k\Theta$$
verknüpft. Zur Berechnung von ν_m müssen wir nach § 13, (4) die Schallgeschwindigkeit bestimmen.

Wir wollen uns die Berechnung von Θ vereinfachen, indem wir annehmen, daß die einzelnen Atome des Kristalls unabhängig voneinander schwingen. Das bedeutet, daß wir das ganze Schwingungsspektrum des Kristalls durch eine einzige Frequenz ν_0 ersetzen. Zu ihrer Berechnung nehmen wir an, daß alle Atome des Kristalls in ihren Gleichgewichtslagen sind mit Ausnahme eines einzigen, das um die Strecke a verschoben sei. Die potentielle Energie dieses Atoms ist größer als in der Gleichgewichtslage. Die Energiedifferenz sei ε. Wenn das fragliche Atom in seiner verschobenen Lage nicht festgehalten wird, führt es Schwingungen um seine Ruhelage aus. Ist a genügend klein, so sind die Schwingungen harmonisch, d. h. der Abstand x des Atoms von seiner Ruhelage ist mit der Frequenz ν_0 durch die Beziehung
$$x = a \sin 2\pi\nu_0 t$$
verknüpft. Immer, wenn das Atom durch seine Ruhelage schwingt ($x = 0$), ist seine kinetische Energie
$$\frac{M}{2}\left(\frac{dx}{dt}\right)^2_{t=0} = \frac{M}{2} 4\pi^2 \nu_0^2 a^2.$$
(M = Masse des Atoms.)

Für $x = a$ ist diese kinetische Energie vollkommen in potentielle Energie umgewandelt. Daher folgt
$$\varepsilon = \frac{M}{2} 4\pi^2 \nu_0^2 a^2$$

oder
$$\nu_0 = \frac{1}{2\pi}\sqrt{\frac{2\varepsilon}{Ma^2}}. \tag{8}$$

Um ν_0 mit ν_m und Θ zu verknüpfen, fordern wir, daß unser Modell (mit einer einzigen Frequenz ν_0) bei hohen Temperaturen die gleiche spezifische Wärme c_v liefert, wie bei Berücksichtigung des ganzen Spektrums der Eigenschwingungen. Es läßt sich zeigen, daß in diesem letzteren Falle

$$c_v = 3nk\left(1 - \frac{1}{20}\left(\frac{\Theta}{T}\right)^2 + \ldots\right)$$

ist, während man im Fall einer einzigen Frequenz ν_0

$$c_v = 3nk\left(1 - \frac{1}{12}\left(\frac{h\nu_0}{kT}\right)^2 + \ldots\right)$$

erhält. Durch Vergleich folgt

$$\Theta = \sqrt{\frac{20}{12}}\frac{h\nu_0}{k},$$

oder unter Verwendung von (8)

$$\Theta = \frac{h}{k}\sqrt{\frac{20}{12}\frac{2\varepsilon}{Ma^2}}. \tag{9}$$

Zur Berechnung von ε nehmen wir wie im vorigen Abschnitt an, daß die Ladung $|e|$ des Metallions im Atomkern vereinigt ist. ε ist dann die Energie, die nötig ist, um die Ladung $|e|$ in einer Kugel (Radius r_1) mit der konstanten Ladungsdichte

$$\varrho = -\frac{3|e|}{4\pi r_1^3}$$

vom Mittelpunkt um die Strecke a zu verschieben. Aus den einfachsten Gesetzen der klassischen Elektrostatik folgt

$$\varepsilon = \frac{e^2 a^2}{2 r_1^3}.$$

Mit (9) wird also

$$\Theta = \frac{he}{k}\sqrt{\frac{20}{12 M r_1^3}}.$$

Es sei A das Atomgewicht, d die Dichte und L die LOSCHMIDT-Zahl. Dann ist die Atommasse

$$M = \frac{A}{L}$$

und das Atomvolumen

$$v = \frac{4\pi}{3} r_1^3 = \frac{A}{dL}.$$

Daher erhalten wir schließlich für die DEBYE-Temperatur

$$\Theta = \frac{heL}{k}\frac{d^{1/2}}{A}\sqrt{\frac{20\cdot 4\pi}{12\cdot 3}} \simeq 5{,}5\cdot 10^3 \frac{d^{1/2}}{A}\,° \text{ abs.}$$

Die nachfolgenden Zahlenwerte zeigen, daß diese Beziehung so gut erfüllt ist, wie wir bei unserem einfachen Modell erwarten dürfen [1].

	Li	Na	K	Rb	Cs	Cu	Ag	Au
Θ theor.	590	235	130	78	57	270	170	120
Θ exp.	430	160	120	85	70	315	215	175

Zusammenfassend zeigen die Ergebnisse dieses Paragraphen, daß das einfache „freie Elektronenmodell" für die einwertigen Metalle zu recht befriedigenden Ergebnissen führt. Für mehrwertige Metalle erhält man hingegen viel schlechtere Resultate, denn hier sind die Abweichungen vom Verhalten freier Elektronen beträchtlich.

§ 23. Quantitatives [208a].

Methode [154]. In den vorgehenden §§ 21 und 22 haben wir gesehen, daß die wichtigste Aufgabe bei der Berechnung der Gesamtenergie die Bestimmung der Energie E_0 des unteren Randes des Energiebandes ist. Dazu umgeben wir nach § 4 C jedes Atom mit einer Kugel vom Radius r_1, deren Volumen gleich dem Atomvolumen ist. Die einzelnen Kugeln sind dann im Mittel elektrisch neutral, so daß das Potential, in dem sich das Elektron bewegt, durch das Potential des Ions der betreffenden Kugel gegeben ist, während sich die Beiträge der anderen Ionen und Elektronen in dieser Näherung gerade kompensieren. Wir haben dann genau dieselbe SCHRÖDINGER-Gleichung zu lösen wie beim freien Atom. Zum Unterschied gegen dieses muß die Randbedingung § 21, (1)

$$\left(\frac{d\psi}{dr}\right)_{r=r_1} = 0 \qquad (1)$$

erfüllt werden. Für $r_1 \to \infty$ erhalten wir natürlich die Eigenfunktion für das freie Atom. Wir beschränken uns auf s-Terme, für die

---

[1] Bei Berücksichtigung der Störung der gleichmäßigen Elektronenverteilung durch die Atomschwingung wird ε und damit Θ erniedrigt [208a]. Hierzu kommt bei Berücksichtigung der Ionenabstoßung noch ein weiterer Term, der Θ erhöht und insbesondere bei Cu, Ag und Au von Bedeutung ist [209].

ψ kugelsymmetrisch ist. Die Energie des freien Atoms ($r_1 = \infty$) sei $E(\infty)$. Die Form der Eigenfunktion ist in Abb. 53 für einen 3-s-Term gezeigt. Wir ersehen daraus, daß die Randbedingung (1) beim freien Atom nicht nur für $r_1 = \infty$, sondern noch für jeden Radius, an welchem ψ ein Maximum oder Minimum hat, erfüllt wird. Wir interessieren uns (außer für $r_1 = \infty$) nur für das Maximum mit dem größten Radius[1]. Lassen wir r_1 nun, von Unendlich kommend, abnehmen, so nimmt auch $E_0(r_1)$ ab, in der Art, wie es in § 21 für ein einfaches Modell gezeigt wurde. Gleichzeitig gibt es aber immer, wie bei $r_1 = \infty$, einen zweiten Radius, der die Randbedingung (1) für die gleiche Energie erfüllt. Es läßt sich zeigen, daß dieser Radius mit abnehmender Energie wächst (vgl. Abb. 53). Bei einer bestimmten Energie $E_0(r_0)$ werden die beiden Radien zusammenfallen. An dieser Stelle $r_1 = r_0$ hat die Energie E_0 als Funktion des Kugelradius r_1 ihr Minimum. Gleichzeitig

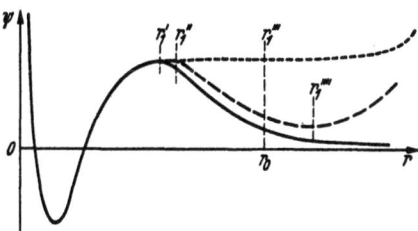

Abb. 53. Eigenfunktion für verschiedene Werte des Radius r_1 (r_1', r_1'', $r_1''' = r_0$, r_1''''). r_1' und r_1'''' gehören zur gleichen Eigenfunktion. Die Unterschiede zwischen den Eigenfunktionen sind übertrieben.

muß hier auch, wie aus Abb. 53 zu sehen ist, die zweite Ableitung von ψ verschwinden:

$$\left(\frac{d^2\psi}{dr^2}\right)_{r_1=r_0} = 0, \quad \left(\frac{dE_0(r_1)}{dr_1}\right)_{r_1=r_0} = 0. \quad (2)$$

Wir sehen, daß bei der Energie $E_0(r_0)$ die Eigenfunktion in der Nähe von $r = r_0$ durch die beiden Bedingungen (1) und (2) schon weitgehend festgelegt ist. Wir werden zur Berechnung von $E_0(r_1)$ von dem Energieminimum $E_0(r_0)$ ausgehen. Das Minimum der Gesamtenergie liegt nicht weit entfernt von r_0, so daß wir ein Störungsverfahren anwenden können.

Eigenfunktion für $E_0(r_0)$. Die Bedingungen (1) und (2) liefern uns sofort einen Zusammenhang zwischen r_0 und $E(r_0)$. Die SCHRÖDINGER-Gleichung lautet ja, wenn wir den LAPLACEschen Δ-Operator in Polarkoordinaten schreiben und beachten, daß ψ kugelsymmetrisch ist:

$$\frac{h^2}{2m}\left(\frac{d^2\psi}{dr^2} + \frac{2}{r}\frac{d\psi}{dr}\right) + \big(E_0(r_0) - V(r)\big)\psi = 0. \quad (3)$$

---
[1] Die inneren Maxima und Minima haben keine Bedeutung, weil die Wellenfunktion dann nicht die nötige Anzahl von Knoten hat.

Diese Gleichung muß für alle Werte von r, insbesondere also auch für $r = r_0$, erfüllt sein. Hier verschwinden nach (1) und (2) die beiden ersten Ableitungen von ψ, so daß aus (3) sofort

$$E_0(r_0) = V(r_0)$$

folgt. r_0 ist für die Alkali- und Erdalkalimetalle immer größer als der Ionenradius, so daß für die Alkalimetalle hier

$$V(r) = -\frac{e^2}{r}, \qquad r > r_i \tag{4}$$

ist (r_i = Ionenradius). Auf Cu, Ag, Au und die zweiwertigen Metalle kommen wir weiter unten zu sprechen. Somit ist also

$$E_0(r_0) = -\frac{e^2}{r_0}, \tag{5}$$

d. h. die Bestimmung von $E_0(r_0)$ reduziert sich auf eine Berechnung des für jedes Atom charakteristischen Radius r_0.

Zur weiteren Durchführung der Rechnungen vereinfachen wir zunächst die SCHRÖDINGER-Gleichung, indem wir vom C-G-S-System zu einem, den atomaren Prozessen mehr angepaßten Maßsystem übergehen. Wir wählen als Längeneinheit den BOHRschen Radius

$$a = \frac{h^2}{m\,e^2} = 0{,}528\,\text{Å}, \tag{6}$$

als Energieeinheit die Ionisierungsenergie des Wasserstoffatoms (1 Rydberg)

$$R = \frac{e^2}{2a} = 13{,}53\text{ e-Volt}. \tag{7}$$

Dann lautet (3) mit (4)

$$\frac{d^2\psi}{dr^2} + \frac{2}{r}\frac{d\psi}{dr} + \left(E_0(r_1) + \frac{2}{r}\right)\psi = 0, \qquad r > r_i. \tag{8}$$

Für $r = r_0$ wird dies mit (5), falls ψ_0 die zu $E_0(r_0)$ gehörige Eigenfunktion ist,

$$\frac{d^2\psi_0}{dr^2} + \frac{2}{r}\frac{d\psi_0}{dr} + \left(\frac{2}{r} - \frac{2}{r_0}\right)\psi_0 = 0, \qquad r > r_i. \tag{8a}$$

In der Nähe von r_0 ist ψ_0 wegen der beiden Bedingungen (1) und (2) angenähert konstant. Wir setzen daher

$$\psi_0 = 1 + \varphi, \qquad \varphi \ll 1, \qquad \varphi(r_0) = 0 \tag{8b}$$

und erhalten durch Einsetzen in (8a)

$$\frac{d^2\varphi}{dr^2} + \frac{2}{r}\frac{d\varphi}{dr} = \frac{2}{r_0} - \frac{2}{r},$$

wobei wir Größen, die klein von zweiter Ordnung sind $\left[\left(\frac{2}{r} - \frac{2}{r_0}\right)\varphi\right]$

vernachlässigt haben. Diese Gleichung läßt sich leicht exakt lösen. Nach einfacher Rechnung ergibt sich unter Beachtung von (1), (2) und (8b)

$$\psi_0 = 1 + \frac{(r-r_0)^3}{3rr_0}, \quad r > r_i, \tag{9}$$

abgesehen von einem Normierungsfaktor.

Die Näherungslösung (9) ist solange eine gute Approximation, solange $|\psi_0-1| \ll 1$ ist (und außerdem natürlich $r > r_i$). Diese Bedingung ist für alle Werte von r, für die wir ψ brauchen werden, immer sehr gut erfüllt. Im ganzen Gebiet, in dem die Näherung (9) gültig ist [1], wird ψ_0 also angenähert konstant.

Berechnung von $E_0(r_1)$. Die Tatsache, daß ψ_0 beinahe konstant ist, ermöglicht es uns, auf einfache Weise den Verlauf der Energie $E_0(r_1)$ in dem Gebiet zu berechnen, in dem (9) gültig ist. Wir setzen die Eigenfunktion in der Form

$$\psi(r) = \psi_0(r) f(r) \tag{10}$$

und die Energie in der Form

$$E_0(r_1) = E_0(r_0) + \varepsilon(r_1) \tag{11}$$

an. Einsetzen von (10) und (11) in die SCHRÖDINGER-Gleichung (8) liefert uns dann unter Beachtung von (8a)

$$\frac{d^2 f}{dr^2} + \left(\frac{2}{r} + \frac{2}{\psi_0} \frac{d\psi_0}{dr}\right) \frac{df}{dr} + \varepsilon(r_1) f = 0. \tag{12}$$

Da ψ_0 in dem ganzen Gebiet, das uns interessiert, beinahe konstant ist, wird

$$\frac{d\psi_0}{dr} \cong 0.$$

Beachten wir dies, so läßt sich (12) exakt lösen [2]:

$$f(r) = \frac{\sin \alpha r}{\alpha r}$$

mit

$$\alpha^2 = \varepsilon.$$

Daher ist nach (10) und (9)

$$\psi = \left(1 + \frac{(r-r_0)^3}{3rr_0}\right) \frac{\sin \alpha r}{\alpha r}. \tag{13}$$

Ist außerdem noch

$$\alpha^2 r^2 = \varepsilon r^2 < 1,$$

---

[1] Das ist meist fast die ganze Kugel, z. B. bei der Eigenfunktion für Na (Abb. 10, S. 53) etwa 90% des Volumens der Kugel.

[2] Eigentlich müßten wir eine Linearkombination der beiden Partikularlösungen nehmen. Es läßt sich aber zeigen, daß der Koeffizient der zweiten verschwinden muß.

Die metallische Bindung.

so läßt sich der Sinus entwickeln und (13) wird bei Vernachlässigung von Größen, die klein von zweiter Ordnung sind,

$$\psi = 1 + \frac{(r-r_0)^2}{3\,r\,r_0} - \varepsilon\,\frac{r^2}{6}.$$

Durch Einsetzen dieses Wertes von ψ in Bedingung (1) erhalten wir

$$\frac{(r_1-r_0)^2}{3\,r_1\,r_0}\left(2+\frac{r_0}{r_1}\right) - \varepsilon\,\frac{r_1}{3} = 0,$$

d. h.

$$\varepsilon(r_1) = \frac{(r_1-r_0)^2}{r_1^2\,r_0}\left(2+\frac{r_0}{r_1}\right). \tag{13a}$$

Nach (11) ist also die Energie, da in unserem Maßsystem [vgl. (5) und (7)] $E_0(r_0) = -\frac{2}{r_0}$ wird,

$$E_0(r_1) = -\frac{2}{r_0} + \frac{(r_1-r_0)^2}{r_1^2\,r_0}\left(2+\frac{r_0}{r_1}\right) = -\frac{2}{r_1} - \frac{r_1^2 - r_0^2}{r_1^3}. \tag{14}$$

Somit haben wir $E_0(r_1)$ als Funktion von r_0 und r_1 bestimmt und es verbleibt noch die Berechnung von r_0. Diese läßt sich unter Verwertung der Ionisierungsenergie $J = -E(\infty)$ des freien Atoms durchführen. In diesem Fall ist ja $E(\infty)$ bekannt und (8) kann dann direkt gelöst werden.

Mit

$$\gamma^2 = J, \qquad m = \frac{1}{\gamma} \tag{15}$$

erhält man aus (8) für $\gamma\,r > 1$

$$\psi = r^{m-1}\,e^{-\gamma r}\left(1 - \frac{m(m-1)}{2\,\gamma\,r} + \ldots\right). \tag{16}$$

Diese Lösung muß mit (13) an derjenigen Stelle identisch sein, an welcher die Näherungslösung (13) am besten gültig ist, d. h. für $r = r_0$. Hier sollen die Größen ψ und $\frac{d\psi}{dr}$ der beiden Lösungen (13)[1] und (16) gleich sein. Nach einfacher Umrechnung erhält man hieraus die Gleichung

$$r_0^2 - \frac{1+\gamma}{2\gamma^3}\,r_0 + \frac{(1-\gamma)^2}{2\gamma^5} + \left(\frac{r_0}{\gamma} - \frac{1-\gamma}{2\gamma^4}\right)\beta\,r_0\,\mathrm{cotg}\,\beta\,r_0 = 0,$$

$$\beta\,r_0 = \sqrt{2\,r_0 - \gamma^2\,r_0^2}$$

zur Bestimmung von r_0 als Funktion der Ionisierungsenergie [vgl. (15)] $J = \gamma^2$. Abb. 54 zeigt r_0 als Funktion von J. Tabelle 22 gibt die genauen Werte für die Alkalimetalle. J und r_0 sind in den Einheiten (7) bzw. (6) angegeben.

---

[1] Gl. (13) enthält noch *nicht* die Voraussetzung $\varepsilon\,r^2 < 1$.

Gesamtenergie. Nach § 21, S. 263 entsteht die Gesamtenergie U durch Addition der FERMI-Energie zur Energie des unteren Randes des Bandes $E_0(r_1)$

Tabelle 22.

Metall	Li	Na	K	Rb	Cs
$J_{\exp}$...	0,397	0,378	0,319	0,308	0,287
r_0 theor. .	2,97	3,24	4,15	4,36	4,80

$$U = E_0(r_1) + F. \tag{17}$$

Bei Metallen mit einem Valenzelektron ist die FERMI-Energie angenähert so groß wie bei freien Elektronen. Der Grund dafür

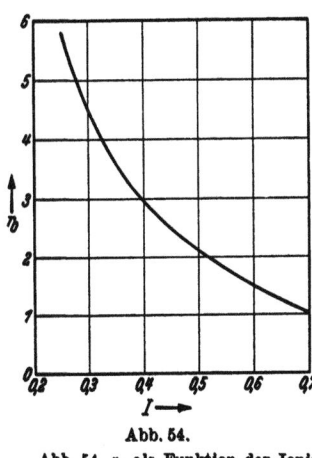
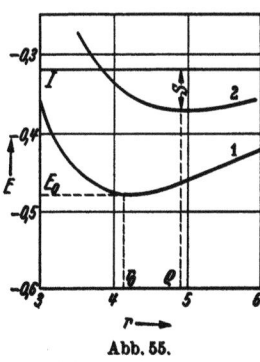

Abb. 54.   Abb. 55.

Abb. 54. r_0 als Funktion der Ionisierungsspannung I in atomaren Einheiten.
Abb. 55. Bindungsenergie von Kalium als Funktion des Radius r_1. Die untere Kurve *1* ist die Energie des tiefsten Zustandes, die obere (*2*) ist die Gesamtenergie. I ist die Ionisierungsenergie des freien Atoms und daher S die Sublimationswärme.

ist, wie wir schon in § 4 C auseinandergesetzt haben, daß die Eigenfunktion des tiefsten Zustandes des Bandes, die wir soeben berechnet haben, angenähert konstant ist, wie es für freie Elektronen zu erwarten ist. Daher ist F durch § 22, (1) gegeben. Auf unsere atomare Energieeinheit (7) umgerechnet wird

$$F = \frac{2{,}21}{r_1^2}. \tag{17a}$$

Die Gesamtenergie ist daher nach (17) und (14)

$$U = -\frac{2}{r_0} + \frac{(r_1-r_0)^2}{r_1^3 r_0}\left(2 + \frac{r_0}{r_1}\right) + \frac{2{,}2}{r_1^2} = -\frac{2}{r_1} - \frac{r_1^2 - r_0^2}{r_1^3} + \frac{2{,}2}{r_1^2}, \tag{18}$$

wobei r_0 für das jeweilige Metall durch die Ionisierungsenergie des freien Atoms bestimmt ist und aus Abb. 54 oder Tabelle 22 entnommen werden kann. In Abb. 55 zeigen wir den Verlauf von

U für Kalium. (18) hat nur Gültigkeit, solange das zweite Glied klein gegen das erste ist.

Alkalimetalle. Aus (18) erhalten wir den Radius ϱ des Gleichgewichtszustandes nach § 21, (15) aus

$$\left(\frac{\partial U}{\partial r_1}\right)_\varrho = 0.$$

Das führt zu der folgenden quadratischen Gleichung für ϱ:

$$\varrho^2 - r_0^2 - 1{,}46\,\varrho = 0,$$

deren Lösung

$$\varrho = 0{,}73 + (r_0^2 + 0{,}53)^{1/2} \qquad (19)$$

ist. Die Verdampfungswärme S wird nach § 21, (16) mit (18) und der obigen Gleichung für ϱ

$$S = \frac{2}{r_0} - \frac{(\varrho - r_0)^2}{\varrho^2 r_0}\left(2 + \frac{r_0}{\varrho}\right) - \frac{2{,}2}{\varrho^2} - J = \frac{2}{\varrho} - \frac{0{,}73}{\varrho^2} - J$$

und die Kompressibilität $\varkappa$ ergibt sich mit (18) und (19) aus § 21, (18) zu

$$\frac{1}{\varkappa} = \frac{0{,}159}{\varrho^4} - \frac{0{,}116}{\varrho^5}.$$

Tabelle 23 zeigt den Vergleich zwischen berechneten und gemessenen Größen. ϱ wird in Å, S in K-cal/Mol und $\varkappa$ in $\frac{\text{cm}^2}{\text{kg-Gewicht}}$ angegeben. Es ist dann

ϱ in Å $\qquad = \varrho \cdot 0{,}528$
S in K-Cal/Mol $= S \cdot 310$
$\varkappa$ in cm²/kg $\quad = \dfrac{\varkappa \cdot 10^{-6}}{149}.$

Den experimentellen Wert von $\varkappa$ haben wir für Zimmertemperatur (a) und für $T = 0$ bei linearer Extrapolation (b) angegeben. Der wirkliche Wert für $T = 0$ liegt dazwischen[1].

Tabelle 23.

Metall		Li	Na	K	Rb	Cs
ϱ	theor.	1,99	2,13	2,60	2,72	2,94
	exp.	1,69	2,10	2,61	2,82	3,01
S	theor.	24,5	22	17	16	15
	exp.	46	30	26,5	25	24
$10^6 \cdot \varkappa$	theor.	11	14	30	35	53
	exp. a	9	16	40	52	70
	b	7	10	20		

Die Übereinstimmung zwischen Theorie und Experiment ist sehr gut. Bei ϱ beträgt der Unterschied, abgesehen

---

[1] Auch die anderen elastischen Konstanten [209], sowie die Temperatur- und Druckabhängigkeit der Kompressibilität lassen sich mit befriedigender Übereinstimmung mit den Experimenten berechnen.

von Li, nur wenige Prozente. Bei der Verdampfungswärme ist zu berücksichtigen, daß sie als Differenz zweier Größen $|U|-J$ gewonnen wird[1]. Bezogen auf S beträgt der Fehler $\sim 50\%$, bezogen auf U aber weniger als 10%. Auch die Kompressibilität liegt, abgesehen von Li, durchwegs zwischen den experimentellen Grenzwerten. Die größeren Abweichungen bei Li rühren daher, daß hier die Abweichungen der Eigenfunktion ψ_0 von einer Konstanten größer sind als bei den anderen Metallen. Dadurch wird die FERMI-Energie F kleiner als bei freien Elektronen [196], was bewirkt, daß der Gitterabstand kleiner und die Verdampfungswärme größer wird.

Thermische Ausdehnung. Es läßt sich zeigen, daß der thermische Ausdehnungskoeffizient μ in einem einfachen Zusammenhang mit der spezifischen Wärme c_v, der Kompressibilität $\varkappa$ und dem Atomvolumen v steht. Es ist nämlich [8b]:

$$\mu = \Gamma \frac{\varkappa c_v}{v}.$$

Unter der Annahme, daß die Dispersion der elastischen Wellen (vgl. § 13) vernachlässigt werden kann, wird

$$\Gamma = -\frac{d\ln\Theta}{d\ln v}, \quad \Theta = \text{DEBYE-Temperatur}.$$

Die einzige unbekannte Größe im obigen Ausdruck für μ ist Γ. Γ kann ohne Schwierigkeit berechnet werden. Unter Verwendung von (14) und (19) findet man

$$\Gamma = 1{,}48 \frac{\varrho - 1{,}46}{\varrho - 2{,}16}.$$

Wie Tabelle 23a zeigt, ist diese Formel in befriedigender Übereinstimmung mit den experimentellen Werten.

Erdalkalimetalle. Die oben für einwertige Metalle gegebene Berechnung der Energie des tiefsten Elektronenzustandes läßt sich durch

Tabelle 23a.

		Li	Na	K	Rb	Cs
Γ	theor.	2,1	2,0	1,8	1,8	1,8
	exp.	1,2	1,3	1,3	1,5	1,3

eine einfache Transformation auf Metalle mit zwei Valenzelektronen übertragen. Wir wollen jedem Alkalimetall das im periodischen System ihm folgende Erdalkalimetall zuordnen, also Be zu Li, Mg zu Na usw. Bei diesem Übergang erhöht sich die

---
[1] Auch sind die experimentellen Werte [67] nicht sehr genau, und zwar eher zu groß gewählt.

Kernladungszahl um Eins, die inneren Schalen sind in gleicher Weise besetzt und die Zahl der Valenzelektronen wächst von Eins auf Zwei. Beide Valenzelektronen sind im gleichen Quantenzustand. Ist J_1 die erste und J_2 die zweite Ionisierungsenergie des Erdalkalimetalls, so ist $-\frac{J_1+J_2}{2}$ die Energie jedes Elektrons. Jedes der beiden Elektronen bewegt sich in einem Potential von ganz ähnlicher Form wie beim zugehörigen Alkalimetall, weil die inneren Schalen ja in beiden Fällen gleich gebaut sind. Die Potentialänderung infolge der Erhöhung der Kernladungszahl um Eins wird durch das hinzukommende äußere Elektron aber nur teilweise kompensiert. Wir werden annehmen, daß das Potential außerhalb des Ions um $-c\frac{e^2}{r}$ höher als beim vorhergehenden Alkalimetall ist, wobei die Konstante $c<1$ ist. Das Potential außerhalb des Ions ist dann $-(1+c)\frac{e^2}{r}$ gegen $-\frac{e^2}{r}$ (4) für das Alkalimetall. Gleichung (8) gilt daher auch für zweiwertige Metalle, wenn wir die Einheiten (6) und (7) so umändern, daß wir dort e^2 durch $(1+c)\,e^2$ ersetzen. Mit $1+c=Z$ sind also jetzt

$$a' = \frac{a}{Z} \qquad (20)$$

$$R' = RZ^2 \qquad (21)$$

die Einheiten für Länge und Energie. Auf Grund unserer Annahmen über das Potential findet man aus Gl. (21)

$$Z^2 = \frac{J_1+J_2}{2J},$$

wobei J die Ionisierungsenergie des zugeordneten Alkalimetalls ist [1].

Tabelle 24.

	Be	Mg	Ca	Sr	Ba
Z^2	2,55	2,20	2,19	2,00	1,90
Z	1,60	1,48	1,48	1,41	1,38

Man findet so die in Tabelle 24 angegebenen Werte für Z^2 und Z.

Die Werte von r_0 und $E_0(r_1)$ sind für die Erdalkalimetalle die gleichen wie für die Alkalimetalle, mit dem Unterschied, daß die Einheiten jetzt durch (20) und (21) gegeben sind [2].

[1] Wir nehmen also an: 1. daß die Wechselwirkung der Valenzelektronen und die Erhöhung der Kernladungszahl um Eins dadurch ersetzt werden können, daß das Ion nicht die Ladung $2\,e$, sondern Ze hat; 2. daß Z für alle r_1 den Wert für $r_1 = \infty$ (freies Atom) hat.

[2] In gleichen Einheiten ist also z. B. $(r_0)_{\text{Erdalkali}} = \frac{1}{Z}(r_0)_{\text{Alkali}}$.

Bei der Berechnung der Gesamtenergie ändert sich nur der Ausdruck für die FERMI-Energie wesentlich. Unter der Annahme, daß sie wieder wie bei freien Elektronen ist, muß man (17a) durch

$$F = \frac{2{,}2 \cdot 2^{2/3}}{r_1^2} = \frac{3{,}5}{r_1^2}$$

ersetzen, da ja jetzt zwei Elektronen pro Atom vorhanden sind [1]. Dieser Ausdruck ist invariant gegen die Änderungen (20), (21) der Einheiten, denn er enthält ja nicht die Elektronenladung [vgl. § 22, (1)]. Der obige Ausdruck für die FERMI-Energie ist sicher zu groß, da bei zweiwertigen Metallen die scheinbare Masse m^* größer als bei einwertigen ist. Eine Abschätzung von m^* kann aus der Berechnung der Breite des Bandes erhalten werden. Nach § 4 C ist der obere Rand des Bandes durch die Randbedingung

$$\psi(r_1) = 0$$

gegeben. Nach (13) bedeutet dies

$$\alpha\, r_1 = \pi$$

oder

$$\alpha^2 = \varepsilon_1 = \frac{\pi^2}{r_1^2},$$

wo ε_1 der ε-Wert des oberen Randes des Bandes ist. Die Breite des Bandes ist also

$$\varepsilon_1 - \varepsilon(r_1) = \frac{\pi^2}{r_1^2} - \varepsilon(r_1),$$

wobei $\varepsilon(r_1)$ durch (13a) gegeben ist. Für $r_1 = r_0$ ist $\varepsilon(r_0) = 0$ und die Breite des Bandes ist die gleiche wie bei freien Elektronen, was natürlich daraus folgt, daß wir ψ_0 in Gl. (12) konstant, wie bei freien Elektronen, gesetzt haben. Um der scheinbaren Masse der Elektronen Rechnung zu tragen, werden wir daher die FERMI-Energie mit dem Faktor

$$\frac{m}{m^*} \cong \frac{\pi^2/r_1^2 - \varepsilon(r_1)}{\pi^2/r_1^2} = 1 - \frac{r_1^2\, \varepsilon(r_1)}{\pi^2} \qquad (22)$$

multiplizieren. Dabei ist angenommen, daß m^* für alle Zustände des Bandes den gleichen Wert hat, und daß $m^* = m$ ist, falls $r_1 = r_0$. Es ist dann

$$F = \frac{3{,}5}{r_1^2} - 0{,}35\, \varepsilon(r_1).$$

Die Gesamtenergie in Einheiten (21) für ein Metall mit zwei Valenzelektronen wird also mit (14) pro Elektron

$$U = -\frac{2}{r_0} + 0{,}65\, \frac{(r_1 - r_0)^2}{r_1^2\, r_0} \left(2 + \frac{r_0}{r_1}\right) + \frac{3{,}5}{r_1^2}. \qquad (23)$$

---

[1] F ist pro Elektron gerechnet, nicht pro Atom.

Daraus berechnen sich Gitterabstand, Sublimationswärme und Kompressibilität in gleicher Weise wie bei den Alkalimetallen. Bei der Sublimationswärme S ist zu beachten, daß jetzt jedes Atom zwei Elektronen besitzt, so daß wir einen Faktor 2 hinzufügen müssen. Dasselbe gilt von $\frac{1}{\varkappa}$. Wenn wir von den Einheiten (20) und (21) wieder zu den ursprünglichen Einheiten (6), (7) zurückgehen, finden wir aus (23) mit § 21, (15), (16) und 18).

$$\left.\begin{aligned}\varrho &= \frac{1}{Z}\,[1{,}80 + (Z^2\,r_0^2 + 3{,}21)^{1/2}] \\ S &= 2Z\left[\frac{2}{r_0} - 0{,}65\,\frac{(\varrho - r_0)^2}{\varrho^2 r_0}\left(2 + \frac{r_0}{\varrho}\right) - \frac{3{,}5}{Z\varrho^2}\right] - (J_1 + J_2) \\ \frac{1}{\varkappa} &= \frac{0{,}2\,Z}{\varrho^4} - \frac{0{,}38}{\varrho^5}\end{aligned}\right\} \qquad (24)$$

Zr_0 hat dabei, wie oben bemerkt, den gleichen Wert, wie r_0 für das zugeordnete Alkalimetall. Die Ergebnisse und die experimentellen Werte sind in Tabelle 25 in gleichen Einheiten wie bei den Alkalimetallen (Tabelle 23) wiedergegeben $\Big(\varrho$ in Å, S in K-Cal/Mol, $\varkappa$ in $\frac{\text{cm}^2}{\text{kg}}\Big)$.

Tabelle 25.

		Be	Mg	Ca	Sr	Ba
ϱ	theor.	1,74	1,96	2,25	2,44	2,64
	exp.	1,26	1,77	2,18	2,36	2,45
S	theor.	70	51	35	32	27
	exp.	41	39	39	39	39
$10^6 \cdot \varkappa$	theor.	3,3	6,3	11	15	20
	exp. a	—	3	5,9	8,2	10,6
	exp. b	—	2,7	5,8	7,9	9

Die Ergebnisse sind, abgesehen von Be, von dem das für Li Gesagte gilt, in bezug auf ϱ und S gut. Bei S zeigen aber die theoretischen Werte einen viel stärkeren Gang mit der Ordnungszahl als die experimentellen, was darauf hinweist, daß wir einen kleinen Term bei der Berechnung der Energie nicht berücksichtigt haben. Dieser Term muß aber eine sehr große zweite Ableitung haben, denn die Kompressibilität ist durchwegs um einen Faktor 2 zu groß.

Der fehlende Energieterm rührt daher, daß wir die *Änderung* der Wechselwirkung der beiden Außenelektronen (in Abhängigkeit von r_1) nicht mit berücksichtigt haben. Diese Änderung der Wechselwirkung bewirkt eine sehr kleine Erhöhung der Energie, verglichen mit der Gesamtenergie. Sie wächst aber mit abnehmendem r_1 rasch an und kann daher die Kompressibilität sehr beträchtlich erniedrigen, ohne die Energie wesentlich zu erhöhen.

Durch eine Erhöhung der Energie wird S verkleinert, so daß hierdurch die Übereinstimmung mit der Erfahrung etwas verschlechtert wird. Der Unterschied zwischen theoretischen und experimentellen Werten rührt wahrscheinlich daher, daß wir die FERMI-Energie immer noch zu groß angesetzt haben. Die aus (22) berechneten Werte von $\frac{m}{m^*}$ sind im Mittel etwa 0,7 (für die Alkalimetalle erhält man 0,95); sie haben sicher die richtige Größenordnung. Eine weitere Erniedrigung der FERMI-Energie kommt aber dadurch zustande, daß sich nach § 5 zwei Energiebänder teilweise überlagern. Dies erhöht die Eigenwertdichte und bewirkt demnach, daß die Grenzenergie (und damit auch die FERMI-Energie) kleiner wird.

Beziehung zwischen Alkali- und Erdalkalimetallen. Der Radius ϱ_e eines Erdalkalimetalls steht in einer einfachen Beziehung zum Radius ϱ_a des zugeordneten Alkalimetalls. In (19) und (24) kann ja r_0 für die zugeordneten Metalle eliminiert werden[1]. Man findet dann

$$\varrho_e = \frac{1}{Z}\left[1{,}80 + (\varrho_a^2 - 1{,}46\,\varrho_a + 3{,}21)^{1/2}\right]. \quad (25)$$

Wenn wir in dieser Formel für den Radius ϱ_a des Alkalimetalls den experimentellen Wert einsetzen und Z aus Tabelle 24 entnehmen, können wir den Radius ϱ_e des Erdalkalimetalls berechnen, ohne daß wir r_0 kennen müssen. Wir geben in Tabelle 26 das Verhältnis des auf diese Weise berechneten theoretischen Wertes zum experimentellen. Zuvor wollen wir in (25) die Radien ϱ in ANGSTRÖM-Einheiten ausdrücken. Dann ist

$$\varrho_e = \frac{0{,}53}{Z}\left[1{,}80 + (3{,}6\,\varrho_a^2 - 2{,}78\,\varrho_a + 3{,}21)^{1/2}\right], \quad \varrho \text{ in Å.}$$

Die Beziehung (25) sagt natürlich viel weniger aus als (19) und (24), weil sie ja nicht die Absolutwerte von ϱ liefert. Dafür hat sie aber den Vorteil, daß r_0 in ihr nicht auftritt, so daß sie uns an Hand von Tabelle 26 zeigt, daß die bestehenden kleinen Differenzen zwischen experimentellen und theoretischen Resultaten höchstens zu einem kleinen Teil auf einer falschen Bestimmung von r_0 beruhen.

Tabelle 26.

	Be	Mg	Ca	Sr	Ba
$\varrho_e \dfrac{\text{theor.}}{\text{exp.}}$	1,25	1,09	1,03	1,05	1,09

---

[1] Vgl. Fußnote 2 auf S. 280.

Cu, Ag, Au. Wenn wir die für die Alkalimetalle abgeleiteten Formeln auf Cu, Ag und Au anwenden, erhalten wir ϱ-Werte, die immer noch ziemlich gut mit den experimentellen Werten übereinstimmen, aber bei weitem nicht so gut wie bei den Alkalimetallen. Ähnliches gilt für die Sublimationswärmen, während die Kompressibilitäten viel zu groß sind. Der Grund hierfür liegt in dem Einfluß der inneren Elektronenschalen auf die metallische Bindung, den wir bisher vollständig vernachlässigt haben. Das war natürlich berechtigt, weil der Radius r_0 größer als der Ionenradius war. Cu, Ag und Au haben aber bedeutend größere Ionisierungsenergien als die Alkalimetalle und daher nach Abb. 54 kleinere r_0-Werte. Daher gewinnt hier der Einfluß der inneren Schalen an Bedeutung. Es ist leicht verständlich, daß die Kompressibilität, d. h. die Krümmung der Energiekurve, am stärksten beeinflußt wird. Denken wir uns nämlich als Grenzfall das Ion als starre Kugel vom Radius r_i, so wird die Energie bei $r_1 = r_i$ plötzlich unendlich groß. Falls r_i nur wenig größer als (19) ist, werden dadurch der Gitterabstand und die Sublimationswärme nur wenig verändert. Die Kompressibilität wird dagegen Null.

Eine Berechnung für Kupfer, die hauptsächlich mit numerischen Methoden durchgeführt wurde, gab gute Übereinstimmung zwischen berechneter und gemessener Kompressibilität [184].

Metalle mit mehr als zwei Valenzelektronen. Für diese Metalle, z. B. Al, Pb, können die Rechnungen im Prinzip ganz ähnlich ausgeführt werden wie für die ein- und zweiwertigen. Dabei ist aber zu beachten, daß jetzt nicht mehr alle Elektronen in s-Termen sind, sondern gerade die äußeren Elektronen in höheren Termen. Die Verhältnisse werden hierdurch und infolge des größeren Einflusses der Wechselwirkung der Elektronen untereinander komplizierter als in den oben behandelten Fällen. Es ist aber kaum daran zu zweifeln, daß eine Durchführung der Rechnungen auch hier gute Resultate liefern wird.

Schlußbemerkung. Wir wollen noch einmal kurz die wesentlichen Züge der metallischen Bindung zusammenstellen. Die Bindung ist das Resultat von Anziehungs- und Abstoßungskräften, die sich das Gleichgewicht halten. Die Anziehungskräfte entstehen dadurch, daß sich die äußeren Elektronen im Mittel länger in Gebieten mit großem negativen Potential befinden als beim freien Atom. Von einer chemischen Valenz ist dabei nirgends die Rede.

Es gibt also auch keinen Begriff wie Absättigung einer Valenz und daher kann ein Atom beliebig viele Nachbarn haben. (Die meisten Metalle kristallisieren in einer dichtesten Kugelpackung.) Die abstoßenden Kräfte sind zweierlei Art. Die erste Art entsteht durch die Erhöhung der kinetischen Energie (wovon die FERMI-Energie ein wesentlicher Teil ist). Die zweite Art ist durch die Wechselwirkung der Elektronen untereinander veranlaßt. Diese ist bei den Alkalimetallen verschwindend klein, wächst aber mit der Zahl der Valenzelektronen. Auch die Abstoßung der Ionen (vgl. oben Cu, Ag, Au) ist hierzu zu rechnen.

VI. Ferromagnetismus
(und Paramagnetismus II).

§ 24. Austauschkräfte und Wechselwirkung freier Elektronen.

Ein ferromagnetischer Körper ist durch die Existenz einer spontanen Magnetisierung charakterisiert [1]. Das bedeutet, daß der Zustand, in dem alle Elektronenspins parallel gerichtet sind, der energetisch tiefste ist. Dies muß durch die Wechselwirkung der Elektronen untereinander, die wir bisher immer vernachlässigt haben, verursacht werden. Es ist eine besondere Art von Wechselwirkung, die Austauschwechselwirkung, welche für die Gleichrichtung der Spins verantwortlich ist. Wir wollen in diesem Paragraphen die Austauschkräfte besprechen, ohne aber dabei schon auf die speziellen Verhältnisse beim Ferromagnetismus einzugehen (§ 25!).

Austauschkräfte. Wir werden weiter unten und in § 25 zeigen, daß nicht die Valenzelektronen für den Ferromagnetismus verantwortlich sind, sondern die Elektronen innerer Schalen. Wie wir aus § 4 A wissen, sind die Eigenfunktionen dieser Elektronen beinahe dieselben wie bei freien Atomen. Wir werden deshalb auch hier von den Eigenfunktionen der freien Atome ausgehen. Wir besprechen einen ganz einfachen Fall, mit nur zwei Elektronen und zwei Kernen (Wasserstoffmolekül), der uns alles Wesentliche zeigt [25].

Es seien (x_1, y_1, z_1) die Koordinaten des ersten Elektrons, die wir mit (1) abkürzen und entsprechend für das zweite Elektron

---
[1] Diese kann dadurch verdeckt sein, daß der betreffende Körper viele kleine Gebiete mit verschiedener Magnetisierungsrichtung enthält, deren Beiträge sich dann kompensieren (vgl. § 26).

$(x_2, y_2, z_2) = (2)$. Die Eigenfunktionen der isolierten Atome seien ψ_1 und ψ_2. Beide Elektronen sollen beim isolierten Atom im gleichen Quantenzustand sein. ψ_1 und ψ_2 unterscheiden sich dann nur dadurch, daß die beiden Atomkerne an verschiedenen Orten sind. Ist das erste Elektron am ersten Kern, so ist seine Eigenfunktion $\psi_1(1)$, während die des zweiten Elektrons $\psi_2(2)$ ist, falls es am zweiten Kern sitzt. Da wir jetzt, im Gegensatz zu all unseren bisherigen Rechnungen, ein Mehrkörperproblem behandeln, müssen wir eine Eigenfunktion des Gesamtsystems auffinden. Eine solche ist

$$\psi_1(1)\,\psi_2(2). \tag{1}$$

Ihre Bedeutung ist ganz analog wie beim Einkörperproblem. Es wäre also

$$\varrho_{12}(1,2) = \psi_1(1)\,\psi_1^*(1)\,\psi_2(2)\,\psi_2^*(2)$$

die Wahrscheinlichkeit dafür, daß das erste Elektron am Ort (1) und gleichzeitig das zweite Elektron am Ort (2) ist. Wir haben aber schon in § 5 darauf hingewiesen, daß zwei Elektronen nicht unterscheidbar sind, daß also die Wahrscheinlichkeit, daß das *erste* Elektron am Ort (1) ist, genau so groß sein muß wie die Wahrscheinlichkeit, daß das *zweite* Elektron am Ort (1) ist. Dies ist wegen der Verschiedenheit von ψ_1 und ψ_2 bei unserem Ansatz noch nicht erfüllt. Offensichtlich lauten die Eigenfunktionen, falls das zweite Elektron beim ersten Kern ist und das erste Elektron beim zweiten Kern $\psi_2(1)$ bzw. $\psi_1(2)$. Daher ist neben (1) auch

$$\psi_2(1)\,\psi_1(2) \tag{1a}$$

eine Eigenfunktion des Gesamtproblems. Die allgemeinste Eigenfunktion entsteht durch eine lineare Überlagerung von (1) und (1a)

$$\psi = c_1\,\psi_1(1)\,\psi_2(2) + c_2\,\psi_2(1)\,\psi_1(2). \tag{2}$$

Daraus ergibt sich die Aufenthaltswahrscheinlichkeit ϱ:

$$\varrho(1,2) = \psi\psi^* = |c_1|^2|\psi_1(1)|^2|\psi_2(2)|^2 + |c_2|^2|\psi_2(1)|^2|\psi_1(2)|^2 +$$
$$+ c_1 c_2^* \psi_1(1)\,\psi_2(2)\,\psi_2^*(1)\,\psi_1^*(2) + c_1^* c_2 \psi_1^*(1)\,\psi_2^*(2)\,\psi_2(1)\,\psi_1(2).$$

Nach unserer obigen Forderung der Nichtunterscheidbarkeit der Elektronen muß

$$\varrho(1,2) = \varrho(2,1)$$

sein. Daraus folgt

$$|c_1|^2 = |c_2|^2 \quad \text{und} \quad c_1 c_2^* = c_2 c_1^*,$$

also

$$c_1 = \pm c_2. \tag{2a}$$

Wir können die Normierung der Eigenfunktionen immer so wählen, daß $|c_1| = |c_2| = 1$ ist. Nach (2) und (2a) haben wir dann zwei Eigenfunktionen

$$\psi_a(1,2) = \psi_1(1)\psi_2(2) + \psi_2(1)\psi_1(2) \qquad (3a)$$
$$\psi_b(1,2) = \psi_1(1)\psi_2(2) - \psi_2(1)\psi_1(2). \qquad (3b)$$

Hieraus folgen die Aufenthaltswahrscheinlichkeiten:

$$\varrho_a = \varrho_{kl} + \varrho_{int} \qquad (4a)$$
$$\varrho_b = \varrho_{kl} - \varrho_{int}, \qquad (4b)$$

wobei

$$\varrho_{kl} = |\psi_1(1)|^2|\psi_2(2)|^2 + |\psi_2(1)|^2|\psi_1(2)|^2$$

der klassischen Überlagerung der mittleren Elektronendichten der beiden Elektronen entspricht, während

$$\varrho_{int} = \psi_1(1)\psi_2(2)\psi_2^*(1)\psi_1^*(2) + \psi_1^*(1)\psi_2^*(2)\psi_2(1)\psi_1(2)$$

von den Interferenzen der Elektronenwellen herrührt. Den zwei verschiedenen Fällen (3a) und (3b) entspricht eine Überlagerung mit verschiedener Phase.

Wir werden mit den Dichteverteilungen (4a) und (4b) die potentielle Energie der Elektronen in der nächsten Näherung, also bei Berücksichtigung der Wechselwirkung der Elektronen untereinander und mit den Nachbarkernen berechnen. Wir werden dann in den beiden Fällen wegen des verschiedenen Vorzeichens von ϱ_{int} verschiedene Werte erhalten. Das Wesentliche an unseren ganzen Betrachtungen ist nun die Einführung des PAULI-Prinzips. Wir werden zeigen, daß die beiden Fälle (3a) und (3b) [oder (4a) und (4b)] nur dann mit dem PAULI-Prinzip verträglich sind, wenn die Elektronenspins in (3a) antiparallel, in (3b) parallel sind.

Nach dem PAULI-Prinzip kann jeder eindeutig definierte Quantenzustand nur von einem einzigen Elektron besetzt werden. Durch eine Eigenfunktion ψ_1 oder ψ_2 ist ein Quantenzustand noch nicht eindeutig definiert. Wir müssen dazu noch die Spinrichtung angeben, die zwei Werte annehmen kann. Die Spins der beiden Elektronen können parallel oder antiparallel sein. Nehmen wir zuerst an, daß die Spins parallel sind. Wenn wir dann als speziellen Fall die beiden Eigenfunktionen einander gleichsetzen [1], $\psi_1 = \psi_2$, so haben beide Elektronen den gleichen Quantenzustand, was so nach dem PAULI-Prinzip unmöglich ist. Die Eigenfunktion des

---

[1] Wir nehmen dazu an, daß sich die Kerne langsam nähern. Wenn sie am gleichen Ort sind, ist $\psi_1 = \psi_2$. Durch die Annäherung wird die Symmetrie der Eigenfunktion (3a) oder (3b) nicht verändert.

Gesamtsystems ψ_a bzw. ψ_b muß also identisch, d. h. unabhängig von den Koordinaten der Elektronen, verschwinden. Das ist aber nur bei ψ_b (3b) erfüllt. Im Fall paralleler Elektronenspins ist also nur die Eigenfunktion ψ_b mit dem PAULI-Prinzip verträglich. Sind die Spins hingegen antiparallel, so sind für $\psi_1 = \psi_2$ die Quantenzustände der Elektronen verschieden, weil die Spins verschieden sind. In diesem Fall darf die Eigenfunktion des Gesamtsystems nicht identisch verschwinden, was nur durch ψ_a (3a) gewährleistet wird. Durch das PAULI-Prinzip wird also den beiden Eigenfunktionen des Gesamtsystems, ψ_a und ψ_b, ein bestimmtes Verhalten der Elektronenspins zugeordnet, das wir in der folgenden Weise darstellen können.

ψ_a: Spins antiparallel, magnetisches Moment 0 , (5a)

ψ_b: Spins parallel, magnetisches Moment 2μ . (5b)

Die beiden Eigenfunktionen ψ_a, ψ_b sind durch ihre Symmetrie charakterisiert. Es ist ja

$$\psi_a(1,2) = \psi_a(2,1)$$
$$\psi_b(1,2) = -\psi_b(2,1),$$

d. h. ψ_a ist symmetrisch und ψ_b antisymmetrisch in den Lagekoordinaten der Elektronen [1].

Wir berechnen jetzt die Energie für die beiden Fälle. In nullter Näherung ist sie einfach die Summe der Energien der einzelnen Elektronen; in erster Näherung kommt noch die potentielle Energie infolge der Wechselwirkung der Elektronen untereinander und mit dem Nachbarkern hinzu. Sei r_{12} der Abstand der beiden Elektronen, $R_{1,II}$ bzw. $R_{2,I}$ der Abstand des ersten bzw. zweiten Elektrons vom zweiten bzw. ersten Kern. Die zusätzliche Energie infolge der Wechselwirkung ist dann

$$\varepsilon = e^2\left(\frac{1}{r_{12}} - \frac{1}{R_{1II}} - \frac{1}{R_{2I}}\right).$$

Diesen Ausdruck müssen wir noch über die Dichteverteilung der Elektronen (4a), (4b) mitteln. Sei E_0 die Energie eines Elektrons, wenn es nur mit *einem* (seinem) Kern in Wechselwirkung steht (nullte Näherung), dann wird die Gesamtenergie beider Elektronen

$$E = 2E_0 + \bar{\varepsilon},$$

wobei $\bar{\varepsilon}$ das über die Elektronendichte gemittelte ε ist. Nach (4a)

---

[1] Zu ψ_b gibt es drei mögliche Richtungen des Gesamtspins.

und (4b) ist dann
$$E = 2E_0 + C + A \tag{6a}$$
bzw.
$$E = 2E_0 + C - A, \tag{6b}$$
wobei
$$C = e^2 \int \left(\frac{1}{r_{12}} - \frac{1}{R_{1\,II}} - \frac{1}{R_{2\,I}}\right) \varrho_{kl}\, d\tau_1\, d\tau_2$$
und
$$A = e^2 \int \left(\frac{1}{r_{12}} - \frac{1}{R_{1\,II}} - \frac{1}{R_{2\,I}}\right) \varrho_{int}\, d\tau_1\, d\tau_2 \tag{7}$$

ist. Danach gehören zu den beiden verschiedenen Spinstellungen (5a) und (5b) verschiedene Energien (6a) und (6b), die sich um $2A$ unterscheiden. A heißt Austauschintegral. Der Name rührt daher, daß A proportional zur Wahrscheinlichkeit ist, daß ein Elektron vom Zustand ψ_1 in den Zustand ψ_2 übergeht und umgekehrt, ein Vorgang, der damit zu vergleichen ist, daß bei zwei gekoppelten Pendeln, von denen das eine in Schwingung ist, die Energie allmählich auf das zweite übertragen wird und umgekehrt. Der Fall paralleler Spins entspricht offenbar dem magnetischen Zustand, während im Fall antiparalleler Spins das resultierende magnetische Moment Null ist. Somit ist die Bedingung dafür, daß die Energie des magnetischen Zustands kleiner als die des unmagnetischen ist, nach (5a), (5b), (6a), (6b)
$$A > 0. \tag{8}$$

Wenn wir von unserem einfachen Problem zur Behandlung eines Kristalls mit einer sehr großen Anzahl von Atomen übergehen, wird die allgemeine Lösung sehr viel komplizierter sein. Nach unseren einfachen Überlegungen ist es aber plausibel, daß der Zustand mit maximalem magnetischen Moment immer dann der tiefste ist, wenn die Bedingung (8) erfüllt ist [89].

Wechselwirkung freier Elektronen. Wenn wir rein klassisch die Wechselwirkung freier Elektronen berechnen, haben wir einfach die potentielle Energie einer gleichmäßig verteilten elektrischen Ladung zu bestimmen. Ist n die Anzahl der Elektronen pro cm³, en also die Ladungsdichte, so wird
$$W_{kl} = e^2 \frac{n(n-1)}{2} \int \frac{d\tau_1\, d\tau_2}{|\mathfrak{r}_1 - \mathfrak{r}_2|}, \quad \begin{aligned} d\tau_i &= dx_i\, dy_i\, dz_i, \\ \mathfrak{r}_i &= (x_i, y_i, z_i) \end{aligned} \tag{9}$$

die fragliche Wechselwirkungsenergie der Elektronen. Das bedeutet natürlich nicht, daß sich in diesem klassischen Modell die

Gesamtenergie um W_{kl} erhöht, wenn wir die Elektronenwechselwirkung mit in Betracht ziehen, denn wir müssen dann konsequenterweise auch die Wechselwirkung der Ionen untereinander und diejenige zwischen allen Ionen und allen Elektronen mit berücksichtigen. Wenn wir z. B. die positive Ladung auch gleichmäßig verteilt denken, so verschwindet der Gesamtbeitrag aller Wechselwirkungsglieder, weil ja die Ladungsdichte überall Null ist, falls das Metall elektrisch neutral ist.

Im wellenmechanischen Fall erwarten wir neben dem klassischen Wechselwirkungsglied (9) noch ein Zusatzglied, das vom Elektronenaustausch herrührt und von der Spinkonfiguration abhängt. Wir behandeln zunächst als einfachsten Fall ein Zweielektronenproblem, bei dem beide Elektronen die gleiche Wellenzahl $\mathfrak{K}$ haben. Wegen des PAULI-Prinzips müssen die Spins daher antiparallel stehen. Die Eigenfunktionen der einzelnen Elektronen sind $e^{i(\mathfrak{K},\,\mathfrak{r}_1)}$ und $e^{i(\mathfrak{K},\,\mathfrak{r}_2)}$ und die Eigenfunktion des Gesamtsystems ist (unter Beachtung der Normierung)

$$\psi = \frac{1}{R} e^{i(\mathfrak{K},\,\mathfrak{r}_1) + i(\mathfrak{K},\,\mathfrak{r}_2)}.$$

Diese Eigenfunktion hat schon die richtige Symmetrie (symmetrisch, Spins antiparallel). Sie entspricht der Funktion[1] ψ_a (3a). Die mittlere Dichte ist

$$\varrho(\mathfrak{r}_1,\mathfrak{r}_2) = \psi\psi^* = \frac{1}{R^2}.$$

$\varrho(\mathfrak{r}_1,\mathfrak{r}_2)$ ist die Wahrscheinlichkeit dafür, daß das eine Elektron die Koordinate $\mathfrak{r}_1$ und das andere die Koordinate $\mathfrak{r}_2$ hat. ϱ hat den gleichen Wert wie im klassischen Fall, denn $\frac{d\tau_1\,d\tau_2}{R^2}$ ist ja bei freien Elektronen (gleichmäßige Verteilung) die Wahrscheinlichkeit dafür, jedes Elektron in einem bestimmten Volumenelement $d\tau_i$ zu finden. In dem hier besprochenen Fall überlagern sich die Elektronen genau wie im klassischen Fall, d. h. es treten keine Interferenzeffekte auf.

Bei der Behandlung des Mehrkörperproblems kann man die Elektronen in zwei Gruppen einteilen, die so gewählt sind, daß innerhalb jeder Gruppe die Spins der Elektronen parallel sind. Wenn wir als ausgezeichnete Richtung etwa die z-Achse wählen,

---

[1] Die Analogie ist nicht vollständig. Auf S. 287 unterschieden wir zwei verschiedene Eigenfunktionen durch die verschiedenen Koordinaten der Kerne, hier jedoch durch verschiedene $\mathfrak{K}$-Werte. Ferner sind die Eigenfunktionen von S. 287 nicht orthogonal.

Austauschkräfte und Wechselwirkung freier Elektronen.

so ist die Spinrichtung der Elektronen der ersten Gruppe die positive z-Achse, diejenige der zweiten Gruppe die negative z-Achse. Es läßt sich nun zeigen, daß man die beiden Gruppen bei Vernachlässigung der Wechselwirkung so behandeln kann, als würden sie aus verschiedenartigen Partikeln bestehen[1]. Das bedeutet, daß zwischen zwei Elektronen aus verschiedenen Gruppen, d. h. zwischen zwei Elektronen mit antiparallelem Spin keine statistischen Beziehungen herrschen. Die Wahrscheinlichkeit, ein Elektron innerhalb eines vorgegebenen kleinen Volumenelementes zu finden, ist unabhängig davon, ob schon ein Elektron mit antiparallelem Spin in diesem Volumenelement ist.

Zwischen Elektronen mit parallelem Spin bestehen jedoch schon bei Vernachlässigung der Wechselwirkung statistische Beziehungen. Wir betrachten z. B. den Fall zweier Elektronen, die natürlich, im Gegensatz zum oben genannten Beispiel mit antiparallelem Spin, jetzt verschiedene Wellenzahlen haben müssen (PAULI-Prinzip). Nach (3b) ist die Wellenfunktion antisymmetrisch, d. h.

$$\psi(\mathfrak{r}_1, \mathfrak{r}_2) = -\psi(\mathfrak{r}_2, \mathfrak{r}_1).$$

Wählen wir insbesondere die Koordinaten beider Elektronen gleich, $\mathfrak{r}_1 = \mathfrak{r}_2$, so ist

$$\psi(\mathfrak{r}_1, \mathfrak{r}_1) = -\psi(\mathfrak{r}_1, \mathfrak{r}_1) = 0.$$

Daraus folgt: Die Wahrscheinlichkeit, zwei Elektronen mit gleichem Spin am gleichen Ort zu finden, ist immer Null.

Sind $\mathfrak{K}_1$ und $\mathfrak{K}_2$ die Wellenzahlen der beiden Zustände, so wird die Wellenfunktion des Gesamtzustandes (parallele Spins, antisymmetrisches ψ) unter Beachtung der Normierung

$$\psi = \frac{1}{2R^2}\left(e^{i(\mathfrak{K}_1, \mathfrak{r}_1) + i(\mathfrak{K}_2, \mathfrak{r}_2)} - e^{i(\mathfrak{K}_1, \mathfrak{r}_2) + i(\mathfrak{K}_2, \mathfrak{r}_1)}\right).$$

Hieraus ergibt sich ähnlich wie in (4b)

$$\varrho = \psi\psi^* = \varrho_{kl} - \varrho_{int},$$

wobei

$$\varrho_{kl} = \frac{1}{R^2}$$

und

$$\varrho_{int} = \frac{\cos(\mathfrak{K}_1 - \mathfrak{K}_2, \mathfrak{r}_1 - \mathfrak{r}_2)}{R^2}$$

ist. Der erste Term ϱ_{kl} ist genau so groß wie im Fall antiparalleler

---

[1] Dabei ist vorausgesetzt, daß die Quantenzustände zum Teil *paarweise* von Elektronen mit antiparallelem Spin, zum andern Teil aber von Elektronen, die alle die gleiche Spinrichtung haben, besetzt sind [68a].

Spins oder wie im klassischen Fall. Der zweite Term ϱ_{int} rührt von den Interferenzen der Elektronenwellen her und führt bei der Energieberechnung zum Austauschintegral.

Wenn man zum Vielelektronenproblem übergeht, gilt der Satz, daß zwei Elektronen mit parallelem Spin nie am gleichen Ort sind, natürlich unverändert. Man berechnet dann eine Wahrscheinlichkeit $\Phi(r)$, die proportional zur Wahrscheinlichkeit ist, in einer bestimmten Richtung im Abstand r von einem Elektron ein anderes zu finden [154]. Für $\Phi(r)$ erhält man

$$\Phi(r) = 1 - 9 \left(\frac{\sin x - x \cos x}{x^3} \right)^2, \tag{10}$$

wobei

$$x = r \left(\frac{1}{6\pi^2 n_p} \right)^{1/3}$$

ist, falls n_p die Zahl der Elektronen pro cm^3 ist. Dabei ist angenommen, daß alle Elektronen parallelen Spin haben. Für $x < 1$ läßt sich der obige Ausdruck entwickeln und ergibt

$$\Phi = \frac{x^2}{5}.$$

Für $r = 0$ ($x = 0$) ist also Φ Null, für wachsendes r steigt es $\sim x^2$ an und wird für große r schließlich Eins, also konstant, wie im klassischen Fall[1].

Da die Wechselwirkungsenergie zweier Elektronen um so größer ist, je näher sich die beiden Elektronen sind, wird im Mittel die Wechselwirkungsenergie zweier Elektronen mit parallelem Spin kleiner sein als diejenige zweier Elektronen mit antiparallelem Spin. Die letztere ist genau die klassische Wechselwirkung (9), die erstere hingegen ist kleiner, weil ja Elektronen mit parallelem Spin sich nie so nahe kommen wie Elektronen mit antiparallelem Spin. Die Differenz der Wechselwirkungsenergien in beiden Fällen ist gerade die Austauschenergie.

Die Gesamtenergie eines Elektronengases setzt sich somit aus drei Termen zusammen. 1. Aus der Eigenenergie der Elektronen F, 2. aus der Wechselwirkungsenergie W_{kl} nach der klassischen Berechnung und 3. aus der Austauschenergie A der Elektronen mit parallelem Spin:

$$U = F + W_{\mathrm{kl}} - A. \tag{11}$$

Wir interessieren uns hier für die Abhängigkeit der Energie von

---

[1] Der absolute Betrag für die fragliche Wahrscheinlichkeit kann leicht aus der Normierungsbedingung $4\pi \cdot \int \Phi r^2 \, dr = n_p - 1$ gefunden werden.

der Spinstellung. Da die klassische Wechselwirkungsenergie unabhängig von der Spinstellung ist, können wir den Term W_{kl} als belanglos weglassen. F ist bei entsprechender Energienormierung die FERMI-Energie. Wir nennen N^+ die Zahl der Elektronen mit der einen Spinrichtung und N^- die Zahl der Elektronen mit der dazu antiparallelen Spinrichtung, ferner n^+ und n^- die entsprechenden Elektronendichten. Dann ist

$$N = N^+ + N^-, \quad n = n^+ + n^-, \tag{12}$$

wobei N die Gesamtzahl der Elektronen und n die Gesamtzahl pro cm³ ist.

Die FERMI-Energie setzt sich additiv aus den Beiträgen der beiden Elektronengruppen zusammen. Sie ist nach § 5, (16)

$$F = \frac{3}{5}(N^+ \zeta^+ + N^- \zeta^-).$$

ζ^+ und ζ^- sind die Grenzenergien der beiden Gruppen. Die beiden Grenzenergien ζ^+ und ζ^- sind verschieden, falls $n^+ \neq n^-$ ist und werden nach § 5, (15) berechnet. Dabei haben wir aber zu beachten, daß dort n die Anzahl der Elektronen pro cm³ bedeutet, falls jeder Zustand doppelt besetzt ist. Wir müssen daher hier n durch $2n^+$ bzw. $2n^-$ ersetzen, weil in jeder unserer beiden Gruppen jeder Zustand nur einfach besetzt ist, denn jede Gruppe enthält ja Elektronen mit nur einer Spinrichtung. Damit ist

$$F = \frac{3}{5} \frac{h^2}{2m} [N^+ (6\pi^2 n^+)^{2/3} + N^- (6\pi^2 n^-)^{2/3}]. \tag{13}$$

Die Austauschenergie A erniedrigt immer die Gesamtenergie ($A > 0$), wie wir oben qualitativ festgestellt haben. Zur Berechnung von A kann man zuerst das Austauschintegral für zwei Elektronen berechnen und dann über alle Elektronenpaare summieren. Man kann aber auch von der oben (10) mitgeteilten Dichteverteilung $\Phi(r)$ ausgehen und hieraus die Wechselwirkungsenergie ausrechnen. Durch Subtrahieren von der klassischen Wechselwirkungsenergie ergibt sich dann die Austauschwechselwirkung. Wir wollen hier auf die Einzelheiten der Rechnung, die aus einfachen Integrationen besteht, nicht eingehen[1].

Man findet die Austauschenergie [59]

$$A = \frac{3}{2} e^2 \left[N^+ \left(\frac{3n^+}{4\pi}\right)^{1/3} + N^- \left(\frac{3n^-}{4\pi}\right)^{1/3} \right]. \tag{14}$$

---

[1] Mathematisch bedeuten die beiden Methoden eine verschiedene Reihenfolge der Integrationen über den r- und den f-Raum.

Somit wird die Gesamtenergie U (11) pro Volumeneinheit ($N^+ \to n^+$) bei Unterdrückung von W_{kl} (vgl. oben) mit (13), (14) und (12)

$$U = \frac{3}{5} \frac{h^2}{2m} \left[(6\pi^2 n^+)^{2/3} n^+ + (6\pi^2 (n-n^+))^{2/3} (n-n^+)\right] - \\ - \frac{3}{2} e^2 \left[\left(\frac{3n^+}{4\pi}\right)^{1/3} n^+ + \left(\frac{3(n-n^+)}{4\pi}\right)^{1/3} (n-n^+)\right] \right\} \quad (15)$$

Wir wollen hier kurz feststellen, daß auch zwischen Elektronen mit antiparallelem Spin Beziehungen bestehen, falls man die Wechselwirkung der Elektronen schon von vornherein in Betracht zieht [178]. Da die Abstoßung zweier Elektronen groß wird, wenn sie sich sehr nahe kommen, wird also auch für Elektronen mit antiparallelem Spin die Wahrscheinlichkeit eines sehr kleinen Abstandes kleiner sein als bei gleichmäßiger Dichteverteilung. Dies gibt eine weitere Erniedrigung der Energie, proportional zu einer Potenz von $n^+ n^-$. Dieser Term ist aber immer kleiner als die Austauschenergie. Wir werden ihn deshalb vernachlässigen, insbesondere, da er zu sehr komplizierten Ausdrücken führt.

Wir wollen die Gesamtenergie (15) für zwei einfache Spezialfälle angeben: Für den Fall, daß alle Elektronen parallele Spins haben und für den Fall, daß es gleich viele Elektronen mit beiden Spinrichtungen gibt. Im ersten Fall ist $n = n^+$, d. h.

$$U_1 = \frac{3}{5} \frac{h^2}{2m} (6\pi^2 n)^{2/3} n - \frac{3}{2} e^2 \left(\frac{3n}{4\pi}\right)^{1/3} n, \qquad n = n^+.$$

Im zweiten Fall ist $n^+ = n^-$, d. h. $n^+ = \frac{n}{2}$. (15) wird dann

$$U_2 = \frac{3}{5} \frac{h^2}{2m} (3\pi^2 n)^{2/3} n - \frac{3}{2} e^2 \left(\frac{3n}{8\pi}\right)^{1/3} n, \qquad n^+ = n^-.$$

Ein Gas von freien Elektronen ist dann ferromagnetisch [59], wenn $U_1 < U_2$, d. h. $U_1 - U_2 < 0$ ist, denn dann hat der Zustand, in dem alle Elektronen parallelen Spin haben, die kleinste Energie. Nun ist

$$\frac{1}{n}(U_1 - U_2) = \frac{3h^2}{10m} (3\pi^2 n)^{2/3} (2^{2/3} - 1) - \frac{3}{2} e^2 \left(\frac{3n}{8\pi}\right)^{1/3} (2^{1/3} - 1).$$

Die Bedingung $U_1 - U_2 < 0$ lautet also

$$\frac{5}{4\pi^2} \left(\frac{8\pi}{3n}\right)^{1/3} \frac{me^2}{h^2} > \frac{2^{2/3} - 1}{2^{1/3} - 1} = 2^{1/3} + 1$$

oder

$$n < \frac{8\pi}{3} \left(\frac{me^2}{h^2} \frac{5}{4\pi^2} \frac{1}{2^{1/3} + 1}\right)^3 = 0{,}9 \cdot 10^{22} \, \text{cm}^{-3}.$$

Bei allen Metallen ist n größer als dieser Wert, z. B. $n = 2{,}6 \cdot 10^{22}$ für Na, $n = 8{,}5 \cdot 10^{22}$ für Cu, so daß die Valenzelektronen der

Metalle, die ja beinahe wie freie Elektronen behandelt werden können, nie Ferromagnetismus erzeugen. Hätten wir, wie oben angedeutet, auch die Energiebeiträge, die von Beziehungen zwischen Elektronen mit antiparallelem Spin herrühren, mitberücksichtigt, so wäre der Grenzwert für n noch niedriger ausgefallen.

Wenn hiernach die Valenzelektronen auch nicht ferromagnetisch sind, so zeigen sie doch eine viel größere Tendenz, ihre Spins parallel zu stellen, als bei Vernachlässigung der Austauschwechselwirkung. Dies ist natürlich für den Paramagnetismus der Elektronen von Bedeutung, wie wir in § 27 näher ausführen werden.

§ 25. Der ferromagnetische Zustand [44].

Die Bedingungen für Ferromagnetismus. Wir haben am Ende von § 24 festgestellt, daß die Valenzelektronen sicher nicht für den Ferromagnetismus verantwortlich sind. Daher müssen wir die Elektronen innerer Schalen betrachten. Sind die Zustände einer inneren Schale alle besetzt, so gibt es gleich viele Elektronen mit beiden Spinrichtungen. Ein Überschuß von Spins in einer Richtung ist daher nur möglich, wenn eine innere Schale des betreffenden Atoms nicht abgeschlossen ist.

Wenn die Atome eines Metalls nicht abgeschlossene innere Schalen haben, braucht das betreffende Metall natürlich noch nicht ferromagnetisch zu sein. Dazu ist noch nötig, daß der Zustand, in dem die Spins der nicht abgeschlossenen Schale parallel sind, die tiefste Energie besitzt. Nach § 24, (8) ist das dann erfüllt, wenn das Austauschintegral A positiv ist. $A > 0$ ist allerdings nur eine notwendige, nicht eine hinreichende Bedingung, wie das in § 24 behandelte Beispiel freier Elektronen zeigt[1]. Das Metall wird aber um so wahrscheinlicher ferromagnetisch sein, je größer A ist.

Nach § 24, (7) ist

$$A = e^2 \int \frac{\varrho_{\text{int}}}{r_{12}} d\tau_1 d\tau_2 - e^2 \int \varrho_{\text{int}} \left(\frac{1}{R_{1II}} + \frac{1}{R_{2I}} \right) d\tau_1 d\tau_2.$$

Hier bezieht sich der erste Term auf die Wechselwirkung der Elektronen untereinander (Abstand r_{12}), der zweite Term auf die Wechselwirkung der Elektronen mit den Kernen der Nachbaratome. Damit $A > 0$ ist, muß der erste Term groß, der zweite klein sein.

---

[1] Dieses Beispiel kann jedoch nicht als Spezialfall unserer gegenwärtigen Betrachtungen aufgefaßt werden, denn hier gehen wir ja von den Zuständen der freien Atome aus, dort jedoch von den Zuständen im Metall.

Das ist am ehesten dadurch zu erfüllen, daß ϱ_{int} in dem Gebiet zwischen den Atomkernen groß wird, denn dann ist das erste Integral groß, weil ϱ_{int} dort groß ist, wo r_{12} klein ist, nämlich zwischen den Kernen. Hingegen ist ϱ_{int} nahe den Kernen klein, so daß das zweite Integral klein wird. ϱ_{int} entsteht nach S. 287 durch Überlagerung der Eigenfunktionen der beiden benachbarten Atome. ϱ_{int} ist daher zwischen den Kernen um so größer, je größer die Ladungsdichten der fraglichen Atome im Gebiet zwischen den Kernen und je kleiner sie in der Nähe der Kerne ist. Dazu muß zunächst die azimutale Quantenzahl der Elektronen möglichst groß sein, denn je größer diese ist, desto größer ist der Drehimpuls der Elektronen und um so weiter entfernen sie sich daher vom Kern. Damit ein Elektron dem Nachbarkern aber nicht zu nahe kommt, muß der Radius der Schale möglichst klein gegen den Abstand der Kerne sein. Diese beiden Bedingungen sind natürlich nur qualitativ, wir zeigen jedoch an Hand von Tabelle 27, daß sie am besten für die ferromagnetischen Metalle erfüllt sind. Wir bringen dort die Elemente mit den Ordnungszahlen 22—28 (Ti—Ni), bei denen die $3-d$ Schale aufgefüllt wird. (Ti hat ein Elektron, Ni acht Elektronen in der $3-d$-Schale, die maximal zehn Elektronen enthalten kann.) Für diese Elemente steigt das Verhältnis $v =$ Gitterabstand : Radius der inneren Schale mit wachsender Auffüllung und erreicht bei den ferromagnetischen Metallen Fe, Co, Ni ihre höchsten Werte. Zum Vergleich bringen wir auch die Elemente Ru, Rh, Pd, welche die Endglieder bei der Auffüllung der $4-d$-Schalen sind und entsprechend Os, Ir, Pt ($5-d$-Schale). Bei allen diesen ist v kleiner als bei Fe, Co, Ni.

Tabelle 27. Nach [88a].

Metall	Ti	V	Cr	Mn	Fe	Co	Ni	Ru	Rh	Pd	Os	Ir	Pt
v	1,1	1,2	1,3	1,5	1,6	1,8	2,0	1,1	1,3	1,4	1,0	1,1	1,2

Über die Größe des Austauschintegrals A läßt sich noch eine weitere qualitative Aussage machen. Wie wir oben gezeigt haben, wächst A mit wachsendem v. Wenn v aber sehr groß wird, muß A wieder abnehmen, denn bei Atomen, die sehr weit voneinander entfernt sind, überdecken sich die Eigenfunktionen überhaupt nicht. Daher wird A zunächst mit wachsendem v wachsen, nach Überschreiten eines maximalen Wertes aber wieder abnehmen.

Ein Maß für die Größe von A ist die CURIE-Temperatur T_c, das ist die Temperatur, bei welcher das Metall vom ferromagnetischen in den paramagnetischen Zustand übergeht. Wir werden die Temperaturabhängigkeit des Ferromagnetismus weiter unten ausführlich behandeln. Rein qualitativ läßt sich aber immer sagen, daß

$$k\,T_c \cong A$$

sein muß, denn dann ist die Wärmeenergie des Metalls so groß, daß sie die ferromagnetische „Bindung" zerstören kann. Die meisten CURIE-Temperaturen liegen zwischen 100° C und 1000° C (Fe 770° C, Co 1075° C, Ni 360° C), d. h. A muß zwischen 1/100 und 1/10 e-Volt liegen. Das ist gerade die Größenordnung, die wir für die Wechselwirkung der Elektronen der höchsten inneren Schale erwarten dürfen, da ja die Wechselwirkungsenergie der Valenzelektronen von der Größenordnung 1 e-Volt ist. Mehr als qualitative theoretische Angaben sind aber gegenwärtig nicht möglich.

Neben den in Tabelle 27 aufgeführten Metallen haben noch die Metalle der seltenen Erden besonders große v-Werte, von denen fast alle noch größer als die v-Werte von Fe, Co und Ni sind. Hier werden wir annehmen, daß v so groß ist, daß A mit wachsendem v schon abnimmt. Daher müssen die seltenen Erden, falls sie überhaupt ferromagnetisch sind, sehr tiefe CURIE-Punkte haben (vermutlich nahe am absoluten Nullpunkt). Ein verhältnismäßig hoher CURIE-Punkt, nämlich $T_c \cong 20°$ C, wurde bei Gadolinium gefunden [203].

Die Metalle Cr und Mn, die im periodischen System vor Fe stehen, sind zwar nicht ferromagnetisch, aber dafür stark paramagnetisch (§ 27). Es gibt jedoch sehr viele Legierungen dieser Metalle, die ferromagnetisch sind. Das bekannteste Beispiel sind die HEUSLERschen Legierungen (Mn, Cu mit einem dritten Metall). In diesem Fall ist allerdings noch unklar, ob der Ferromagnetismus nur dem Mn oder auch dem Cu zuzuschreiben ist. Cu hat eine aufgefüllte $3-d$-Schale (es steht nach Ni im periodischen System) und ein $4-s$-Elektron. Mn hat im atomaren Zustand hingegen fünf $3-d$-Elektronen (also fünf freie Plätze in der $3-d$-Schale) und ein $4-s$-Elektron. Im metallischen Zustand ist das Energieband der $4-s$-Elektronen sicher breit gegen das Band der $3-d$-Elektronen. Außerdem müssen sich beide Bänder stark überdecken, so daß die Grenzenergie im gemeinsamen Gebiet liegt, weil sonst alle Elektronen im $3-d$-Band wären (vgl. § 30 und Abb. 60, S. 332). Auch bei Cu überdecken sich 3—d- und 4—s-Band, jedoch nicht so stark wie bei Mn, so daß hier die Grenzenergie nur im 4—s-Band liegt und die 3—d-Schale abgeschlossen ist. Bringen wir jetzt Cu zu Mn, so werden die 4—s-Elektronen und ein Teil der 3—d-Elektronen des Kupfers in das 3—d-Band des Mn gehen und versuchen, dieses aufzufüllen. Dadurch wird die 3—d-Schale von Cu zum Teil abgebaut, so daß auch bei Cu die erste Bedingung für Ferromagnetismus, nicht abgeschlossene innere Schale, erfüllt ist. Andererseits ist der Radius der 3—d-Schale bei Cu kleiner als bei Mn, so daß das Verhältnis v für die ins Mn-Gitter eingebauten Cu-Atome größer (günstiger) als für die Mn-Atome ist.

Gesamtenergie. Wir interessieren uns hier für denjenigen Teil der Gesamtenergie des Metalls, der mit den ferromagnetischen Eigenschaften verknüpft ist. Bei einem ferromagnetischen Metall hat der energetisch tiefste Zustand ein magnetisches Moment. In diesem tiefsten Zustand ist das Metall natürlich nur am absoluten Nullpunkt. Mit wachsender Temperatur werden energetisch höhere Zustände angeregt und das magnetische Moment wird kleiner. Wir wollen zunächst den Zusammenhang zwischen Energie und Moment herstellen und dann die Temperaturabhängigkeit der Momente berechnen.

Die Austauschenergie ist derjenige Teil der Gesamtenergie, der im Zusammenhang mit dem magnetischen Moment steht. Wir haben schon oben mitgeteilt, daß ihre exakte Berechnung mit sehr großen Schwierigkeiten verknüpft ist. Wir machen daher folgende vereinfachende Annahme. Ein Atom soll nur mit seinen nächsten Nachbarn in Wechselwirkung stehen, deren Anzahl Z sei. Diese Annahme ist sicher gut erfüllt, weil die Austauschkräfte in größerer Entfernung exponentiell abnehmen. Sodann nehmen wir an, daß die Wechselwirkung zweier Nachbaratome in gleicher Weise vor sich gehe, wie bei dem in § 24, (6a), (6b) behandelten Zweikörperproblem, d. h., daß zwei Elektronen mit parallelem Spin den Beitrag A, mit antiparallelem Spin den Beitrag $-A$ zur Energie liefern[1]. Diese Annahme ist sicher nicht so gut erfüllt

---

[1] Bei dem auf S. 291 benützten Modell liefern Elektronen mit antiparallelem Spin überhaupt keinen Beitrag zur Austauschenergie. Der Unterschied rührt daher, daß im gegenwärtigen Fall Elektronen mit antiparallelem Spin in verschiedenen, einfach besetzten Quantenzuständen sitzen. Dies widerspricht den Voraussetzungen, die wir auf S. 291, Fußnote 1, bei dem dort benützten Modell gemacht haben.

Der ferromagnetische Zustand.

wie die erste Annahme, denn ähnlich wie es bei der Berechnung der Energieaufspaltung eines Elektronenterms (§ 4 A) bei einem N-Körperproblem im ganzen N Energiewerte zwischen $-A$ und A gab [vgl. Gl. (7), § 4], wird es auch hier Werte zwischen $-A$ und A geben. Trotzdem wird unsere Annahme am allgemeinen Verhalten der Energie in Abhängigkeit von der Magnetisierung nicht viel ändern, sondern wahrscheinlich im wesentlichen nur bewirken, daß A durch einen etwas anderen Zahlenwert zu ersetzen ist.

Die Spins der einzelnen Elektronen können sich bekanntlich nur parallel oder antiparallel zu einem äußeren Magnetfeld einstellen. Sei N^+ die Zahl der Elektronen mit parallelem und N^- die Zahl mit antiparallelem Spin. (Wir werden die Spinstellungen mit $+$ bzw. $-$ bezeichnen.) Dann ist

$$N = N^+ + N^- \qquad (1)$$

die Gesamtzahl der Elektronen und

$$\mu M = \mu (N^+ - N^-) \qquad (2)$$

ihr resultierendes magnetisches Moment. Ferner hat ein Atom mit Z Nachbarn im Mittel $\frac{Z N^+}{N}$ Nachbarn mit $+$-Spin und $\frac{Z N^-}{N}$ Nachbarn mit $-$-Spin. Ein Elektron mit $+$-Spin hat mit jedem Nachbarelektron mit $+$-Spin die Wechselwirkungsenergie $-A$ und mit jedem Nachbarn mit $-$-Spin die Wechselwirkungsenergie $+A$. Insgesamt ergibt das den Beitrag

$$-A \frac{Z}{N} (N^+ - N^-). \qquad (3)$$

Da es im ganzen N^+-Elektronen mit $+$-Spin gibt, ist der Gesamtbeitrag dieser Elektronen das N^+-fache von (3). Dabei wird aber jedes Elektron Z-fach gezählt, so daß wir noch mit Z dividieren müssen und als Gesamtbeitrag der N^+-Elektronen zur Energie

$$-A \frac{N^+}{N} (N^+ - N^-)$$

erhalten. Entsprechend wird der Beitrag der N^--Elektronen

$$-A \frac{N^-}{N} (N^- - N^+).$$

Die gesamte, vom magnetischen Moment abhängige Energie E_m ergibt sich durch Addition dieser beiden Ausdrücke. Unter Verwendung von (2) erhalten wir

$$E_m = -\frac{A}{N}(N^+ - N^-)^2 = -\frac{A M^2}{N}. \qquad (4)$$

Die Austauschenergie ist somit proportional zum Quadrat des

magnetischen Moments. Bei Anwesenheit eines äußeren Magnetfeldes H kommt hierzu noch die magnetische Energie $-\mu H M$, so daß die Gesamtenergie dann

$$E(M) = -\frac{A M^2}{N} - \mu H M \tag{4a}$$

ist. Bei der Berechnung der Temperaturabhängigkeit brauchen wir außer der Gesamtenergie auch noch das statistische Gewicht $g(M)$ eines Zustandes mit bestimmtem magnetischem Moment μM. Das statistische Gewicht ist gleich der Zahl der Möglichkeiten mit der man die N-Elektronenspins so in zwei Teile teilen kann, daß N^+-Elektronen $+$-Spin haben [also nach (1) N^--Elektronen $-$-Spin]. Bekanntlich ist dies auf $\binom{N}{N^+}$ verschiedene Weisen möglich. Das statistische Gewicht des Zustandes mit dem magnetischen Moment μM wird also, weil nach (1) und (2) $2 N^+ = N + M$ ist,

$$g(M) = \binom{N}{\frac{N+M}{2}}. \tag{5}$$

Temperaturabhängigkeit. Die Wahrscheinlichkeit dafür, daß das Metall die Gesamtenergie $E(M)$ hat, ist proportional zu

$$g(M) e^{-\frac{E(M)}{kT}}. \tag{6}$$

Das mittlere, magnetische Moment bei einer bestimmten Temperatur erhält man durch Mittelung über alle möglichen Zustände (6). Anstatt dessen können wir unter der Annahme, daß (6) ein ausgeprägtes Maximum bei einem bestimmten $M = M_0$ hat, das mittlere Moment $\mu \overline{M}$ mit dem wahrscheinlichsten μM_0 identifizieren. Die Bedingung, daß (6) ein Maximum hat, lautet unter Beachtung, daß die Zahl $M = N^+ - N^-$ sich jeweils um 2 ändert:

$$g(M_0) e^{-\frac{E(M_0)}{kT}} = g(M_0 + 2) e^{-\frac{E(M_0 + 2)}{kT}}$$

Unter Verwendung von (4a) und (5) wird dies

$$\binom{N}{\frac{N+M_0}{2}} e^{-\frac{A M_0^2}{NkT} - \frac{\mu M_0 H}{kT}} = \binom{N}{\frac{N+M_0}{2}+1} e^{-\frac{A(M_0+2)^2}{NkT} - \frac{\mu(M_0+2)H}{kT}}$$

Unter Beachtung, daß (mit $N \gg 1$, $M_0 \gg 1$)

$$\binom{N}{\frac{N+M_0}{2}} \bigg/ \binom{N}{\frac{N+M_0}{2}+1} = \frac{\frac{N+M_0}{2}+1}{N - \frac{N+M_0}{2}} \cong \frac{N+M_0}{N-M_0}$$

ist, erhält man
$$M_0 = N \, \mathfrak{Tg} \left(\frac{2 M_0 A}{N k T} + \frac{\mu H}{k T} \right),$$
wobei
$$\mathfrak{Tg} \, x = \frac{e^x - e^{-x}}{e^x + e^{-x}}$$
ist. Die Magnetisierung $J = \mu M_0$ ist dann
$$\frac{J}{J_0} = \mathfrak{Tg} \left(\frac{\mu}{k T} (H + H') \right), \qquad J_0 = \mu N \qquad (7)$$
mit
$$H' = \frac{2 A J}{N \mu^2} = \frac{J}{J_0} \frac{2 A}{\mu}, \qquad \text{oder} \qquad \frac{J}{J_0} = \frac{\mu H'}{2 A}. \qquad (7\,\text{a})$$

Eine Formel von genau dieser Art mit $H' = 0$ wird für paramagnetische Gase erhalten. In unserem Fall ist die Magnetisierung genau so groß wie bei einem paramagnetischem Gas, wenn außer dem äußeren Feld H noch ein „inneres Feld" H', das zur Magnetisierung J proportional ist, auftritt [31]. J_0 ist die Sättigungsmagnetisierung für $T = 0$.

Das Metall ist bei denjenigen Temperaturen im ferromagnetischen Zustand, bei welchen ohne äußeres Feld eine von Null verschiedene Magnetisierung J herrscht. Für diese Temperaturen müssen also mit $H = 0$ die Gl. (7) und (7 a) bei reellem J befriedigt werden können. Um die Bedingungen hierfür näher zu untersuchen, schreiben wir zur Abkürzung
$$x = \frac{\mu H'}{k T}.$$
Wir müssen dann die Gleichung [vgl. (7) und (7 a)]
$$\mathfrak{Tg} \, x = \frac{k T}{2 A} x$$
für reelle Werte von x lösen. Da für alle reellen x-Werte $|x| > |\operatorname{tg} h x|$ ist und außerdem $0 \leq |\operatorname{tg} h x| < 1$, muß $k T < 2 A$ sein. Der CURIE-Punkt ist daher durch
$$k T_c = 2 A \qquad (8)$$
gegeben, wie wir schon anfangs vermutet hatten. Für Temperaturen über dem CURIE-Punkt, $T > T_c$, wird das Argument des $\operatorname{tg} h$ in (7) kleiner als Eins. Wegen $\operatorname{tg} h \, x \cong x$ für $x < 1$ wird dann aus (7) und mit (8):
$$\frac{J}{J_0} = \frac{\mu H}{k (T - T_c)}, \qquad T > T_c. \qquad (9)$$

Wir müssen hier ausdrücklich darauf hinweisen, daß (9) nur gültig ist, wenn ein Atom höchstens ein BOHRsches Magneton zur Magnetisierung beiträgt (vgl. § 27, S. 317).

Tiefe Temperaturen [73]. Bei tiefen Temperaturen sind beinahe alle Spins zueinander parallel. In diesem Fall kann man die Gesamtenergie und die Temperaturabhängigkeit in einer besseren Näherung als oben (7) berechnen. Es sei ε_0 die Gesamtenergie des Metalls, wenn alle Spins parallel, etwa in der $+$-Richtung, sind. Wenn wir jetzt einen Spin in die $-$-Richtung umklappen, so wird die Energie erhöht, und zwar bei dem in § 24 behandelten Zweikörperproblem um $2A$. Von hier aus hatten wir oben bei Z Nachbarn auf eine Z-fache Erhöhung der Energie approximiert, dabei aber darauf hingewiesen, daß dies eigentlich der Maximalwert der Energieerhöhung sein soll. Bei einem Kristall von N-Atomen sollte es im ganzen N verschiedene Energiewerte geben. Das Problem hat eine gewisse Ähnlichkeit mit der Berechnung der Energiezustände eines Elektrons in einem Kristall von N Atomen. Wenn wir diese nach § 4 A berechnen, so ergeben sich im Falle eines Zweikörperproblems zwei Energiestufen, die sich um die Energie $2A$ unterscheiden, genau wie bei unserem Spinproblem. Eine Berechnung, die wir hier nicht wiedergeben, zeigt nun, daß die Energieerhöhung ε genau in der gleichen Form geschrieben werden kann, wie die Energieaufspaltung eines Elektronenniveaus in einem Metall [§ 4, (7)]. Unter Einführung einer Spinwellenzahl wird dann die Energiedifferenz ε vom Grundzustand, bei einem einfachen kubischen Gitter mit der Gitterkonstante a, durch die Formel

$$\varepsilon = 2A\,(3 + \cos k_x a + \cos k_y a + \cos k_z a) \qquad (10)$$

dargestellt. Die Wellenzahl kann wie in § 3, (6) N verschiedene Werte annehmen. Der maximale Wert von ε ist nach (10) $2A \cdot 6 = 12 A$, in Übereinstimmung damit, daß jedes Atom in einem kubischen Kristall 6 Nachbarn hat. Formel (10) ist vollkommen exakt gültig. Wenn nicht ein Spin, sondern r Spins in die $-$-Richtung umgeklappt sind, werden sich die Beiträge der Energieerhöhungen der einzelnen Spins so lange linear überlagern, so lange sich die umgeklappten Spins nicht beeinflussen. Das ist dann der Fall, wenn die Zahl r so klein ist, daß die Spins der Nachbaratome eines Atoms mit umgeklapptem Spin nicht umgeklappt sind. So lange dies erfüllt ist, bleibt unsere gegenwärtige Näherung streng gültig.

Wir können die weiteren Überlegungen mit einer Methode behandeln, die durch die formale Übereinstimmung der Energie-*erhöhung* durch Umklappen eines $+$-Spins (das heißt durch die Erzeugung eines $-$-Spins) mit der *Energie* eines Elektrons veranlaßt wird. Anstatt von der Energieerhöhung durch Umklappen eines Spins zu sprechen, werden wir einfach von der Energie eines $-$-Spins sprechen, genau wie von der Energie eines Elektrons. Die Gesamtenergie aller $-$-Spins ist bis auf eine additive Konstante identisch mit der Gesamtenergie des Metalls. Eine additive Konstante ist für uns aber belanglos. Wir haben jetzt die Gesamtzahl aller $-$-Spins zu untersuchen, ähnlich wie wir in § 5 die Gesamtheit aller Elektronen studiert haben. Ein $-$-Spin wird ähnlich wie ein Elektron mit einer bestimmten Geschwindigkeit durch den Kristall wandern. Ebenso wie von Elektronenwellen können wir daher von Spinwellen reden. Die Energie einer Spinwelle ist durch (10) bestimmt. Bei tiefen Temperaturen haben die Spinwellen kleine Energien, so daß wir die Cosinusse in Gl. (10) entwickeln können. Wir erhalten dann

$$\varepsilon = A\, a^2\, (k_x^2 + k_y^2 + k_z^2) = A\, a^2\, k^2. \tag{11}$$

Zwischen Spinwellen und Elektronenwellen gibt es zwei wesentliche Unterschiede:

1. Die Zahl der Spinwellen ($-$-Spins) ist nicht konstant.
2. Die Spinwellen genügen *nicht* dem PAULI-Prinzip, d. h. beliebig viele Spinwellen können die gleiche Wellenzahl haben.

Aus diesen beiden Punkten ergibt sich, daß die Spinwellen (Spins) statistisch genau so wie Lichtquanten zu behandeln sind, denn diese erfüllen ebenfalls die oben stehenden beiden Punkte. Somit ist die Wahrscheinlichkeit, daß bei der Temperatur T eine Spinwelle mit der Energie ε angeregt ist, gegeben durch[1]

$$\frac{1}{e^{\frac{\varepsilon}{\mathsf{k}\, T}} - 1}.$$

Die Anzahl der Zustände im Volumenelement $d\tau_f$ des f-Raums ist nach § 3, (6a)

$$\frac{R}{(2\pi)^3}\, d\tau_f.$$

Dabei ist

$$R = a^3 N$$

---

[1] Ableitung im Anhang 4. k ist die BOLTZMANN-Konstante, im Gegensatz zur Wellenzahl k.

das Volumen des Kristalls. Die Anzahl der Spinwellen im Volumenelement $d\tau_f$ bei der Temperatur T ist somit

$$N\left(\frac{a}{2\pi}\right)^3 \frac{d\tau_f}{e^{\frac{\varepsilon}{kT}}-1}.$$

Die Gesamtzahl N^- der Spinwellen ergibt sich hieraus durch Integration

$$N^- = N\left(\frac{a}{2\pi}\right)^3 \int \frac{d\tau_f}{e^{\frac{\varepsilon}{kT}}-1}. \tag{12}$$

Die Integrationsgrenzen können wir von $k=0$ bis $k=\infty$ erstrecken, da für tiefe Temperaturen der Beitrag großer Energien, d. h. großer k-Werte, infolge des exponentiellen Verhaltens des Nenners verschwindend klein wird. Wir setzen (11) in (12) ein und erhalten nach Integration über die Winkel, die $d\tau_f$ in $4\pi k^2 dk$ überführt:

$$N^- = 4\pi N\left(\frac{a}{2\pi}\right)^3 \int_0^\infty \frac{k^2\,dk}{e^{\frac{Ak^2a^2}{kT}}-1} = \frac{N}{2\pi^2}\left(\frac{kT}{A}\right)^{3/2} \int_0^\infty \frac{x^2\,dx}{e^{x^2}-1}, \quad x^2 = \frac{Ak^2a^2}{kT}$$

Der Wert des Integrals über x ist $\cong 1{,}3$, so daß

$$N^- = \frac{1{,}3}{2\pi^2} N\left(\frac{kT}{A}\right)^{3/2} \tag{12a}$$

wird. Aus der Gesamtzahl der Spinwellen, d. h. der —-Spins, erhalten wir sofort das gesamte magnetische Moment, das nach (1) und (2)

$$\mu M = \mu(N - 2N^-)$$

ist, also nach (12a)

$$J = \mu M = \mu N\left(1-\left(\frac{T}{T_\gamma}\right)^{3/2}\right), \qquad T \ll T_\gamma \tag{13}$$

oder

$$\frac{J}{J_0} = 1-\left(\frac{T}{T_\gamma}\right)^{3/2}, \tag{13a}$$

wobei

$$kT_\gamma = \left(\frac{2\pi^2}{2{,}6}\right)^{2/3} A \cong 4A$$

ist. Wenn wir das Gesetz (13) bis zu hohen Temperaturen extrapolieren, ist T_γ der CURIE-Punkt.

Diskussion der Temperaturabhängigkeit. Wir beginnen mit tiefen Temperaturen, d. h. mit Formel (13a). Diese Formel gibt das Verhältnis der Sättigungsmagnetisierung J bei einer Temperatur T zur Sättigungsmagnetisierung J_0 für $T=0$. (13a) ist für tiefe Temperaturen kein Näherungsgesetz, sondern ein exaktes Gesetz, weil unsere Voraussetzungen, die zu (13a) führten, bei tiefen Temperaturen exakte Gültigkeit haben. Eine Prüfung an Eisen in einem Temperaturintervall zwischen 20° abs. 290° abs. ergab eine ausgezeichnete Bestätigung des $T^{3/2}$-Gesetzes (13a). Abbildung 56 zeigt die Meßergebnisse [177]. Dabei ist J als Funktion von $T^{3/2}$ aufgetragen. Alle Meßpunkte liegen innerhalb der Meßgenauigkeit auf einer Geraden.

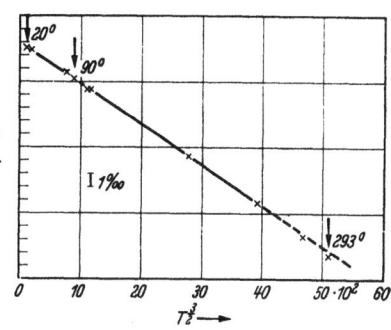

Abb. 56. Die Sättigungsmagnetisierung I als Funktion von $T^{3/2}$ nach [177].

Wir kommen jetzt zur Besprechung unseres Gesetzes (7), das im Gegensatz zu (13a) Gültigkeit im ganzen Temperaturintervall bis zum CURIE-Punkt hat, dafür aber nur ein Näherungsgesetz ist. Aus (7) und (7a) folgt sofort, daß der Zusammenhang zwischen den beiden Größen $\frac{J}{J_0}$ und $\frac{T}{T_c}$ unabhängig vom betreffenden Metall sein muß. Das wird, wie wir an Hand von Abb. 57 zeigen, sehr gut bestätigt. Dort ist $\frac{J}{J_0}$ für Fe, Co und Ni als Funktion von $\frac{T}{T_c}$ aufgetragen. Die Meßpunkte der verschiedenen Metalle liegen auf einer vollständig glatten Kurve. Diese ist außerdem in guter Übereinstimmung mit der aus (7) und (7a) folgenden theoretischen Kurve. Die Abweichungen bei tiefen Temperaturen, wo das Gesetz (13a) gültig ist[1], liegen außerhalb der Genauigkeit der Figur.

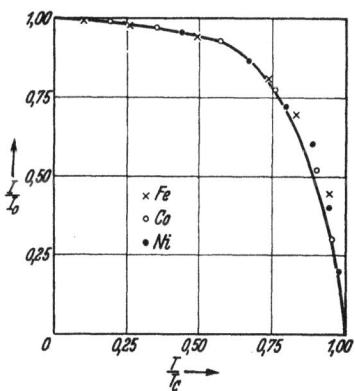

Abb. 57. I/I_0 als Funktion von T/T_c.
——— theoretisch [109].

[1] Gl. (7) geht für tiefe Temperaturen *nicht* in (13a) über.

Für Temperaturen $T > T_c$ gilt das CURIE-WEISSsche Gesetz (9). Danach ist die Magnetisierung Null für $H = 0$, d. h. das Metall ist jetzt paramagnetisch. Die Temperaturabhängigkeit (9) wird sehr gut bestätigt.

Sättigungsmagnetisierung. Die Sättigungsmagnetisierung J_0 für $T = 0$ ist nach (7) $J_0 = \mu N$, falls jedes Atom ein BOHRsches Magneton zur Gesamtmagnetisierung beiträgt. Allgemeiner ist daher

$$J_0 = S \mu N,$$

falls S die Zahl der BOHRschen Magnetonen pro Atom ist. Im atomaren Zustand fehlen in der $3-d$-Schale bei Fe vier, bei Co drei und bei Ni zwei Elektronen. Bei einer elementaren Überlegung würde man daher als Sättigungsmagnetisierung 4 (Fe), 3 (Co) und 2 (Ni) BOHRsche Magnetonen pro Atom erwarten. Tatsächlich aber findet man 2,2 (Fe), 1,8 (Co) und 0,6 (Ni) BOHRsche Magnetonen, also nicht eine ganze Zahl pro Atom. Man ist daher zur Annahme gezwungen, daß nicht alle Atome den gleichen Beitrag zu J_0 liefern, daß also nicht alle Atome im gleichen Zustand sind [111]. Diese Auffassung wird ganz selbstverständlich, wenn wir nicht von der Näherung von seiten freier Atome ausgehen, die wir nur in diesem Paragraphen gewählt haben, weil sie eine besonders einfache Behandlung der Elektronenwechselwirkung gestattet. In unserer üblichen Behandlungsweise müssen wir die Verteilung der Elektronen auf das $4-s$-Band und auf das $3-d$-Band betrachten. Da das $3-d$-Band nicht abgeschlossen ist, muß es sich so stark mit dem $4-s$-Band überdecken, daß die Grenzenergie in dem beiden Bändern gemeinsamen Gebiet liegt. In diesem Fall liegt aber gar keine Veranlassung dazu vor, anzunehmen, daß die Zahl der freien Plätze im d-Band ganzzahlig pro Atom sein muß. Bei Ni bedeutet dies in der Näherung dieses Paragraphen, daß das Metall aus einem Gemisch von Atomen mit abgeschlossenen und nichtabgeschlossenen d-Schalen besteht (vgl. § 27, S. 317).

§ 26. Die Magnetisierungskurve.

Überblick. In § 25 zeigten wir, wie die Austauschkräfte bewirken können, daß der magnetische Zustand eine kleinere Energie hat als der unmagnetische. Die Energiedifferenz beider Zustände hat pro Elektron die Größe $kT_c \cong \frac{1}{100}$ bis $\frac{1}{10}$ e-Volt. Wir werden diese Energie für unsere Zwecke durch die magnetische Energie eines

Elektrons in einem Felde H_c ausdrücken:
$$k T_c = \mu H_c,$$
woraus
$$H_c \cong 10^6 - 10^7 \text{ Gauß} \qquad (1)$$
folgt. Von dieser Stärke müssen äußere Felder sein, wenn die für irgendeine bestimmte Temperatur berechnete Sättigungsmagnetisierung J überschritten werden soll.

Nun gibt es aber bei allen ferromagnetischen Metallen bei schwachen Feldern eine Reihe von Erscheinungen, die durch unsere bisherige Theorie noch nicht erklärt werden. Hierher gehören alle Fragen, die mit dem Verlauf der Magnetisierungskurve zusammenhängen. Nach unserem Modell sollten alle ferromagnetischen Metalle ohne äußeres Feld schon bis zur Sättigung magnetisiert sein. Tatsächlich ist dazu aber ein äußeres Feld von der Größenordnung 1000 Gauß nötig. Die Energie, die diesem Feld entspricht, ist ungefähr 1000mal kleiner als die Austauschenergie. Wir dürfen daher erwarten, daß nur kleine Zusatzkräfte nötig sind, um den Verlauf der Magnetisierungskurve zu erklären. Es scheint zunächst sehr eigenartig, daß durch so kleine Kräfte so auffällige Effekte hervorgerufen werden können. Das rührt, wie wir zeigen werden, daher, daß zwei Zustände, die sich magnetisch ganz verschieden verhalten, eine sehr geringe Energiedifferenz haben können. Wir denken uns z. B. einen stabförmigen Kristall, dessen Spins alle parallel sind. Diesen Kristall wollen wir in der Mitte zerschneiden, so daß beide Teile das gleiche magnetische Moment haben und dann so zusammensetzen, daß die Momente entgegengesetzte Richtung haben. Es sind dann z. B. im ersten Teil alle Spins nach links gerichtet und im zweiten nach rechts. Das resultierende Moment ist jetzt Null. Die Austauschenergie hat sich aber nur sehr wenig geändert. Nur auf der Schnittfläche ändert sich die Energie pro Elektron um $2A$. Die Energie aller anderen Elektronen bleibt unverändert.

Um uns über die Natur der Zusatzkräfte zu orientieren, überlegen wir uns zunächst wieder die Verhältnisse bei einem Zweielektronenproblem. Wir denken z. B. an das Heliumspektrum. Infolge der Austauschkräfte spaltet, wie wir gezeigt haben, jedes Energieniveau in zwei auf, deren Energiedifferenz $2A$ ist. Beim einen stehen die Spins parallel, beim anderen antiparallel. Das erstere besteht aus drei verschiedenen Zuständen, die dadurch charakterisiert sind, daß die Projektion der Gesamtspins[1] auf eine bestimmte Richtung 1,0 oder —1 sein kann. Diese drei Terme fallen in unserer gegenwärtigen Näherung zusammen. Berücksichtigen wir aber noch die magnetische Wechselwirkung der Spins untereinander und zwischen Spin und Bahn, so spaltet das fragliche Energieniveau in drei Terme auf, wodurch die Feinstruktur im Spektrum erzeugt wird. Ähnlich werden wir auch die im Zusammenhang mit der Magnetisierungskurve stehenden Erscheinungen als eine Art Feinstruktur zu deuten haben.

Folgende Tatsachen haben wir zu klären:

1. Die Magnetisierung eines Einkristalls ist ohne äußeres Feld immer Null. Zur Sättigungsmagnetisierung sind Felder von der Größenordnung 10^3—10^4 Gauß nötig.

2. Die Magnetisierungsenergie in einem Einkristall hängt von der Richtung des Feldes zu den kristallographischen Achsen ab. Unter Magnetisierungsenergie versteht man dabei

$$U = \int_0^{J_S} H \, dJ, \qquad (2)$$

wobei J_S die Sättigungsmagnetisierung ist, die von der Temperatur abhängt, nicht aber von der Richtung im Kristall.

Daneben sind auch noch Remanenz und Koerzitivkraft zu deuten. Beide verschwinden aber für Einkristalle, sie können also nur Eigenschaften der unvollkommenen Kristalle sein.

Die Deutung von 1. und 2. gelingt durch zwei einfache Hypothesen, die wir im folgenden auch theoretisch stützen werden.

I. Der Kristall zerfällt in einzelne kleine Gebiete, die immer bis zur Sättigung (für die jeweilige Temperatur) magnetisiert sind. Ohne äußeres Feld sind diese *Elementargebiete* so angeordnet, daß das makroskopische Moment verschwindet.

II. Zu der in § 25 berechneten Energie des Kristalls ist noch eine *Anisotropieenergie* zu addieren, die aber ungefähr 10^3mal kleiner ist als die Austauschenergie.

Die Anisotropieenergie [93]. Analog wie in unseren obigen Betrachtungen über die Feinstruktur müssen wir jetzt neben den elektrischen Kräften auch noch die magnetischen einführen. Es handelt sich dabei um die Wechselwirkung der Spins untereinander und der Spinmomente mit den Bahnmomenten. Die Symmetrie der Eigenfunktionen (Bahnmomente) ist wesentlich durch die

---

[1] Jedes Elektron hat den Spin $\frac{1}{2}$, der Gesamtspin ist also 1.

Kristallsymmetrie bestimmt. Daraus folgt sofort, daß die magnetische Energie ebenfalls durch die Kristallsymmetrie bestimmt ist. Wir müssen noch zeigen, daß die Energien die richtige Größenordnung haben. Die Wechselwirkungsenergie zwischen Spin und Bahn hat die gleiche Größenordnung wie die Feinstrukturaufspaltung der Terme eines freien Atoms, nämlich $\cong \pm 10^{-14}$ erg ($\cong 100$ cm^{-1} Aufspaltung). Wenn man die Beiträge aller Elektronen eines Elementargebietes summiert, erhält man aber Null, denn die Spins sind alle gleichgerichtet, während die Bahnmomente aufeinanderfolgender Atome antiparallel stehen[1]. Man muß daher zur zweiten Näherung übergehen, in der die Feinstrukturaufspaltung quadratisch auftritt, so daß sich die absoluten Beiträge aller Atome addieren. Aus der quantenmechanischen Störungsrechnung ergibt sich für die Wechselwirkungsenergie in zweiter Näherung

$$U \cong N \frac{U_0^2}{\Delta E}.$$

$N =$ Zahl der Elektronen, $U_0 =$ Feinstrukturaufspaltung $\cong \pm 10^{-14}$ erg, $\Delta E =$ Abstand des nächsten Terms $\cong 10^{-12}$ erg. Damit wird

$$U \cong N \cdot 10^{-16} \text{ erg},$$

oder, in Gauß ausgedrückt,

$$U \cong 10^4 \text{ Gauß},$$

wie es der, mit Hilfe von (2) aus den Meßdaten erhaltenen Größenordnung entspricht. Neben der Spin-Bahn-Wechselwirkung kommt auch noch die Spin-Spin-Wechselwirkung in Betracht. In Gauß ausgedrückt entspricht sie dem Feld eines Magnetons am Ort eines benachbarten, also im Gitterabstand a:

$$\frac{\mu}{a^3} \cong 10^3 \text{ Gauß}.$$

Diese Wechselwirkung ist somit etwas kleiner als die oben besprochene und daher nicht so wesentlich.

Wir haben nun die Ursachen der Anisotropieenergie geklärt. Ihre allgemeine Form in Abhängigkeit von den Winkeln zu den Kristallachsen ist durch die Kristallsymmetrie vorgeschrieben [90, 125]. Bei einem hexagonalen Kristall (Co), der *eine* ausgezeichnete Achse hat, wird

$$U = C \sin^2 \vartheta + C' \sin^4 \vartheta + \ldots, \tag{3}$$

---

[1] Das folgt aus dem gyromagnetischen Effekt, der zeigt, daß nur die Spinmomente, nicht aber die Bahnmomente für den Ferromagnetismus verantwortlich sind.

ϑ ist der Winkel zwischen der Magnetisierung und der Kristallachse. Ungerade Potenzen von $\sin\vartheta$ können nicht auftreten, weil dies der Kristallsymmetrie widerspricht, nach der $+\vartheta$ mit $-\vartheta$ gleichberechtigt ist. Man wird annehmen, daß $|C| \gg |C'|$ ist, was auch in Übereinstimmung mit der Erfahrung ist.

Bei kubischen Metallen, wo drei gleichberechtigte Achsen vorhanden sind, ist das quadratische Glied unabhängig von der Richtung, denn es ist

$$\alpha_1^2 + \alpha_2^2 + \alpha_3^2 = 1,$$

wo α_i die Richtungskosinuse der Magnetisierungsrichtung sind. Daher liefert dieses Glied keinen Beitrag zur Anisotropieenergie und es wird

$$U = c\,(\alpha_1^4 + \alpha_2^4 + \alpha_3^4) + c'\,\alpha_1^2 \alpha_2^2 \alpha_3^2 + \ldots \qquad (4)$$

Das Verschwinden der quadratischen Glieder hat zur Folge, daß bei unserer obigen Abschätzung von U auch die zweite Näherung keinen Beitrag liefert. Bei kubischen Kristallen muß U also kleiner sein, als z. B. bei hexagonalen. Tatsächlich findet man das auch. So ist für Eisen (kubisch) $U = 600$ Gauß, für Kobalt (hexagonal) aber $U = 10^4$ Gauß.

Die Elementargebiete [114]. Nach dem Obenstehenden ist die Energie jedes Elementargebietes ein Minimum, wenn seine Magnetisierung in eine ausgezeichnete Kristallrichtung zeigt. Wenn der Makrozustand des Kristalls unmagnetisch ist, werden die Elementargebiete daher in diesen Richtungen liegen. An der Grenze zwischen zwei Elementargebieten springt die Magnetisierungsrichtung von einer ausgezeichneten Richtung in eine andere. Wir wollen die Struktur der Grenzschicht untersuchen. Der Einfachheit halber betrachten wir einen Kristall mit nur *einer* ausgezeichneten Achse, so daß die Magnetisierungsrichtungen der beiden Elementargebiete antiparallel zueinander sind. In der Grenzschicht dreht sich der Magnetisierungsvektor um 180°. Nach (3) ist in diesem Gebiet die Energie höher als im Innern der Elementargebiete. Die Energieerhöhung durch die Anisotropieenergie ist[1]

$$\Delta E_1 = C\,\overline{\sin^2\vartheta}\cdot N = \frac{1}{2}\,C\,N.$$

C ist hier auf ein Elektron bezogen und hat die Größenordnung 10^4 Gauß. N ist die Zahl der Elektronen der Grenzschicht. Sei

---

[1] Überstreichen bedeutet Mitteln über alle Richtungen der Magnetisierung.

F die Oberfläche eines Elementargebietes und d die Dicke der Grenzschicht, so ist $N = \dfrac{Fd}{a^3}$, also

$$\Delta E_1 \cong \frac{CFd}{a^3}. \tag{5}$$

Für beliebig kleine Dicke d wird ΔE_1 beliebig klein.

Es gibt noch eine zweite Randenergie, die im Gegensatz zu (5) für sehr große Dicke d klein wird, das ist die Austauschenergie. Bestände eine scharfe Grenze zwischen den beiden Gebieten, so würde an der Oberfläche jeder $+$-Spin an einen $-$-Spin grenzen. Die Energieerhöhung pro Atom der Oberfläche wäre $2A$, und da die Oberfläche $\dfrac{F}{a^2}$ Atome enthält, würde die gesamte Energie der Grenzschicht

$$\Delta E_2 = 2A\,\frac{F}{a^2}.$$

Tatsächlich hat die Grenzschicht die Dicke $d > a$ und wir können die Austauschenergie nach § 25, (4) berechnen. Es sei $\mu \mathfrak{M}$ das magnetische Moment einer einatomaren Schicht (mit der Oberfläche F) *innerhalb* eines Elementargebietes. Die Richtung von $\mathfrak{M}$ dreht sich in der Grenzschicht um 180°. Unter $\mu \mathfrak{M}'$ verstehen wir die Mittel der magnetischen Momente dreier aufeinanderfolgender einatomarer Schichten. Da bei der Berechnung der gesamten Austauschenergie nach § 25 nur die Wechselwirkung benachbarter Atome berücksichtigt wird, ist die Energie der mittleren Schicht $-AM'^2/N$, wobei $M' < M$ ist. $M' - M$ kann als Zahl der Spins aufgefaßt werden, die beim Fortschreiten um die Strecke a umklappen. Die Energie der Grenzschicht, d. h. die Energiedifferenz zwischen Grenzschicht und einer gleich großen Schicht innerhalb eines Elementargebietes ist also

$$\Delta E_2 = \frac{A}{N} \sum (M^2 - M'^2),$$

wo die Summe über die ganze Grenzschicht geht. Da in der ganzen Grenzschicht gerade so viel Spins gedreht werden sollen, wie die Fläche F Atome enthält, nämlich $\dfrac{F}{a^2}$ (dann hat sich ja die Magnetisierungsrichtung um 180° gedreht), ist

$$\sum (M^2 - M'^2) \cong \left(\frac{F}{a^2}\right)^2.$$

Mit $N = \dfrac{Fd}{a^3}$ wird

$$\Delta E_2 \cong A\,\frac{a^3}{Fd}\left(\frac{F}{a^2}\right)^2 = \frac{AF}{ad}. \tag{6}$$

Die Energie der Grenzschicht, $\Delta E_1 + \Delta E_2$, ist in Abhängigkeit von der Dicke d dann ein Minimum, wenn [vgl. (5) und (6)]

$$d \cong a \sqrt{\frac{A}{C}}$$

ist. Nach (1) ist $A \cong 10^6 - 10^7$ Gauß, während die Anisotropieenergie C, wie wir oben festgestellt haben, $\cong 10^4$ Gauß beträgt. Die Dicke der Grenzschicht wird daher etwa 30 Atomabstände betragen.

Die Energie der Grenzschicht wird nun, wenn wir den obigen Wert für d in (5) und (6) einsetzen:

$$\Delta E_1 + \Delta E_2 \cong 2 \frac{F}{a^2} \sqrt{AC}.$$

Sie ist proportional zur Oberfläche F, aber unabhängig von der Form der Oberfläche. Diese ist dadurch bestimmt, daß die magnetische Energie der Elementargebiete möglichst klein sein soll. An der Grenzfläche zwischen zwei Gebieten entsteht ein entmagnetisierendes Feld, das die Energie erhöht. Nach der makroskopischen Theorie des Magnetismus ist dieses sehr klein für langgestreckte Magnete. Die Elementargebiete sind somit langgestreckte Gebiete, die in der Richtung einer ausgezeichneten Achse magnetisiert sind.

Die Magnetisierung von Einkristallen [90, 112, 125]. Legt man an einen Einkristall in Richtung einer ausgezeichneten Achse ein Magnetfeld, so werden sich alle Elementargebiete parallel zum Feld einstellen. Diesen Vorgang darf man sich *nicht* so vorstellen, daß die Elementargebiete als Ganzes in die betreffende Richtung umklappen, denn dazu müßten sie die ganze Anisotropieenergie überwinden. Die Ummagnetisierung kann vielmehr unter verschwindend kleinem Energieaufwand dadurch erfolgen, daß sich die Grenzflächen der Elementargebiete verschieben, und zwar in der Weise, daß diejenigen Elementargebiete, die parallel zum äußeren Feld sind, sich auf Kosten der anderen vergrößern. Bei diesem Vorgang wird die Gesamtenergie nur ganz unwesentlich geändert. Wir wollen die ausgezeichneten Kristallachsen auch Achsen leichtester Magnetisierung nennen. Wenn ein Einkristall in Richtung einer solchen Achse magnetisiert wird, erreicht er schon bei ganz kleinen Feldern seine Sättigungsmagnetisierung J_S.

Erfolgt die Magnetisierung in einer anderen Richtung, so wird die Anisotropieenergie von Bedeutung. Der Magnetisierungsvorgang geht dann so vor sich, daß sich die Elementargebiete

Die Magnetisierungskurve.

zunächst, wie oben beschrieben, in den Richtungen leichtester Magnetisierung zueinander parallel stellen. Bei stärkeren Feldern werden sie aus diesen Richtungen herausgedreht. Bei diesem Drehprozeß müssen die Anisotropiekräfte überwunden werden. Nach unserer obigen Abschätzung sind bei Feldern von 10^3 bis 10^4 Gauß alle Elementargebiete parallel zum äußeren Feld magnetisiert. Bei diesen Feldern wird also die Sättigungsmagnetisierung J_S erreicht. Aus den Ausdrücken (3) oder (4) kann der Verlauf der Magnetisierungskurve genau berechnet werden, wenn man die Konstanten aus anderen Messungen entnimmt. In Abb. 58 ist das Ergebnis für einen Eiseneinkristall (kubisch) aufgetragen (für 100-, 110- und 111-Richtung), das ausgezeichnet mit den Messungen übereinstimmt.

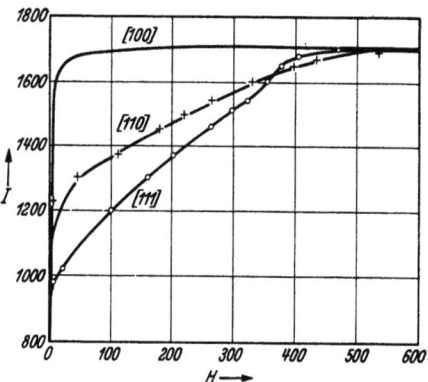

Abb. 58. Die Magnetisierungskurve eines Fe-Einkristalles nach [125]. O ✕ experimentell, —— theoretisch.

Die (1 0 0)-Richtung ist eine Kristallachse, in der, wie oben ausgeführt wurde, die Sättigung bei schwachen Feldern erreicht wird. Bei Magnetisierung in der Flächendiagonale (110) stellen sich die Elementargebiete bei schwachen Feldern in die Richtungen leichtester Magnetisierung, wodurch der $\sqrt{2}$-te Teil der Sättigung J_S erreicht wird; bei stärkeren Feldern setzen dann die Drehprozesse ein. In der Raumdiagonale (1 1 1) beginnen die Drehprozesse bei $\frac{1}{\sqrt{3}} J_S$.

Remanenz, Koerzitivkraft [70, 112, 114]. Bei Einkristallen gibt es keinerlei irreversiblen Vorgänge, welche Remanenz und Koerzitivkraft bewirken. Diese müssen daher eine Folge der Aufteilung des Metalls in kleine Kristallite sein. Wir hatten oben gesehen, daß die Ummagnetisierung der Elementargebiete ohne Energieaufwand erfolgt, wenn sich deren Grenzfläche allmählich verschiebt. Diese Verschiebung kann aber durch die Oberfläche eines Kristallits sicher nicht mehr ohne Energieaufwand erfolgen. Nehmen wir noch an, daß ein Kristallit kleiner als ein Elementargebiet ist, so bildet jeder Kristallit selbst ein Elementargebiet. In diesem

Fall kann von einem Verschieben der Grenzschicht des Elementargebietes ohne Energieaufwand keine Rede sein. Vielmehr wird bei einer bestimmten Feldstärke der ganze Kristallit in eine andere Magnetisierungsrichtung umspringen (BARKHAUSEN-Sprünge). Bei höheren Feldstärken setzen dann wie beim Einkristall die Drehprozesse ein. Die Remanenz erklärt sich nun daraus, daß die für die Magnetisierung gleichberechtigten Richtungen des Kristallits auch energetisch gleichberechtigt sind. Um aber die Magnetisierung von einer solchen Richtung in eine andere zu drehen, muß ein Potentialberg übersprungen werden, weil eine allmähliche Verschiebung der Grenzfläche eines Elementargebietes nicht mehr möglich ist. Wenn wir also nach erfolgter Magnetisierung das Feld auf Null abnehmen lassen, so werden die Kristallite in derjenigen Richtung leichtester Magnetisierung bleiben, die mit dem Feld den kleinsten Winkel bildet. Wird das magnetische Feld nun negativ, so klappen wieder einzelne Kristallite in andere Richtungen leichtester Magnetisierung um. Die Koerzitivkraft ist durch diejenige Feldstärke bestimmt, bei welcher die Magnetisierung gerade Null ist. Da hiernach Remanenz und Koerzitivkraft stark von der Form, Größe und Richtung der Kristallite abhängen, ist es klar, daß die Vorbehandlung des Metalls von größtem Einfluß auf diese Effekte ist.

§ 27. Paramagnetismus II.

Temperaturunabhängiger Paramagnetismus. Wir haben in § 11 den Paramagnetismus der Valenzelektronen berechnet und nur eine minimale Temperaturabhängigkeit gefunden. Bei Berücksichtigung der in § 24 besprochenen Wechselwirkung freier Elektronen wird das Ergebnis von § 11 in bezug auf die Temperaturabhängigkeit nicht beeinflußt. Dagegen wird der absolute Betrag der Suszeptibilität unter Beachtung der Wechselwirkung, die ja das Parallelstellen der Spins begünstigt, größer werden.

Nach § 11, (2) kann die paramagnetische Suszeptibilität χ durch die Energieerniedrigung $-\Delta U_m$ im Feld definiert werden:

$$\frac{1}{2}\chi H^2 = -\Delta U_m. \tag{1}$$

Sei Z die Zahl der überschüssigen Spins, sagen wir in der $+$-Richtung, so ist ΔU_m eine Funktion von Z. Da χ praktisch temperaturunabhängig ist, genügt es ΔU_m für $T = 0$ zu berechnen. Ist

$-\Delta U$ die Energieerniedrigung für irgendeinen Wert Z, der keinem Gleichgewicht entsprechen muß, so ist ΔU_m durch die Bedingung

$$\frac{\partial}{\partial Z}\Delta U = 0 \qquad (2)$$

bestimmt. ΔU läßt sich leicht aus § 24, (15) entnehmen. Die Zahl der $+$-Spins ist ja im unmagnetischen Zustand $\frac{N}{2}$. Bei Magnetisierung ist

$$Z = N^+ - N^-,$$

d. h. mit § 24, (12)

$$\frac{Z}{2} = N^+ - \frac{N}{2} = \Delta N,$$

wobei ΔN die Anzahl der Elektronen ist, die ihren Quantenzustand im Feld verändert haben. § 24, (15) lautet hiermit nach einfacher Umformung ($\Delta n = \Delta N$ pro cm³):

$$U = \frac{3\,h^2}{10\,m}(3\,\pi^2\,n)^{2/3}\frac{n}{2}\left[\left(1+\frac{2\Delta n}{n}\right)^{5/3}+\left(1-\frac{2\Delta n}{n}\right)^{5/3}\right] -$$
$$- \frac{3}{2}e^2\left(\frac{3n}{8\pi}\right)^{1/3}\frac{n}{2}\left[\left(1+\frac{2\Delta n}{n}\right)^{4/3}+\left(1-\frac{2\Delta n}{n}\right)^{4/3}\right].$$

Da immer $\Delta n \ll n$ ist, können wir die Klammerausdrücke entwickeln und erhalten, wenn wir U_0, die Energie U ohne Feld, d. h. für $\Delta n = 0$, abziehen:

$$U - U_0 = \frac{3\,h^2}{10\,m}(3\,\pi^2\,n)^{2/3}\frac{n}{2}\frac{10}{9}\left(\frac{2\Delta n}{n}\right)^2 - \frac{3}{2}e^2\left(\frac{3n}{8\pi}\right)^{1/3}\frac{n}{2}\frac{4}{9}\left(\frac{2\Delta n}{n}\right)^2.$$

Mit der Abkürzung

$$\varepsilon = \frac{3}{2}e^2\left(\frac{3n}{8\pi}\right)^{1/3} \qquad (3)$$

und mit ζ aus § 5, (15) wird dieser Ausdruck

$$U - U_0 = \left(\frac{4}{3}\zeta - \frac{8}{9}\varepsilon\right)n\left(\frac{\Delta n}{n}\right)^2.$$

Da die magnetische Energie unserer Elektronen

$$-Z\mu H = -2\Delta n\mu H$$

ist, wird die gesamte Energieerniedrigung $-\Delta U$:

$$-\Delta U = 2\Delta n\mu H - \left(\frac{4}{3}\zeta - \frac{8}{9}\varepsilon\right)n\left(\frac{\Delta n}{n}\right)^2.$$

Hieraus erhalten wir mit der Bedingung (2) und mit $Z = 2\Delta n$

$$0 = 2\mu H - 2\left(\frac{4}{3}\zeta - \frac{8}{9}\varepsilon\right)\frac{\Delta n}{n},$$

oder als Zahl der überschüssigen $+$-Spins (pro cm³)
$$Z = 2\Delta n = \frac{2\mu H n}{\frac{4}{3}\zeta - \frac{8}{9}\varepsilon}.$$

Nach (1) wird also die Suszeptibilität pro cm³:
$$\chi = -\frac{2\Delta U_m}{H^2} = \frac{\mu Z}{H} = \frac{2\mu^2 n}{\frac{4}{3}\zeta - \frac{8}{9}\varepsilon}.$$

Da nach § 5, (13) und (15) zwischen Eigenwertdichte D und Grenzenergie ζ die Beziehung
$$D(\zeta) = \frac{3}{4}\frac{n}{\zeta}$$
gilt, wird
$$\chi = 2\mu^2 D(\zeta) \frac{1}{1 - \frac{2}{3}\frac{\varepsilon}{\zeta}}. \tag{4}$$

Für $\varepsilon = 0$ geht dieser Ausdruck in den in § 11, (4) abgeleiteten über.

Durch Berücksichtigung der Wechselwirkung der Elektronen untereinander wird somit χ um den Faktor $\dfrac{1}{1 - \frac{2}{3}\frac{\varepsilon}{\zeta}}$ erhöht. ε ist das Austauschintegral. Umgeben wir jedes Elektron mit einer Kugel mit dem Radius ϱ, deren Volumen gleich dem Atomvolumen $\dfrac{1}{n}$ ist, so wird, nach (3)
$$\varepsilon = \frac{3}{2}\cdot\frac{e^2}{\varrho}\left(\frac{9}{32\pi^2}\right)^{1/3} = 0{,}46\,\frac{e^2}{\varrho}.$$

Die Werte von $\dfrac{2}{3}\dfrac{\varepsilon}{\zeta}$ wachsen mit steigendem Atomvolumen, da $\zeta \sim \dfrac{1}{\varrho^2}$ ist. Bei den Alkalimetallen ist $\dfrac{2}{3}\dfrac{\varepsilon}{\zeta}$ etwa 0,5 für Li, während es für Cs 0,9 ist. Nun wirkt aber die Wechselwirkung zwischen Elektronen mit antiparallelem Spin, die wir vernachlässigt haben (vgl. S. 294), im entgegengesetzten Sinn wie die hier betrachtete Wechselwirkung der Elektronen mit parallelem Spin. Dadurch wird die Erhöhung von χ abgeschwächt. Alles in allem müssen wir schließen, daß χ zwar größer als nach § 11, (4) ist, aber kleiner als oben angegeben. Dadurch wird verständlich, daß die in Tabelle 9 (S. 155) berechneten Werte der Freiheitszahl f_ζ alle zu klein sind (man vergleiche f_ζ aus dem HALL-Effekt, Tabelle 17, S. 221).

Temperaturabhängiger Paramagnetismus. Einen Spezialfall von temperaturabhängigem Paramagnetismus haben wir in § 25, (9) kennengelernt, wonach die ferromagnetischen Metalle für Temperaturen $T > T_c$ paramagnetisch sind. Gl. (9), § 25 bezog sich auf den Spezialfall, daß jedes Atom gerade *ein* BOHRsches Magneton beiträgt. Im Fall, daß es S Magnetonen besitzt, die nur von Spins herrühren (nicht vom Bahnmoment!) wird die Suszeptibilität eines ferromagnetischen Metalls für $T > T_c$

$$\chi = \frac{C}{T - T_c}, \qquad C = \frac{S(S+2)\mu^2 n}{3k}, \tag{5}$$

während die Sättigungsmagnetisierung im ferromagnetischen Zustand (für $T = 0$)

$$J_0 = S\mu n$$

ist. Für $S = 1$ geht (5) natürlich in § 25, (9) über. Nach § 25, S. 306 müssen wir annehmen, daß nicht alle Atome im gleichen Zustand sind, daß also nicht alle den gleichen S-Wert haben. Dann wird [111]

$$C = \frac{\mu^2 n}{3k} \sum_r S_r (S_r + 2) \frac{n_r}{n} \tag{5a}$$

und

$$J_0 = \mu n \sum_r S_r \frac{n_r}{n} = \mu \sum S_r n_r.$$

Der Index r soll dabei die verschiedenen Zustände unterscheiden. Nach § 25 kommen für den Ferromagnetismus nur die Elektronen von inneren nicht abgeschlossenen Schalen in Frage, und dasselbe gilt natürlich auch für den temperaturabhängigen Paramagnetismus. Der Beitrag der äußeren Elektronen ist dagegen so klein, daß er hier vernachlässigt werden kann.

Aus den gemessenen Werten von C und J_0 erhält man die beiden Größen

$$Z_f = \sum S_r \frac{n_r}{n}$$

und

$$Z_p = \left(\sum S_r (S_r + 2) \frac{n_r}{n} \right)^{1/2}.$$

Z_f heißt ferromagnetische, Z_p paramagnetische Magnetonenzahl. Man kann meist für die n_r und S_r geeignete Werte finden, so daß die damit berechneten Magnetonenzahlen in guter Übereinstimmung mit den experimentellen Werten sind. Nimmt man z. B. für Ni $0{,}3\,n$ Atome mit $S = 2$ und $0{,}7\,n$ Atome mit $S = 0$ an, so wird $Z_f = 0{,}6$ und $Z_p = 1{,}55$, während die experimentellen Werte $0{,}6$ und $1{,}6$ sind. Ähnlich findet man für Co mit einem

Verhältnis 0,6 : 0,4 für $S = 3$ und $S = 0$ theoretisch $Z_f = 1,8$ und $Z_p = 3$ in guter Übereinstimmung mit den experimentellen Werten $Z_f = 1,8$ und $Z_p = 3$. Die Bestimmungen der Werte von n_r und S_r sind aber durchaus nicht eindeutig und daher nicht ganz befriedigend. Eine rein theoretische Berechnung ist gegenwärtig noch nicht durchgeführt (vgl. auch § 30, S. 337).

Nehmen wir im Gegensatz zu § 25 an, daß das Austauschintegral A negativ wird, so können wir die Ableitung, die zu § 25 (9), führte, in formal gleicher Weise durchführen. Da aber $A < 0$ ist, hat das CURIE-WEISSsche Gesetz jetzt die Form

$$\chi = \frac{C}{k(T + \Theta)}, \quad \Theta > 0. \qquad (6)$$

Die Konstante C ist wieder durch (5a) gegeben. Diesem Gesetz liegen, abgesehen von $A < 0$, die gleichen Voraussetzungen zugrunde, wie den Überlegungen von § 25. Diese sind: 1. nicht abgeschlossene innere Schale, 2. so kleine Wechselwirkung der Elektronen, daß es zulässig ist, von den Zuständen der freien Atome auszugehen.

Die letztere Voraussetzung ist gleichbedeutend damit, daß das Energieband der Elektronen der betreffenden nicht abgeschlossenen Schale sehr schmal sein soll. Ist diese Bedingung nicht gut erfüllt, so wird für χ ein Gesetz gelten, das zwischen (6) und dem χ-Gesetz für temperaturunabhängigen Paramagnetismus, (4) oder § 11, (4), liegt.

Neben der verschiedenen Temperaturabhängigkeit besteht noch einen weiteren großen Unterschied zwischen diesen beiden Gesetzen, der sich auf den absoluten Betrag von χ bezieht. Falls wir annehmen, daß jedes Atom ein BOHRsches Magneton zur Sättigungsmagnetisierung beiträgt, ist $S_r = 1$, $n_r = n$ und (6) lautet:

$$\chi_1 = \frac{\mu^2 n}{k(T + \Theta)}.$$

Dagegen wird (4) mit $D(\zeta) = \frac{3}{4}\frac{n}{\zeta}$

$$\chi_2 = \frac{3}{2}\frac{\mu^2 n}{\zeta}\frac{1}{1 - \frac{2}{3}\frac{\varepsilon}{\zeta}}.$$

Bei Vernachlässigung des Austauschgliedes ($\Theta = 0$, $\varepsilon = 0$) wird das Verhältnis der Suszeptibilitäten

$$\frac{\chi_1}{\chi_2} = \frac{2}{3}\frac{\zeta}{kT},$$

bei Zimmertemperaturen also 1 : 100.

Wir erwarten bei Metallen mit nicht abgeschlossenen inneren Schalen, soweit sie nicht ferromagnetisch sind, einen Wert von χ, der zwischen χ_1 und χ_2 liegt. Das ist allerdings keine sehr weitgehende theoretische Aussage. Exaktere Angaben dürften aber ziemlich komplizierte theoretische Untersuchungen erfordern.

Experimentell findet man bei Metallen mit abgeschlossenen Schalen, wie wir aus § 11 wissen, das temperaturunabhängige χ_2-Gesetz gut bestätigt. Auch bei Metallen mit nicht abgeschlossenen inneren Schalen findet man Übereinstimmung mit unseren qualitativen Aussagen: Der absolute Betrag der Suszeptibilität ist bedeutend größer als bei den Metallen mit abgeschlossenen inneren Schalen, und zwar wächst das Verhältnis $\dfrac{\chi}{\chi_2}$ im allgemeinen mit wachsender Annäherung an das χ_1-Gesetz.

VII. Systematische Diskussion der Metalle.
§ 28. Überblick.

Die metallischen Eigenschaften. Als charakteristischste Eigenschaft der Metalle kann man wohl ihre große elektrische Leitfähigkeit bezeichnen. Dies ist allerdings nur eine qualitative Aussage und es wäre unsinnig, ein Metall dadurch zu definieren, daß seine Leitfähigkeit bei einer bestimmten Temperatur einen gewissen minimalen Wert haben muß. Ein besseres Charakteristikum als der Betrag ist die Temperaturabhängigkeit der Leitfähigkeit. Bei Metallen muß die Leitfähigkeit mit abnehmender Temperatur steigen. Elemente, die einen entgegengesetzten Temperaturkoeffizienten haben, sind eher zu den Halbleitern als zu den Metallen zu rechnen. Es gibt allerdings einige Elemente, die in mehreren Modifikationen auftreten, z. B. ist C als Diamant ein Nichtleiter, als Graphit dagegen ein Leiter. Ferner verhalten sich manche Elemente, die hiernach zu den Halbleitern zu rechnen sind, vom Standpunkt der Halbleiter aus (Kapitel IV) schon sehr metallähnlich (z. B. Ti). Es ist natürlich ganz belanglos, wie man solche Übergangselemente klassifizieren will.

Neben der elektrischen Leitfähigkeit gibt es noch eine ganze Reihe „metallischer" Eigenschaften. Hier ist vor allem die Wärmeleitfähigkeit zu nennen, die durch das WIEDEMANN-FRANZsche Gesetz (§ 12) direkt mit der elektrischen Leitfähigkeit verknüpft ist. Ferner gehören hierher das optische Verhalten (Metallglanz), die magnetischen Eigenschaften, die elastischen Eigenschaften.

Elektroneneigenschaften. Ein Teil der Aufgabe der Elektronentheorie der Metalle besteht darin, die Eigenschaften der Metalle, wie z. B. Leitfähigkeit σ, optische Konstanten n, $\varkappa$ usw. auf Eigenschaften der Elektronen, wie z. B. Zahl der freien Elektronen n_F, Termschema, Oszillatorenstärken usw. zurückzuführen. Dadurch erhält man eine Reihe von Gesetzen (z. B. $\sigma \sim T$, $T > \Theta$), ohne daß man z. B. bei der Leitfähigkeit die Größe von n_F kennen muß. Eine weitere Aufgabe der Theorie besteht nun darin, quantitative Aussagen über die Elektroneneigenschaften, z. B. über n_F, zu machen. Dies konnten wir allerdings nur in beschränktem Maße tun. Die einzigen wirklich exakten quantitativen Angaben haben wir in Kapitel V, bei der Behandlung der metallischen Bindung gemacht. Es ist daher angebracht, die Werte der Größen, die sich direkt auf die Elektronen beziehen (Elektroneneigenschaften), mit Hilfe unserer allgemeinen Gesetze aus den Meßwerten zu bestimmen. Wir haben dies, verstreut über die einzelnen Kapitel, zum Teil schon getan. Hier wollen wir nicht eine Einteilung nach verschiedenen Effekten (Leitfähigkeit, optisches Verhalten usw.) vornehmen, sondern die einzelnen Metalle systematisch besprechen.

Verteilung der Metalle im periodischen System. Die meisten Elemente gehören zu den Metallen. Es ist daher einfacher, die Verteilung der *Nichtleiter* auf das periodische System zu betrachten, die, wie Tabelle 28 zeigt, sehr systematisch ist. In dieser Tabelle haben die eingeklammerten Elemente auch metallische oder halbleitende Modifikationen. Die Elemente zwischen den stark ausgezogenen Linien bilden den Übergang von den Metallen zu den Nichtleitern. As, Se, Te können allerdings alle mit gleichem Recht entweder zu den „eingeklammerten" Nichtleitern oder zu

Tabelle 28.

	I	II	III	IV	V	VI	VII	VIII
1	H							He
2			B	(C)	N	O	F	Ne
3				Si	(P)	S	Cl	Ar
4				Ge	As	(Se)	Br	Kr
5					Sb	Te	J	X
6							*	Em

der Übergangsgruppe gezählt werden. Die Übergangsgruppe wiederum könnte auch noch Ge und Sb enthalten. Wir haben dies in unserer Tabelle nicht angedeutet und wollen damit nur bemerken, daß der Übergang von den Nichtleitern zu den Metallen sich über mehrere Elemente erstrecken kann.

Wie ist nun diese Verteilung vom Standpunkt unserer Theorie der metallischen Bindung (Kapitel V) zu verstehen? Bei der typisch metallischen Bindung wird jedes Atom (nach Kapitel V) in gleicher Weise ins Gitter eingebaut, ohne daß von einer chemischen Valenz die Rede ist. Die entgegengesetzte Bindungsmöglichkeit besteht darin, daß das betreffende Element Moleküle bildet (Valenz!). Diese Moleküle sind dann die Bestandteile des Kristalls und werden durch Polarisationskräfte zusammengehalten. Man spricht im ersten Fall von einem Atomgitter, im zweiten von einem Molekülgitter. Neben den Übergängen zwischen beiden Bedingungsarten[1] gibt es unter ausgewählten Bedingungen eine dritte Möglichkeit (Diamant), auf die wir weiter unten zu sprechen kommen[2] [126]. Im Prinzip sind für jedes Element beide Bindungsmöglichkeiten vorhanden. Es wird aber immer nur diejenige verwirklicht, die thermodynamisch am günstigsten ist. Wenn sich also die Bindungsenergien[3] der beiden Modifikationen sehr stark unterscheiden, wird immer nur die Modifikation mit der größeren Bindungsenergie verwirklicht. Unterscheiden sie sich aber wenig, so können beide Modifikationen auftreten. In diesem Fall ist aber meist die Trennung der beiden Bindungsarten nicht scharf durchzuführen.

Wir wollen jetzt von einem Element mit einer abgeschlossenen inneren Schale und *einem* Valenzelektron ausgehen und dann die Zahl der Valenzelektronen (und die Kernladungszahl) schrittweise um Eins erhöhen. Wir gehen also im periodischen System (Tabelle 29) durch eine horizontale Reihe. Dabei beschränken wir uns vorläufig auf die drei ersten Reihen, weil in den nachfolgenden innere Schalen aufgefüllt werden. Durch die Erhöhung der Zahl der Valenzelektronen wird die Bindung (pro Elektron) im metallischen Zustand immer schwächer. Das ist auf die vergrößerte FERMI-Energie und insbesondere auf die größere Wechselwirkung

---

[1] Z. B. Schichtenbildung (Graphit) oder Bi-Struktur.
[2] Ionenbindung kommt natürlich nur in Frage, wenn der betreffende Kristall aus mindestens zweierlei Atomen besteht.
[3] Bei Molekülgitter verstehen wir darunter die Energie um ein einzelnes Atom (nicht etwa ein Molekül) vom Gitter loszureißen.

Tabelle 29.

	I	II	IIIa	IVa	Va	VIa	VIIa	VIII			Ia	IIa	III	IV	V	VI	VII	VIII
	1	2	3	4	5	6	7	8	9	10	11	12	13	14	15	16	17	18
1	1 H																	2 He
2	3 Li	4 Be											5 B	6 C	7 N	8 O	9 F	10 Ne
3	11 Na	12 Mg											13 Al	14 Si	15 P	16 S	17 Cl	18 Ar
4	19 K	20 Ca	21 Sc	22 Ti	23 V	24 Cr	25 Mn	26 Fe	27 Co	28 Ni	29 Cu	30 Zn	31 Ga	32 Ge	33 As	34 Se	35 Br	36 Kr
5	37 Rb	38 Sr	39 Y	40 Zr	41 Nb	42 Mo	43 Ma	44 Ru	45 Rh	46 Pd	47 Ag	48 Cd	49 In	50 Sn	51 Sb	52 Te	53 J	54 X
6	55 Cs	56 Ba	57 La **S**	72 Hf	73 Ta	74 W	75 Re	76 Os	77 Ir	78 Pt	79 Au	80 Hg	81 Tl	82 Pb	83 Bi	84 Po	85 *	86 Em
	87 *	88 Ra	89 Ac	90 Th	91 Pa	92 U												

S sind die seltenen Erden: 58 Ce, 59 Pr, 60 Nd, 61 Il, 62 Sm, 63 Eu, 64 Gd, 65 Tb, 66 Dy, 67 Ho, 68 Er, 69 Tu, 70 Yb, 71 Cp. Bei den eingerahmten Elementen werden innere Schalen aufgefüllt. Die Zahlen, die neben den Atomsymbolen stehen, sind die Ordnungszahlen.

der Elektronen untereinander zurückzuführen (Abstoßungsterme). Demgegenüber wächst der negative Energieterm (Anziehungsterm), der durch die potentielle Energie der Elektronen im Feld des Ions gegeben ist, viel langsamer. Die metallische Bindung wird also um so schwächer, je näher man dem Ende des periodischen Systems kommt. Tabelle 30 zeigt das für die Metalle der zweiten und dritten Horizontalreihe des periodischen Systems. Dabei ist das Verhältnis der Sublimationswärme zur Summe der Ionisierungsspannungen der Valenzelektronen (S/I) angegeben. Diese Größe ist ein vernünftiges Maß für die Stärke der Bindung, wenn man annimmt, daß alle Valenzelektronen am Zustandekommen der metallischen Bindung beteiligt sind.

Das Anwachsen der abstoßenden Kräfte bewirkt eine Abnahme der Kompressibilität $\varkappa$, die wir ebenfalls in Tab. 30 angegeben haben.

Auf der anderen Seite ist am Ende des periodischen Systems die Bindungsenergie der Moleküle groß. Sie ist z. B. für Cl_2 57 K-Cal, für Na_2 aber nur 10 K-Cal. Somit wird verständlich, daß die Nichtleiter am Ende des periodischen Systems liegen, weil hier die energetischen Verhältnisse für metallische Bindung am ungünstigsten sind.

Tabelle 30.

	Li	Be	B	Na	Mg	Al
S/I . . .	0,4		0,02	0,25	0,09	0,05
$10^6 \varkappa \left(\frac{cm^2}{kg}\right)$	8,8	0,8	0,3	15	2,8	1,4

Für die Horizontalreihen des periodischen Systems, in denen innere Schalen aufgefüllt werden, gilt alles ganz entsprechend. Der einzige Unterschied ist der, daß die Auffüllung der äußersten Schale in einem gewissen Intervall unterbrochen wird. Die Elemente dieses Intervalls, in dem die innere Schale aufgefüllt wird, sind immer Metalle, weil die inneren Elektronenschalen eine untergeordnete Rolle in der Bindung spielen und in der äußeren Schale nur wenige Elektronen sind. Einige von ihnen, wie z. B. Ti, zeigen allerdings Ähnlichkeit mit Halbleitern. Als Beispiel bringen wir in Tabelle 31 die vierte Horizontalreihe, in der die äußerste Schale die Hauptquantenzahl 4 hat, während zwischen Sc und Ni die 3—d-Schale aufgefüllt wird. In der Tabelle wird die Anzahl der Elektronen in dem betreffenden Term angegeben.

Tabelle 31.

Element	K	Ca	Sc	Ti	V	Cr	Mn	Fe	Co	Ni	Cu	Zn	Ga	Ge	As	Se	Br	Kr
Ordnungszahl	19	20	21	22	23	24	25	26	27	28	29	30	31	32	33	34	35	36
3—d	—	—	1	2	3	5	5	6	7	8	10	10	10	10	10	10	10	10
4—s	1	2	2	2	2	1	2	2	2	2	1	2	2	2	2	2	2	2
4—p	—	—	—	—	—	—	—	—	—	—	—	—	1	2	3	4	5	6

Zum Verständnis der Tatsache, daß der Übergang vom metallischen zum nichtmetallischen Zustand sich von Reihe zu Reihe immer mehr nach rechts verschiebt (vgl. Tabelle 28), wollen wir zunächst in Tabelle 32 die Dissoziationsenergien D der Moleküle der ersten und der vorletzten Vertikalreihe angeben (D in K-Cal). Wie wir sehen, nimmt D

Tabelle 32.

Molekül	H_2	Li_2	Na_2	K_2	Cl_2	Br_2	J_2
D	100	26	19	13	57	45	35

innerhalb einer Vertikalreihe mit wachsender Ordnungszahl ab. Dasselbe gilt nach § 23 aber auch für den negativen Term der metallischen Bindungsenergie, was bewirkt, daß das Atomvolumen in einer Vertikalreihe von oben nach unten wächst. Andererseits sind die positiven Terme, FERMI-Energie und Wechselwirkung der Elektronen untereinander um so kleiner, je größer das Atomvolumen ist, so daß die Schwächung der metallischen Bindung innerhalb einer Horizontalreihe um so langsamer fortschreitet, je tiefer diese Reihe liegt.

Unsere ganzen Überlegungen über die Verteilung der Metalle im periodischen System waren rein qualitativ. Bei einer quantitativen Untersuchung müßten wir die Bindungsenergie im metallischen Zustand berechnen und sie mit der Dissoziationsenergie der Moleküle vergleichen. Man kann dann z. B. verstehen, warum Wasserstoff ein Nichtleiter ist (Molekülgitter), während die Alkalimetalle Leiter sind. Man berechnet nämlich als Sublimationswärme für das metallische Wasserstoffgitter 10 K-Cal [206], während nach Tabelle 32 die Dissoziationsenergie 100 K-Cal beträgt.

Wir haben in diesem Paragraphen bisher ein Atomgitter (ein Atom pro Elementarzelle) immer mit einem Metall identifiziert. Nach § 5 sind aber auch bei Nichtleitern Atomgitter möglich, nämlich wenn gerade alle Energiebänder vollkommen besetzt sind[1].

Da jedes Energieband pro Elementarzelle, bei Atomgittern also pro Atom, zwei Quantenzustände enthält, sind vollbesetzte Energiebänder in der zweiten, vierten, sechsten und achten Vertikalreihe des periodischen Systems möglich (vgl. Tabelle 29, II, IV, VI, VIII). Damit in diesen Fällen tatsächlich ein Nichtleiter entsteht, darf keine Überlagerung der Energiebänder stattfinden (vgl. § 5). Wegen der großen Breite der Energiebänder ist es aber von vornherein sehr wahrscheinlich, daß sie sich überdecken. Das ist z. B. bei den Erdalkalimetallen der Fall, wo wir für Mg aus dem Röntgenemissionsspektrum einen direkten Beweis dafür erhalten haben (§ 10, Abb. 34b, S. 139).

---

[1] Molekülgitter haben immer vollbesetzte Energiebänder, denn ein Molekül hat immer eine gerade Anzahl von äußeren Elektronen, also auch eine gerade Anzahl von Elektronen pro Elementarzelle. Infolge der schwachen Bindung zwischen den Molekülen (Polarisationsbindung) sind die Energiebänder nur sehr schmal, überdecken sich also sicher nicht. Nach § 5 haben wir in diesem Fall einen Nichtleiter. Dasselbe gilt für die Edelgase, die wegen ihrer abgeschlossenen Schalen nur Polarisationsbindung eingehen können.

Die vierte (IV.) Vertikalreihe (C, Si, Ge, Sn, Pb) erfordert eine gesonderte Betrachtung [126]. Die Elemente dieser Reihe kristallisieren mit Ausnahme von Pb und weißem Sn in einem Gittertyp, bei dem jedes Element 4 Nachbarn hat (Diamantgitter). Da diese Elemente vierwertig sind, ist ein Atomgitter möglich, bei dem die Atome unter Betätigung der Valenz eingebaut werden. Nun ist aber in diesem Fall eine scharfe Trennung zwischen dieser Bindung und der metallischen Bindung nicht möglich. Unter der Annahme, daß die Bindung vorwiegend eine Valenzbindung ist, werden die Energiebänder sehr schmal und wir haben einen Nichtleiter. Überwiegt hingegen der metallische Charakter der Bindung, so werden die Bänder breiter und wir finden zunächst einen Halbleiter und schließlich ein Metall. Dieses Breiterwerden der Bänder muß natürlich relativ zum Abstand der Energieniveaus des freien Atoms verstanden werden. Wir finden in der vierten Vertikalreihe zunächst Diamant (C) als ausgeprägten Nichtleiter, sodann Si als Halbleiter und weitergehende Annäherung an den metallischen Zustand bei Ge und grauem Sn. Bei Pb schließlich überwiegt der metallische Charakter so stark, daß es in einem anderen Gittertypus (flächenzentriert kubisch) kristallisiert, welcher der metallischen Bindung wegen der größeren Anzahl der Nachbarn (12) besser angepaßt ist.

Eine Ausnahmestellung haben schließlich noch Bi und Sb, die insbesondere auch durch ihr eigenartiges magnetisches Verhalten ausgezeichnet sind. Wir werden diese Metalle in § 31 besprechen. Dabei wird sich zeigen, daß sich alle ihre außergewöhnlichen Eigenschaften zwanglos erklären lassen.

§ 29. Elemente mit abgeschlossenen inneren Schalen.

Alkalimetalle. Die Alkalimetalle sind vom theoretischen Standpunkt die einfachsten Metalle und daher die typischen Vertreter des Metallmodells der freien Elektronen. Der wesentliche Grund für das einfache Verhalten der Alkalimetalle ist die kleine Ionisierungsspannung der Valenzelektronen im freien Atom (klein verglichen mit der zweiten Ionisierungsspannung). Das bedeutet, daß sich das Valenzelektron (s-Term) im Atom verhältnismäßig weit vom Ion entfernt. Bei der Kristallbildung entsteht ein verhältnismäßig großer Gitterabstand, den wir in § 23 mit großer Genauigkeit berechnen konnten. Das Wesentliche dabei ist, daß der Gitterabstand größer als der Ionenradius ist, so daß die Ionen keinen unmittelbaren Einfluß auf die Bindung haben. In diesem Fall ist aber aus den Überlegungen des § 23 zu erwarten, daß sich die Elektronen beinahe wie freie Elektronen verhalten. Ein Maß für das Abweichen vom Verhalten freier Elektronen ist das Verhältnis der berechneten Breite des Energiebandes zu seiner Breite bei vollständig freien Elektronen. Dieses Verhältnis ergibt sich aus (22), § 23 zu 0,95 für alle Alkalimetalle. Bei Li ist die in § 23 verwendete Approximation nicht mehr sehr gut. Eine genauere Berechnung ergibt hier etwa 0,7 [196].

Genauere Vorstellungen über die Abweichung vom Verhalten freier Elektronen erhält man hauptsächlich aus den folgenden drei Größen:

1. Zahl der freien Elektronen pro Atom, $\frac{n_F}{n}$.
2. Freiheitszahl f_ζ der Elektronen mit der Grenzenenergie ζ.
3. Verhältnis 2. : 1.

Die genauen Definitionen dieser Größen sind in § 5 und § 3 gegeben. Wir wollen sie hier kurz wiederholen (n_F ist N_F pro Volumeneinheit). $\frac{n_F}{n}$ ist die Zahl der, im Sinn der klassischen Physik, freien Elektronen, die sich unter dem Einfluß konstanter äußerer Felder genau so verhält wie die Metallelektronen. f_ζ ist das Verhältnis der Beschleunigung eines Elektrons mit der Energie ζ zur Beschleunigung eines freien Elektrons. $\frac{n_F}{n}$ ist im Grenzfall freier Elektronen Eins, sonst meist kleiner, aber immer positiv. f_ζ ist bei freien Elektronen auch Eins, kann sonst aber sowohl positive wie negative Werte annehmen. Den freien Elektronen am ähnlichsten ist der Fall, in dem *alle* Elektronen sich wie freie Elektronen mit der *gleichen* scheinbaren Masse m^* verhalten. In diesem Fall ist nämlich $f_\zeta = \frac{n_F}{n} = \frac{m}{m^*}$. Das Verhältnis $\frac{f_\zeta}{n_F/n}$ kann also sehr wohl Eins sein, obwohl die Elektronen sich nicht genau wie freie verhalten. Ist dieses Verhältnis nicht Eins, so bedeutet das schon eine weitergehende Abweichung vom Verhalten freier Elektronen. Diese Abweichung kommt, wie wir eben gesehen haben, dadurch zustande, daß die effektive Masse für Elektronen verschiedener Energie verschieden ist. Nun läßt sich aber $\frac{n_F}{n}$, das im Gegensatz zu f_ζ das Verhalten von Elektronen mit allen Energien enthält, nach § 5, (18) durch Größen, die sich auf die Grenzenergie ζ

allein beziehen, darstellen. Daher läßt sich aus $\dfrac{f_\zeta}{n_F/n}$ neben f_ζ noch der Wert einer weiteren Größe an der FERMI-Oberfläche ζ bestimmen. Wir werden hierfür die Grenzenergie ζ selbst, oder vielmehr ihren Abstand vom unteren Rand des Bandes wählen[1].

Im folgenden sei die Energie immer so normiert, daß dieser untere Rand die Energie Null hat. In einem kleinen Energieintervall, etwa in der Nähe der Grenzenergie, ist bei den Alkalimetallen sicher immer eine Darstellung der Energie mit konstanter scheinbarer Masse m^* zulässig, die dann durch

$$\frac{m}{m^*} = f_\zeta \qquad (1)$$

gegeben ist. Nach § 5, (18) ist

$$n_F = \frac{4}{3}(E_{\mathrm{tr}} D)_\zeta.$$

Da die Energie

$$E = \frac{\mathsf{h}^2}{2\,m^*}k^2 = \frac{\mathsf{h}^2}{2\,m}f_\zeta\,k^2$$

ist, wird mit § 3, (10) und (11)

$$(E_{\mathrm{tr}})_\zeta = \frac{m}{2}v_\zeta^2 = \frac{m}{2\,\mathsf{h}^2}\left(\frac{\partial E}{\partial k}\right)_\zeta^2 = f_\zeta \cdot \zeta.$$

Außerdem ist [§ 5, (13)]

$$D(\zeta) \sim \zeta^{1/2},$$

also

$$\frac{n_F}{n} \sim \zeta^{3/2}. \qquad (2)$$

Verstehen wir unter ζ' die Grenzenergie, die man unter Annahme einer für alle Energien konstanten scheinbaren Masse erhält, und unter $\dfrac{n_F'}{n}$ die damit berechnete Größe $\dfrac{n_F}{n}$, so ist, wie oben bemerkt wurde,

$$\frac{n_F'}{n} = f_\zeta,$$

und daher mit (2)

$$\frac{f_\zeta}{n_F/n} = \left(\frac{\zeta'}{\zeta}\right)^{3/2}.$$

Nun ist andererseits nach § 5, (15) die Grenzenergie bei freien

---

[1] Es soll hier darauf aufmerksam gemacht werden, daß wir über alle Richtungen innerhalb eines Kristalls gemittelt haben und daher keinerlei Anisotropieeffekte berücksichtigen. Ist die Anisotropie sehr groß, so ist das oben angegebene Verfahren zur Bestimmung von ζ nicht mehr korrekt.

Elektronen proportional $\frac{1}{m}$. Daher ist

$$\zeta' \sim \frac{1}{m^*}.$$

Verstehen wir unter ζ_F die Grenzenergie, die unter der Annahme freier Elektronen berechnet wird, so ist also mit (1)

$$\frac{\zeta'}{\zeta_F} = \frac{m}{m^*} = f_\zeta,$$

und daher wird

$$\frac{f_\zeta}{n_F/n} = \left(\frac{\zeta_F}{\zeta}\right)^{3/2} f_\zeta^{3/2}$$

oder

$$\frac{\zeta}{\zeta_F} = \left(\frac{n_F}{n}\right)^{2/3} f_\zeta^{1/3}. \tag{3}$$

In Tabelle 33 bringen wir $\frac{n_F}{n}$ als Mittelwert der optischen Bestimmungen aus den Tabellen 2 und 3, f_ζ aus dem HALL-Effekt (Tabelle 17) und schließlich $\frac{\zeta}{\zeta_F}$, das mit Hilfe von (3) berechnet wurde.

Tabelle 33.

Metall	Li	Na	K	Rb	Cs
$\frac{n_F}{n}$	0,7	0,95	0,85	0,8	0,8
f_ζ	0,9	0,8	0,8		0,9
$\frac{\zeta}{\zeta_F}$	0,75	0,9	0,85		0,8

Die hier angegebenen Werte haben höchstens eine Genauigkeit von 10%. Daher sind Schlüsse, die sich etwa auf das Verhältnis der in Tabelle 33 angegebenen Werte für verschiedene Metalle beziehen, nicht zulässig. Wir sehen aber aus der Tabelle, daß alle Zahlenwerte nahezu Eins sind, daß also die Alkalimetalle tatsächlich gute Repräsentanten des „freien Elektronenmodells" sind.

Edelmetalle (Cu, Ag, Au)[1]. Auch die Edelmetalle sind vom theoretischen Standpunkt verhältnismäßig einfach zu behandeln, weil sie, wie die Alkalimetalle nur *ein* äußeres Elektron haben. Trotzdem gibt es aber einen sehr wesentlichen Unterschied. Die erste Ionisierungsspannung und auch das Verhältnis von erster zu zweiter Ionisierungsspannung ist größer als bei den Alkalimetallen. Wir zeigen dies in Tabelle 34, wo I_1 und I_2 erste bzw. zweite Ionisierungsspannung bedeuten ($I_{1,2}$ in Volt).

---

[1] Unter „Edelmetallen" verstehen wir im folgenden immer die drei Metalle Cu, Ag und Au.

Tabelle 34.

Metall	Li	Na	K	Rb	Cs	Cu	Ag	Au
I_1	5,37	5,12	4,32	4,16	3,88	7,69	7,54	9,19
I_2	75,3	47	31,7	27,3	23,4	20,2	21,9	21
$\dfrac{I_1}{I_2}$	0,07	0,11	0,14	0,15	0,17	0,38	0,35	0,44

Aus der großen ersten und kleinen zweiten Ionisierungsspannung der Edelmetalle folgt, daß das äußere Elektron im Mittel viel näher beim Ion ist als bei den Alkalimetallen. Daher hat der Gitterabstand die gleiche Größenordnung wie der Ionenradius und die Abstoßung benachbarter Ionen wird wichtig bei der Berechnung der Bindung. Dies äußert sich insbesondere in der viel geringeren Kompressibilität $\varkappa$ der Edelmetalle, verglichen mit den Alkalimetallen. Bei den ersteren sind nach § 23 die abstoßenden Kräfte im wesentlichen durch die FERMI-Energie gegeben. Bei den Edelmetallen kommt noch die Ionenabstoßung hinzu [184], die zwar nur einen kleinen Beitrag zur Energie, aber einen sehr großen zu ihrer zweiten Ableitung $\left(\sim \dfrac{1}{\varkappa}\right)$ liefert.

Der erhöhte Einfluß der obersten besetzten Elektronenschale ist der charakteristische Unterschied der Edelmetalle von den Alkalimetallen. Im Energiespektrum äußert sich dies dadurch, daß das innere Band schon etwas aufgespalten ist und sich wahrscheinlich mit dem Band der Valenzelektronen teilweise überdeckt. Da die Valenzelektronen in s-Termen, die Elektronen der obersten inneren Schale in d-Termen sind, werden wir vom s-Band und d-Band sprechen. Das Überlagern der Bänder wird dadurch wahrscheinlich, daß die Edelmetalle im periodischen System auf Metalle mit nicht abgeschlossenen Schalen folgen. Bei letzteren ist die Überlagerung zwischen s-Band und d-Band so stark, daß die Grenzenergie im gemeinsamen Gebiet liegt (vgl. § 30). Bei den darauffolgenden Edelmetallen ist zwar das d-Band vollbesetzt. Es ist jedoch sehr unwahrscheinlich, daß sich die Energieniveaus bei einem Schritt so weit verändern, daß sich die beiden Bänder überhaupt nicht überdecken.

Bei Cu kann man aus dem optischen Spektrum schließen, daß die Überlagerung der Bänder ziemlich stark sein muß. Dazu vergleichen wir das Absorptionsspektrum von Cu (Abb. 59) mit demjenigen von Ag und Au (Abb. 23, S. 112). In Abb. 59 sind die $n \varkappa$-Werte (vgl. § 8) für Cu aus zwei verschiedenen Messungen aufgetragen. Wie wir sehen, schließen sich die beiden Messungen nicht gerade gut aneinander an. Das, worauf es ankommt, ist aber zu sehen, nämlich, daß bei Cu schon bei $\nu = 50 \cdot 10^{13}$ sec^{-1} ($\lambda = 6000$ Å) ein starkes Absorptionsband beginnt und ein weiteres wahrscheinlich bei $\nu \simeq 90 \cdot 10^{13}$ sec^{-1}. Bei Ag hingegen beginnt das erste Absorptionsband bei etwa $90 \cdot 10^{13}$ sec^{-1} ($\lambda = 3300$ Å). Das erste Absorptionsband bei Cu rührt wahrscheinlich von Übergängen vom d-Band in das s-Band her [1]. Dabei muß der Endzustand des Elektrons in ein unbesetztes Energieniveau fallen. Aus der Grenzfrequenz $\nu = 50 \cdot 10^{13}$ folgt dann, daß der Abstand des oberen Randes des d-Bandes von der Grenzenergie ζ etwa 2 e-Volt ist.

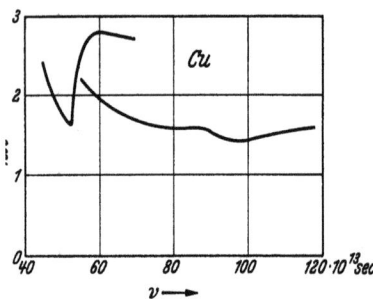

Abb. 59. Die optische Absorption $n \varkappa$ von Cu [16].

Aus dem optischen Verhalten müssen wir schließen, daß bei Cu das d-Band viel weiter ins s-Band hinreicht als bei Ag und Au. Damit hängt wahrscheinlich zusammen, daß die Zahl der freien Elektronen $\frac{n_F}{n}$ und die Freiheitszahl f_ζ bei Cu kleiner als bei Ag und Au sind. In Tabelle 35 zeigen wir $\frac{n_F}{n}$, f_ζ und $\frac{\zeta}{\zeta_F}$, die entsprechend wie in Tabelle 33 erhalten sind.

Tabelle 35.

Metall	Cu	Ag	Au
$\frac{n_F}{n}$	0,5	0,8	0,7
f_ζ	0,4	0,7	0,5
$\frac{\zeta}{\zeta_F}$	0,5	0,8	0,6

Alle Werte sind kleiner als bei den Alkalimetallen, aber immer noch nahe an Eins. Die stärksten Abweichungen vom Verhalten freier Elektronen zeigt Cu. Wenn der Wert von $\frac{\zeta}{\zeta_F}$ richtig ist, hat das von Elektronen besetzte Gebiet des s-Bandes bei Cu nur eine Breite von $\simeq 2{,}7$ e-Volt. Es ist aber möglich, daß die Energieflächen im $\mathfrak{k}$-Raum schon so stark von Kugelflächen abweichen, daß die Näherung, die zu (3) führte, nicht mehr zulässig ist [2].

---

[1] Die Auswahlregeln für freie Atome ($s \to d$-Übergang verboten) haben im Metall keine Gültigkeit mehr, falls die Bänder nicht sehr schmal sind.

[2] Möglicherweise sind auch die optischen Messungen, aus denen $\frac{n_F}{n}$ entnommen wird, durch Oxydation der Oberfläche verfälscht.

Spezifische Wärme. Wir haben in § 5, S. 71 die spezifische Wärme freier Elektronen berechnet und gefunden, daß

$$c_v = \gamma T, \qquad \gamma = \frac{\pi^2}{2} k^2 \frac{n}{\zeta} \qquad (4)$$

ist. Wir haben schon in § 5 gezeigt, daß die spezifische Wärme der Elektronen bei hohen Temperaturen sehr klein gegen die spezifische Wärme des Gitters ist. Da letztere aber bei tiefen Temperaturen $\sim T^3$ ist, muß sie bei genügend tiefen Temperaturen ($\sim 5°$) kleiner als die spezifische Wärme der Elektronen sein. Messungen an Ag haben dies bestätigt [190]. Dabei wurde das Gesetz (4) gefunden und der experimentelle Faktor γ hat genau den theoretischen Wert für den Fall freier Elektronen ($m = m^*$). Dabei ist zu beachten, daß die Meßgenauigkeit nicht ausreichend ist, um die geringe Abweichung der Elektronen vom Verhalten freier Elektronen zu bestimmen (vgl. Tabelle 35).

Übrige Metalle (außer Bi, Sb). Charakteristisch für die mehrwertigen Metalle mit abgeschlossenen inneren Schalen ist, daß die Zahl der freien Elektronen durchwegs kleiner als bei den einwertigen ist. Aus den Abschätzungen der Tabelle 12 erhielten wir für die meisten dieser Metalle $\frac{n_F}{n} \simeq 0.3$, was auch nach den theoretischen Vorstellungen (§ 5) zu erwarten ist. Im übrigen stehen aber nur wenig experimentelle Werte zur Verfügung, so daß z. B. eine optische Bestimmung von $\frac{n_F}{n}$ nirgends durchführbar ist.

Bei Metallen mit einer geraden Anzahl von Elektronen müssen sich Energiebänder überlagern und die Grenzenergie muß im gemeinsamen Gebiet der Bänder liegen (vgl. § 5). f_ζ ist daher jetzt ein Mittelwert aus den negativen Beiträgen des unteren und den positiven Beiträgen des oberen Bandes (§ 5, § 17) und kann daher sowohl positiv als auch negativ sein (anomaler HALL-Effekt). Über das Verhalten der Elektronen eines einzelnen Bandes sagt f_ζ aber nur sehr wenig aus. Man kann aus seinem Vorzeichen nur schließen, ob die Zustände des unteren oder des oberen Bandes eine größere Freiheitszahl haben, nicht aber wie groß ihr absoluter Betrag ist. Da die $\frac{n_F}{n}$-Werte der Tabelle 12 nur aus einer halbempirischen Formel gewonnen wurden, können wir bei diesen Metallen vorläufig keine quantitativen Angaben über $\frac{n_F}{n}$ und f machen.

§ 30. Elemente mit nichtabgeschlossenen inneren Schalen (Übergangselemente) [194, 212].

Die Metalle mit nichtabgeschlossenen inneren Schalen sind durch eine hohe paramagnetische Suszeptibilität (die im Grenzfall in Ferromagnetismus übergeht, § 25) und eine verhältnismäßig geringe elektrische Leitfähigkeit ausgezeichnet. Abgesehen von den seltenen Erden haben sie alle eine unvollständige innere d-Schale und im atomaren Zustand entweder ein oder zwei äußere s-Elektronen. Im periodischen System liegen sie in der 3., 4. und 5. Horizontalreihe, und zwar sind es die Elemente 21—28 (Sc—Ni), 39—46 (Y—Pd) und 57—78 (La—Pt) (vgl. Tabellen 31 und 29). Wir werden uns hauptsächlich auf die Besprechung der Endglieder Ni, Pd und Pt beschränken. Auf diese drei Elemente folgen im periodischen System die drei Edelmetalle Cu, Ag und Au. Da das Potential der Ionen aufeinanderfolgender Elemente beinahe dasselbe ist, müssen die Unterschiede der Elemente Ni, Pd, Pt von Cu, Ag, Au in erster Linie den nichtabgeschlossenen Schalen zugeschrieben werden.

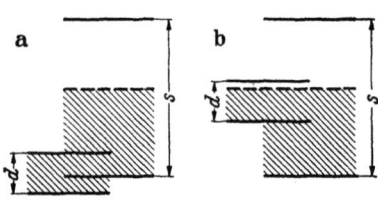

Abb. 60 a u. b. Die Überlagerung des $(n-1)d$-Bandes mit dem ns-Band. ——— Grenzenergie ζ. a für ein Edelmetall, z. B. Cu ($n=4$), b für ein Übergangsmetall, z. B. Ni ($n=4$), schraffiertes Gebiet ist besetzt.

Termschema. Da die d-Schale der Übergangselemente auch im metallischen Zustand nicht abgeschlossen ist, muß sich das d-Band mit dem s-Band (Bezeichnung wie in § 29, S. 329) so weit überdecken, daß die Grenzenergie in dem beiden Bändern gemeinsamen Energiegebiet liegt. Da außerdem das d-Band einer inneren Schale angehört, ist es viel schmäler als das s-Band. In Abb. 60 zeigen wir diese Überlagerung der Bänder für ein Übergangselement (Ni, Pd oder Pt) und das darauffolgende Edelmetall (Cu, Ag oder Au). Für Ni und Cu z. B. sind die Bänder ein $3-d$- und ein $4-s$-Band. Es liegt keine Veranlassung vor, anzunehmen, daß bei einem Übergangselement die Anzahl der Elektronen im s-Band (n_S) genau so groß sein muß wie im atomaren Zustand. Diese ist vielmehr im wesentlichen durch die Art der Überlagerung der beiden Bänder bestimmt. Daher wird auch n_S gewöhnlich nicht ganzzahlig pro Atom sein. Man findet vielmehr für die meisten

Übergangselemente etwa 0,5 s-Elektronen pro Atom. Da für die metallische Bindung die s-Elektronen am wichtigsten sind (das d-Band spaltet ja nur sehr wenig auf), steht die Zahl der s-Elektronen in einem engen Zusammenhang mit der Bindungsenergie. Rein theoretische Berechnungen sind bisher noch nicht durchgeführt. Er läßt sich aber qualitativ sehr leicht zeigen, daß das Energieminimum bei einem Wert von n_S liegt, der gewöhnlich kleiner als Eins ist. Wir nehmen dazu an, daß uns der Gitterabstand vorgegeben ist und berechnen die Bindungsenergie als Funktion von n_S. Diese setzt sich aus drei Termen zusammen. Die beiden ersten sind die gleichen, die wir in Kapitel V schon behandelt haben, nämlich [vgl. § 21, (16) und § 23, (17)] 1. die Energieerniedrigung des tiefsten Elektronenniveaus (< 0) und 2. die FERMI-Energie (> 0)[1]. Hierzu kommt bei den Übergangselementen noch ein weiterer positiver Term, nämlich die Energie, die nötig ist, um $z-n_S$ Elektronen vom s-Band in das d-Band zu bringen. z ist dabei die Zahl der Elektronen, die beim freien Atom im s-Term sind. Mit wenigen Ausnahmen ist $z = 2$. Es sei $-\varepsilon_1$ die Energieerniedrigung des tiefsten Elektronenniveaus, d. h. ε_1 ist die Differenz zwischen der Ionisierungsenergie beim freien Atom und der Energie des tiefsten s-Elektronenniveaus im Metall. ε_2 sei die Energie, die nötig ist, um ein Elektron vom s-Term des freien Elektrons in das d-Band zu bringen. Die FERMI-Energie F ist nach § 5, (16) pro Atom

$$F = F_0 \left(\frac{n_S}{n}\right)^{5/3}, \qquad F_0 = 0{,}3 \frac{h^2}{m} (3\pi^2 n)^{2/3}.$$

Ist n die Anzahl der Atome, so ist also die Bindungsenergie pro Atom (= Sublimationswärme S)

$$S(n_S) = -\varepsilon_1 \frac{n_S}{n} + \varepsilon_2 \frac{z-n_S}{n} + F_0 \left(\frac{n_S}{n}\right)^{5/3}.$$

Die Bindungsenergie S hat als Funktion von n_S ein Minimum, das aus

$$0 = \frac{dS}{dn_S} = -\frac{\varepsilon_1}{n} - \frac{\varepsilon_2}{n} + \frac{5}{3} \frac{F_0}{n} \left(\frac{n_S}{n}\right)^{2/3}$$

zu bestimmen ist und bei

$$\frac{n_S}{n} = \left(\frac{3}{5} \frac{\varepsilon_1 + \varepsilon_2}{F_0}\right)^{3/2} \tag{1}$$

liegt. $\frac{5}{3} F_0$ ist der Abstand der Grenzenergie ζ vom unteren Rand des Bandes unter der Annahme $\frac{n_S}{n} = 1$. Diese Größe ist im

---
[1] Die Ionenabstoßung wollen wir vernachlässigen.

Grenzfall, den wir in § 22 behandelt haben, gleich ε_1, bei fast allen realen Fällen aber größer. ε_2 ist immer klein gegen ε_1, so daß aus (1) tatsächlich $\frac{n_S}{n} < 1$ folgt.

Die Sublimationswärme ist somit größer als im Fall $\frac{n_S}{n} = 1$. Daher sollten z. B. Ni und Pt größere Sublimationswärmen haben als die darauffolgenden Edelmetalle Cu und Au, was nach Tabelle 36 tatsächlich der Fall ist (S in K-Cal pro g-Atom).

Tabelle 36.

Metall	Ni	Cu	Pt	Au
S	101	76	122	83

Halbempirische Methoden zur Bestimmung von n_S werden wir weiter unten kennenlernen.

Elektrische Leitfähigkeit (vgl. § 14). Die Leitfähigkeit von Ni, Pd und Pt ist um einen Faktor 4—6 kleiner als bei den darauffolgenden Edelmetallen. Da das d-Band sehr schmal ist, wird die Zahl seiner freien Elektronen sehr klein und dasselbe gilt dann von dem Beitrag der d-Elektronen zur Leitfähigkeit. Bei den s-Elektronen dürfen wir annehmen, daß die Freiheitszahl der Übergangselemente ungefähr so groß ist wie bei den darauffolgenden Edelmetallen. Die Zahl der freien Elektronen ist dann bei den Übergangsmetallen ungefähr das $\frac{n_S}{n}$-fache der folgenden Edelmetalle. Da $\frac{n_S}{n} \sim \frac{1}{2}$ ist, muß also die Relaxationszeit τ bei den Übergangselementen um einen Faktor 2—3 größer sein als bei den Edelmetallen. Dieser Unterschied kann nicht durch die verschiedenen DEBYE-Temperaturen Θ erklärt werden. Die Ursache ist vielmehr in einem Einfluß des d-Bandes auf die Streuwahrscheinlichkeit der s-Elektronen zurückzuführen. Die Streuwahrscheinlichkeit eines Elektrons ist ja unter anderem proportional zur Dichte der Zustände im Endzustand. Nun kommen als Endzustände bei der Streuung eines s-Elektrons sowohl Zustände im s-Band als auch im d-Band in Frage. Bei den letzteren ist die Dichte der Zustände wegen der geringeren Breite des Bandes bedeutend größer als beim s-Band. Daher ist die Streuwahrscheinlichkeit und damit der Widerstand größer als bei äquivalenten Metallen mit vollbesetztem d-Band.

Dieser Einfluß des d-Bandes auf die Streuwahrscheinlichkeit macht sich in sehr deutlicher Weise bei Legierungen von Metallen mit abgeschlossenen inneren Schalen, etwa Edelmetallen, mit Übergangselementen, bemerkbar. Wir haben auf S. 196 gesehen, daß bei

Legierungen der Widerstand ϱ von Metallen mit abgeschlossenen inneren Schalen untereinander nicht eine lineare Überlagerung der Komponenten ist, sondern noch um einen temperaturunabhängigen Restwiderstand ϱ_L erhöht wird. Es ist nach § 14, (20)

$$\varrho = \varrho_T + \varrho_L.$$

Bei dem temperaturabhängigen Teil ϱ_T des Widerstands macht sich nun der Einfluß des d-Bandes deutlich geltend. Wir gehen z. B. in der Legierung Pd—Au von Pd aus (Abb. 61 zeigt die experimentellen Werte von ϱ_T). Bringen wir nun einige Au-Atome in den Kristall, so wird nicht etwa jedes Au-Atom ein s-Elektron behalten, da ja die Energie kleiner ist, wenn nur $\dfrac{n_S}{n}$ s-Elektronen pro Atom vorhanden sind. Ein Teil der s-Elektronen des Au wird daher in die unabgeschlossene d-Schale des Pd gehen, die dadurch allmählich aufgefüllt wird. Wie wir oben auseinandergesetzt haben, ist die Streuwahrscheinlichkeit eines Elektrons und damit der Widerstand proportional zur Dichte der Zustände $D(E)$ von d-Band + s-Band. Da die Streuung nach § 13 ohne Energieverlust vor sich geht, ist immer der Wert $D(E)$ für die maximale Elektronenenergie ζ maßgebend. Da $D(E)$ am Rand eines Bandes ziemlich rasch auf Null fällt (vgl. Abb. 11b, S. 58), muß der Widerstand in Abhängigkeit von der Konzentration der Au-Atome rasch abnehmen, bis die Konzentration γ einen kritischen Wert γ_0 erreicht, bei dem das d-Band vollständig gefüllt ist. Von hier an fällt die Streuung der s-Elektronen ins d-Band weg, weil dieses vollbesetzt ist. Ein weiterer Zusatz von Gold erniedrigt den Widerstand also viel langsamer, so daß bei $\gamma = \gamma_0$ ein Knick der ϱ_T-Kurve auftreten muß, der in Abb. 61 deutlich sichtbar ist. Dabei wird $\gamma_0 \cong 0{,}55$ (d. h. 55% Au-Atome) gefunden. Hieraus läßt sich $\dfrac{n_S}{n}$, die Zahl der s-Elektronen pro Atom bei reinem Pd, berechnen, wenn wir annehmen, daß $\dfrac{n_S}{n}$ bis zur Au-Konzentration γ_0 konstant

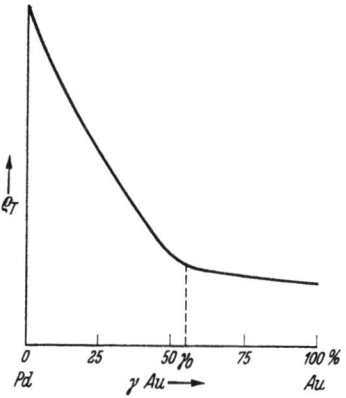

Abb. 61. Widerstand ϱ_T der Pd-Au-Legierung (temperaturabhängiger Anteil). Nach [194].

bleibt. Da Pd gerade 10 Elektronen im s-Band und d-Band zusammen hat und da letzteres allein maximal 10 Elektronen enthält[1], ist $\frac{n_S}{n}$ auch die Zahl der freien Plätze im d-Band. Da jedes Au-Atom $\frac{n_S}{n}$ s-Elektronen (für $\gamma \leq \gamma_0$) haben soll, stehen bei der Konzentration γ_0 gerade $\gamma_0 \left(1 - \frac{n_S}{n}\right)$ Elektronen zur Auffüllung des d-Bandes von Pd zur Verfügung. Da die Pd-Konzentration $1-\gamma_0$ ist, muß also

$$\gamma_0 \left(1 - \frac{n_S}{n}\right) = (1-\gamma_0)\frac{n_S}{n}$$

sein, d. h.

$$\gamma_0 = \frac{n_S}{n}. \tag{2}$$

Daraus findet man für Pd $\frac{n_S}{n} \cong 0{,}55$.

Widerstand der ferromagnetischen Metalle. Die Temperaturabhängigkeit des Widerstands der ferromagnetischen Metalle ist unterhalb des CURIE-Punktes verschieden von der anderer Metalle. Während nämlich bei gewöhnlichen Metallen der Widerstand

$$\varrho = cT \quad (T > \Theta), \quad c = \text{konstant}$$

ist (§ 14), findet man für ferromagnetische Metalle

$$\varrho = cT - \Delta\varrho(T).$$

Dabei ist $\frac{\Delta\varrho}{\varrho}$ proportional zum Quadrat der spontanen Magnetisierung, also auch temperaturabhängig. Die Widerstandserniedrigung $\Delta\varrho$ läßt sich qualitativ in der folgenden Weise erklären.

Wir gehen von Temperaturen aus, die weit unterhalb des CURIE-Punkts liegen. Nach § 25 sind hier die Spins der Löcher des d-Bandes beinahe alle parallel. Die s-Elektronen (Leitungselektronen), die durch Streuung in das d-Band geworfen werden, finden daher nur Zustände einer Spinrichtung vor. Da der Elektronenspin bei der Streuung nicht umklappt, können also nur die Hälfte der Elektronen Streuprozesse, deren Endzustand im d-Band liegt, ausführen. Dies führt zu einer Erniedrigung des Widerstands. Mit steigender Temperatur wird die spontane Magnetisierung kleiner, d. h. es gibt jetzt Löcher im d-Band mit beiden Spinrichtungen und entsprechend wächst die Zahl der Streuprozesse. Beim CURIE-Punkt schließlich sind beide Spinrichtungen gleich häufig und der Widerstand verläuft daher von hier ab wie bei normalen Metallen.

---

[1] Ein d-Term ist fünffach entartet.

Zur Berechnung von $\frac{\Delta\varrho}{\varrho}$ nehmen wir an, daß die Eigenwertdichte D nahe am oberen Rand E_0 des Bandes $\sim (E_0-E)^{1/2}$ ist (vgl. § 4, S. 57). Es seien ζ^+ und ζ^- die Grenzenergien der Elektronen mit $+$- bzw. $-$-Spin, N^+ bzw. N^- die Zahl der Löcher mit beiden Spinrichtungen. J_0 sei die spontane Magnetisierung für $T=0$ und J entsprechend für eine beliebige Temperatur. Dann wird

$$\varrho \sim T\left(D\left(\zeta^+\right) + D\left(\zeta^-\right)\right) \sim T\left(N^{+1/3} + N^{-1/3}\right)$$
$$\sim T\left[(J_0 + J)^{1/3} + (J_0 - J)^{1/3}\right],$$

oder

$$\frac{\Delta\varrho}{\varrho} \cong -\frac{1}{9}\left(\frac{J}{J_0}\right)^2.$$

Experimentell findet man 0,5 als Faktor von $\left(\frac{J}{J_0}\right)$ statt $\frac{1}{9}$. Die Übereinstimmung ist nicht sehr gut, was wohl auf unsere zu großen Vereinfachungen zurückzuführen ist.

Bestimmung von $\frac{n_S}{n}$ aus dem magnetischen Verhalten. Bei den ferromagnetischen Metallen kann man $\frac{n_S}{n}$ aus der Sättigungsmagnetisierung bestimmen. Da aber das d-Band in zwei Bänder aufspaltet, ist diese Bestimmung nicht immer eindeutig. Wir wollen zunächst von dieser Aufspaltung absehen. Ist $10-z$ die Gesamtzahl der Elektronen im s-Band und d-Band zusammen und ist m die Anzahl der Bohrschen Magnetonen pro Atom, so wird offenbar

$$\frac{n_S}{n} = m - z, \qquad (3)$$

denn im d-Band müssen m freie Plätze sein. Da das d-Band maximal 10 Elektronen enthält, sind also $(10-z)-(10-m) = m-z$ Elektronen im s-Band. Da m aus der Sättigungsmagnetisierung zu entnehmen ist, kann man aus (3) $\frac{n_S}{n}$ berechnen. Man findet dann 0,2 für Fe ($m=2,2$, $z=2$), 0,8 für Co ($m=1,8$, $z=1$) und 0,6 für Ni ($m=0,6$, $z=0$).

Nun wollen wir die Aufspaltung des d-Bandes in zwei Bänder berücksichtigen. Von diesen enthält das eine, das wir d_1-Band nennen, maximal 6 Elektronen und das zweite, das d_2-Band, maximal 4 Elektronen. Solange $m < 2$ ist, muß jedes der beiden Bänder mehr als halbvoll sein. In diesem Fall ist m immer durch die Anzahl der freien Plätze, d. h. direkt durch (3) gegeben. Für Co und Ni sind daher die oben angegebenen Werte für $\frac{n_S}{n}$ sicher richtig. Bei Fe ist hingegen $m > 2$. In diesem Fall ist es möglich, daß das d_2-Band weniger als 2 Elektronen enthält, so daß (3) nicht mehr gültig ist. Eine Bestimmung von $\frac{n_S}{n}$ wäre dann nur durch eine quantitative Berechnung der Gesamtenergie möglich.

Bei den paramagnetischen Übergangsmetallen, z. B. Pd, erhält man $\frac{n_S}{n}$ aus dem magnetischen Verhalten der Legierungen mit Metallen mit abgeschlossenen inneren Schalen. Die Verhältnisse liegen dann ganz ähnlich, wie oben bei der Leitfähigkeit besprochen wurde. Abbildung 62 zeigt die paramagnetische Suszeptibilität der Legierung von Pd mit Au in Abhängigkeit von der Konzentration γ der Au-Atome. Wie oben besprochen wurde, wird zunächst mit wachsendem γ die nichtabgeschlossene d-Schale von Pd allmählich aufgefüllt. Da diese nach § 27 in erster Linie für den Paramagnetismus verantwortlich ist, sinkt die Suszeptibilität mit wachsender Auffüllung, d. h. mit wachsendem γ. Bei $\gamma = \gamma_0$ ist die d-Schale vollständig gefüllt. Die Legierung ist dann, wie reines Au, diamagnetisch, weil der Diamagnetismus des Ions den Paramagnetismus der s-Elektronen überwiegt. Von hier an $(\gamma > \gamma_0)$ ändert sich die Suszeptibilität nur mehr langsam, da ja die Beiträge der s-Elektronen und der Ionen zur Suszeptibilität klein sind gegen den Beitrag der nichtabgeschlossenen Schale. γ_0 ist wieder durch (2) bestimmt und ergibt sich aus Abb. 62 zu $\gamma_0 = 0{,}55$ wie in Abb. 61. Daneben bringen wir in Abb. 62 auch die Suszeptibilität von Pd-H. Es ist hier allerdings nicht möglich, die Werte über 40% H hinaus zu verfolgen, weil hier Pd mit H gesättigt ist.

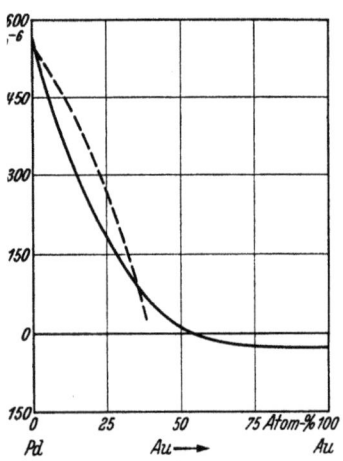

Abb. 62. Suszeptibilität χ der Pd-Au-Legierung. — — — Pd-H. Nach [136].

Optisches Verhalten (vgl. § 8). Das nicht vollbesetzte d-Band der Übergangselemente hat einen entscheidenden Einfluß auf das optische Verhalten, insbesondere bei kleinen Frequenzen (Sichtbares und Ultrarot). Schon bei Cu mußten wir annehmen, daß die

Übergänge vom d-Band in das s-Band ein Absorptionsband im Sichtbaren hervorrufen. Bei den Übergangselementen ist nun 1. die Überlagerung von d-Band und s-Band stärker als beim Cu und 2. ist das d-Band nicht vollbesetzt. Durch 1. wird die langwellige Grenze der Übergänge $d \to s$ weiter ins langwellige Gebiet verschoben. Viel entscheidender ist aber der Einfluß von 2. Zunächst gibt es wegen der freien Plätze im d-Band auch Übergänge vom s-Band in das d-Band, die ein weiteres Absorptionsband hervorrufen, wahrscheinlich im gleichen Frequenzgebiet, wie die Übergänge $d \to s$[1]. Sodann müssen wir beachten, daß ein d-Niveau fünffach entartet ist. Wir wollen, um die Sache nicht zu sehr zu komplizieren, vernachlässigen, daß das d-Band in zwei Bänder aufspaltet. Dann besteht das d-Band aus fünf Bändern, die sich genau überlagern. Innerhalb eines jeden Bandes ist die Energie eine andere Funktion der Wellenzahl, ähnlich wie wir es in § 4, S. 34 für das p-Band (drei Bänder, die sich überlagern) gefunden haben (vgl. Abb. 7c, 7d). Dies bedeutet, daß es optische Übergänge zwischen den einzelnen d-Bändern gibt, da ja zu einer Wellenzahl $\mathfrak{k}$ [vgl. die Auswahlregel (15), § 3] fünf verschiedene Energien gehören. Wegen der geringen Breite des d-Bandes liegen diese Energien nahe zusammen, und es ist deshalb anzunehmen, daß die langwellige Grenze für die Absorption, λ_a, ziemlich weit im Ultrarot liegt. Dadurch ist uns die Möglichkeit genommen, die Zahl der freien Elektronen, wie z. B. bei den einwertigen Metalle (vgl. Abb. 24, S. 115) aus optischen Messungen in einem bequem zugänglichen optischen Gebiet zu entnehmen, da ja für solche Messungen nach § 8 $\lambda > \lambda_a$ sein muß. Wir erwarten also für die Übergangsmetalle ein sehr starkes Absorptionsband im ultraroten und sichtbaren Gebiet, das aus einer Überlagerung der $d \to d$-, $d \to s$-, $s \to d$-Absorptionsbänder besteht. Daran schließt sich dann im kurzwelligen sichtbaren oder nahen ultravioletten Gebiet das Absorptionsband, das den Übergängen vom s-Band in das nächsthöhere Band entspricht. Dieses letztere Absorptionsband entspricht dem ersten Absorptionsband bei Ag (Abb. 23, S. 112).

In Abb. 63a, b haben wir die experimentellen Absorptionskurven ($n\varkappa$) für Cr, Mn und Ni aufgetragen. Wir finden vor allem, wie wir zu erwarten haben, im Sichtbaren eine unvergleichlich stärkere Absorption als bei den Edelmetallen, die nach Obigem den $d \to d$-, $d \to s$ und $s \to d$-Übergängen zuzuschreiben ist. Bei Ni

---
[1] Vgl. Fußnote 1, S. 330.

340 Systematische Diskussion der Metalle.

und Cr finden wir auch das kurzwellige Absorptionsband, etwa bei der gleichen Frequenz wie beim Ag und auch etwa von der gleichen Stärke. Bei Mn haben wir dieses Absorptionsband noch nicht erreicht.

Die starke Absorption der Übergangsmetalle macht sich auch im Reflexionsvermögen R bemerkbar. Nach § 8 ist dieses, bei Vernachlässigung der Absorption, 1 für $\nu < \nu_1$, wo ν_1 durch (4), § 8

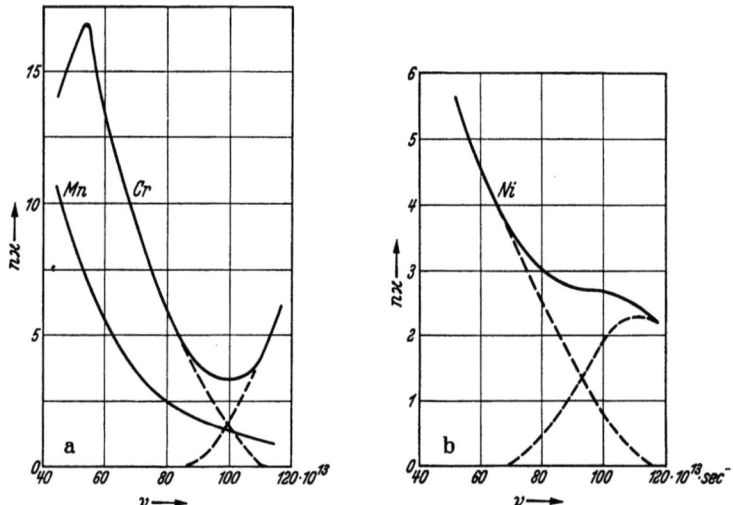

Abb. 63 a und b. Optische Absorption $n\varkappa$. a von Cr und Mn, b von Ni. Die Überlagerung der beiden Asborptionsbänder ist angedeutet (— — —).

gegeben ist und im Ultravioletten liegt. Unter Berücksichtigung der Absorption ist aber R auch für $\nu < \nu_1$ kleiner als 1. In Abb. 64 zeigen wir R für Ni und Ag. Wir sehen deutlich, daß bei Ag der Absorptionseinfluß erst etwa bei $\lambda = 3300$ Å einsetzt, bei Ni jedoch schon bei viel größeren Wellenlängen.

Zahl der freien Elektronen. Wie aus den Überlegungen dieses Paragraphen hervorgeht, haben wir gegenwärtig keine Aussicht n_F bei den Übergangselementen zu bestimmen, weder aus den optischen Konstanten, noch aus der Leitfähigkeit. Es ist aber sehr wahrscheinlich, daß sich die s-Elektronen eines Übergangsmetalls ähnlich verhalten wie beim darauffolgenden Edelmetall. Ist $\bar{n}_F$ die Zahl der freien Elektronen des Edelmetalls (etwa Cu), so ist also $\bar{n}_F \dfrac{n_s}{n}$ die entsprechende Größe für das Übergangsmetall (etwa

Ni), falls wir den Beitrag der d-Elektronen wegen der geringen Breite des d-Bandes (kleine Freiheitszahl) vernachlässigen. Das ist allerdings nicht immer korrekt, denn soweit aus den vorliegenden Messungen der HALLKonstanten ersehen werden kann, haben nur die letzten Übergangsmetalle (Ni, Pd, Pt) normalen HALL-Effekt, während für alle anderen (bisher wurden gemessen Fe, Co, Ir, W, Ta, Mo) der HALL-Effekt anormal ist. Dies ist (vgl. § 17) nur durch den Einfluß des nichtabgeschlossenen d-Bandes möglich, da die Elektronen des s-Bandes einen Beitrag mit normalem Vorzeichen liefern. Wahrscheinlich wird die kleine Freiheitszahl pro Zustand im d-Band durch die große Dichte der Zustände überkompensiert. Bei Ni, Pd und Pt ist das d-Band schon nahezu besetzt, infolgedessen ist hier die Dichte der Zustände mit der Grenzenergie ζ schon geringer und die s-Elektronen überwiegen.

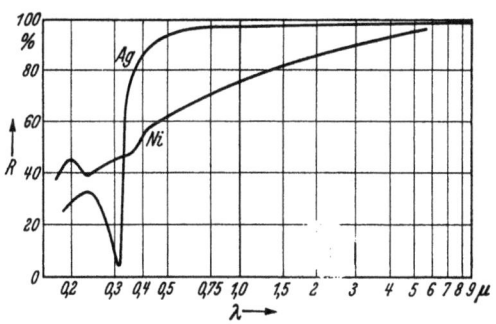

Abb. 64. Der Reflexionskoeffizient R von Ni und Ag. Aus [16].

Spezifische Wärme. Wir haben auf S. 331 gesehen, daß die spezifische Wärme der Elektronen bei tiefen Temperaturen meßbar wird. Bei den Metallen mit nichtabgeschlossenen inneren Schalen wird der Beitrag dieser Schalen zur spezifischen Wärme von Bedeutung. Man findet nämlich mit § 5, (11), daß die spezifische Wärme der Elektronen

$$c_v = \gamma' T,$$
$$\gamma' = \gamma \frac{D(\zeta)}{D_0(\zeta_0)}$$

ist. γT ist die spezifische Wärme freier Elektronen [z. B. § 29, (4)], $D(\zeta)$ ist die Eigenwertdichte bei der Grenzenergie, $D_0(E)$ die Eigenwertdichte für freie Elektronen und ζ_0 die Grenzenergie unter der Annahme freier Elektronen. Da das Band einer inneren Schale sehr schmal ist, wird $D(\zeta)$ und damit γ sehr groß, falls ζ nicht sehr nahe am Rand des Bandes liegt. Messungen an Ni bestätigen das $\gamma' T$-Gesetz und ergeben $\frac{\gamma'}{\gamma} \cong 15$. Danach sollte der absolute

Betrag der Freiheitszahl ungefähr 1/15 sein, was bei der geringen Breite des d-Bandes von Ni eine vernünftige Größenordnung ist[1].

Bei ferromagnetischen Metallen hat die spezifische Wärme beim CURIE-Punkt T_c einen Sprung, da ja die ferromagnetische Energie $U \sim J^2$ ($J =$ Sättigungsmagnetisierung) ist und da J bei $T = T_c$ einen Knick hat (vgl. Abb. 57, S. 305).

§ 31. Wismut[2] [161].

Termschema. Wismut unterscheidet sich von den anderen Metallen durch seine großen magnetischen Effekte. So ist z. B. die diamagnetische Suszeptibilität etwa 10mal, der HALL-Effekt etwa 10^3mal so groß wie bei den meisten anderen Metallen (§ 11 und § 17). Auch die magnetische Widerstandsänderung ist bei Bi anormal groß. Wir haben aber in § 17 (vgl. Tabelle 18) gezeigt, daß dies durch den anormal großen HALL-Effekt vollständig erklärt wird [vgl. § 17, (24)].

Neben der anormalen Größe der Effekte fällt beim Bi auch eine Temperatur- und Feldstärkenabhängigkeit auf, die meist anders als bei den übrigen Metallen ist.

Wir werden im folgenden zeigen, daß die anormale Größe der Effekte ohne besondere Hypothesen aus unserer Theorie folgt. Dabei werden wir auch finden, daß die Temperaturabhängigkeit, die wir für die anderen Metalle abgeleitet haben, für Bi nur eine sehr schlechte Näherung darstellt.

Die Kristallstruktur des Bi unterscheidet sich von derjenigen der meisten anderen Metalle insbesondere dadurch, daß Bi zwei Atome in der Elementarzelle hat. Auf Grund unserer Vorstellungen über den Aufbau der Metalle ist also Bi sicher nicht zu den typischen Metallen zu rechnen. Wir werden weiter unten sehen, daß Bi tatsächlich in mancher Hinsicht schon große Ähnlichkeit mit einem Halbleiter hat. Da nach § 3 ein Energieband maximal zwei Elektronen pro Elementarzelle enthält, trifft auf jedes Atom ein Elektron pro Band. Daher wäre Bi ein Nichtleiter oder Halbleiter,

---

[1] Dies ist natürlich keine exakte Abschätzung, da unter anderem nicht berücksichtigt ist, daß die Zahl der Löcher im d-Band pro Atom nur 0,6 ist. Außerdem ist aber noch nicht untersucht, ob sich das γT-Gesetz für die spezifische Wärme mit dem $T^{3/2}$-Gesetz für die Sättigungsmagnetisierung (S. 304) verträgt.

[2] Antimon verhält sich ganz ähnlich wie Wismut, wir behandeln daher nur das wichtigere Wismut.

wenn sich die Energiebänder der Valenzelektronen nicht mit den darauffolgenden überdecken würden. Wäre aber diese Überlagerung $\varDelta E$ der Energiebänder beträchtlich, so würde sich Bi ähnlich wie ein zweiwertiges Metall verhalten. Die besondere Eigenart des Bi ist, daß $\varDelta E$ sehr klein ist.

Wir können bei Kristallen, bei welchen die Zahl der Elektronen genau so groß ist wie die Zahl der Zustände in einer ganzen Anzahl von Bändern, vier typische Fälle unterscheiden. Wir zeigen diese vier Fälle in Abb. 65a—c, müssen aber bemerken, daß es natürlich Übergänge zwischen den einzelnen Fällen gibt. Wir gehen von einem Nichtleiter aus. Ist $\varDelta B$ die Breite des verbotenen Gebietes, das auf das oberste besetzte Band folgt, so muß $\varDelta B$ groß sein (einige Volt), damit der Kristall ein Nichtleiter ist. Wird $\varDelta B$ kleiner, so erhalten wir allmählich den zweiten Fall, einen Halbleiter, der

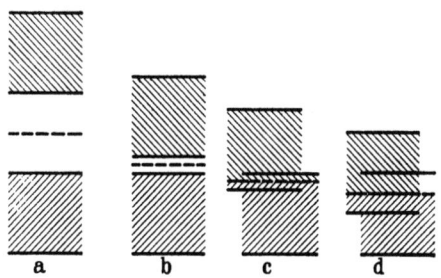

Abb. 65 a—d. Die gegenseitige Lage der Energiebänder. ////// besetztes Gebiet, \\\\\\ erlaubtes, aber unbesetztes Gebiet, — — — Grenzenergie. a Nichtleiter, b Halbleiter, c Bi-Fall, d zweivalenziges Metall.

sich natürlich nur qualitativ vom ersten Fall unterscheidet. Wird $\varDelta B$ nun noch kleiner, so werden sich die beiden Bänder schließlich überdecken, d. h. $\varDelta B$ ist negativ. Hier haben wir zunächst den Bi-Fall, bei dem $-\varDelta B$ wieder klein ist und endlich den Fall, daß $-\varDelta B$ groß ist, der etwa den zweiwertigen Metallen entspricht. Die beiden letzten Fälle unterscheiden sich wieder nur qualitativ. Beim Bi-Fall ist wesentlich, daß der Rand eines Bandes im $\mathfrak{k}$-Raum keine Fläche konstanter Energie ist (BRILLOUINsche Zone, Abb. 9, S. 48). Daher ist es leicht möglich, daß die Grenzenergie ζ an einzelnen Stellen nahe am Rand des Bandes liegt, an anderen aber weiter davon entfernt ist. Wenn die Zahl der Zustände, bei denen ζ nahe am Rand des Bandes liegt, überwiegt, haben wir immer noch den Bi-Fall, obwohl $-\varDelta B$ dann groß sein kann. In Abb. 65c und d wollen wir also unter $-\varDelta B$ einen geeigneten Mittelwert verstehen und nicht die maximale Entfernung der beiden Ränder.

Wie wir eben besprochen haben, ist $\varDelta B$ bei Bi <0, d. h. die Grenzenergie ζ liegt gleichzeitig in zwei Bändern (Abb. 65c). Im $\mathfrak{k}$-Raum verläuft sie ganz ähnlich, wie wir in Abb. 13, S. 76 für einen kubischen Kristall gezeigt haben. Der Unterschied gegen Abb. 13 ist, daß wir es jetzt mit einer komplizierten Kristallstruktur zu tun haben, bei der es eine ausgezeichnete Achse gibt, die bewirkt, daß bei Einkristallen die Werte irgendeiner Größe, z. B. der Suszeptibilität χ, davon abhängen, ob das Magnetfeld parallel oder senkrecht zu dieser Achse steht. Wir wollen hierauf nicht näher eingehen, d. h. wir betrachten polykristallines Material. Da ζ sehr nahe an den Rändern der Energiebänder liegt, ist die Energie E in beiden Bändern eine quadratische Funktion von $\mathfrak{k}$. Bei Vernachlässigung der Anisotropie haben wir genau den Fall vor uns, den wir in § 5, S. 77 behandelt haben. Wir wollen zuerst die Größenordnung der Freiheitszahl f abschätzen. Nach § 4 C ist es innerhalb gewisser Grenzen erlaubt, die Valenzelektronen nach der Näherung der freien Elektronen, § 4 B, zu behandeln. Bi hat fünf Valenzelektronen pro Atom, also zehn pro Elementarzelle. Diese besetzen die ersten vier Bänder vollständig, während das fünfte beinahe voll und das sechste, das sich mit dem fünften teilweise überdeckt, beinahe leer (vgl. Abb. 65c) ist. Nach § 4 C dürfen wir das erste Band der Valenzelektronen wie das erste Band in der Näherung freier Elektronen § 4 B behandeln. Wir dürfen aber diese Art der Behandlung nicht beliebig weit fortsetzen, weil wir sonst schließlich zu falschen Energiezuordnungen kommen. Wenn wir also das zweite Band der Valenzelektronen wie das zweite Band in der Näherung § 4 B behandeln, so machen wir damit schon einen größeren Fehler als beim ersten Band usw. Wenn wir schließlich die Freiheitszahl des fünften und sechsten Bandes nach dieser Näherung berechnen, dürfen wir nur mehr ein größenordnungsmäßig richtiges Resultat erwarten. Nach § 4 B, (24), S. 45 ist die Freiheitszahl in der Nähe des Randes eines Bandes (eindimensional)

$$f = \frac{m}{m^*} = \pm \frac{2 U_n}{V_n}. \tag{1}$$

Dabei ist U die mittlere Energie zwischen oberem Rand des n-ten und unterem Rand des $(n+1)$-ten Bandes. Die Energie ist so normiert, daß der untere Rand des ersten Bandes die Energie Null hat. V_n ist die n-te FOURIER-Komponente des Gitterpotentials. U wächst mit wachsendem n, V nimmt dagegen mit wachsendem n ab. Infolgedessen wächst $|f|$ ziemlich rasch mit wachsendem n, wie es z. B. in Abb. 8b, S. 46 gezeigt wurde. $|f|$ ist bei Bi also aus zwei Gründen groß. Erstens liegt ζ sehr nahe am Rand eines

Bandes, wo $|f|$ durch Gl. (1) gegeben ist und >1 ist. Zweitens wächst $|f|$ mit wachsendem n. In (1) hat U die Größenordnung 10 e-Volt. Wir werden weiter unten finden, daß f die Größenordnung 100 hat, woraus für V_n etwa 1/5 e-Volt, also eine durchaus vernünftige Größenordnung folgt. Eine *genaue* theoretische Berechnung von $|f|$ dürfte sehr schwierig sein. Es ist aber sehr wesentlich, daß die ungewohnte Größenordnung von f, wie wir eben gezeigt haben, sehr leicht und ohne irgendwelche besonderen Hypothesen verstanden werden kann.

Größenordnung von R, χ und σ. Wir wollen jetzt die Größenordnung der HALL-Konstanten R, der Suszeptibilität χ und der Leitfähigkeit σ abschätzen. Wir schließen uns zunächst an § 5, S. 77 an. Wir nennen das fünfte Band das untere und das sechste Band das obere Band und entsprechend wie in § 5 die Freiheitszahlen f_u (<0) und f_o (>0). Wir setzen zur Abkürzung

$$|f_u| + f_o = 2f > 0. \qquad (2)$$

Ist z die Zahl der Elektronen im oberen Band, so ist z auch die Anzahl der freien Plätze im unteren Band. Nach § 5, (22a) wird z dann mit (2) (pro Volumeneinheit)

$$z = \frac{1}{3\pi^2} \left(\frac{2m}{h^2}\right)^{3/2} \left(\frac{\Delta E}{2f}\right)^{3/2}, \qquad (3)$$

wobei ΔE das beiden Bändern gemeinsame Energiegebiet ist[1]. Die Eigenwertdichte bei der Grenzenergie ζ ist nach § 5 (21) und (21a) (pro Volumeneinheit)

$$D = \frac{1}{4\pi^2} \left(\frac{2m}{h^2}\right)^{3/2} \left(\frac{(\zeta - E_2)^{1/2}}{f_o^{3/2}} + \frac{(E_1 - \zeta)^{1/2}}{|f_u|^{3/2}}\right).$$

E_1 und E_2 sind die Energien der Ränder der beiden Bänder (vgl. § 5) und

$$\Delta E = E_1 - E_2.$$

Aus den beiden Gleichungen, die in § 5 zu (22a) führen, folgt:

$$\zeta = \frac{E_1 f_o + E_2 |f_u|}{f_o + |f_u|}.$$

Damit wird

$$D = \frac{1}{4\pi^2} \left(\frac{2m}{h^2}\right)^{3/2} \frac{\Delta E^{1/2}}{(f_o + |f_u|)^{1/2}} \left(\frac{1}{f_o} + \frac{1}{|f_u|}\right).$$

Näherungsweise wird dieser Ausdruck [mit (2)]

$$D = \frac{1}{4\pi^2} \left(\frac{2m}{h^2}\right)^{3/2} \frac{(2\Delta E)^{1/2}}{f^{3/2}}.$$

---

[1] ΔE ist der maximale Abstand der beiden Ränder.

Wir können nach (3) ΔE durch z ausdrücken:

$$\Delta E = \frac{h^2}{2m}(3\pi^2 z)^{2/3} 2f. \tag{4}$$

Damit wird dann D

$$D = \frac{2m}{h^2}\frac{(3\pi^2 z)^{1/3}}{2\pi^2 f}. \tag{5}$$

Schließlich benötigen wir noch die Zahl der freien Elektronen, die nach § 5, (22) (pro Volumeneinheit)

$$n_F = 2zf \tag{6}$$

ist.

Wir beginnen mit der Suszeptibilität. Da $f \gg 1$ ist, überwiegt der Diamagnetismus der Leitungselektronen nach § 11, (12) sowohl den diamagnetischen Beitrag des Ions als auch den paramagnetischen Beitrag der Leitungselektronen. Daher wird die Volumensuszeptibilität nach § 11, (12) und (13)

$$\chi = -\frac{2}{3}\mu^2 D f^2.$$

Mit (5) und

$$\mu = \frac{eh}{2mc}$$

erhalten wir

$$\chi = -\frac{e^2(3\pi^2 z)^{1/3} f}{6\pi^2 m c^2}.$$

Wir beziehen jetzt z auf ein Atom $\left(\frac{z}{n}\right)$. Unter Einführung der Zahlenfaktoren wird dann, da $n = 2{,}8 \cdot 10^{22}$ ist,

$$\chi = -4 \cdot 10^{-7}\left(\frac{z}{n}\right)^{1/3} f.$$

Diese Formel ist noch nicht vollständig, denn bei der von uns angewandten Näherung sind alle Zustände des oberen Bandes dreifach. Man sieht dies am einfachsten an Hand von Abb. 13, S. 76, wo einer bestimmten Energie im zweidimensionalen f-Raum nicht ein, sondern zwei Kreise des oberen Bandes entsprechen. Dreidimensional hat man analog nicht eine, sondern drei Kugeln. Wenn wir annehmen, daß das obere Band den größeren Beitrag zu χ liefert, was bei hohen Temperaturen durch das Vorzeichen der HALL-Konstanten nahegelegt wird, so haben wir den obigen Ausdruck für χ noch mit 3 zu multiplizieren. Gleichzeitig müssen wir z durch $\frac{z}{3}$ ersetzen. Im ganzen müssen wir also mit $\frac{3}{3^{1/3}} = 2{,}1$ multiplizieren und erhalten

$$\chi \simeq -10^{-6}\left(\frac{z}{n}\right)^{1/3} f. \tag{7}$$

Die gemessene Volumensuszeptibilität ist ungefähr -10^{-5}. Aus (7) folgt daher

$$\left(\frac{z}{n}\right)^{1/3} f \cong 10. \tag{7a}$$

Die HALL-Konstante R ist nach § 17, (21)

$$R = \frac{1}{ecn} \frac{f_\zeta}{n_F/n},$$

oder, wenn wir R in elektromagnetischen C-G-S-Einheiten ausdrücken (vgl. S. 221)

$$\frac{Ren}{c} = \frac{f_\zeta}{n_F/n}.$$

f_ζ ist der Mittelwert der Freiheitszahl über alle Zustände mit der Energie ζ. In unserem Fall ist also

$$f_\zeta = f_o - |f_u|.$$

Mit (6) und (2) wird daher

$$\frac{Ren}{c} = \frac{1}{z/n} \frac{f_o - |f_u|}{f_o + |f_u|} \cong \pm \frac{1}{z/n}. \tag{8}$$

Dabei gilt das positive Vorzeichen, wenn f_o überwiegt und das negative, wenn $|f_u|$ überwiegt. Die gemessenen Werte hängen stark von der Temperatur und der Feldstärke ab. Dabei bleibt aber die Größenordnung von $|R|$ stets die gleiche, so daß wir auch die Größenordnung von z aus (8) und den Meßwerten finden. In Tabelle 17, S. 221 wurde als Mittelwert $R \cong -5$ angegeben. Daher wird nach (8)

$$\frac{z}{n} \cong \frac{1}{2} 10^{-3}. \tag{9}$$

Wir zeigen weiter unten, daß diese Größenordnung für $\frac{z}{n}$ auch aus anderen Betrachtungen folgt. Aus (7a) ergibt sich dann die Freiheitszahl zu

$$f \cong 100. \tag{10}$$

Diese Werte von z und f sind natürlich nur der Größenordnung nach zuverlässig.

Nach (6), (9) und (10) wird die Zahl der freien Elektronen

$$\frac{n_F}{n} \cong 0,1.$$

Dieser Wert ist in genügend guter Übereinstimmung mit dem aus der Leitfähigkeit mit Hilfe einer halbempirischen Formel gewonnenen Wert 0,05 (vgl. Tabellen 12, 17).

Wir haben jetzt gezeigt, daß die Größenordnungen von χ, R, σ miteinander verträglich sind, falls z und f durch (9) bzw. (10) gegeben sind. Wir haben auch gefunden, daß der hohe f-Wert durchaus im Einklang mit der Theorie steht. Der kleine Wert von z bestätigt sich beim Verhalten der Legierungen mit Bi. So wird z. B. durch Sn in einer Konzentration von 0,1% verursacht, daß der Temperaturkoeffizient des elektrischen Widerstandes negativ (wie bei Halbleitern!) wird. Da Sn nur vier Elektronen, Bi aber fünf Elektronen pro Atom bringt, ist die Zahl der Elektronen pro Atom bei der Legierung kleiner als beim reinen Bi. Hierdurch wird die Grenzenergie ζ erniedrigt, so daß weniger Elektronen im oberen Band sind als beim reinen Bi. Ist diese Zahl sehr klein gegen die Zahl der freien Plätze im unteren Band, so wird durch Temperaturerhöhung die Zahl der Elektronen im oberen Band, ähnlich wie bei Halbleitern, vergrößert. Dadurch wird der negative Temperaturkoeffizient des Widerstandes verständlich. z muß hiernach von der Größenordnung 10^{-3} sein, in Übereinstimmung mit (9).

Diese qualitative Betrachtung der Temperaturabhängigkeit der Leitfähigkeit zeigt uns schon, daß eine Übertragung der Formeln für normale Metalle auf Bi nicht korrekt ist. Daher dürfen unsere ganzen obigen Angaben nur als Größenordnungsbetrachtungen aufgefaßt werden. Alle Mittelungen über die Verteilungsfunktion der Elektronen (Temperaturabhängigkeit!) werden aber zu anderen Resultaten führen als bei gewöhnlichen Metallen, denn die Zahl der Elektronen im oberen und der Löcher im unteren Band ist so klein, daß das Elektronengas nicht vollständig entartet ist (vgl. § 5, S. 65). Eine befriedigende Behandlung der hierher gehörigen Fragen wird aber ziemlich umständlich sein, weil die Dichte der Elektronen auch nicht so gering ist, daß die FERMI-Verteilung wie bei den Halbleitern durch eine MAXWELLsche ersetzt werden kann.

§ 32. Flüssige Metalle.

Struktur. Unsere ganzen Überlegungen über die Bewegung der Elektronen in Kristallen beruhen im wesentlichen auf der periodischen Struktur der Kristalle. In Flüssigkeiten sind die Atome nicht mit der gleichen Regelmäßigkeit angeordnet wie in Metallen. Sie sind andererseits aber auch nicht ganz regellos verteilt. Greift man nämlich ein kleines Flüssigkeitsvolumen, das aus nur wenigen Atomen besteht, heraus, so haben die Atome dieses Volumens eine ziemlich regelmäßige Anordnung (etwa eine dichteste Kugelpackung). Diese Tatsache allein ist noch nicht sehr bedeutungsvoll und eigentlich selbstverständlich, da sich das spezifische Volumen der flüssigen Metalle von demjenigen der festen Metalle nur unwesentlich unterscheidet. Wesentlich ist aber die Tatsache, daß sich ein Zustand der Flüssigkeit, bei dem jedes Atom, wie in einem Kristall, eine bestimmte mittlere Ortskoordinate hat, nur langsam verändert. Unter „langsam" wollen wir dabei verstehen, daß das Atom viele Schwingungen um seine mittlere Lage ausführt, bis es diese verändert. Der direkteste Beweis dafür ist die Messung der Selbstdiffusion in flüssigen Metallen. Solche

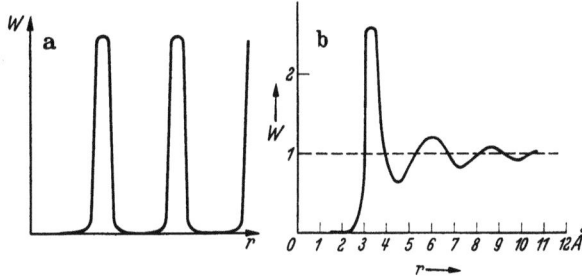

Abb. 66 a und b. Wahrscheinlichkeit W, im Abstand r von einem Atom bei vorgegebener Richtung ein anderes Atom zu finden; a für feste Körper, b für Flüssigkeiten (aus Röntgenaufnahmen an Hg nach [130]).

Messungen wurden in Pb ausgeführt, wobei ein radioaktives Pb-Isotop als Indikator benutzt wurde [22a]. Dabei ergab sich, daß ein Atom etwa 100 Schwingungen ausführt, bis es seine mittlere Lage um einen Atomabstand verändert. Ein weiterer Beweis für die Ähnlichkeit des flüssigen mit dem festen Zustand ist die geringe Änderung der spezifischen Wärme am Schmelzpunkt.

Der wesentliche Unterschied zwischen der Struktur der festen und der flüssigen Metalle besteht darin, daß ein fester Einkristall makroskopische Dimensionen hat, während die regelmäßige Anordnung in der Flüssigkeit sich nur über einige Atomabstände erstreckt. Bestimmt man die Wahrscheinlichkeit W dafür, in einem bestimmten Abstand r von einem Atom, bei vorgegebener Richtung, ein anderes zu finden, so erhält man im festen Körper immer ein steiles Maximum für W, wenn r ein ganzzahliges Vielfaches des Abstandes zweier benachbarter Atome (in der betreffenden Richtung) ist (Abb. 66a). r kann dabei beliebig groß werden. Bei Flüssigkeiten hingegen verhält sich W nur für sehr kleine r so, während es für große r konstant wird. In Abb. 66b zeigen wir die

Wahrscheinlichkeitsfunktion W, die aus Röntgenmessungen an Hg gewonnen wurde.

Energieschema. Wie wir in § 4 C gefunden haben, verhalten sich beim festen Metall die Valenzelektronen unter gewissen Einschränkungen ähnlich wie freie Elektronen, und wir dürfen auch im flüssigen Zustand ein ähnliches Verhalten der Valenzelektronen erwarten. Der typische Unterschied zwischen festem und flüssigem Zustand wird demnach gerade in den Abweichungen vom Verhalten freier Elektronen bemerkbar. Im festen Zustand bestehen diese Abweichungen in dem Auftreten gewisser verbotener Energiegebiete. In der Näherung § 4 B sind diese durch die selektive Reflexion der Elektronenwellen an den Netzebenen bestimmt. Die Bedingung für das Auftreten einer selektiven Reflexion, d. h. für die Reflexion einer ganz bestimmten Wellenzahl $\mathfrak{K}$, ist ein streng periodisches Gitterpotential. Jede Abweichung von der Periodizität hat eine Verminderung der Selektivität der Reflexion zur Folge. In einer Flüssigkeit ist das Gitterpotential nicht periodisch, d. h. wir können es nicht in eine FOURIER-Reihe entwickeln. Dagegen können wir es immer durch ein FOURIER-Integral darstellen:

$$V = \int a(\xi, \eta, \zeta) e^{2\pi i (\xi x + \eta y + \zeta z)} d\xi d\eta d\zeta.$$

Nun haben wir aber oben festgestellt, daß das Potential in einem sehr kleinen Bereich mit großer Annäherung periodisch ist. Dies bedeutet, daß $a(\xi, \eta, \zeta)$ für gewisse Werte von ξ, η, ζ groß ist. Daraus folgt, daß wir zwar keine selektive Reflexion bei ganz bestimmten $\mathfrak{K}$-Werten erwarten dürfen, daß aber die Reflexion auch keine monotone Funktion von $\mathfrak{K}$ ist, sondern in der Nähe einzelner $\mathfrak{K}$-Werte maximal wird. Für die Energie der Elektronen bedeutet dies, daß wir jetzt keine verbotenen Gebiete mehr erhalten, daß also die Eigenwertdichte D nicht Null für bestimmte Werte von $\mathfrak{K}$ wird. Dafür wird es aber Werte von $\mathfrak{K}$ geben, in deren Nähe D unter den Wert für freie Elektronen sinkt.

Die obigen qualitativen Überlegungen haben zur Folge, daß die Abweichungen des Verhaltens der Elektronen des flüssigen Metalls vom Verhalten freier Elektronen geringer sind als beim festen Metall. Dies gilt allerdings nur im Hinblick auf solche Zustände des festen Metalls, die in der unmittelbaren Nähe von verbotenen Energiegebieten liegen. Von Zuständen, die weiter von solchen kritischen Gebieten entfernt sind, gilt eher das Umgekehrte. Wir werden daher unser Ergebnis am besten in folgender Weise ausdrücken:

Flüssige Metalle. 351

Das Verhalten der Elektronen zeigt im festen Metall systematische, im flüssigen hingegen unsystematische Abweichungen vom Verhalten freier Elektronen. Daraus folgt, daß vor allem solche Metalle wesentliche Änderungen der Elektroneneigenschaften am Schmelzpunkt zeigen, bei denen die Grenzenergie in der Nähe einer „systematischen Abweichung", d. h. in der Nähe eines verbotenen Energiegebietes liegt. Das beste Beispiel hierfür ist Bi, bei dem z. B. die Suszeptibilität χ beim Schmelzen auf $1/10$ sinkt. Da bei festem Bi der anormal hohe Wert von χ nach § 31 dadurch zustande kommt, daß die Grenzenergie nahe am Rand eines Energiebandes liegt, bedeutet das Verhalten von χ beim Schmelzen eine Annäherung an den χ-Wert für freie Elektronen.

Elektrische Leitfähigkeit [169]. Bei den einwertigen Metallen lassen sich die Valenzelektronen schon beim festen Metall mit guter Annäherung wie freie Elektronen behandeln. Die Zahl der freien Elektronen pro Atom ist nahezu 1 und wird sich daher beim Schmelzen nicht wesentlich verändern. Nach § 14, (15) ist dann die DEBYE-Temperatur Θ die einzige Größe in dem Ausdruck für die elektrische Leitfähigkeit σ, die sich am Schmelzpunkt verändern kann. Das Verhältnis der Leitfähigkeit des festen Metalls zu derjenigen des flüssigen ist daher, da nach § 14, (15) $\sigma \sim \Theta^2$ ist:

$$\frac{\sigma_k}{\sigma_f} = \left(\frac{\Theta_k}{\Theta_f}\right)^2. \tag{1}$$

Dabei bedeutet der Index k, daß sich die betreffende Größe auf den festen Zustand (Kristall), der Index f, daß sie sich auf den flüssigen Zustand bezieht.

Das Verhältnis $\dfrac{\Theta_k}{\Theta_f}$ läßt sich aus der Schmelzwärme berechnen. Es sei T_S der Schmelzpunkt des Metalls. Dieser ist thermodynamisch dadurch bestimmt, daß die freie Energie der festen Phase gleich der freien Energie der flüssigen Phase ist[1].

In der statistischen Mechanik wird gezeigt, daß die freie Energie F pro Atom
$$F = -kT \log Z + P$$
ist. Dabei ist Z die Zustandssumme, auf die wir gleich näher zu sprechen kommen, während P die Energie des Atoms ist, wenn es sich in Ruhe an seiner Gleichgewichtslage befindet. Offensichtlich ist
$$P_f - P_k = U,$$

---
[1] Die durch die Volumenänderung beim Schmelzen geleistete Arbeit kann vernachlässigt werden.

wobei U die Schmelzwärme pro Atom ist. Am Schmelzpunkt ist somit

$$0 = F_k - F_f = -kT_S \log Z_k + kT_S \log Z_f - U,$$

also

$$\frac{Z_f}{Z_k} = e^{\frac{U}{kT_S}}. \tag{2}$$

Wir berechnen die Zustandssumme unter der Annahme, daß alle Atome Schwingungen mit der DEBYE-Frequenz ν (§ 13) ausführen. Diese hängt mit der DEBYE-Temperatur durch die Beziehung (8), § 13 zusammen. Es ist dann also

$$h\nu_k = k\Theta_k, \quad h\nu_f = k\Theta_f. \tag{3}$$

Die Zustandssumme eines linearen harmonischen Oszillators ist definitionsgemäß

$$Z = \sum_n e^{-\frac{nh\nu}{kT}} = \frac{1}{1 - e^{-\frac{h\nu}{kT}}}.$$

Für hohe Temperaturen ($kT > h\nu$) wird

$$Z = \frac{kT}{h\nu}.$$

Im dreidimensionalen Fall ist entsprechend

$$Z = \left(\frac{kT}{h\nu}\right)^3.$$

Die Beziehung (2) lautet daher

$$\left(\frac{\nu_k}{\nu_f}\right)^3 = e^{\frac{U}{kT_S}}.$$

Mit (1) und (3) finden wir somit als Verhältnis der Leitfähigkeiten

$$\frac{\sigma_k}{\sigma_f} = e^{\frac{2}{3}\frac{U}{kT_S}}. \tag{4}$$

Tabelle 37 zeigt, daß dieses Ergebnis für einwertige Metalle ziemlich gut bestätigt wird.

Tabelle 37. Nach [169].

Metall	Li	Na	K	Rb	Cs	Cu	Ag	Au	Al	Pb	Zn	Bi
$\frac{\sigma_k}{\sigma_f}$ exp.	1,7	1,5	1,6	1,6	1,7	2,1	1,9	2,3	1,6	2,1	2,1	0,4
theor.	1,8	1,8	1,8	1,8	1,8	2,0	2,0	2,2	2,0	1,9	2,3	5,0

Wir haben in Tabelle 37 auch einige mehrwertige Metalle angeführt. Für Al, Pb und Zn ist die Übereinstimmung zwischen theoretischem und experimentellem Wert recht gut. Theoretisch sollte man hier eigentlich größere Unterschiede erwarten. Bei Bi ist hingegen das Verhältnis zwischen theoretischem und experimentellem Wert ungefähr 1 : 12. Zur Deutung dieses Verhältnisses muß man annehmen, daß die Zahl der freien Elektronen im flüssigen Bi etwa zwölfmal so groß ist wie im festen. Das ist in qualitativer Übereinstimmung damit, was man nach S. 347 für Bi erwarten darf.

Auf die gute Übereinstimmung der Thermokraft der flüssigen Alkalimetalle mit den Formeln für freie Elektronen haben wir schon in § 16 hingewiesen.

Die HALL-Konstante sollte bei Metallen mit anomalem Effekt (z. B. Pb) im flüssigen Zustand entweder kleiner sein als im festen Zustand oder sogar das Vorzeichen wechseln. Messungen an solchen Metallen im flüssigen *und* festen Zustand liegen aber gegenwärtig nicht vor [100].

Optisches Verhalten. Auch beim optischen Verhalten der flüssigen Metalle muß sich eine Annäherung an das optische Verhalten freier Elektronen zeigen. Hier sind nach § 8 zwei Größen ausschlaggebend:
1. die Zahl der freien Elektronen, n_F;
2. die Oszillatorenstärken f_{nm}.

Die Zahl der freien Elektronen ist bei festen Metallen nach § 5 immer kleiner als Eins. Bei flüssigen Metallen dürfen wir hingegen immer angenähert so viele freie Elektronen erwarten, wie das Metall Valenzelektronen hat. Bei Berechnung der Oszillatorenstärken f_{nm} war vor allem die Auswahlregel für optische Übergänge von Bedeutung. Diese Auswahlregel [§ 3, (15)] war unter der Voraussetzung eines streng periodischen Gitters abgeleitet. Sie ist also für flüssige Metalle nicht gültig. Die bemerkenswerteste Folge der Auswahlregel war die Entstehung von Absorptionsbändern. Da die Auswahlregel im flüssigen Zustand nicht mehr gültig ist, werden die Absorptionsbänder stark verbreitert. Dies hat zur Folge, daß sie auch stark erniedrigt werden. Für eine bestimmte Frequenz, etwa im Sichtbaren, sind also die Oszillatorenstärken kleiner als beim festen Metall.

Tatsächlich wird auch gefunden, daß die Formeln für freie Elektronen § 8, (8a), (8b) für flüssige Metalle noch bis ins ultraviolette Gebiet gültig sind [171]. Sie wurden z. B. für Hg zwischen 3200 Å und 6200 Å bestätigt. Dabei ergab sich als Zahl der freien Elektronen pro Atom 2,1, während der Widerstand, der durch Formel (7), § 8 in die optischen Konstanten eingeht, nur um 5% von dem elektrisch gemessenen abweicht.

Anhang.

1. Schrödinger-Gleichung mit Vektorpotential.

Wellengleichung. Nach der klassischen Elektrodynamik ist die Energie eines Elektrons, das sich in einem elektromagnetischen Feld mit dem Vektorpotential $\mathfrak{A}$ und dem skalaren Potential V befindet:
$$E = \frac{1}{2m}\left(\mathfrak{p} - \frac{e}{c}\mathfrak{A}\right)^2 + V.$$

Wenn wir hier wieder, wie in § 1, $\mathfrak{p}$ durch $\frac{h}{i}$ grad und E durch $-\frac{h}{i}\frac{\partial}{\partial t}$ ersetzen, erhalten wir die zeitabhängige Wellengleichung

$$\frac{h}{i}\frac{\partial \Psi}{\partial t} = \frac{h^2}{2m}\Delta\Psi - V\Psi - \frac{ieh}{mc}(\mathfrak{A},\mathrm{grad}\,\Psi) - \frac{e^2}{2mc^2}A^2\Psi. \quad (1)$$

Wechselwirkung mit Licht. Das Vektorpotential einer ebenen Lichtwelle, die sich in der y-Richtung fortpflanzt und in der x-Richtung polarisiert ist, lautet:

$$\left.\begin{array}{l}\mathfrak{A}_x = A_0\sin(Ky - 2\pi\nu t) = \dfrac{A_0}{2i}\left(e^{i(Ky-2\pi\nu t)} - e^{-i(Ky-2\pi\nu t)}\right),\\ \mathfrak{A}_y = \mathfrak{A}_z = 0\end{array}\right\} \quad (2)$$

$$K = \frac{2\pi}{\lambda}, \qquad \lambda = \frac{c}{\nu}.$$

Die elektrische Feldstärke ist durch die Beziehung
$$\mathfrak{F} = -\frac{1}{c}\frac{\partial \mathfrak{A}}{\partial t}$$
mit dem Vektorpotential verknüpft. Es ist also

$$\left.\begin{array}{l}\mathfrak{F}_x = F_0\cos(Ky - 2\pi\nu t), \qquad F_0 = \dfrac{2\pi\nu}{c}A_0,\\ \mathfrak{F}_y = \mathfrak{F}_z = 0\end{array}\right\} \quad (3)$$

Die Lichtwelle falle zur Zeit $t=0$ auf das Elektron. Für $t<0$ ist $\mathfrak{A}=0$ und die Lösungen von (1) seien dann:

$$\Psi_n = \psi_n e^{-\frac{i}{h}E_n t}. \quad (4)$$

Für $t > t_0$ können wir immer die allgemeinste Lösung von (1) in der Form
$$\Psi = \sum_m c_m(t)\,\Psi_m \quad (5)$$

schreiben [vgl. § 1, (6b)]. In (1) werden wir das Glied mit A^2 vernachlässigen, da es klein gegen das lineare Glied ist. Wir setzen (5) in (1) ein und erhalten mit (2) unter Berücksichtigung, daß Ψ_m eine Lösung von (1) mit $\mathfrak{A}=0$ ist

$$\frac{h}{i} \sum \frac{dc_m}{dt} \Psi_m = -\frac{ihe}{mc} \sum c_m \left(\mathfrak{A}_x, \frac{\partial \Psi_m}{\partial x}\right).$$

Wir multiplizieren mit Ψ_r^* und integrieren. Unter Beachtung der Orthogonalitätsrelation § 1, (5) finden wir

$$\frac{dc_r}{dt} = \sum_m c_m (\Phi_{mr}^+ - \Phi_{mr}^-),$$

wobei [vgl. (4)]

$$\Phi_{mr}^+ = -\frac{ieA_0}{2mc} e^{-\frac{i}{h}(E_m - E_r + h\nu)t} \int \psi_r^* e^{iKy} \frac{\partial \psi_m}{\partial x} d\tau,$$

$$\Phi_{mr}^- = -\frac{ieA_0}{2mc} e^{-\frac{i}{h}(E_m - E_r - h\nu)t} \int \psi_r^* e^{-iKy} \frac{\partial \psi_m}{\partial x} d\tau$$

ist. Im Fall der Metallelektronen sind die ψ_m räumlich periodische Funktionen mit der Periode $\frac{2\pi}{k_y}$ in der y-Richtung. Immer wenn

$$K \ll k_y$$

ist, können in den obenstehenden Integralen die Exponentialfunktionen $e^{\pm iKy}$ durch 1 ersetzt werden. In diesem Fall wird

$$\frac{dc_r}{dt} = \frac{eA_0}{2mch} \sum_m p_{mr} \left(e^{-\frac{i}{h}(E_m - E_r + h\nu)t} - e^{-\frac{i}{h}(E_m - E_r - h\nu)t} \right) c_m, \quad (6)$$

wobei p_{mr} die Impulsmatrixelemente § 1, (10) sind. Für $t < 0$ sei das Elektron im Zustand Ψ_n. Dann ist für $t = 0$

$$c_n = 1, \quad c_m = 0, \quad m \neq n.$$

Wir erhalten eine Näherungslösung, wenn wir auf der rechten Seite von (6) diese Werte von c_n bzw. c_m einsetzen. Durch Integration ergibt sich dann sofort

$$c_r(t) = \frac{eA_0}{2mch} p_{nr} \left(\frac{e^{-\frac{i}{h}(E_n - E_r + h\nu)t} - 1}{-\frac{i}{h}(E_n - E_r + h\nu)} - \frac{e^{-\frac{i}{h}(E_n - E_r - h\nu)t} - 1}{-\frac{i}{h}(E_n - E_r - h\nu)} \right),$$

$$n \neq r.$$

Von den beiden Gliedern der Klammer ist (für $E_r > E_n$) nur das erste groß, falls

$$E_r = E_n + h\nu$$

ist. Wir können das zweite Glied daher vernachlässigen. $|c_r(t)|^2$ ist die Wahrscheinlichkeit, daß zur Zeit t das Elektron im Zustand Ψ_r ist. Wir finden nach einfacher Umformung unter Verwendung von (3):

$$|c_r(t)|^2 = \left(\frac{eF_0}{2mh\nu}\right)^2 |p_{nr}|^2 \frac{\sin^2 \left\{ \pi \left(\nu - \frac{E_r - E_n}{h}\right) t \right\}}{\pi^2 \left(\nu - \frac{E_r - E_n}{h}\right)^2}.$$

2. Beweis des Summensatzes.

Es seien p und q Matrizen mit den Elementen p_{nm} und q_{nm}:

$$p_{nm} = \frac{\mathsf{h}}{i}\int \Psi_m^* \frac{\partial}{\partial x_i}\Psi_n \, d\tau = p_{mn}^*, \quad q_{nm} = \int \Psi_m^* x_i \Psi_n \, d\tau = q_{mn}^*. \tag{1}$$

Die Ψ_n sind die zeitabhängigen Wellenfunktionen. Da entsprechend wie in der klassischen Physik

$$p = m\frac{dq}{dt}$$

ist, wird hier, da $e^{-\frac{i}{\mathsf{h}}(E_n - E_m)t}$ der zeitabhängige Faktor von q_{nm} und p_{nm} ist,

$$p_{nm} = -\frac{i}{\mathsf{h}} m (E_n - E_m) q_{nm}. \tag{2}$$

Die Matrizen p und q sind nach den Grundlagen der Quantenmechanik durch die Vertauschungsrelation miteinander verknüpft:

$$pq - qp = \frac{\mathsf{h}}{i}\mathbf{1}.$$

$\mathbf{1}$ ist hier die Einheitsmatrix, deren Elemente δ_{nm} sind. Für die Diagonalelemente lautet die Vertauschungsrelation

$$(pq - qp)_{nn} = (pq)_{nn} - (qp)_{nn} = \frac{\mathsf{h}}{i}. \tag{3}$$

Nach den Multiplikationsregeln für Matrizen ist unter Verwendung von (1)

$$(pq)_{nn} = \sum_r p_{nr} q_{rn} = \sum_r p_{nr} q_{nr}^*,$$

$$(qp)_{nn} = \sum_r q_{nr} p_{rn} = \sum_r p_{nr}^* q_{nr}.$$

Eliminieren wir hieraus q_{nr} mit Hilfe von (2) und setzen wir die so erhaltenen Ausdrücke in (3) ein, so finden wir

$$\sum_r p_{nr} \frac{\mathsf{h}}{i} \frac{p_{nr}^*}{m(E_n - E_r)} - \sum_r p_{nr}^* \left(-\frac{\mathsf{h}}{i}\right) \frac{p_{nr}}{m(E_n - E_r)} = \frac{\mathsf{h}}{i}.$$

Unter Verwendung des Ausdruckes für die Oszillatorenstärke § 3, (16) ergibt sich der Summensatz

$$\sum f_{nr} = 1.$$

3. Integrale zur Fermi-Statistik [54, 104].

Wir berechnen Integrale von der Form

$$J = \int_{-\infty}^{\infty} F(E) \frac{\partial f}{\partial E} \, dE, \tag{1}$$

wobei $F(E)$ eine beliebige stetige Funktion und

$$f = \frac{1}{e^{\frac{E-\zeta}{kT}} + 1}$$

die FERMI-Verteilungsfunktion ist.
Wir wählen als Variable

$$x = \frac{E-\zeta}{kT},$$

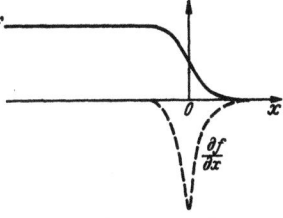

Abb. 67. Die FERMI-Verteilung f als Funktion von $x = E/kT$.
$--- \frac{\partial f}{\partial x}$.

dann wird (1)

$$J = \int_{-\infty}^{\infty} F(\zeta + kTx) \frac{\partial f}{\partial x} \, dx. \tag{1a}$$

Die allgemeine Auswertung dieses Integrals ist dadurch ermöglicht, daß $\left|\frac{\partial f}{\partial x}\right|$ bei $x=0$ ein sehr steiles Maximum hat (vgl. Abb. 67). Wir entwickeln deshalb F in der Umgebung von $x=0$:

$$F(\zeta + kTx) = F(\zeta) + \frac{\partial F(\zeta)}{\partial E} x kT + \frac{\partial^2 F(\zeta)}{\partial E^2} \frac{(xkT)^2}{2} + \ldots$$

In (1a) eingesetzt ergibt dies

$$J = F(\zeta) K_0 + \frac{\partial F(\zeta)}{\partial E} kT K_1 + \frac{\partial^2 F(\zeta)}{\partial E^2} \frac{(kT)^2}{2} K_2 + \ldots$$

Dabei ist:

$$K_0 = \int_{-\infty}^{\infty} \frac{\partial f}{\partial x} \, dx = f(\infty) - f(-\infty) = -1,$$

$$K_1 = \int_{-\infty}^{\infty} x \frac{\partial f}{\partial x} \, dx = 0,$$

denn $\frac{\partial f}{\partial x}$ ist (Abb. 67) eine symmetrische, $x \frac{\partial f}{\partial x}$ also eine antisymmetrische Funktion.

Ferner ist

$$K_2 = \int_{-\infty}^{\infty} x^2 \frac{\partial f}{\partial x} \, dx = -\int_{-\infty}^{\infty} \frac{x^2 e^x}{(e^x+1)^2} \, dx = -\int_{-\infty}^{\infty} \frac{x^2 e^{-x}}{(1+e^{-x})^2} \, dx =$$

$$= -2 \int_{0}^{\infty} x^2 (e^{-x} - 2e^{-2x} + 3e^{-3x} - + \ldots) \, dx =$$

$$= -4 \left(1 - \frac{1}{2^2} + \frac{1}{3^2} - + \ldots\right) = -\frac{\pi^2}{3}.$$

Somit wird
$$-J = F(\zeta) + \frac{\pi^2}{6}(kT)^2 \left(\frac{\partial^2 F}{\partial E^2}\right)_{E=\zeta} + \cdots \qquad (2)$$

Ein Integral von der Form [§ 5, (11)]
$$P = 2\int_{-\infty}^{\infty} Q(E)f(E)D(E)\,dE$$
läßt sich durch partielle Integration auf (1) zurückführen, wenn wir
$$F(E) = -2\int_{-\infty}^{E} Q(E)D(E)\,dE$$
setzen. Es ist dann nach (2)
$$P = 2\int_{-\infty}^{\zeta} Q(E)D(E)\,dE + 2\frac{\pi^2}{6}(kT)^2 \frac{\partial}{\partial E}(QD)_\zeta + \cdots \qquad (3)$$

Zur Berechnung der Teilchenzahl N ist $Q=1$ zu setzen [vgl. § 5, Gl. (1a), S. 63]. Es wird dann aus (3)
$$N = 2\int_{-\infty}^{\zeta} D(E)\,dE + 2\frac{\pi^2}{6}(kT)^2 \left(\frac{\partial D}{\partial E}\right)_\zeta + \cdots \qquad (4)$$

N ist unabhängig von der Temperatur. Beim absoluten Nullpunkt ist
$$f = 1 \quad \text{für} \quad E \leq \zeta_0$$
$$f = 0 \quad \text{für} \quad E > \zeta_0,$$
und daher
$$N = 2\int_{-\infty}^{\zeta_0} D(E)\,dE. \qquad (4\,\mathrm{a})$$

Da ζ nur sehr schwach von der Temperatur abhängt, wird (4)
$$N = 2\int_{-\infty}^{\zeta_0} D(E)\,dE + 2\int_{\zeta_0}^{\zeta} D(E)\,dE + 2\frac{\pi^2}{6}(kT)^2 \left(\frac{\partial D}{\partial E}\right)_\zeta. \qquad (4\,\mathrm{b})$$

Hier ist
$$\int_{\zeta_0}^{\zeta} D(E)\,dE \cong D(\zeta_0)(\zeta-\zeta_0).$$

Nach (4a) und (4b) ist somit
$$\zeta = \zeta_0 - \frac{\pi^2}{6}(kT)^2 \frac{1}{D(\zeta_0)}\left(\frac{\partial D}{\partial E}\right)_{\zeta_0} = \zeta_0 - \frac{\pi^2}{6}(kT)^2 \frac{\partial}{\partial E}(\log D)_{\zeta_0}.$$

Der Ausdruck P (3) läßt sich hiermit noch umformen:

$$= 2\int_{-\infty}^{\zeta} Q\,D\,\mathrm{d}E + \frac{\pi^2}{3}(kT)^2 \frac{\partial}{\partial E}(QD)_\zeta = 2\int_{-\infty}^{\zeta_0} Q\,D\,\mathrm{d}E + 2(QD)_{\zeta_0}(\zeta-\zeta_0) +$$

$$+ \frac{\pi^2}{3}(kT)^2 \left(Q\frac{\partial D}{\partial E} + D\frac{\partial Q}{\partial E}\right)_{\zeta_0} = 2\int_{-\infty}^{\zeta_0} Q\,D\,\mathrm{d}E + \frac{\pi^2}{3}(kT)^2 \left(D\frac{\partial Q}{\partial E}\right)_{\zeta_0}.$$

4. Bose-Einstein-Statistik.

Hierunter versteht man die quantenmechanische Statistik für Teilchen, die dem PAULI-Prinzip *nicht* unterworfen sind. Zur Ableitung der Verteilungsfunktion gehen wir wie in § 5 bei der Berechnung der FERMI-Verteilung vor, beachten aber, daß ein Zustand jetzt von beliebig vielen Teilchen besetzt werden kann. Nach der in § 5 eingeführten Bezeichnungsweise nennen wir wieder Z_i die Zahl der Quantenzustände des i-ten Intervalls. N_{ir} sei die Zahl der r-fach besetzten Zustände des i-ten Intervalls. Die Zahl der Mikrozustände des i-ten Intervalls ist dann

$$\frac{Z_i!}{N_{i0}!\,N_{i1}!\,N_{i2}!\cdots}.$$

Offensichtlich ist
$$\sum_r r\,N_{ir} = N_i \tag{1}$$

die Zahl der Teilchen im i-ten Intervall, während

$$\sum_r N_{ir} = Z_i \tag{1a}$$

ist. Lassen wir für r nur die Werte $r=0$ und $r=1$ zu, so erhalten wir die entsprechenden Ausdrücke für die FERMI-Statistik.

Die Gesamtzahl der Mikrozustände bei einer bestimmten Zahlenfolge N_i ist, ähnlich wie in § 5, (4)

$$W = \prod_i \frac{Z_i!}{\prod_r N_{ir}!}.$$

Mit Hilfe der STIRLINGschen Formel (§ 5) erhalten wir hieraus unter Beachtung von (1a) [vgl. § 5, (4b)]

$$\log W = \sum_i Z_i \log Z_i - \sum_{i,r} N_{ir} \log N_{ir}. \tag{2}$$

Die Gesamtenergie ist [vgl. (1)]

$$U = \sum_i N_i E_i = \sum_{i,r} r\,N_{ir}\,E_i, \tag{3}$$

die gesamte Teilchenzahl

$$N = \sum_i N_i = \sum_{i,r} r\,N_{ir}. \tag{4}$$

Wir könnten jetzt wie in § 5 vorgehen und (2) unter Beachtung der Nebenbedingungen zu einem Maximum machen. Wir wollen aber hier einen etwas anderen Weg einschlagen. Nach dem zweiten Hauptsatz besteht bei konstantem Volumen folgende Beziehung zwischen Energie U und Entropie S

$$\delta S = \frac{\delta U}{T}. \tag{5}$$

Mit Hilfe der BOLTZMANNschen Beziehung

$$S = k \log W$$

erhalten wir aus (2), unter Beachtung, daß die Z_i Konstanten sind,

$$\frac{\delta S}{k} = \delta \log W = - \delta \sum_{i,r} N_{ir} \log N_{ir} = - \sum_{i,r} (1 + \log N_{ir}) \, \delta N_{ir}.$$

Aus (3) folgt

$$\delta U = \sum_{i,r} r E_i \, \delta N_{ir}.$$

Mit (5) erhalten wir dann

$$\sum_{i,r} \left\{ 1 + \log N_{ir} + \frac{r E_i}{kT} \right\} \delta N_{ir} = 0. \tag{6}$$

Falls die Gesamtteilchenzahl N nicht vorgeschrieben ist (Licht- und Schallquanten, Spinwellen), besteht zwischen den einzelnen N_{ir} nur die Beziehung (1a).

Da Z_i konstant ist, wird

$$0 = \delta Z_i = \sum_r \delta N_{ir} = \sum_{i,r} \delta N_{ir}.$$

Wir addieren diese Nebenbedingungen, mit einem LAGRANGEschen Faktor $-\log c - 1$ multipliziert, zu (6) und erhalten

$$\sum_{i,r} \left\{ \log N_{ir} + \frac{r E_i}{kT} - \log c \right\} \delta N_{ir} = 0.$$

Da die N_{ir} jetzt unabhängig voneinander variiert werden können, muß $\{\ \} = 0$ sein, d. h.

$$N_{ir} = c \, e^{-\frac{r E_i}{kT}}. \tag{7}$$

Ist hingegen N konstant, so haben wir als zweite Nebenbedingung [vgl. (4)]

$$0 = \delta N = \sum_{i,r} r \, \delta N_{ir}.$$

Wir multiplizieren sie mit einem LAGRANGEschen Faktor α, addieren zu (6) und erhalten in gleicher Weise wie oben:

$$N_{ir} = c \, e^{-\frac{r E_i}{kT} - \alpha r}. \tag{7a}$$

Die beiden Ausdrücke (7) und (7a) gelten noch in gleicher Weise für FERMI- und für BOSE-Statistik. Für erstere ist r auf die Werte 0 und 1 beschränkt. $N_{i\,r}$ ist bis auf einen konstanten Faktor die Wahrscheinlichkeit, daß ein Quantenzustand mit der Energie E_i mit r Elektronen besetzt ist. Aus (1a) finden wir für c:

$$c = \frac{Z_i}{F_i}, \qquad (7\,\text{b})$$

wobei im Fall (7)

$$F_i = \sum_r e^{-\frac{rE_i}{kT}}, \qquad (8)$$

und im Fall (7a)

$$F_i = \sum_r e^{-r\left(\frac{E_i}{kT}+\alpha\right)} \qquad (8\,\text{a})$$

ist[1]. Nach (1) und (7) bzw. (7a) wird die mittlere Teilchenzahl mit einer Energie E_i:

$$N_i = \sum_r r\, N_{i\,r} = c \sum_r r\, e^{-\frac{rE_i}{kT}},$$

bzw.

$$N_i = c \sum_r r\, e^{-r\left(\frac{rE_i}{kT}+\alpha\right)}.$$

Mit (7b) und (8) bzw. (8a) ergibt das

$$N_i = -Z_i\, kT\, \frac{1}{F_i}\, \frac{\partial F_i}{\partial E_i} = -Z_i\, kT\, \frac{\partial}{\partial E_i} \ln F_i. \qquad (9)$$

Dieser Ausdruck ist noch gleich für beide Statistiken. Der Unterschied tritt erst bei der Bestimmung von F_i auf. Bei BOSE-Statistik nimmt r alle Werte zwischen 0 und Unendlich an. (8) bzw. (8a) wird dann eine unendliche geometrische Reihe, deren Wert

$$F_i = \frac{1}{1 - e^{-\frac{E_i}{kT}}}$$

bzw.

$$F_i = \frac{1}{1 - e^{-\frac{E_i}{kT}-\alpha}}$$

ist. Aus (9) erhalten wir dann

$$\frac{N_i}{Z_i} = \frac{1}{e^{\frac{E_i}{kT}} - 1}$$

---

[1] F_i heißt Zustandssumme.

bzw.
$$\frac{N_i}{Z_i} = \frac{1}{e^{\frac{E_i}{kT}+\alpha} - 1}$$

In der gleichen Weise findet man die FERMI-Statistik, wenn man F_i nach (8a) berechnet, wobei r nur die Werte 0 und 1 annimmt:
$$F_i = 1 + e^{-\frac{E_i}{kT}-\alpha}.$$
Aus (9) ergibt sich dann
$$\frac{N_i}{Z_i} = \frac{1}{e^{\frac{E_i}{kT}+\alpha} + 1}.$$

5. Virialsatz.

Gegeben sei ein System von elektrischen geladenen Teilchen, die der klassischen Mechanik gehorchen. Die Masse des i-ten Teilchens sei m_i, seine Ladung e_i, seine Ortskoordinate $\mathfrak{r}_i$.

Die gesamte kinetische Energie des Systems ist
$$E_{\text{kin}} = \sum_i \frac{m_i}{2} \left(\frac{d\mathfrak{r}_i}{dt}\right)^2, \tag{1}$$
und seine potentielle Energie, wenn es als Ganzes elektrisch neutral ist,
$$E_{\text{pot}} = \frac{1}{2} \sum_{i,k} V_{ik}, \tag{2}$$
wobei
$$V_{ik} = \frac{e_i e_k}{r_{ik}}, \qquad i \neq k, \qquad V_{ii} = 0 \tag{3}$$
das Wechselwirkungspotential zwischen dem i-ten und dem k-ten Teilchen ist.

Die Bewegungsgleichung des i-ten Teilchens lautet
$$m_i \frac{d^2}{dt^2} \mathfrak{r}_i = \text{grad}_i \sum_k V_{ik} = \sum_k \text{grad}_i V_{ik},$$
$$\text{grad}_i = \left(\frac{\partial}{\partial x_i}, \frac{\partial}{\partial y_i}, \frac{\partial}{\partial z_i}\right).$$

Wir bilden das skalare Produkt mit $\frac{1}{2} \mathfrak{r}_i$:
$$\frac{m_i}{4} \frac{d^2}{dt^2}(r_i)^2 - \frac{m_i}{2}\left(\frac{d r_i}{dt}\right)^2 = \frac{1}{2} \sum_k (\text{grad}_i V_{ik}, \mathfrak{r}_i).$$

Wir summieren jetzt über alle Teilchen und erhalten dann mit (1)
$$\frac{d^2}{dt^2}\sum_i \frac{m_i}{4} r_i^2 - E_{\text{kin}} = \frac{1}{2}\sum_{i,k}{}' (\text{grad}_i V_{ik}, \mathfrak{r}_i). \qquad (4)$$
Hier ist $\sum m_i r_i^2 = \Theta$ das Trägheitsmoment unseres Systems. Im stationären Zustand ist Θ konstant, seine zeitliche Ableitung ist daher Null. Somit verschwindet der erste Term in (4) und wir erhalten
$$-E_{\text{kin}} = \frac{1}{2}\sum_{i,k}{}' (\text{grad}_i V_{ik}, \mathfrak{r}_i). \qquad (4\text{a})$$
Zur Berechnung der rechten Seite greifen wir zunächst die beiden Glieder mit $i=\mu$, $k=\nu$ und $i=\nu$, $k=\mu$ heraus. Es ist
$$\text{grad}_\mu V_{\mu\nu} = -\text{grad}_\nu V_{\nu\mu} = -\text{grad}_\nu V_{\mu\nu},$$
denn nach (3) ist $V_{\mu\nu} = V_{\nu\mu}$. Daher wird
$$(\text{grad}_\mu V_{\mu\nu}, \mathfrak{r}_\mu) + (\text{grad}_\nu V_{\nu\mu}, \mathfrak{r}_\nu) = (\text{grad}_\mu V_{\mu\nu}, \mathfrak{r}_\mu - \mathfrak{r}_\nu).$$
Unter Verwendung von (3) findet man nach einfacher Umrechnung
$$(\text{grad}_\mu V_{\mu\nu}, \mathfrak{r}_\mu - \mathfrak{r}_\nu) = V_{\mu\nu}.$$
Wenn wir die Glieder der Summe der rechten Seite von (4a) in der hier gezeigten Weise paarweise zusammenfassen, erhalten wir für je *zwei* Glieder mit $i=\mu$, $k=\nu$ und $i=\nu$, $k=\mu$ das *eine* Glied $V_{\mu\nu}$. Es ist daher
$$\sum_{i,k}{}' (\text{grad}_i V_{ik}, \mathfrak{r}_i) = \frac{1}{2}\sum{}' V_{ik}.$$
Setzen wir dies in (4a) ein, so erhalten wir schließlich mit (2)
$$-E_{\text{kin}} = \frac{1}{2} E_{\text{pot}}.$$
Unter Einführung der Gesamtenergie
$$E = E_{\text{kin}} + E_{\text{pot}}$$
wird dies
$$-E_{\text{kin}} = E.$$

6. Elektronen in nichtkubischen Kristallen [1, 5, 210].

Es seien wie auf S. 16 $\mathfrak{a}_1$, $\mathfrak{a}_2$ und $\mathfrak{a}_3$ die drei Vektoren, welche die Elementarzelle bestimmen. Aus der Gitterperiodizität folgt dann für das Potential $V(\mathfrak{r})$:
$$V(\mathfrak{r}) = V(\mathfrak{r}+\mathfrak{a}_1) = V(\mathfrak{r}+\mathfrak{a}_2) = V(\mathfrak{r}+\mathfrak{a}_3)$$
oder
$$V(\mathfrak{r}) = V(\mathfrak{r}+\mathfrak{a}_1 n_1 + \mathfrak{a}_2 n_2 + \mathfrak{a}_3 n_3).$$

Um $V(\mathfrak{r})$ in eine FOURIER-Reihe entwickeln zu können, müssen wir das reziproke Gitter einführen. Von den Achsen des reziproken Gitters, $\mathfrak{b}_1, \mathfrak{b}_2, \mathfrak{b}_3$, steht jede auf zwei Achsen des gewöhnlichen Gitters senkrecht. Ihre Länge wird so gewählt, daß ihr Vektorprodukt mit der jeweiligen dritten Achse des gewöhnlichen Gitters 1 ist. Es ist also
$$(\mathfrak{a}_i, \mathfrak{b}_k) = \delta_{ik}\,{}^1. \tag{1}$$
Hiermit wird die FOURIER-Entwicklung von V:
$$V = \sum V_m e^{2\pi i(m_1\mathfrak{b}_1 + m_2\mathfrak{b}_2 + m_3\mathfrak{b}_3,\, \mathfrak{r})}. \tag{2}$$

Die Eigenfunktionen werden aus der SCHRÖDINGER-Gleichung bestimmt. Wegen der Formel (2) für V wird für ψ der Ansatz
$$\psi = e^{i(\mathfrak{k},\, \mathfrak{r})} u(\mathfrak{r}), \tag{3}$$
$$u(\mathfrak{r}) = \sum a_m e^{2\pi i(m_1\mathfrak{b}_1 + m_2\mathfrak{b}_2 + m_3\mathfrak{b}_3,\, \mathfrak{r})} \tag{3a}$$
nahegelegt. Durch Einsetzen in die SCHRÖDINGER-Gleichung findet man, wenn man die Faktoren von $e^{2\pi i(m_1\mathfrak{b}_1 + m_2\mathfrak{b}_2 + m_3\mathfrak{b}_3,\, \mathfrak{r})}$ einzeln Null setzt, unendlich viele homogene Gleichungen für die unendlich vielen Unbekannten a_m. Diese können für bestimmte Werte von E (Eigenwerte) gelöst werden. Man kann auch zeigen, daß man auf diese Weise alle Lösungen erhält.

Schreiben wir ψ in der Form (3), (3a), so ist der Wert der Wellenzahl $\mathfrak{k}$ noch nicht eindeutig festgelegt. Ganz entsprechend, wie in (4a) und (4b), § 3, kann $\mathfrak{k}$ durch einen der Vektoren
$$\mathfrak{k} + 2\pi(m_1\mathfrak{b}_1 + m_2\mathfrak{b}_2 + m_3\mathfrak{b}_3) \tag{4}$$
ersetzt werden, ohne daß sich dabei die Form der Eigenfunktion (3), (3a) ändert. Wir werden daher analog zu § 3, (5) den reduzierten Ausbreitungsvektor durch die Forderung
$$-\pi < (\mathfrak{a}_i, \mathfrak{k}_i) \leq \pi$$
definieren.

Die Ränder eines Bandes sind somit durch
$$(\mathfrak{a}_i, \mathfrak{k}_i) = \pm\pi$$
bestimmt. Durch Vergleich mit (1) folgt, daß das reziproke Gitter im $\mathfrak{k}$-Raum die Ränder der Energiebänder bestimmt.

Die Symmetrieeigenschaften der Energie ergeben sich natürlich ganz analog zu § 3, (9b), d. h. es ist
$$E(\mathfrak{k}) = E(\mathfrak{k} + 2\pi(m_1\mathfrak{b}_1 + m_2\mathfrak{b}_2 + m_3\mathfrak{b}_3)).$$
Daneben ist, wie in § 3, (9a)
$$E(\mathfrak{k}) = E(-\mathfrak{k}).$$

---
[1] Bei einem kubischen Gitter ist also das reziproke Gitter ebenfalls ein kubisches Gitter.

7. Gitterpotential [5].

Wir wollen hier zeigen, wie man die FOURIER-Komponenten des Gitterpotentials berechnet, und zwar an Hand eines kubischen, flächenzentrierten Gitters (vgl Abb 3b, S. 16), in dem z. B. die Edelmetalle kristallisieren. Dieses Gitter ist zwar ein einfaches Translationsgitter, als kubisches Gitter aufgefaßt enthält es aber vier Atome pro Elementarzelle. Am anschaulichsten ist die Vorstellung des kubisch flächenzentrierten Gitters als vier ineinandergestellte einfache kubische Gitter. Legen wir den Ursprung des Koordinatensystems in ein Atom, so erhalten wir folgende Koordination r_p für die vier Atome. (Siehe Tabelle.)

	x-	y-	z-
	\multicolumn{3}{c}{Komponente}		
r_1	0	0	0
r_2	$\frac{a}{2}$	$\frac{a}{2}$	0
r_3	$\frac{a}{2}$	0	$\frac{a}{2}$
r_4	0	$\frac{a}{2}$	$\frac{a}{2}$

Das Gitterpotential V eines kubischen Gitters läßt sich immer durch eine FOURIER-Reihe von der Form

$$V = \sum V_m e^{\frac{2\pi i}{a}(m,\,r)}$$

darstellen Dabei ist

$$V_m = \frac{1}{a^3} \int_{R_0} V e^{-\frac{2\pi i}{a}(m,\,r)}\, d\tau.$$

Das Integral erstreckt sich über die kubische Elementarzelle. V setzt sich additiv aus den Beiträgen der vier Atome zusammen. Daraus folgt, ähnlich wie wir auf S. 371 für einen zweidimensionalen Fall zeigen werden, daß V_m die Form

$$V_m = A_m \sum_p e^{\frac{2\pi i}{a}(r_p,\,m)} \qquad (1)$$

hat, wobei

$$A_m = \frac{1}{a^3} \int_{R_0} V_0 e^{\frac{2\pi i}{a}(m,\,r)}\, d\tau$$

ist. V_0 ist der Beitrag eines einzelnen Atoms zum Potential.

Aus (1) folgt, daß V_m nur dann von Null verschieden ist, wenn die drei Komponenten von m (m_x, m_y, m_z) entweder alle gerade oder alle ungerade sind.

Die FOURIER-Komponenten V_m lassen sich nach § 2, (7a) durch die FOURIER-Komponenten D_m der Ladungsdichte ausdrücken.

Dasselbe gilt für die $A_\mathfrak{m}$. Diese können durch die FOURIER-Komponenten $B_\mathfrak{m}$ der Ladungsdichte D eines *einzelnen* Atoms ausgedrückt werden, wobei nach § 2, (6a)

$$B_\mathfrak{m} = \frac{1}{a^3} \int_{R_\bullet} D\, e^{-\frac{2\pi i}{a}(\mathfrak{m},\, \mathfrak{r})}\, d\tau\, ,$$

und nach (1)

$$D_\mathfrak{m} = B_\mathfrak{m} \sum_p e^{\frac{2\pi i}{a}(\mathfrak{r}_p,\, \mathfrak{m})} \tag{1a}$$

ist. D setzt sich aus dem Beitrag des Kernes und dem Beitrag der Elektronen, $e\varrho$, zusammen. Da die Kernladung punktförmig ist, wird ihr Beitrag zum Integral $-Ze = Z|e|$, wobei Z die Kernladungszahl ist. Dann wird

$$B_\mathfrak{m} = -\frac{e}{a^3}(Z - F_\mathfrak{m}) \tag{2}$$

wobei

$$F_\mathfrak{m} = \int \varrho\, e^{-\frac{2\pi i}{a}(\mathfrak{m},\, \mathfrak{r})}\, d\tau$$

identisch mit dem Atomformfaktor ist, der in der Theorie der Streuung von Röntgenstrahlen eine wesentliche Rolle spielt. Bei der Auswertung des Integrals können wir in guter Näherung die Dichteverteilung ϱ der Elektronen des betreffenden freien Atoms wählen, wie wir in § 2 auseinandergesetzt haben. ϱ ist dann kugelsymmetrisch, infolgedessen kann die Integration über den Winkel ausgeführt werden. Ist ϑ der Winkel zwischen $\mathfrak{m}$ und $\mathfrak{r}$, so ergibt sich

$$F_\mathfrak{m} = F(|\mathfrak{m}|) = 2\pi \int_0^\infty dr \int_0^\pi \sin\vartheta\, d\vartheta\, \varrho(r)\, r^2\, e^{\frac{2\pi i}{a}|\mathfrak{m}|r\cos\vartheta} =$$

$$= 4\pi \int_0^\infty \varrho(r)\, \frac{\sin 2\pi|\mathfrak{m}|r/a}{2\pi|\mathfrak{m}|r/a}\, r^2\, dr.$$

Die Elektronendichte $\varrho(r)$ kann theoretisch mit ziemlicher Genauigkeit berechnet werden. Sie läßt sich allerdings nicht durch bekannte Funktionen ausdrücken, sondern muß numerisch angegeben werden. Bei der Berechnung von ϱ mit der THOMAS-FERMIschen Methode, auf die wir hier nicht näher eingehen können, kann man aus einer einzigen tabellierten Funktion durch einfache algebraische Operationen die Dichteverteilung ϱ für beliebige Atome erhalten. Dadurch wird es ermöglicht, mit Hilfe einer einzigen Funktion $F(|\mathfrak{m}|)$, die durch numerische Integration bei allen möglichen Werten $|\mathfrak{m}|$ erhalten wird, alle beliebigen Atomformfaktoren abzuleiten.

Als Resultat erhält man
$$F(|\mathfrak{m}|) = Z\,G(x), \qquad (3)$$
wobei
$$x = \frac{1}{2}\frac{|\mathfrak{m}|}{a}Z^{-1/3} \qquad (4)$$
ist ($Z = $ Kernladungszahl). Die Funktion $G(x)$, die durch numerische Integrationen erhalten wird, ist in Abb. 68 dargestellt. Die Formeln (2), (3), (4) gemeinsam mit Abbildung 68 genügen, um $D_\mathfrak{m}$ bei beliebigem Gitterabstand a und beliebiger Kernladungszahl Z zu berechnen. Daraus erhält man dann mit (1a) und § 2, (7a) die FOURIER-Koeffizienten des Potentials

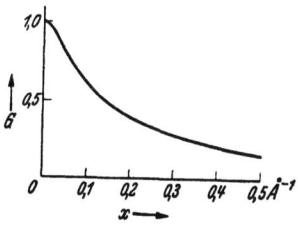

Abb. 68. Zur Berechnung des Gitterpotentials. Aus [5].

$$V_\mathfrak{m} = \frac{e\,a^2}{\pi\,|\mathfrak{m}|^2}\,B_\mathfrak{m}\sum_p e^{\frac{2\pi i}{a}(\mathfrak{r}_p,\,\mathfrak{m})}. \qquad (5)$$

Als Beispiel wählen wir Ag. Nach dem oben Gesagten müssen für Ag, da es ein flächenzentriert kubisches Gitter hat, die m_x, m_y, m_z entweder alle gerade oder alle ungerade sein. Wir berechnen $V_\mathfrak{m}$ für $\mathfrak{m} = 1, 1, 1$ und $\mathfrak{m} = 0, 0, 2$.

Für Ag ist
$$a = 4{,}1 \cdot 10^{-8}\,\text{cm}, \quad Z = 47.$$
Nach (4) wird
$$x = \frac{1}{2}\frac{|\mathfrak{m}|}{a}Z^{-1/3} = 3{,}4 \cdot 10^6\,|\mathfrak{m}|\,\text{cm}^{-1}.$$

Für $\mathfrak{m} = 1, 1, 1$ ist $|\mathfrak{m}| = \sqrt{3}$,
für $\mathfrak{m} = 0, 0, 2$ ist $|\mathfrak{m}| = 2$.

Damit ist
$$x = \frac{5{,}9 \cdot 10^6}{6{,}8 \cdot 10^6}\,\text{cm}^{-1}.$$

Aus Abb. 68 folgt für diese beiden Werte von x
$$G = \frac{0{,}76}{0{,}73}.$$

Nach (2) und (3) ist
$$B_\mathfrak{m} = -\frac{e}{a^3}Z(1-G).$$

Mit (5) folgt schließlich
$$V_m = -\frac{e a^2}{\pi |\mathfrak{m}|^2} \frac{4e}{a^3} Z(1-G),$$
da die Summe in (5) immer 4 ist.

Um V_m in Volt auszudrücken, müssen wir mit $300/e$ multiplizieren. Dann ergibt sich
$$V_m = -\frac{4e \cdot 300}{\pi |\mathfrak{m}|^2 a} Z(1-G) \text{ e-Volt} = 21 \frac{1-G}{|\mathfrak{m}|^2} \text{ e-Volt}.$$

Mit den obigen Werten für G ergibt dies

$$V_{111} = -17 \text{ e-Volt}, \qquad V_{002} = V_{020} = V_{200} = -14 \text{ e-Volt}.$$

8. Legierungen mit γ-Struktur [161].

Die γ-Phase. Bei den Legierungen von Cu mit Zn muß man je nach dem Zn-Gehalt verschiedene Phasen unterscheiden. Reines Cu hat ein flächenzentrisches kubisches Gitter. Zunächst werden die Zn-Atome einfach in dieses Gitter eingebaut, d. h. ein Zn-Atom tritt an die Stelle eines Cu-Atoms (α-Phase). An diese α-Phase schließt sich mit wachsendem Zn-Gehalt die β-Phase mit einem raumzentrierten kubischen Gitter. Hieran schließt sich die γ-Phase mit einer komplizierten kubischen Struktur. Die Elementarzelle enthält 52 Atome. Die Zusammensetzung der Legierung (γ-Messing) kann angenähert durch die Formel Cu_5Zn_8 beschrieben werden. Das darf aber nicht so aufgefaßt werden, daß γ-Messing aus Cu_5Zn_8-Molekülen besteht. Auch verhalten sich die beiden Atomarten nicht exakt wie 5 : 8, da die γ-Phase sich über ein gewisses Intervall erstreckt. Auf die γ-Phase folgt die ε-Phase mit einer hexagonalen dichtesten Kugelpackung. Die Zusammensetzung ist hier ungefähr durch $CuZn_3$ darstellbar. Auf die ε-Phase folgt schließlich noch die η-Phase, die bis zum reinen Zn reicht.

Ähnlich wie das System Cu-Zn verhalten sich eine ganze Reihe anderer Legierungen der Elemente Cu, Ag und Au[1]. Dabei zeigt sich, daß die jeweiligen Phasen immer durch ein ganz bestimmtes Verhältnis der Anzahl der Valenzelektronen zur Zahl der Atome charakterisiert sind. Als Zahl der Valenzelektronen gilt die Zahl der Elektronen in einer nichtabgeschlossenen Schale, also für Cu, Ag, Au je 1, Zn, Cd, ... je 2, Al 3, Sn 4 Elektronen. Für die

---

[1] Z. B. Ag_5Zn_8, Au_5Zn_8, Cu_9Al_4, $Cu_{31}Sn_8$ usw.

Legierungen mit γ-Struktur. 369

γ-Phase ist das oben erwähnte Verhältnis $21:13$ [1] (HUME-ROTHERYsche Regel). Wir werden zeigen, daß dieses eigenartige Verhältnis eine einfache theoretische Deutung findet. Dazu müssen wir aber zunächst unsere Regeln für die Auffüllung der Energiebänder (§ 3) auf den Fall erweitern, in dem die Elementarzelle nicht genau ein Atom enthält.

Auffüllung der BRILLOUIN*schen Zonen.* Nach § 3 enthält jedes Energieband bei einem einfachen Translationsgitter zwei Zustände pro Atom. Als speziellen Fall wollen wir ein zweidimensionales einfaches kubisches Gitter betrachten. Für diesen Fall hatten wir in Abb. 9, S. 48 die beiden ersten Zonen im $\mathfrak{k}$-Raum konstruiert. Wir wollen jetzt in die Elementarzelle unseres zweidimensionalen Gitters ein weiteres Atom einbauen und untersuchen, wie groß die Zahl der Elektronen pro Zone ist. Wir bringen zunächst in Abb. 69a das einfache Gitter, wobei die Kreise die Gitterpunkte bedeuten. In Abb. 69b sind die Ränder der beiden ersten Zonen im $\mathfrak{k}$-Raum dargestellt. Wir gehen jetzt zum flächenzentrierten Gitter über, indem wir pro Elementarzelle je ein Atom einbauen, das die Koordinaten $x = \frac{a}{2}$, $y = \frac{a}{2}$ hat, falls wir dem ursprünglichen Atom die Koordinaten $x = 0$, $y = 0$ geben. Die eingebauten Atome sind in Abb. 69a durch Kreuze bezeichnet. Dieses flächenzentrierte kubische Gitter kann wieder als einfaches kubisches Translationsgitter aufgefaßt werden, wie man leicht an Hand von Abb. 69a sieht. Der Gitterabstand a' dieses Gitters ist

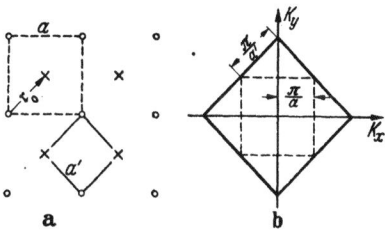

Abb. 69a und b. Erklärung im Text.

$$a' = \frac{a}{\sqrt{2}}.$$

Die erste Zone im $\mathfrak{k}$-Raum enthält dann wieder zwei Zustände pro Atom.

Wir haben jetzt zwei Möglichkeiten das Gitter zu betrachten.
a) Wir betrachten es als flächenzentriertes Gitter. Die Elementarzelle enthält dann zwei Atome. In der ersten Zone im $\mathfrak{k}$-Raum sind zwei Zustände pro Elementarzelle, also nur ein Zustand pro

---
[1] Beispiele: Cu_4Zn_8: $(5 \times 1 + 8 \times 2):(5 + 8) = 21:13$.
$CuAl_4$: $(9 \times 1 + 4 \times 3):(9 + 4) = 21:13$.

Atom. In den beiden ersten Zonen zusammen sind hingegen zwei Zustände pro Atom.

b) Wir betrachten das Gitter als einfaches Gitter. Die erste Zone im $\mathfrak{k}$-Raum enthält dann zwei Zustände pro Atom. Man sieht leicht, daß sie identisch mit den beiden ersten Zonen des Falles a) ist, denn sie wird durch ein Quadrat mit der Seitenlänge $\frac{2\pi}{a}$ begrenzt, genau wie die zweite Zone des Falles a) (vgl. Abb. 69 b).

Da die beiden Betrachtungsweisen a) und b) identisch sein müssen, folgt, daß am Rand der ersten Zone des Falles a) keinerlei Unstetigkeiten der Energie auftreten dürfen.

Wir wollen dies noch einmal für den Fall unserer Näherung § 4 B beweisen. Hiernach werden die Zonen des $\mathfrak{k}$-Raumes im Zweidimensionalen durch diejenigen Geraden begrenzt, die senkrecht zu den Vektoren $\frac{\pi}{a}\mathfrak{m}$ stehen und durch den Endpunkt dieser Vektoren gehen. Die erste Zone ist also durch die $\mathfrak{m}$-Werte $(0, \pm 1)$, $(\pm 1, 0)$ bestimmt usw. An einer kritischen Geraden, die wir durch den jeweiligen Wert von $\mathfrak{m}$ charakterisieren können, hat die Energie eine Unstetigkeit. Nach §4, (22b), S. 49 ist der Energiesprung $2 V_\mathfrak{m}$, wobei $V_\mathfrak{m}$ der $\mathfrak{m}$-te FOURIER-Koeffizient des Potentials ist. Wir haben also zu zeigen, daß bei unserem flächenzentrierten Gitter (Fall a) die Koeffizienten $V_{\pm 1, 0}$ und $V_{0, \pm 1}$, verschwinden. Ist V das Gitterpotential, so wird

$$V = \sum V_\mathfrak{m} e^{\frac{2\pi i}{a}(\mathfrak{m},\mathfrak{r})},$$

wobei
$$V_\mathfrak{m} = \frac{1}{a^2}\int_{R_0} V e^{-\frac{2\pi i}{a}(\mathfrak{m},\mathfrak{r})}\,d\tau \tag{1}$$

ist. Die Integration erstreckt sich über eine Elementarzelle. Das Potential V setzt sich additiv aus den Beiträgen der beiden Atome der Elementarzelle zusammen. Da beide Atome gleich sind, ist

$$V(\mathfrak{r}) = V_1(\mathfrak{r}) + V_1(\mathfrak{r} + \mathfrak{r}_0). \tag{2}$$

V_1 ist hier der Beitrag eines Atoms und $\mathfrak{r}_0$ ist der Vektor vom einen Atom der Elementarzelle zum zweiten. Nach Abb. 69a ist

$$(\mathfrak{r}_0)_x = \frac{a}{2}, \qquad (\mathfrak{r}_0)_y = \frac{a}{2}. \tag{3}$$

Setzen wir (2) in (1) ein, so wird

$$V_\mathfrak{m} = \frac{1}{a^2}\int V_1 e^{-\frac{2\pi i}{a}(\mathfrak{m},\mathfrak{r})}\,d\tau + \frac{1}{a^2}\int V_1(\mathfrak{r}+\mathfrak{r}_0) e^{-\frac{2\pi i}{a}(\mathfrak{m},\mathfrak{r})}\,d\tau.$$

Legierungen mit γ-Struktur.

Auf Grund der Kristallsymmetrie folgt

$$\int V_1(\mathfrak{r}+\mathfrak{r}_0)\, e^{-\frac{2\pi i}{a}(\mathfrak{m},\,\mathfrak{r})}\, d\tau = \int V_1(\mathfrak{r})\, e^{\frac{2\pi i}{a}(\mathfrak{m},\,\mathfrak{r}_0-\mathfrak{r})}\, d\tau.$$

Daher ist

$$\left.\begin{aligned} V_{\mathfrak{m}} &= \left(1 + e^{\frac{2\pi i}{a}(\mathfrak{m},\,\mathfrak{r}_0)}\right) A_{\mathfrak{m}} \\ A_{\mathfrak{m}} &= \frac{1}{a^2}\int V_1(\mathfrak{r})\, e^{-\frac{2\pi i}{a}(\mathfrak{m},\,\mathfrak{r})}\, d\tau \end{aligned}\right\} \quad (4)$$

Unter Verwendung von (3) erhalten wir also

$$V_{\mathfrak{m}} = (1 + e^{\pi i\,(m_x + m_y)})\, A_{\mathfrak{m}}.$$

Dieser Ausdruck verschwindet immer, wenn $e^{\pi i(m_x+m_y)} = -1$, also insbesondere für die erste Zone, für die $m_x + m_y = \pm 1$ ist.

Wir haben diesen etwas umständlicheren Beweis als Vorbereitung für die nachfolgenden Betrachtungen gebracht. Wir wollen nämlich jetzt in das ursprüngliche einfache Gitter (Gitterkonstante a) wieder ein Atom pro Elementarzelle einbauen.

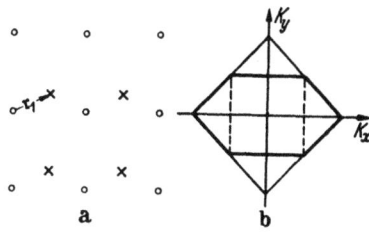

Abb. 70a und b. Erklärung im Text.

Der Vektor zwischen den beiden Atomen der Elementarzelle soll aber jetzt nicht $\mathfrak{r}_0$ sein, sondern $\mathfrak{r}_1$, wobei

$$\left.\begin{aligned} (\mathfrak{r}_1)_x &= \frac{a}{2}, \quad (\mathfrak{r}_1)_y = \gamma a, \\ \gamma &< 1,\ \text{irrational} \end{aligned}\right\} \quad (5)$$

ist. Dabei soll γ eine irrationale Zahl, die kleiner als 1 ist, sein. Abb. 70a zeigt dieses Gitter. Entsprechend wie in (4) wird

$$V_{\mathfrak{m}} = \left(1 + e^{\frac{2\pi i}{a}(\mathfrak{m},\,\mathfrak{r}_1)}\right) A_{\mathfrak{m}},$$

woraus mit (5)

$$V_{\mathfrak{m}} = (1 + e^{\pi i m_x + 2\pi i \gamma m_y})\, A_{\mathfrak{m}}$$

folgt. Auch jetzt verschwindet $V_{\mathfrak{m}}$ für gewisse $\mathfrak{m}$, aber für weniger Werte als im oben besprochenen Fall. Da γ irrational sein soll, ist γm_y nie ganz oder halbzahlig, außer für $m_y = 0$. Daher wird jetzt $V_{\mathfrak{m}} = 0$, falls $m_y = 0$ und gleichzeitig m_x ungerade ist. In der ersten Zone verschwinden daher jetzt $V_{\mathfrak{m}}$ nur längs der beiden Geraden parallel zur k_y-Achse.

Wir wollen jetzt unter den Zonen im f-Raum nur diejenigen betrachten, auf deren Ränder tatsächlich Energieunstetigkeiten herrschen, denn nur diese haben eine physikalische Bedeutung. Die erste solche Zone für unser Gitter ist in Abb. 70b stark eingerahmt. Die Zahl der Zustände in einer Zone ist proportional zu ihrer Fläche im f-Raum. Da die erste Zone des ursprünglichen, einfachen Gitters zwei Zustände pro Elementarzelle enthält, sind in der ersten Zone unseres Gitters nach Abb. 70b drei Zustände pro Elementarzelle, also 1,5 pro Atom. Im flächenzentrierten Gitter hingegen sind vier Zustände pro Elementarzelle (Gitterabstand a), also zwei pro Atom, wie bei einem einfachen Gitter.

Wir bauen schließlich das zweite Atom so in die Elementarzelle ein, daß der Vektor zwischen den beiden Atomen $\mathfrak{r}_2$ ist, wobei

$$(\mathfrak{r}_2)_x = \delta_x a, \qquad (\mathfrak{r}_2)_y = \delta_y a$$

ist und δ_x und δ_y beide irrational und kleiner als 1 sind. In diesem Fall verschwindet $V_\mathfrak{m}$ offenbar für gar kein $\mathfrak{m}$. Wir haben dann, wie beim einfachen Translationsgitter, zwei Zustände pro Elementarzelle und damit einen pro Atom.

Wir haben damit drei verschiedene Fälle besprochen, bei denen die Zahl der Zustände pro Atom 1, 1,5 und 2 war. Wir wollen damit zeigen, daß die Zahl der Zustände einer Zone durchaus nicht ganzzahlig pro Atom sein muß, falls die Elementarzelle mehr als ein Atom enthält. Offenbar muß sie aber immer zwischen 1 und 2 liegen. Unsere ganzen Überlegungen können auf den dreidimensionalen Fall und auf den Fall nichtkubischer Gitter ausgedehnt werden [210].

Die erste Zone der γ-Phase. Wir werden jetzt zeigen, daß das eigenartige Verhältnis zwischen der Zahl der Valenzelektronen und der Zahl der Atome (21 : 13) bei der γ-Phase beinahe gleichbedeutend mit der Zahl der Zustände pro Atom in der ersten Zone des f-Raumes ist. Zweifellos hat die Energie des Metalls ein Minimum, falls die Gitterstruktur so gewählt wird, daß eine Zone angenähert vollbesetzt ist, denn am Rand einer Zone wird ja die Energie um den Betrag $V_\mathfrak{m}$ gesenkt. Dieses Energieminimum muß aber durchaus nicht das tiefste Energieminimum sein. Bei einem einwertigen Metall z. B. ist die erste Zone immer nur halb besetzt. Um sie voll zu besetzen, müßten wir zwei Atome in die Elementarzelle bringen, d. h. wir müßten ein Molekülgitter bilden. Dieses hat jedoch eine viel höhere Energie als das typische Metallgitter und wird deshalb nicht realisiert.

Legierungen mit γ-Struktur.

Bei einer Gitterstruktur, die zu angenähert vollbesetzten Zonen führt, hat nach dem Obenstehenden die FERMI-Energie ein Minimum. Eine theoretische Untersuchung über die Frage, wann eine solche Gitterstruktur und wann eine andere angenommen wird, würde auf einen Vergleich der FERMI-Energie mit den anderen Energietermen hinauslaufen. Da wir diesen nicht bringen, sind unsere nachfolgenden theoretischen Betrachtungen zwar unvollständig, sie machen es aber plausibel, daß gerade 21/13 Valenzelektronen pro Atom vorhanden sind.

Zur Bestimmung der ersten Zone der γ-Struktur müssen wir wissen, welches die ersten von Null verschiedenen FOURIER-Komponenten V_m sind. Nun wird in der Theorie der Reflexion von Röntgenstrahlen an Kristallen gezeigt, daß ein enger Zusammenhang zwischen V_m und der Intensität der Reflexion m-ter Ordnung besteht. Auf diese Weise findet man, daß die ersten von Null verschiedenen FOURIER-Komponenten V_m die Indizes $m_1 = (4, 1, 1)$

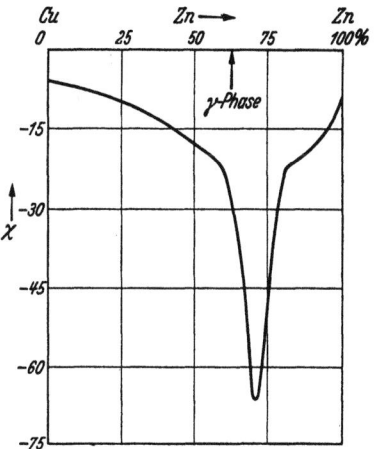

Abb. 71. Suszeptibilität der Cu-Zn-Legierung (pro g-Atom). Nach [21].

und $m_2 = (3, 3, 0)$ haben. Die hiermit gebildete Zone im $\mathfrak{k}$-Raum ist nahezu kugelförmig, denn es ist ja $|m_1|^2 = |m_2|^2$. Aus dem Volumen der Zone erhält man die Zahl der Zustände pro Elementarzelle, und zwar findet man durch einfache geometrische Betrachtungen 90 Zustände. Die einbeschriebene Kugel enthält hingegen etwa 80 Zustände. Da der Energiesprung am Rand der Zone wahrscheinlich ziemlich klein ist, wird die Fläche konstanter Energie für die Grenzenergie im Fall von 90 Elektronen schon zum Teil in der zweiten Zone liegen. Damit die FERMI-Energie ein Minimum hat, sollte also die Zahl der Elektronen zwischen 80 und 90 liegen. Tatsächlich findet man 84, da die Elementarzelle 52 Atome mit je 21/13 Elektronen enthält ($52 \cdot 21/13 = 84$).

Suszeptibilität und HALL-*Effekt.* Da die erste Zone der γ-Phase 90 Zustände enthält, während sie von 84 Elektronen besetzt ist und da sie außerdem nahezu kugelförmig ist, wird die Grenzenergie ζ überall sehr nahe am inneren Rand der Zone verlaufen.

Genau wie bei unseren Überlegungen über den Diamagnetismus von Bi (§ 31) müssen wir erwarten, daß die diamagnetische Suszeptibilität in der γ-Phase sehr groß ist. Dies ist in Übereinstimmung mit dem experimentellen Befund, wie an Hand von Abb. 71 für die Cu-Zn-Legierung zu sehen ist.

Auch der HALL-Effekt soll hiernach in der γ-Phase besonders groß und positiv (anormal) sein. Es genügt aber eine geringfügige Änderung der Zusammensetzung der Legierung, um die Zahl der Elektronen pro Elementarzelle so groß zu machen, daß die Grenzenergie außerhalb der ersten Zone liegt und daß der HALL-Effekt also negativ (normal) wird. Auch diese Folgerung ist in Übereinstimmung mit den Experimenten.

Tabelle 38[1].

Z Ordnungszahl, A Atomgewicht, d Dichte, n Zahl der Atome pro cm³, J_1 erste Ionisierungsspannung in Volt, Θ DEBYE-Temperatur in ° abs.

	Z	A	d	$\dfrac{n}{10^{-22}}$	J_1	Θ
Li ...	3	6,94	0,53	4,63	5,37	430
Na ...	11	23,0	0,97	2,56	5,12	159
K ...	19	39,1	0,86	1,33	4,32	126
Rb ...	37	85,5	1,52	1,08	4,16	85
Cs ...	55	133	1,87	0,87	3,88	68
Cu ...	29	63,6	8,93	8,50	7,69	315
Ag ...	47	108	10,5	5,90	7,54	215
Au ...	79	197	19,3	5,93	9,19	175
Be ...	4	9,02	1,86	12,5	9,28	100
Mg ...	12	24,3	1,74	4,34	7,61	290
Ca. ..	20	40,1	1,54	2,33	6,09	230
Sr. ...	38	87,6	2,6	1,80	5,67	140
Ba ...	56	137	3,6	1,59	5,19	115
Zn ...	30	65,4	7,12	6,60	9,36	235
Cd ...	48	112	8,64	4,66	8,96	168
Hg ...	80	201	14,6	4,42	10,4	97
Al ...	13	27,0	2,69	6,06	5,96	390
Ga ...	31	69,7	5,9	5,13	5,97	
In ...	49	115	7,30	3,86	5,76	198
Tl ...	81	204	11,9	3,52	6,08	164

[1] Größtenteils nach [16].

Tabelle 38. (Fortsetzung.)

	Z	A	d	$\dfrac{n}{10^{-22}}$	J_1	Θ
Ge	32	72,6	5,40	4,51	8,09	
Sn	50	119	7,28	3,74	7,30	260
Pb	82	207	11,34	3,32	7,38	88
Sb	51	122	6,69	3,33	8,35	240
Bi	83	209	9,80	2,84	7,25	110
Ti	22	47,9	4,5	5,7	6,81	
V	23	50,9	5,8	6,9	6,76	
Cr	24	52,0	7,1	8,3	6,74	485
Mn	25	54,9	7,3	8,1	7,39	
Fe	26	55,8	7,86	8,56	7,83	420
Co	27	58,9	8,8	9,1	8,5	385
Ni	28	58,7	8,8	9,1	7,64	375
Y	39	88,9	4,57	3,12	6,5	
Zr	40	91,2	6,53	4,33	6,92	
Nb	41	93,5	12,7	8,3		
Mo	42	96,0	10,2	6,45	7,06	380
Ru	44	102	12,3	7,34	7,7	
Rh	45	103	12,4	7,31	7,7	
Pd	46	107	11,9	6,78	8,3	
La	57	139	6,15	2,67	5,59	
Hf	72	179	13,3	4,50		
Ta	73	182	16,6	5,52		245
W	74	184	19,1	6,29	8,1	310
Re	75	189	20,5	6,57		
Os	76	191	22,5	7,12	8,7	
Ir	77	193	22,5	7,05		285
Pt	78	195	21,4	6,32	8,9	225

Literaturverzeichnis.
Zusammenfassende Darstellungen.
Elektronentheorie.
1. BRILLOUIN: Quantenstatistik. Berlin 1931.
2. SOMMERFELD, A. u. N. H. FRANK: Rev. Mod. Physics Bd. 3 (1931) S. 1.
3. PEIERLS, R.: Erg. exakt. Naturwiss. Bd. 11 (1932) S. 264.
4. BLOCH, F.: Handbuch der Radiologie, Bd. 6/1. Leipzig 1933.
5. SOMMERFELD, A. u. H. BETHE: Handbuch der Physik, 2. Aufl. Bd. 24/2 S. 333. Berlin 1933.
6. SLATER, R.: Rev. Mod. Physics Bd. 6 (1934) S. 209.
7. NORDHEIM, L., MÜLLER-POUILLET: Lehrbuch der Physik, Bd. 4/4. 1934.

Kristallstruktur.
8. EWALD, P. P.: Krystalle und Röntgenstrahlen. Berlin 1923.

Experimentelle Literatur.
8a. GRÜNEISEN: Handbuch der Physik, Bd. 13 (1928) S. 1. (Leitfähigkeit.)
8b. GRÜNEISEN: Handbuch der Physik, Bd. 10 (1926) S. 1. (Zustand des festen Körpers.)
9. DEHLINGER: Erg. exakt. Naturwiss. Bd. 10 (1931) S. 325. (Die Röntgenforschung in der Metallkunde.)
10. VOGT, E.: Erg. exakt. Naturwiss. Bd. 11 (1932) S. 323. (Magnetismus.)
11. HUGHES-DU BRIDGE: Photoelectric Phenomena. New York und London 1932.
12. REIMANN: Thermionic Emission. London 1934.
13. SUHRMANN, R.: Erg. exakt. Naturwiss. Bd. 13 (1934) S. 148. (Photoeffekt.)
13a. GUDDEN, B.: Erg. exakt. Naturwiss. Bd. 13 (1934) S. 223. (Halbleiter.)
14. BORELIUS-DEHLINGER: Handbuch der Metallphysik. Bd. 1, 1. Teil. Leipzig 1935.
15. MEISSNER: Handbuch der Experimentalphysik. Bd. 11, 2. Teil. Leipzig 1936.

Tabellen.
16. LANDOLT-BÖRNSTEIN: 5. Aufl. und Ergänzungsbände. Berlin 1923 bis 1936.

Bis 1927.
17. BORELIUS u. GUNNESON: Ann. Physik Bd. 65 (1921) S. 520. (THOMSON-Effekt.)
18. BORN u. KÁRMÁN: Physik. Z. Bd. 13 (1912) S. 297; Bd. 14 (1913) S. 65. (Gitterschwingungen.)
19. DEBYE, P.: Ann. Physik Bd. 39 (1912) S. 789. (Gitterschwingungen.)
20. DIRAC, P. A. M.: Proc. Roy. Soc., Lond. Bd. 112 (1926) S. 661. (Statistik.)
21. ENDO, H.: Sci. Rep. Tôhoku Univ. Bd. 16 (1927) S. 201. (Diamagnetismus.)
22. FERMI, E.: Z. Physik Bd. 36 (1926) S. 202. (Statistik.)
22a. GROH u. HEVESY: Ann. Physik Bd. 63 (1920) S. 85. (Flüssige Metalle.)

Literaturverzeichnis. 377

23. GRÜNEISEN u. GÖNS: Z. Physik Bd. 44 (1927) S. 615. (Wärmeleitfähigkeit.)
24. GRÜNEISEN: Z. Physik Bd. 46 (1927) S. 151. (Wärmeleitfähigkeit).
25. HEITLER u. LONDON: Z. Physik Bd. 44 (1927) S. 455. (Homöopolare Bindung.)
26. LORENTZ, H. A.: Theory of Electrons. Teubner 1909. (Klassische Elektronentheorie.)
27. PAULI, W.: Z. Physik Bd. 31 (1925) S. 765. (PAULI-Prinzip.)
28. PAULI, W.: Z. Physik Bd. 41 (1927) S. 81. (Paramagnetismus.)
29. SCHOTTKY, W.: Z. Physik Bd. 14 (1923) S. 63. (Elektronenemission.)
30. WIEN, W.: Berl. Ber. 1913 S. 241. (Leitfähigkeit.)
31. WEISS, P.: J. Physique (4) Bd. 6 (1907) S. 661 u. Physik. Z. Bd. 9 (1908) S. 358. (Ferromagnetismus.)

1928.

32. BETHE, H.: Ann. Physik Bd. 87 S. 55. (Elektronenbeugung.)
33. BLOCH, F.: Z. Physik Bd. 52 S. 555. (Grundlagen, Leitfähigkeit.)
34. ECKART, C.: Z. Physik Bd. 47 S. 38. (Kontaktpotentialdifferenz.)
35. FRENKEL, J.: Z. Physik Bd. 47 S. 819. (Leitfähigkeit.)
36. FRENKEL, J.: Z. Physik Bd. 49 S. 31. (Elementare Theorie.)
37. FRENKEL, J.: Z. Physik Bd. 50 S. 234. (Bindung.)
38. FRENKEL, J.: Z. Physik Bd. 51 S. 232. (Oberfläche.)
39. FOWLER, R. H.: Proc. Roy. Soc., Lond. Bd. 118 S. 229. (Austrittsarbeit.)
41. FOWLER, R. H. u. L. NORDHEIM: Proc. Roy. Soc., Lond. Bd. 119 S. 173. (Elektronenemission.)
42. HOUSTON, W.: Z. Physik Bd. 47 S. 33. (Elektronenemission.)
43. HOUSTON, W.: Z. Physik Bd. 48 S. 449. (Leitfähigkeit.)
44. HEISENBERG, W.: Z. Physik Bd. 49 S. 619. (Ferromagnetismus.)
45. HEISENBERG, W.: SOMMERFELD-Festschrift, S. 114. (Ferromagnetismus).
46. LENARD-JONES, J. u. H. WOODS: Proc. Roy. Soc., Lond. Bd. 120 S. 727. (Zweidimensionales Modell.)
47. NORDHEIM, L.: Z. Physik Bd. 46 S. 833. (Elektronenemission.)
48. NORDHEIM, L.: Proc. Roy. Soc., Lond. Bd. 119 S. 689. (Statistik.)
49. NORDHEIM, L.: Proc. Roy. Soc., Lond. Bd. 121 S. 626. (Elektronenemission.)
50. OPPENHEIMER, R.: Physic. Rev. Bd. 31 S. 66. (Elektronenemission.)
51. OPPENHEIMER: Proc. Nat. Acad. Sci. USA. Bd. 14 S. 303. (Elektronenemission.)
52. PAULI, W.: SOMMERFELD-Festschrift, S. 30. (Statistik.)
53. ROSENFELD u. WITMER: Z. Physik Bd. 48 S. 530, Bd. 49 S. 534. (Elektronenbeugung.)
54. SOMMERFELD, A.: Z. Physik Bd. 47 S. 1. (Grundlagen, freie Elektronen.)
55. WATERMANN, P.: Proc. Roy. Soc., Lond. Bd. 121 S. 28. (Elektronenemission.)
56. WENTZEL, G.: SOMMERFELD-Festschrift, S. 79. (Photoeffekt.)

1929.

57. BETHE, H.: Ann. Physik Bd. 3 S. 133. (Termaufspaltung in Kristallen.)
58. BLOCH, F.: Z. Physik Bd. 53 S. 216. (Leitfähigkeit.)

59. BLOCH, F.: Z. Physik Bd. 57 S. 545. (Ferromagnetismus.)
59a. DAVISSON u. GERMER: Proc. Nat. Acad. Amer. Bd. 14 S. 619. (Elektronenbeugung.)
60. FOWLER, R. H.: Proc. Roy. Soc., Lond. Bd. 122 S. 36. (Elektronenemission.)
62. HOUSTON, W.: Physic. Rev. Bd. 34 S. 279. (Leitfähigkeit.)
63. KAPITZA, P. :Proc. Roy. Soc., Lond. Bd. 123 S. 292, 342. (Magnetische Widerstandsänderung.)
64. KRONIG, L.: Proc. Roy. Soc. Lond. Bd. 124 S. 409. (Optik.)
65. PEIERLS, R.: Z. Physik Bd. 53 S. 255. (Galvanomagnetische Effekte.)
66. PEIERLS, R.: Ann. Physik Bd. 3 S. 1055. (Wärmeleitfähigkeit.)
67. RABINOWITCH u. THILO: Z. physik. Chem. Abt. B Bd. 5 S. 288. (Sublimationswärme.)
68. ROSENFELD, L.: Naturwiss. Bd. 17 S. 49. (Gitterpotential.)
68a. SLATER: Physic. Rev. Bd. 34 S. 1293. (Wechselwirkung von Elektronen.)
69. STERN, GOSSLING u. FOWLER: Proc. Roy. Soc., Lond. Bd. 124 S. 699. (Elektronenemission.)

1930.

70. BECKER, R.: Z. Physik Bd. 62 S. 253. (Ferromagnetismus.)
71. BECKER, R. u. M. KERSTEN: Z. Physik Bd. 64 S. 660. (Ferromagnetismus.)
72. BLOCH, F.: Z. Physik Bd. 59 S. 208. (Leitfähigkeit.)
73. BLOCH, F.: Z. Physik Bd. 61 S. 206. (Ferromagnetismus.)
75. BRILLOUIN: J. Physique (7) Bd. 1 S. 377. (Grundlagen.)
76. FOWLER, R. H.: Proc. Roy. Soc., Lond. Bd. 128 S. 123. (Photoeffekt.)
77. FRANK, N. H.: Z. Physik Bd. 60 S. 682. (Magnetische Widerstandsänderung.)
78. FRANK, N. H.: Z. Physik Bd. 63 S. 596. (Leitfähigkeit.)
79. FRANK, N. H.: Z. Physik Bd. 64 S. 650. (Magnetische Widerstandsänderung.)
80. FRENKEL, J.: Z. Physik Bd. 59 S. 649. (Gitterpotential.)
81. FRENKEL, J.: Physic. Rev. Bd. 36 S. 1604. (Kontakt.)
82. FRÖHLICH, H.: Ann. Physik Bd. 7 S. 103. (Photoeffekt.)
83. KIKUCHI u. NORDHEIM: Z. Physik Bd. 60 S. 652. (Statistik.)
84. LANDAU, L.: Z. Physik Bd. 64 S. 629. (Diamagnetismus.)
85. MORSE, PH.: Physic. Rev. Bd. 35 S. 1310. (Elektronenbeugung.)
86. PEIERLS, R.: Ann. Physik Bd. 4 S. 121. (Grundlagen, Leitfähigkeit.)
87. PEIERLS, R.: Ann. Physik Bd. 5 S. 244. (Leitfähigkeit.)
88. SLATER, R.: Physic. Rev. Bd. 35 S. 509. (Bindung.)
88a. SLATER, R.: Physic. Rev. Bd. 36 S. 57. (Ferromagnetismus.)
89. TELLER: Z. Physik Bd. 62 S. 102. (Ferromagnetismus.)

1931.

90. AKULOV, N.: Z. Physik Bd. 67 S. 794, Bd. 69 S. 822. (Ferromagnetismus.)
91. BETHE, H.: Nature, Lond. Bd. 127 S. 336. (Magnetische Widerstandsänderung.)

92. BETHE, H.: Z. Physik Bd. 71 S. 207. (Ferromagnetismus.)
93. BLOCH u. GENTILE: Z. Physik Bd. 70 S. 395. (Ferromagnetismus.)
94. COSTER u. VELDKAMP: Z. Physik Bd. 70 S. 306. (Röntgenabsorption.)
95. EHRENBERG u. HÖNL: Z. Physik Bd. 68 S. 289. (Kontakt.)
96. FOWLER, R. H.: Physic. Rev. Bd. 38 S. 45. (Photoeffekt.)
97. FRENKEL, J.: Physic. Rev. Bd. 38 S. 309. (Photoeffekt.)
98. HEISENBERG, W.: Z. Physik Bd. 69 S. 287. (Ferromagnetismus.)
99. HOUSTON, W.: Physic. Rev. Bd. 38 S. 1797. (Röntgenemission.)
100. KIKOIN u. FAKIDOW: Z. Physic. Bd. 71 S. 393. (HALL-Effekt.)
101. KRONIG, L.: Z. Physik Bd. 70 S. 317. (Röntgenabsorption.)
102. KRONIG, L.: Proc. Roy. Soc., Lond. Bd. 133 S. 255. (Optik.)
103. KRONIG, L. u. W. PENNEY: Proc. Roy. Soc. Lond. Bd. 130 S. 499. (Eindimensionales Modell.)
104. NORDHEIM, L.: Ann. Physik Bd. 9 S. 607, 641. (Leitfähigkeit.)
105. PEIERLS, R.: Ann. Physik Bd. 10 S. 97. (Magnetische Widerstandsänderung.)
106. PENNEY, W.: Proc. Roy. Soc., Lond. Bd. 133 S. 407. (Photoeffekt.)
107. TAMM u. SCHUBIN: Z. Physik Bd. 68 S. 97. (Photoeffekt.)
108. TELLER: Z. Physik Bd. 67 S. 311. (Diamagnetismus.)
109. TYLER: Philos. Mag. Bd. 11 S. 596. (Ferromagnetismus.)
110. WILSON, H. A.: Proc. Roy. Soc., Lond. Bd. 133 S. 458. (Halbleiter.)
111. WOLF, A.: Z. Physik Bd. 70 S. 519. (Ferromagnetismus.)

1932.

112. BECKER, R.: Physik. Z. Bd. 33 S. 905. (Ferromagnetismus.)
113. BELLIA, C.: Z. Physik Bd. 74 S. 655. (HALL-Effekt.)
114. BLOCH, F.: Z. Physik Bd. 74 S. 295. (Ferromagnetismus.)
115. BLOCHINZEV: Z. Physik Sowjetunion Bd. 1 S. 781. (Photoeffekt.)
116. BRILLOUIN: J. Physique (7) Bd. 3 S. 565. (Grundlagen.)
117. BRONSTEIN: Z. Physik Sowjetunion Bd. 2 S. 28. (Halbleiter.)
118. EPSTEIN: Physic. Rev. Bd. 41 S. 91. (Ferromagnetismus.)
119. FOCK: Z. Physik Sowjetunion Bd. 1 S. 747. (Virialsatz.)
120. FRENKEL, J.: Z. Physik Sowjetunion Bd. 2 S. 247. (Elementare Theorie.)
120a. FRENKEL, J.: Wave Mechanics. Oxford. Bd. 1 S. 202. (Statistik.)
121. FRENKEL, J. u. JOFFÉ: Z. Physik Sowjetunion Bd. 1 S. 60. (Halbleiter.)
122. FRÖHLICH, H.: Z. Physik Bd. 75 S. 539. (Photoeffekt.)
123. FRÖHLICH, H.: Ann. Physik Bd. 13 S. 229. (Sekundärelektronenemission.)
124. FUJIOKA: Z. Physik Bd. 76 S. 537. (Optik.)
125. GANS, R.: Physik Z. Bd. 33 S. 924. (Ferromagnetismus.)
126. HUND, F.: Z. Physik Bd. 74 S. 1. (Bindung.)
127. JUSÉ u. KURTSCHATOW: Z. Physik Sowjetunion Bd. 2 S. 453. (Halbleiter.)
128. KROLL: Z. Physik Bd. 77 S. 322, Bd. 80 S. 50. (Thermokraft.)
129. KRONIG, L.: Z. Physik Bd. 75 S. 191, 468. (Röntgenabsorption.)
130. MENKE: Physik. Z. Bd. 33 S. 593. (Flüssige Metalle.)
131. NORDHEIM, L.: Z. Physik Bd. 75 S. 434. (Halbleiter.)
132. PEIERLS, R.: Ann. Physik Bd. 12, S. 154. (Leitfähigkeit.)
133. TAMM u. BLOCHINGER: Z. Physik Bd. 77 S. 774. (Austrittsarbeit.)

134. TAMM: Z. Physik Sowjetunion Bd. 1 S. 733. (Oberfläche.)
135. UEHLING: Physic. Rev. Bd. 39 S. 821. (Leitfähigkeit.)
136. VOGT: Ann. Physik Bd. 14 S. 1. (Paramagnetismus.)
137. WILSON, A. H.: Proc. Roy. Soc., Lond. Bd. 134 S. 277, Bd. 136 S. 487. (Halbleiter.)

1933.

138. BETHE u. FRÖHLICH: Z. Physik Bd. 85 S. 389. (Magnetische Wechselwirkung.)
139. BLOCH, F.: Reunion internat. de Chime-Physique. Paris.
140. BLOCHINZEV u. NORDHEIM: Z. Physik Bd. 84 S. 168. (Anomale Effekte.)
141. DU BRIDGE: Physic. Rev. Bd. 43 S. 727. (Photoeffekt.)
142. BRILLOUIN: J. Physique (7) Bd. 4 S. 333. (Grundlagen.)
143. BRONSTEIN: Z. Physik Sowjetunion Bd. 3 S. 140. (Halbleiter.)
144. DORFMANN: Z. Physik Sowjetunion Bd. 3 S. 399. (Magnetismus.)
145. FOWLER, R. H.: Z. Physik Sowjetunion Bd. 3 S. 507. (Halbleiter.)
146. FOWLER, R. H.: Proc. Roy. Soc., Lond. Bd. 140 S. 505; Bd. 141 S. 56. (Halbleiter.)
147. FRÖHLICH, H.: Z. Physik Bd. 81 S. 297. (Optik.)
148. FUJIOKA: Tokyo Sci. Papers Bd. 459 S. 202. (Optik.)
149. GRÜNEISEN, E.: Ann. Physik Bd. 16 S. 530. (Leitfähigkeit.)
150. HARDING, J.: Proc. Roy. Soc., Lond. Bd. 140 S. 205. (Halbleiter.)
151. PEIERLS, R.: Z. Physik Bd. 80 S. 763, Bd. 81 S. 186. (Diamagnetismus.)
152. PEIERLS, R.: Z. Physik Bd. 81 S. 697. (Leitfähigkeit.)
153. TAMM u. BLOCHINGER: Z. Physik Sowjetunion Bd. 3 S. 170. (Austrittsarbeit.)
154. WIGNER, E. u. F. SEITZ: Physic. Rev. Bd. 43 S. 804. (Bindung.)
155. WOOD, R. H.: Physic. Rev. Bd. 44 S. 353. (Optik.)
156. ZENER, C.: Nature, Lond. Bd. 132 S. 968. (Optik.)

1934.

157. BLOCHINZEV: Z. Physik Sowjetunion Bd. 5 S. 316. (Grundlagen.)
158. BRADY, J.: Physic. Rev. Bd. 46 S. 768. (Photoeffekt.)
159. O'BRYAN u. SKINNER: Physic. Rev. Bd. 45 S. 370. (Röntgenemission.)
160. DARWIN: Nature, Lond. Bd. 133 S. 62. (Optik.)
161. JONES: Proc. Roy. Soc., Lond. Bd. 144 S. 225, Bd. 147 S. 396. (Legierungen, Wismut.)
162. JONES, MOTT u. SKINNER: Physic. Rev. Bd. 45 S. 379. (Röntgenemission.)
163. JONES u. ZENER: Proc. Roy. Soc., Lond. Bd. 144 S. 101. (Leitfähigkeit.)
164. JONES u. ZENER: Proc. Roy. Soc., Lond. Bd. 145 S. 268. (Magnetische Widerstandsänderung.)
165. KEESOM u. KOK: Physica Bd. 1 S. 770. (Spezifische Wärme.)
166. KRONIG, L. u. H. GRÖNEWALD: Physica Bd. 1 S. 255. (Optik.)
167. LANDAU u. KOMPAGNEJEZ: Z. Physik. Sowjetunion Bd. 6 S. 163. (Halbleiter.)
168. MITCHELL: Proc. Roy. Soc., Lond. Bd. 146 S. 442. (Photoeffekt.)
169. MOTT: Proc. Roy. Soc., Lond. Bd. 146 S. 465. (Flüssige Metalle.)
170. MOTT: Proc. Physic. Soc. Bd. 46 S. 680. (Leitfähigkeit.)

Literaturverzeichnis. 381

171. Mott u. Zener: Proc. Cambr. Philos. Soc. Bd. 30 S. 249. (Optik.)
172. Niessen, K. F.: Physica Bd. 1 S. 783, 979. (Magnetismus.)
173. Schubin: Z. Physik Sowjetunion Bd. 5 S. 81. (Flüssige Metalle.)
174. Schubin u. Wonsowsky: Proc. Roy. Soc., Lond. Bd. 145 S. 159. (Grundlagen.)
175. Slater: Rev. Bd. 45 S. 794. (Grundlagen.)
176. Sommerfeld, A.: Naturwiss., Lond. Bd. 22 S. 49. (Thermokraft.)
177. Weiss, Forrer u. Faliot: J. Physique (7) Bd. 5, Bulletin S. 122. (Ferromagnetismus.)
178. Wigner: Physic. Rev. Bd. 46 S. 1002. (Bindung.)
179. Wigner u. Seitz: Physic. Rev. Bd. 46 S. 509. (Bindung.)

1935.

179a. Dehlinger: Z. Physik Bd. 94 S. 231. (Legierungen.)
179b. Dehlinger: Z. Physik Bd. 96 S. 620. (Kristallstruktur.)
179c. Frank, N. H.: Physic. Rev. Bd. 47 S. 682. (Leitfähigkeit.)
180. Frenkel, J.: Z. Physik Sowjetunion Bd. 8 S. 185. (Halbleiter.)
181. Frenkel, J. u. T. Kontorawa: Z. Physik Sowjetunion Bd. 7 S. 452. (Galvanomagnetische Effekte.)
182. Fröhlich, H.: Z. Physik Sowjetunion Bd. 7 S. 510. (Austrittsarbeit.)
183. Fröhlich, H.: Proc. Cambr. Philos. Soc. Bd. 31 S. 277. (Freie Elektronen.)
184. Fuchs, K.: Proc. Roy. Soc., Lond. Bd. 151 S. 585. (Bindung.)
185. Gombas: Z. Physik Bd. 94 S. 473, Bd. 95 S. 687. (Bindung.)
185a. Haworth, L.: Physic. Rev. Bd. 48 S. 88. (Sekundärelektronenemission.)
186. Gudden u. Schottky: Physik. Z. Bd. 36 S. 717. (Halbleiter.)
187. Hund: Physik. Z. Bd. 36 S. 725. (Halbleiter.)
188. Hund: Physik. Z. Bd. 36 S. 888. (Grundlagen.)
189. Nordheim u. Gorter: Physica Bd. 2 S. 383. (Leitfähigkeit.)
190. Keesom u. Clark: Physica Bd. 2 S. 230, 513. (Spezifische Wärme.)
191. Krutter: Physic. Rev. Bd. 48 S. 664. (Wellenfunktionen bei Cu.)
192. Maue: Z. Physik Bd. 94, S. 717. (Oberfläche.)
193. Mitchell: Proc. Cambr. Philos. Soc. Bd. 31 S. 416. (Photoeffekt.)
194. Mott: Proc. Physic. Soc., Lond. Bd. 47 S. 571. (Übergangselemente.)
195. Schiff u. Thomas: Physic. Rev. Bd. 47 S. 860. (Photoeffekt.)
196. Seitz: Physic. Rev. Bd. 47 S. 400. (Bindung.)
197. Slater u. Krutter: Physic. Rev. Bd. 47 S. 559. (Bindung.)
198. Smoluchowsky, R.: Diss. Groningen. (Röntgenabsorption.)
199. Sommerfeld: Physik. Z. Bd. 36 S. 814. (Dimensionen.)
200. Sommerfeld u. Bartlett: Physik. Z. Bd. 36 S. 894. (Magnetische Widerstandsänderung.)
201. Studer-Williams: Physic. Rev. Bd. 47 S. 291. (Hall-Effekt.)
202. Titeica: Ann. Physik Bd. 22 S. 129. (Magnetische Widerstandsänderung.)
203. Urbain, Weiss u. Trombe: C. R. Acad. Sci., Paris Bd. 200 S. 2132. (Ferromagnetismus.)
204. Wasser: Z. Physik Sowjetunion Bd. 7 S. 537. (Photoeffekt.)
205. Wigner u. Barden: Physic. Rev. Bd. 48 S. 84. (Austrittsarbeit.)

206. WIGNER u. HUNTINGTON: J. Chem. Physics Bd. 3 S. 764. (Bindung.)
207. WILSON: Proc. Roy. Soc., Lond. Bd. 151 S. 274. (Optik.)

1936.

208. FRÖHLICH, H.: Z. Physik Sowjetunion Bd. 8 S. 501. (Halbleiter.)
208a. FRÖHLICH, H.: Proc. Roy. Soc. Lond. im Druck. (Bindung.)
209. FUCHS, K.: Proc. Roy. Soc., Lond. Bd. 153 S. 622. (Bindung.)
210. HUND, F.: Z. Physik Bd. 99 S. 119. (Grundlagen.)
210a. LONDON, F.: Une conception nouvelle de la supraconductibilité. Actualités scientifiques et industriélles. Bd. 386. Paris.
211. MITCHELL: Proc. Roy. Soc., Lond. Bd. 153 S. 514. (Photoeffekt.)
212. MOTT: Proc. Roy. Soc., Lond. Bd. 153 S. 699. (Leitfähigkeit.)
213. MOTT: Proc. Cambr. Philos. Soc. Bd. 32 S. 108. (Statistik.)

BAARDEN: Physic. Rev. Bd. 49 S. 653 (Austrittsarbeit).
BOUCKAERT, SMOLUCHOWSKY u. WIGNER: Physic. Rev. Bd. 50 S. 58. (BRILLOUINsche Zonen.)
GOMBAS: Nature, Lond. Bd. 137 S. 950. (Bindung.)
GORIN: Z. Physik Sowjetunion Bd. 9 S. 328. (Bindung.)
JONES: Proc. Roy. Soc., Lond. Bd. 155 S. 653. (Wismut.)
MOTT: Proc. Cambr. Philos. Soc. Bd. 32 S. 281. (Legierungen.)
MYERS: Physic. Rev. Bd. 49 S. 938. (Photoeffekt.)
RUDBERG u. SLATER: Physic. Rev. Bd. 50 S. 150. (Streuung.)
SLATER: Physic. Rev. Bd. 49 S. 537, 931. (Ferromagnetismus.)
VLECK, VAN: Physic. Rev. Bd. 49 S. 232. (Ferromagnetismus.)
WIGNER: Physic. Rev. Bd. 49 S. 696. (Emissionsprozesse.)

Sachverzeichnis.

Absorption 108, 140, 172, 174.
— freier Elektronen 122.
Absorptionskoeffizient von Ag 117.
Alkalimetalle 278, 325.
Anisotropie 215, 218.
Anisotropieenergie 308.
Anomale Dispersion 100.
Atomformfaktor 366.
Aufspaltung der Energie 42, 44, 49, 112.
Ausbeute beim Photoeffekt 125, 126, 128.
Ausbreitungsvektor 17.
Austauschenergie 33, 293.
Austauschintegral 33, 289, 296.
Austauschkräfte 285.
Austrittsarbeit 84, 119, 265, 267.
Auswahlregel 28, 107.

BARKHAUSEN-Sprünge 314.
Beschleunigung 23, 47.
Bildkraft 14, 86, 87.
Bindungsarten 256.
Bindungsenergie der Übergangselemente 333.
BOLTZMANNsche Beziehung 64.
BOSE-EINSTEIN-Statistik 359.
BRAGGsche Reflexionsbedingung 43, 47, 92, 95, 99.
Brechungsindex 99.
Breite der Energiebänder 44, 55, 69, 113, 139.
BRILLOUINsche Zonen 48, 50, 369.

CURIE-Temperatur 297, 301.
CURIE-WEISSsches Gesetz 306, 318.

Dämpfung 104.
DEBYE-Temperatur 167, 270.

DEMBER-Effekt 254.
Diamagnetismus 144.
— freier Elektronen 148.
— gebundener Elektronen 152.
Diamantgitter 325.
Dispersion 106.
Dissoziationsenergie 323.
DULONG-PETITsches Gesetz 3, 167.
Durchtrittswahrscheinlichkeit 87.

Edelmetalle 328.
Eigenfunktion für Na 53.
— im periodischen Feld 16.
— quantitativ 273.
Eigenwert, quantitativ 275.
Eigenwertdichte 56, 77, 141, 230, 233.
Einfache Translationsgitter 16.
Einkörperproblem 3.
Elektrische Leitfähigkeit 158, 180, 236.
— — flüssige Metalle 351.
— — hohe Temperaturen 181.
— — tiefe Temperaturen 191.
— — Übergangselemente 334.
Elektronenbeugung 94.
Elektroneneigenschaften 320.
Elementargebiete 308, 310.
Elementarzelle 16.
Emission in äußeren Feldern 86.
— von Röntgenstrahlen 137.
— von Schallquanten 173, 174.
Emissionsprozesse 83.
Energiesatz 8, 91, 93, 208.
Energiespektrum 19, 34, 138.
Energieverteilung 134.
Entartungstemperatur 69.
Entropie 64.
Entwicklung nach Eigenfunktionen 6.
Erdkalimetalle 279.

Erhaltungssatz der Ausbreitungsvektoren 28, 93.
— der Wellenzahlen 93.
Erwartungswert 7, 8.

FERMI-Energie 263, 267, 277, 281, 293.
FERMIsche Verteilungsfunktion 63.
FERMI-Statistik 59, 356.
Ferromagnetismus 285, 295.
Flächen konstanter Energie 37.
Flüssige Metalle 348.
FOURIER-Koeffizienten des Potentials 13, 365.
Freie Elektronen 68, 103, 122, 148, 266.
— Energie 64.
— Weglänge 184, 233, 235.
Freiheitszahl 25, 35, 46, 50, 140, 155, 221.

Galvanomagnetische Effekte 212.
Gesamtenergie 10.
— ferromagnetisch 298.
— freie Elektronen 69.
— quantitativ 277, 281.
Gesamtoszillatorenstärke 74.
Geschwindigkeit 21, 46, 50, 229, 230.
GIBBSsches thermodynamisches Potential 64.
Gitterabstand 264, 269, 278, 282, 283.
Gitterpotential 365.
Gitterschwingungen 163.
Gleichrichtung 246.
Glühelektronenemission 84.
Grenzenergie 59, 65, 66, 75, 138, 292
— freie Elektronen 69.
— Halbleiter 81.
Grenzfrequenz 119, 133, 255.
Grundgebiet 18, 19.

Halbleiter 79, 224.
HALL-Effekt 212, 220, 238, 243.
HEUSLERsche Legierungen 297.
HUME-ROTHERYsche Regel 369.

Impuls 7, 35.
Impulserhaltungssatz 28, 91.
Impulsmatrixelement 27, 28.

JOULEsche Wärme 207.
JOULEsches Gesetz 157.

Koerzitivkraft 313.
Kompressibilität 264, 268, 278, 282, 284.
Kontaktpotentialdifferenz 89.
Kurven konstanter Energie 36.

LAGRANGEsche Faktoren 62, 63.
LARMOR-Frequenz 149.
Legierungen, elektrische Leitfähigkeit 195, 335.
— mit γ-Struktur 368.
— Suszeptibilität 338.
Leitungsstrom 105.
Lichtelektrische Leitfähigkeit 248, 253.
Löcher 231.
LOSCHMIDT-Zahl 69.

Magnetische Widerstandsänderung 218, 222, 240, 243.
Magnetisches Moment 145, 299.
Magnetisierungsenergie 308.
Magnetisierungskurve 306.
Magnetonenzahl 317.
Matrixelement 9.
MATTHIESSENsche Regel 157, 196.
MAXWELLsche Verteilung 65, 70.
Mehrkörperproblem 9, 286.
Metallfarbe 117.
Metallmodell, Bindung 257.
freie Elektronen 266.
Mikrozustand 61, 359.
Mittlere Energie 52, 263.
— freie Weglänge 2, 244.
Mittleres Potential 11.

Näherung für hohe Energien 38.
— für mittlere Energien 52.
— für tiefe Energien 30.

Sachverzeichnis.

Nichtleiter 75, 320.
Normierungsbedingung 4, 5.
Nullpunktsenergie 69.

Oberfläche, Potential 14, 83, 86, 87.
Oberflächenphotoeffekt 121, 126.
OHMsches Gesetz 156.
Optik 101.
— flüssige Metalle 353.
— freie Elektronen 103.
— Übergangselemente 338.
Optische Konstanten 102.
— — Alkalimetalle 116.
— — Silber und Gold 112.
Orthogonalitätsbedingung 5.
Oszillatoren 106.
Oszillatorenstärke 29, 74, 107, 110, 113.

Paramagnetismus 144, 314.
PAULI-Prinzip 58, 178, 287.
PELTIER-Effekt 206.
Periodisches System 322.
Periodizität des Potentials 13, 365.
Photoeffekt 119.
PLANCKsches Strahlungsgesetz 166.
POISSONsche Gleichung 11.
Polarisationspotential 14.
Polarisationsstrom 105.
Polarisierbarkeit 103.
Potential an der Oberfläche 14, 83, 86, 87.

Reduzierte Wellenzahl 18.
Reduzierter Ausbreitungsvektor 18.
Reflexionskoeffizient 97, 118.
Relaxationszeit 183, 235.
Remanenz 313.
RICHARDSON-Effekt 84.

Sättigungsmagnetisierung 301, 306.
Scheinbare Masse 26, 35, 45, 77, 281.
SCHOTTKY-Effekt 87.
Sekundärelektronen 91.
Selektive Reflexion 99.

Selektiver Photoeffekt 127.
Self-consistent field 9.
Spezifische Wärme 2, 71, 168, 331, 341.
Spin-Bahn-Wechselwirkung 309.
Spin-Spin-Wechselwirkung 309.
Spinwellen 303.
Stationaritätsgleichung 200.
Statistisches Gewicht 61.
Störatome 81.
Stoßansatz 66.
Stromdichte 6, 7.
Sublimationswärme 264, 266, 278, 282.
Summensatz 29, 74, 356.
Supraleitfähigkeit 199.
Suszeptibilität, magnetische 144, 316.

Temperaturabhängigkeit, Ferromagnetismus 300, 302, 304.
— Paramagnetismus 146, 317.
— Photoeffekt 130.
Termschema, Halbleiter 227.
— Übergangselemente 332.
Thermische Ausdehnung 279.
Thermoelektrischer Effekt 206, 244.
Thermokraft 206.
THOMSON-Effekt 208.
THOMSON-Koeffizient 211.
THOMSON-Wärme 207.
Trägheitsmoment 12.
Translationsenergie 22, 230.

Übergangselemente 332.
Übergangswahrscheinlichkeit 27, 66, 109, 122.
Umklapp-Prozesse 194.
Ungenauigkeitsrelation ·70.

Verbotenes Energiegebiet 43, 44, 98.
Verteilungsfunktion eines belichteten Halbleiters 250.
Verunreinigungen 195, 205.
Verunreinigungshalbleiter 226.
Virialsatz 266, 362.
Volumenphotoeffekt 120.

Wärmeleitfähigkeit 160, 199, 202.
Wechselwirkung freier Elektronen 289.
— mit Strahlung 8, 354.
Wellengruppe 21, 22.
Wellenlänge 39.
Wellenzahl 17.
Widerstand ferromagnetischer Metalle 336.
Widerstandsänderung im Magnetfeld 218, 222, 240, 243.

Wiedemann-Franzsches Gesetz 162, 205.
Wismut 156, 190, 342.

Zahl der Eigenwerte im Volumenelement 19.
— der freien Elektronen 71, 77, 115, 190, 228, 340.
Zusammenstöße 104.
Zustandssumme 361.
Zweiter Hauptsatz 208.

MIX
Papier aus verantwortungsvollen Quellen
Paper from responsible sources
FSC® C105338

If you have any concerns about our products,
you can contact us on
ProductSafety@springernature.com

In case Publisher is established outside the EU,
the EU authorized representative is:
**Springer Nature Customer Service Center GmbH
Europaplatz 3, 69115 Heidelberg, Germany**

Printed by Libri Plureos GmbH
in Hamburg, Germany